范例导航系列丛书

会声会影 2019 中文版视频编辑与制作
(微课版)

李　军　编著

清华大学出版社
北　京

内容简介

本书以通俗易懂的语言、精挑细选的实用技巧、翔实生动的操作案例，全面介绍了会声会影 2019 中文版视频编辑与制作，主要内容包括视频剪辑与基础入门、会声会影基础入门与操作、应用素材库与视频模板、捕获与添加媒体素材、编辑影片素材、视频剪辑、应用转场制作视频特效、应用滤镜制作视频特效、运用覆叠与遮罩制作视频特效、运用字幕制作视频特效、制作视频背景音乐特效、输出与共享视频文件等方面的知识、技巧及应用案例。

本书适用于广大视频编辑初学者以及数码影片爱好者、数码影像编辑工作者阅读与学习，也可以作为大中专院校和社会培训机构相关专业的视频编辑教材。

图书在版编目(CIP)数据

会声会影 2019 中文版视频编辑与制作：微课版/李军编著. —北京：清华大学出版社，2021.1
(范例导航系列丛书)
ISBN 978-7-302-57017-2

Ⅰ. ①会… Ⅱ. ①李… Ⅲ. ①视频编辑软件—高等学校—教材 Ⅳ. ①TN94

中国版本图书馆 CIP 数据核字(2020)第 238036 号

责任编辑：魏 莹
封面设计：杨玉兰
责任校对：王明明
责任印制：丛怀宇
出版发行：清华大学出版社
网 址：http://www.tup.com.cn, http://www.wqbook.com
地 址：北京清华大学学研大厦 A 座 邮 编：100084
社 总 机：010-62770175 邮 购：010-62786544
投稿与读者服务：010-62776969, c-service@tup.tsinghua.edu.cn
质量反馈：010-62772015, zhiliang@tup.tsinghua.edu.cn
印 装 者：三河市金元印装有限公司
经 销：全国新华书店
开 本：185mm×260mm 印 张：21 字 数：508 千字
版 次：2021 年 1 月第 1 版 印 次：2021 年 1 月第 1 次印刷
定 价：85.00 元

产品编号：087703-01

致 读 者

“范例导航系列丛书”将成为您“快速掌握电脑技能，灵活处理职场工作”的全新学习工具和业务宝典，通过“**图书+在线多媒体视频教程+网上技术指导**”等多种方式与渠道，为您奉上丰盛的学习与进阶的盛宴。

“范例导航系列丛书”涵盖了电脑基础与办公、图形图像处理、计算机辅助设计等多个领域，本系列丛书汲取目前市面上同类图书的成功经验，针对读者最常见的需求进行精心设计，从而让内容更丰富、讲解更清晰、覆盖面更广，是读者首选的电脑入门与应用类学习及参考用书。

热切希望通过我们的努力不断满足读者的需求，不断提高我们的图书编写与技术服务水平，进而达到与读者共同学习、共同提高的目的。

一、轻松易懂的学习模式

我们遵循“**打造最优秀的图书、制作最优秀的电脑学习视频、提供最完善的学习与工作指导**”的原则，在本系列图书编写过程中，聘请电脑操作与教学经验丰富的教师和来自工作一线的技术骨干倾力合作，为您系统化地学习和掌握相关知识与技术奠定扎实的基础。

1. 快速入门、学以致用

本套图书特别注重读者学习习惯和实践工作应用，针对图书的内容与知识点，设计了更加贴近读者学习的教学模式，采用“**基础知识学习+范例应用与上机指导+课后练习与上机操作**”的教学模式，帮助读者从**初步了解**到**掌握**再到**实践应用**，循序渐进地成为电脑应用高手与行业精英。

2. 版式清晰、条理分明

为便于读者学习和阅读本书，我们聘请专业的图书排版与设计师，根据读者的阅读习

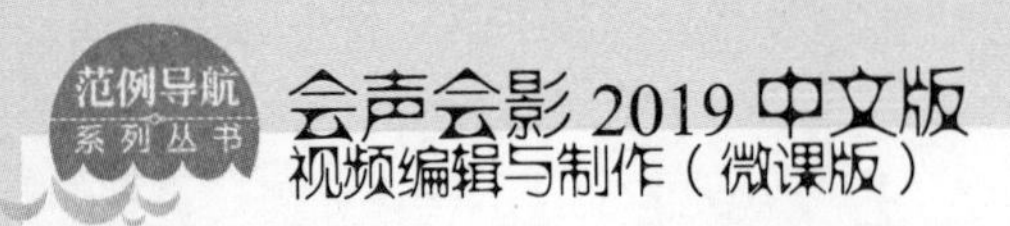

惯，精心设计了赏心悦目的版式，全书图案精美、布局美观，读者可以轻松完成整个学习过程，进而在愉快的阅读氛围中快速学习、逐步提高。

3. 结合实践、注重职业化应用

本套图书在内容安排方面，尽量摒弃枯燥乏味的基础理论，精选了更适合实际生活与工作的知识点，每个知识点均采用“**基础知识+范例应用**”的模式编写，其中“基础知识”的操作部分偏重于知识学习与灵活运用，“范例应用与上机操作”主要讲解该知识点在实际工作和生活中的综合应用。此外，每章的最后都安排了“本章小结与课后练习”及“上机操作”，帮助读者综合应用本章的知识进行自我练习。

二、易于读者学习的编写体例

本套图书在编写过程中，注重内容起点低、操作上手快、讲解言简意赅，读者不需要复杂的思考，即可快速掌握所学的知识与内容。同时针对知识点及各个知识板块的衔接，科学地划分章节，知识点分布由浅入深，符合读者循序渐进与逐步掌握的学习规律，从而使学习达到事半功倍的效果。

- **本章要点**：在每章的章首页，我们以言简意赅的语言，清晰地表述了本章即将介绍的知识点，读者可以有目的地学习与掌握相关知识。
- **操作步骤**：对于需要实践操作的内容，全部采用分步骤、分要点的讲解方式，图文并茂，使读者不但可以动手操作，还可以在大量的实践案例练习中，不断提高操作技能和经验。
- **知识精讲**：对于软件功能和实际操作应用比较复杂的知识，或者难以理解的内容，进行更为详尽的讲解，帮助您拓展、提高与掌握更多的技巧。
- **范例应用与上机操作**：读者通过阅读和学习此部分内容，可以边动手操作，边阅读书中所介绍的实例，一步一步地快速掌握和巩固所学知识。
- **本章小结与课后练习**：通过此栏目内容，不但可以温习所学知识，还可以通过练习，达到巩固基础、提高操作能力的目的。

三、精心制作的在线视频教程

本套丛书配套在线多媒体视频教学课程，旨在帮助读者完成“从入门到提高，从实践操作到职业化应用”的一站式学习与辅导过程。读者在阅读本书的过程中，可以使用手机网络浏览器或者微信等工具，扫描每节标题左侧的二维码，即可在打开的视频界面中实时在线观看视频教程，或者将视频课程下载到手机中，也可以将视频课程发送到自己的电子邮箱随时离线学习。

四、图书产品与读者对象

“范例导航系列丛书”涵盖电脑应用各个领域，为读者提供了全面的学习与交流平台，适合电脑的初、中级读者，以及对电脑有一定基础、需要进一步学习电脑办公技能的电脑爱好者与工作人员，也可作为大中专院校、各类电脑培训班的教材。本套丛书具体书目如下。

- Office 2016 电脑办公基础与应用(Windows 7+Office 2016 版)(微课版)
- Dreamweaver CC 中文版网页设计与制作(微课版)
- Flash CC 中文版动画设计与制作(微课版)
- Photoshop CC 中文版平面设计与制作(微课版)
- Premiere Pro CC 视频编辑与制作(微课版)
- Illustrator CC 中文版平面设计与制作(微课版)
- 会声会影 2019 中文版视频编辑与制作(微课版)
- CorelDRAW 2019 中文版图形创意设计与制作(微课版)
- Office 2010 电脑办公基础与应用(Windows 7+Office 2010 版)
- Dreamweaver CS6 网页设计与制作
- AutoCAD 2014 中文版基础与应用
- Excel 2010 电子表格入门与应用
- Flash CS6 中文版动画设计与制作
- CorelDRAW X6 中文版平面设计与制作
- Excel 2010 公式・函数・图表与数据分析
- Illustrator CS6 中文版平面设计与制作

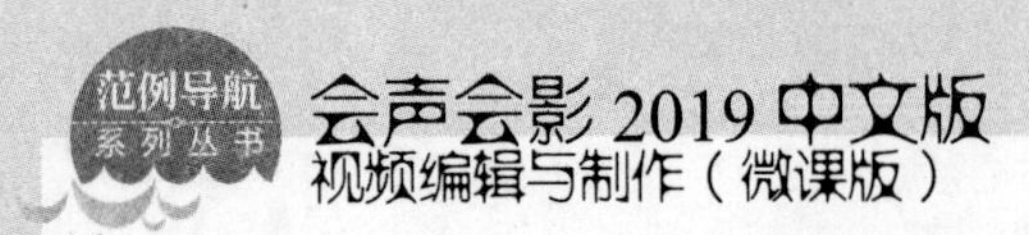

- UG NX 8.5 中文版入门与应用
- After Effects CS6 基础入门与应用

五、全程学习与工作指导

为了帮助您顺利学习、高效就业，如果您在学习与工作中遇到疑难问题，欢迎来信与我们及时交流与沟通，我们将全程免费答疑。希望我们的工作能够让您更加满意，希望我们的指导能够为您带来更大的收获，希望我们可以成为志同道合的朋友！

最后，感谢您对本系列图书的支持，我们将再接再厉，努力为读者奉献更加优秀的图书。衷心地祝愿您能早日成为电脑高手！

编　者

前　言

会声会影 2019 是 Corel 公司推出的一款操作简单、功能强大的影片剪辑软件，随着其功能的日益完善，在数码领域、相册制作以及商业领域的应用越来越广，不仅具有家庭或个人所需的影片剪辑功能，甚至可以挑战专业级的影片剪辑软件，因此受到广大用户的喜爱。为了帮助读者快速掌握与应用会声会影 2019 软件的操作要领，以便在日常工作中学以致用，我们精心地编写了本书。

一、购买本书能学到什么

本书为读者快速地掌握会声会影 2019 提供了一个崭新的学习与实践平台，无论从基础知识安排还是实践应用能力的训练，都充分地考虑了用户的需求——快速达到理论知识与应用能力的同步提高。本书在编写过程中根据读者的学习规律，采用由浅入深、由易到难的方式讲解，读者还可以通过扫描二维码获取赠送的配套的多媒体视频课程。全书结构清晰，内容丰富，主要包括以下 4 个方面的内容。

1. 基础入门知识

第 1、2 章，分别介绍了关于视频剪辑基础和会声会影 2019 入门与操作等方面的知识与方法。

2. 素材的应用

第 3～5 章，全面介绍了应用素材库与视频模板、捕获与添加媒体素材以及编辑影片素材方面的知识与技巧。

3. 视频与音频特效的应用

第 6～11 章，详细介绍了视频剪辑、应用转场制作视频特效、应用滤镜制作视频特效、运用覆叠与遮罩制作视频特效、运用字幕制作视频特效、制作视频背景音乐特效等方面的方法与技巧。

4. 输出与共享视频文件

第 12 章，详细讲解了输出设置、创建并保存视频文件、输出部分视频文件和输出到其他设备进行分享方面的知识。

二、如何获取本书的学习资源

为帮助读者高效、快捷地学习本书的知识点，我们不但为读者准备了与本书知识点有关的配套素材文件，而且设计并制作了精品视频教学课程，还为教师准备了 PPT 课件资源。购买本书的读者，可以通过以下途径获取相关的配套学习资源。

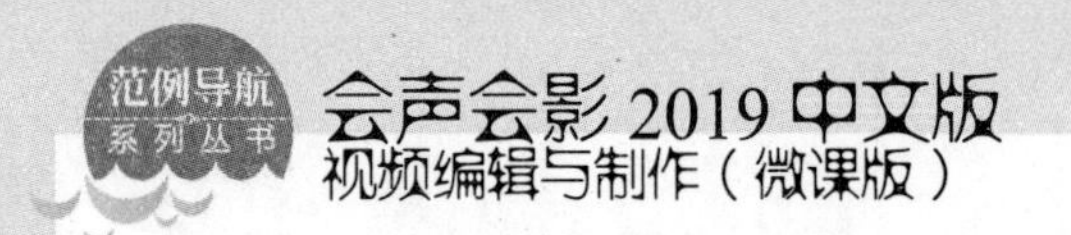

1. 扫描书中二维码获取在线学习视频

读者在学习本书的过程中，可以使用微信的扫一扫功能，扫描本书标题左下角的二维码，在打开的视频播放页面中可以在线观看视频课程。这些课程读者也可以下载并保存到手机或电脑中离线观看。

2. 登录网站获取更多学习资源

本书配套素材和 PPT 课件资源，读者可登录网址 http://www.tup.com.cn(清华大学出版社官方网站)下载相关学习资料，也可关注“文杰书院”微信公众号获取更多的学习资源。

本书由文杰书院李军组织编写，参与本书编写工作的有袁帅、文雪、李强、高桂华等。我们真切希望读者在阅读本书之后，可以开阔视野，提高实践操作技能，并从中学习和总结操作经验及规律，达到灵活运用的水平。鉴于编者水平有限，书中纰漏和考虑不周之处在所难免，热忱欢迎读者予以批评、指正，以便我们日后能为您编写更好的图书。

编　者

目　录

第 1 章　视频剪辑与基础入门 1
1.1　数字视频编辑基本概念 2
1.1.1　模拟信号与数字信号 2
1.1.2　帧速率和场 3
1.1.3　分辨率和像素比 5
1.2　数字视频技术 6
1.2.1　电视制式 6
1.2.2　高清视频技术解析 7
1.2.3　数字视频压缩技术 7
1.2.4　流媒体技术 8
1.3　常见的视频和音频格式 9
1.3.1　视频格式 9
1.3.2　常用音频格式 10
1.3.3　高清视频 11
1.4　数字视频编辑 12
1.4.1　线性编辑与非线性编辑 12
1.4.2　非线性编辑系统的构成 14
1.4.3　非线性编辑的工作流程 14
1.5　范例应用与上机操作 15
1.5.1　会声会影 2019 的应用领域 15
1.5.2　编辑器的基本流程 17
1.6　本章小结与课后练习 18
第 2 章　会声会影基础入门与操作 19
2.1　会声会影 2019 工作界面 20
2.1.1　菜单栏 20
2.1.2　步骤面板 20
2.1.3　选项面板 21
2.1.4　素材库 21
2.1.5　预览窗口和导览面板 22
2.1.6　项目时间轴 23
2.2　掌握会声会影 2019 步骤面板 26
2.2.1　【捕获】步骤面板 26
2.2.2　【编辑】步骤面板 27
2.2.3　【共享】步骤面板 27
2.3　项目的基本操作 28
2.3.1　新建项目文件 28
2.3.2　打开项目文件 29
2.3.3　保存项目文件 30
2.3.4　保存为压缩文件 31
2.4　设置系统参数属性 33
2.4.1　设置参数选择属性 33
2.4.2　设置项目属性 34
2.5　范例应用与上机操作 35
2.5.1　新建 HTML5 项目 35
2.5.2　将文件保存为智能包 36
2.5.3　另存为项目文件 38
2.6　本章小结与课后练习 39
第 3 章　应用素材库与视频模板 41
3.1　操作素材库 42
3.1.1　素材的预览 42
3.1.2　素材库的切换 42
3.1.3　对素材进行排序 43
3.1.4　更改素材库面板视图 43
3.2　管理素材库 44
3.2.1　视频素材的加载 44
3.2.2　重命名素材文件 45
3.2.3　删除素材文件 46
3.2.4　创建库项目 47
3.3　应用模板 48
3.3.1　应用树木图像模板 48
3.3.2　应用光影视频模板 49
3.4　应用“即时项目”素材库 50
3.4.1　应用【开始】主题模板 50
3.4.2　应用【当中】主题模板 51
3.4.3　应用【结尾】主题模板 53
3.4.4　应用【完成】主题模板 54
3.5　范例应用与上机操作 55
3.5.1　应用影音快手模板制作旅行视频 56

3.5.2 应用颜色模板制作转场效果视频......61
3.6 本章小结与课后练习......63

第4章 捕获与添加媒体素材......65

4.1 捕获视频素材......66
4.1.1 认识【捕获】选项面板......66
4.1.2 设置捕获参数......67
4.1.3 捕获视频......68
4.2 捕获静态图像......69
4.2.1 设置捕获图像参数......69
4.2.2 找到图像位置......69
4.2.3 捕获静态图像......70
4.3 捕获定格动画......71
4.3.1 创建定格动画项目......71
4.3.2 捕获定格动画......73
4.3.3 打开现有的定格动画项目......74
4.3.4 播放定格动画项目......75
4.4 捕获视频技巧......76
4.4.1 从手机中捕获视频......76
4.4.2 按照指定的时间长度捕获视频......77
4.5 范例应用与上机操作......78
4.5.1 将图像导入定格动画项目......79
4.5.2 屏幕捕捉......80
4.5.3 从数字媒体导入视频......81
4.6 本章小结与课后练习......83

第5章 编辑影片素材......85

5.1 添加与编辑素材......86
5.1.1 添加视频素材到视频轨......86
5.1.2 添加音频素材到音频轨......88
5.1.3 复制素材......89
5.1.4 移动素材......90
5.2 编辑影片素材......90
5.2.1 设置素材显示方式......91
5.2.2 设置素材的回放速度......91
5.2.3 分离视频与音频......92
5.2.4 调整视频素材音量......93
5.2.5 调整视频素材区间......93
5.2.6 组合多个视频片段......94
5.3 摇动缩放和运动追踪......95
5.3.1 使用默认摇动和缩放效果......95
5.3.2 自定义摇动和缩放效果......96
5.3.3 自定义动作特效......100
5.3.4 添加路径特效......102
5.3.5 运动追踪画面......103
5.4 调整图像色彩......106
5.4.1 调整图像色调效果......107
5.4.2 调整图像饱和度效果......108
5.4.3 调整图像亮度效果......108
5.4.4 调整图像对比度效果......109
5.4.5 调整图像 Gamma 效果......110
5.4.6 调整图像白平衡效果......111
5.5 范例应用与上机操作......113
5.5.1 反转视频画面......113
5.5.2 旋转视频素材......114
5.5.3 调整素材的顺序......115
5.6 本章小结与课后练习......116

第6章 视频剪辑......117

6.1 剪辑视频素材......118
6.1.1 使用黄色标记剪辑视频......118
6.1.2 通过修整栏剪辑视频......120
6.1.3 通过多重修整功能剪辑视频......121
6.1.4 通过按钮剪辑视频......124
6.2 特殊场景剪辑视频素材......125
6.2.1 使用变速按钮剪辑视频素材......125
6.2.2 使用区间剪辑视频素材......126
6.2.3 按场景分割视频素材......127
6.3 保存修整后的视频素材......129
6.3.1 将修整后的视频保存到素材库中......129
6.3.2 将修整后的视频输出为视频文件......130
6.4 多相机和重新映射时间......131

6.4.1 使用【多相机编辑器】剪辑视频画面 131

6.4.2 使用【重新映射时间】精修视频画面 135

6.5 范例应用与上机操作 138

6.5.1 显示网格线 138

6.5.2 转到特定时间码 139

6.6 本章小结与课后练习 140

第 7 章 应用转场制作视频特效 141

7.1 转场的基础知识 142

7.1.1 转场效果概述 142

7.1.2 认识转场面板 142

7.2 转场的基本操作 143

7.2.1 自动添加转场效果 143

7.2.2 手动添加转场效果 145

7.2.3 对素材应用当前转场效果 146

7.2.4 对素材应用随机效果 147

7.2.5 将转场效果添加到收藏夹 148

7.2.6 从收藏夹中删除转场效果 149

7.3 添加单色画面过渡效果 150

7.3.1 添加单色画面效果 150

7.3.2 自定义单色素材 152

7.3.3 添加黑屏过渡效果 153

7.4 转场效果的设置 154

7.4.1 调整转场效果的位置 155

7.4.2 调整转场的时间长度 155

7.4.3 设置转场边框效果 156

7.4.4 替换和删除转场效果 157

7.5 常用转场效果应用案例 159

7.5.1 制作对开门转场效果 159

7.5.2 制作相册转场效果 160

7.5.3 制作遮罩转场效果 162

7.5.4 制作顺时针清除转场效果 164

7.5.5 制作卷动转场效果 165

7.6 范例应用与上机操作 167

7.6.1 制作漩涡转场效果 167

7.6.2 制作滑动转场效果 169

7.6.3 制作闪光转场效果 170

7.7 本章小结与课后练习 171

第 8 章 应用滤镜制作视频特效 173

8.1 添加、删除与替换滤镜 174

8.1.1 添加单个滤镜效果 174

8.1.2 添加多个滤镜效果 175

8.1.3 删除滤镜效果 177

8.1.4 替换滤镜效果 177

8.2 设置滤镜效果 179

8.2.1 指定滤镜预设模式 179

8.2.2 自定义视频滤镜 180

8.3 调整视频的亮度和对比度 182

8.3.1 自动曝光滤镜 182

8.3.2 亮度和对比度滤镜 184

8.4 调整视频色彩 185

8.4.1 色彩平衡滤镜效果 186

8.4.2 添加关键帧消除视频偏色 187

8.5 视频滤镜应用案例 188

8.5.1 应用模糊滤镜效果 188

8.5.2 应用闪电滤镜效果 190

8.5.3 应用老电影滤镜效果 192

8.5.4 应用彩色笔滤镜效果 195

8.5.5 应用气泡滤镜效果 196

8.6 范例应用与上机操作 197

8.6.1 应用雨点滤镜制作下雨的森林效果 197

8.6.2 应用漫画滤镜制作惬意时光效果 199

8.7 本章小结与课后练习 201

第 9 章 运用覆叠与遮罩制作视频特效 203

9.1 覆叠的基础知识及操作 204

9.1.1 覆叠效果概述 204

9.1.2 添加覆叠素材 204

9.1.3 删除覆叠素材 205

9.2 调整覆叠素材 206

9.2.1 调整覆叠素材的形状 206

9.2.2 调整覆叠素材的对齐方式 207

9.2.3 调整覆叠素材的大小与位置......208
9.2.4 调整覆叠素材的区间......209
9.2.5 调整覆叠素材的透明度......210
9.3 应用遮罩效果......211
9.3.1 应用椭圆遮罩效果......211
9.3.2 应用花瓣遮罩效果......212
9.3.3 应用心形遮罩效果......213
9.3.4 应用渐变遮罩效果......214
9.4 制作覆叠效果......215
9.4.1 制作覆叠边框效果......216
9.4.2 使用色度键抠图......217
9.4.3 制作多轨覆叠效果......218
9.5 制作路径运动效果......221
9.5.1 添加路径效果......221
9.5.2 删除路径效果......222
9.5.3 自定义路径效果......222
9.6 范例应用与上机操作......225
9.6.1 应用 Flash 动画制作透空覆叠效果......225
9.6.2 制作特定遮罩效果......226
9.6.3 制作拼图画面效果......228
9.7 本章小结与课后练习......229

第 10 章 运用字幕制作视频特效......231

10.1 创建字幕......232
10.1.1 添加预设字幕......232
10.1.2 添加标题字幕......234
10.1.3 删除标题字幕......235
10.2 设置字幕样式......236
10.2.1 设置对齐样式......236
10.2.2 更改文本显示方向......237
10.3 编辑标题字幕属性......238
10.3.1 设置标题字幕区间与位置......239
10.3.2 设置标题字幕的字体、大小和颜色......240
10.3.3 设置旋转角度......242
10.3.4 设置字幕边框和阴影......243
10.3.5 设置文本背景颜色......244
10.4 制作动态字幕效果......246
10.4.1 制作淡化字幕效果......246
10.4.2 制作弹出字幕效果......247
10.4.3 制作缩放字幕效果......248
10.4.4 制作下降字幕效果......249
10.4.5 制作移动路径字幕效果......250
10.5 字幕编辑器......251
10.5.1 认识字幕编辑器......251
10.5.2 使用字幕编辑器......252
10.6 范例应用与上机操作......255
10.6.1 制作字幕扭曲变形效果......255
10.6.2 制作跑马灯字幕效果......256
10.7 本章小结与课后练习......258

第 11 章 制作视频背景音乐特效......259

11.1 应用音频素材的基本操作......260
11.1.1 添加音频素材......260
11.1.2 添加自动音乐......262
11.1.3 删除音频素材......263
11.1.4 录制画外音素材......264
11.2 调整音频素材......265
11.2.1 设置淡入淡出效果......265
11.2.2 调节音频音量......266
11.2.3 使用音量调节线控制音量......267
11.2.4 重置音频音量......269
11.2.5 调整音频素材的播放速度......269
11.3 使用混音器......270
11.3.1 使用混音器选择音频轨道......271
11.3.2 使用混音器播放并实时调节音量......271
11.3.3 使用混音器调节左右声道大小......272
11.3.4 使用混音器设置轨道音频静音......272
11.4 使用音频滤镜制作音频特效......273
11.4.1 添加音频滤镜......273
11.4.2 删除音频滤镜......274
11.4.3 使用音频滤镜制作长回声效果......275

11.4.4 使用滤镜去除背景音中的噪声......276

11.4.5 使用滤镜使背景声音等量化......277

11.5 范例应用与上机操作......279

11.5.1 制作【体育场】音频特效......279

11.5.2 制作【放大】音频特效......280

11.6 本章小结与课后练习......281

第 12 章 输出与共享视频文件......283

12.1 输出设置......284

12.1.1 认识共享选项面板......284

12.1.2 选择渲染种类......285

12.2 创建并保存视频文件......288

12.2.1 用整个项目创建视频文件......288

12.2.2 创建预览范围的视频文件......289

12.3 输出部分视频文件......291

12.3.1 输出独立的视频文件......291

12.3.2 输出独立的音频文件......293

12.4 输出到其他设备分享......294

12.4.1 输出到移动设备......294

12.4.2 输出到光盘......295

12.4.3 创建 3D 影片......301

12.4.4 上传视频至新浪微博进行分享......302

12.5 范例应用与上机操作......304

12.5.1 输出部分区间视频文件......304

12.5.2 输出 WMV 视频文件......306

12.6 本章小结与课后练习......307

课后练习答案......309

第 1 章

视频剪辑与基础入门

本章主要介绍数字视频编辑基本概念、数字视频技术、常见的视频和音频格式方面的知识与技巧，同时还讲解了数字视频编辑的相关知识。通过本章的学习，读者可以掌握视频剪辑与基础入门方面的知识，为深入学习会声会影 2019 中文版知识奠定基础。

1. 数字视频编辑基本概念
2. 数字视频技术
3. 常见的视频和音频格式
4. 数字视频编辑

Section 1.1

数字视频编辑基本概念

手机扫描下方二维码，观看本节视频课程

视频(video)泛指将一系列静态影像以电信号的方式加以捕捉、记录、处理、储存、传送与重现的各种技术。视频技术最早是为了电视系统而发展，但现在已经发展为各种不同的格式以利消费者将视频记录下来。本节主要概述视频编辑与影视制作的基础知识。

1.1.1 模拟信号与数字信号

现如今，数字技术正以异常迅猛的速度席卷全球的视频编辑领域，数字视频正逐步取代模拟视频，成为新一代视频应用的标准。下面详细介绍模拟信号与数字信号的相关知识。

1. 模拟信号

模拟信号是指用连续变化的物理量所表达的信息，通常又被称为连续信号。它在一定的时间范围内可以有无限多个不同的取值。实际生产生活中的各种物理量，如摄像机摄下的图像，录音机录下的声音，车间控制室所记录的压力、转速、湿度等都是模拟信号，如图 1-1 所示。

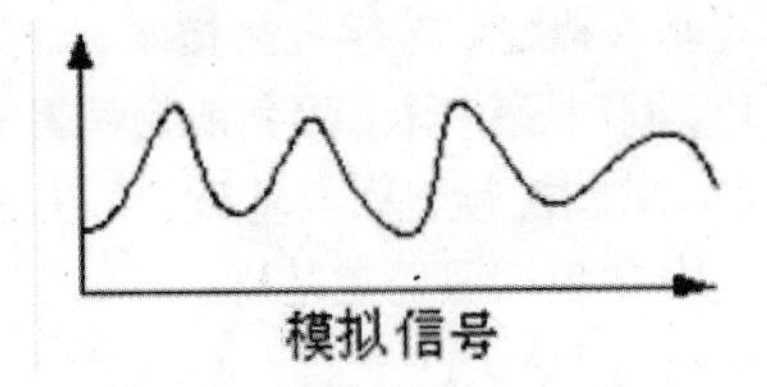

图 1-1

由于模拟信号的幅度、频率或相位都会随着时间和数值的变化而连续变化，使得任何干扰都会造成信号失真。长期以来的应用实践也证明，模拟信号会在复制或传输过程中，不断发生衰减，并混入噪波，从而使其保真度大幅降低。对此，人们想了许多办法。一种是采取各种措施来抗干扰，如给传输线加上屏蔽；再如采用调频载波来代替调幅载波等，但是这些办法都不能从根本上解决干扰的问题。另一种办法是设法除去信号中的噪声，把失真的信号恢复过来，但是对于模拟信号来说，由于无法从已失真的信号中较准确地推知原来不失真的信号，使得这种办法很难有效，有时甚至越弄越糟。

2. 数字信号

数字信号是指自变量是离散的、因变量也是离散的信号，这种信号的自变量用整数表示，因变量用有限数字中的一个数字来表示。在计算机中，数字信号的大小常用有限位的二

进制数表示，如图 1-2 所示。

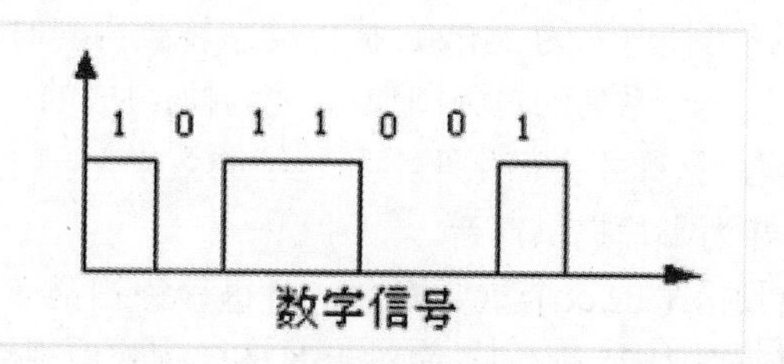

图 1-2

在数字电路中，由于数字信号只有 0、1 两个状态，它的值是通过中央值来判断的，在中央值以下规定为 0，在中央值以上规定为 1，因此即使混入了其他干扰信号，只要干扰信号的值不超过阈值范围，就可以再现原来的信号。即使因干扰信号的值超过阈值范围而出现了误码，只要采用一定的编码技术，也很容易将出错的信号检测出来并加以纠正。因此，与模拟信号相比，数字信号在传输过程中具有更高的抗干扰能力、更远的传输距离，且失真幅度更小。

由于数字信号的幅值为有限数值，因此在传输过程中虽然也会受到噪声干扰，但当信噪比恶化到一定程度时，只需要在适当的距离采用判决再生的方法，即可生成无噪声干扰，且和最初发送时一模一样的数字信号。

1.1.2 帧速率和场

帧、帧速率、场和扫描方式这些词汇都是视频编辑中常常会出现的专业术语，它们都与视频播放有关。下面将逐一对这些专业术语和与其相关的知识进行详细介绍。

1. 帧

帧就是影像动画中最小单位的单幅影像画面，相当于电影胶片上的每一格镜头。一帧就是一幅静止的画面，连续的帧就形成动画。在早期的动画制作中，这些图像中的每一张都需要动画师绘制出来，如图 1-3 所示。

图 1-3

2. 帧速率

帧速率是指每秒钟刷新的图片的帧数，也可以理解为图形处理器每秒钟能够刷新几次。

对影片内容而言，帧速率指每秒所显示的静止帧格数。要生成平滑连贯的动画效果，帧速率一般不小于8fps；而电影的帧速率为24fps。捕捉动态视频内容时，此数字越高越好。

像电影一样，视频是由一系列的单独图像(称之为帧)组成的，并放映到观众面前的屏幕上。每秒钟放24～30帧，这样才会产生平滑和连续的效果。在正常情况下，一个或者多个音频轨迹与视频同步，并为影片提供声音。

帧速率也是描述视频信号的一个重要概念，对每秒钟扫描多少帧有一定的要求。对于PAL制式电视系统，帧速率为25帧/秒，而对于NTSC制式电视系统，帧速率为30帧/秒。虽然这些帧速率足以提供平滑的运动，但它们还没有高到足以使视频显示避免闪烁的程度。根据实验，人的眼睛可觉察到以低于1/50秒的速度刷新图像中的闪烁。然而，要求帧速率提高到这种程度，要求显著增加系统的频带宽度，这是相当困难的。

3. 隔行扫描和逐行扫描

通常显示器分逐行扫描和隔行扫描两种扫描方式。

逐行扫描相对于隔行扫描是一种先进的扫描方式，它是指显示屏显示图像进行扫描时，从屏幕左上角的第一行开始逐行进行，整个图像扫描一次完成。因此图像显示画面闪烁小，显示效果好。目前先进的显示器大都采用逐行扫描方式。

隔行扫描就是每一帧被分割为两场，每一场包含了一帧中所有的奇数扫描行或者偶数扫描行，通常是先扫描奇数行得到第一场，然后扫描偶数行得到第二场。隔行扫描是传统的电视扫描方式。按我国电视标准，一幅完整图像垂直方向由625条扫描线构成，一幅完整图像分两次显示，首先显示奇数场(1、3、5、…)，再显示偶数场(2、4、6、…)。由于线数是恒定的，因此屏幕越大，扫描线越粗，大屏幕的背投电视扫描线几乎有几毫米宽，而小屏幕电视扫描线相对细一些，如图1-4所示。

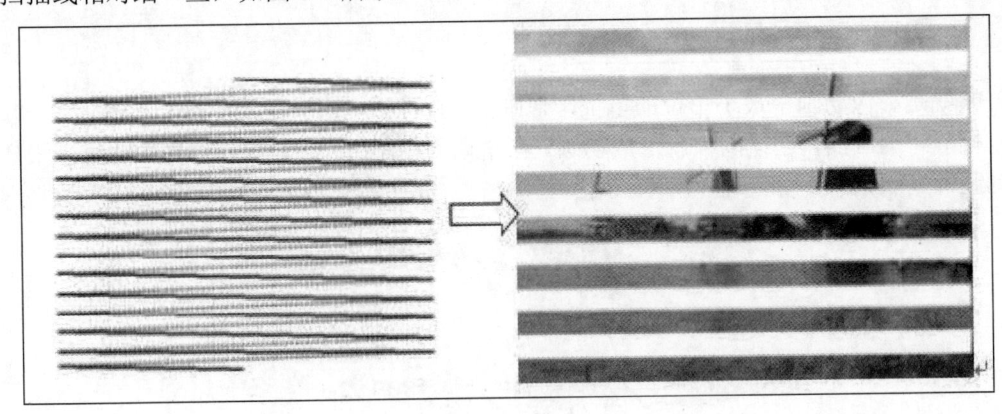

图 1-4

逐行扫描是使电视机按(1、2、3、…)的顺序一行一行地显示一幅图像，构成一幅图像的625行一次显示完成的一种扫描方式。由于每一幅完整画面由625条扫描线组成，观看电视时，扫描线几乎不可见，垂直分辨率较隔行扫描提高了一倍，完全克服了大面积的闪烁的隔行扫描固有的缺点，使图像更为细腻、稳定，在大屏幕电视上观看时效果尤佳，即便是长时间近距离观看，眼睛也不易疲劳，如图1-5所示。

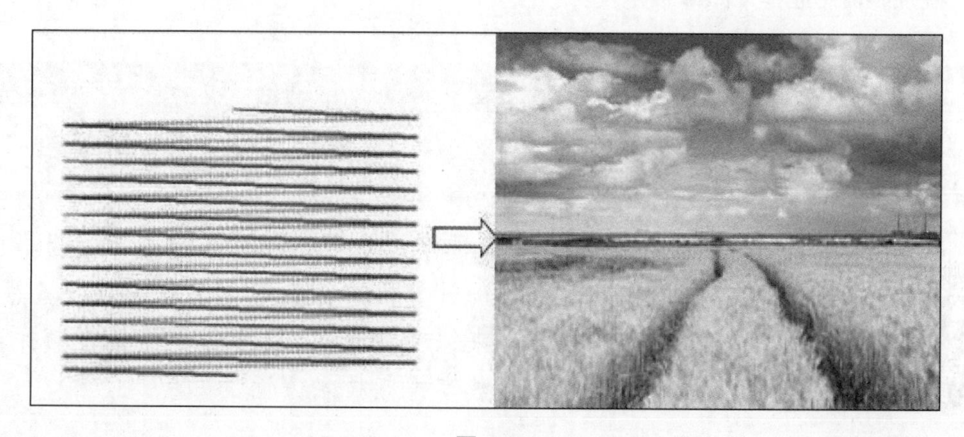

图 1-5

4. 场

在采用隔行扫描方式进行播放的显示设备中，每一帧画面都会被拆分开进行显示，而拆分后得到的残缺画面即被称为“场”。也就是说，帧速率为 30fps 的显示设备，实质上每秒需要播放 60 场画面；而对于帧速率为 25fps 的显示设备来说，其每秒需要播放 50 场画面。

在这一过程中，一幅画面首先显示的场被称为“上场”，而紧随其后进行播放的、组成该画面的另一场则被称为“下场”。

“场”的概念仅适用于采用隔行扫描方式进行播放的显示设备(如电视机)，对于采用胶片进行播放的显像设备(胶片放映机)来说，由于其显像原理与电视机类产品完全不同，因此不会出现任何与“场”有关的内容。

1.1.3 分辨率和像素比

分辨率和像素比是不同的概念，分辨率可以从显示分辨率与图像分辨率两个方向来分类。显示分辨率(屏幕分辨率)是屏幕图像的精密度，是指显示器所能显示的像素有多少。由于屏幕上的点、线和面都是由像素组成的，显示器可显示的像素越多，画面就越精细，同样的屏幕区域内能显示的信息也越多，因此分辨率是非常重要的性能指标之一。可以把整个图像想象成一个大型的棋盘，而分辨率的表示方式就是所有经线和纬线交叉点的数目。显示分辨率一定的情况下，显示屏越小图像越清晰，反之，显示屏大小固定时，显示分辨率越高图像越清晰。图像分辨率则是单位英寸中所包含的像素点数，其定义更趋近于分辨率本身的定义。

像素比是指图像中的一个像素的宽度与高度之比，而帧纵横比则是指图像的一帧的宽度与高度之比。如某些 D1/DV NTSC 图像的帧纵横比是 4∶3，但使用方形像素(1.0 像素比)的是 640×480，使用矩形像素(0.9 像素比)的是 720×480。DV 基本上使用矩形像素，在 NTSC 视频中是纵向排列的，而在 PAL 制式视频中是横向排列的。使用计算机图形软件制作生成的图像大多使用方形像素。

Section 1.2 数字视频技术

手机扫描下方二维码，观看本节视频课程

进入21世纪，随着数字技术的不断发展，影片编辑早已由直接剪接胶片演变至借助计算机进行数字化编辑的阶段。然而，无论是通过怎样的方法来编辑视频，其实质都是组接视频片段的过程。本节将重点介绍数字视频技术方面的知识。

1.2.1 电视制式

在电视系统中，发送端将视频信息以电信号形式进行发送，电视制式便是在其间实现图像、伴音及其他信号正常传输与重现的方法与技术标准，因此也称为电视标准。目前，应用最为广泛的彩色电视制式主要有3种类型，分别是NTSC制式、PAL制式和SECAM制式，下面详细介绍这3种制式。

1. NTSC制式

NTSC制式由美国国家电视标准委员会(National Television System Committee)制定，主要应用于美国、加拿大、日本、韩国、菲律宾，以及中国台湾等国家和地区。由于采用了正交平衡调幅的技术方式，因此NTSC制式也被称为正交平衡调幅制式电视信号标准，其优点是视频播出端的接收电路较为简单。但由于NTSC制式存在相位容易失真、色彩不太稳定(易偏色)等缺点，因而此类电视都会提供一个手动控制的色调电路供用户选择使用。

符合NTSC制式的视频播放设备至少拥有525行扫描线、分辨率为720×480的电视线，工作时，采用的是隔行扫描方式来进行播放，帧速率为29.97fps，因此每秒约可以播放60场画面。

2. PAL制式

PAL制式是在NTSC制式基础上研制出的一种改进方案，其目的主要是克服NTSC制式对相位失真的敏感性。PAL制式的原理是将电视信号内的两个色差信号分别采用逐行倒相和正交调制的方法进行传送。这样一来，当信号在传输过程中出现相位失真时，便会由于相邻两行信号的相位相反而起到互相补偿的作用，从而有效地克服了因相位失真而引起的色彩变化。此外，PAL制式在传输时受多径接收而出现彩色重影的影响也较小。不过，PAL制式的编/解码器较NTSC制式的相应设备要复杂许多，信号处理也较麻烦，接收设备的造价也较高。

PAL制式也采用了隔行扫描的方式进行播放，共有625行扫描线，分辨率为720×576的电视线，帧速率为25fps。目前，PAL彩色电视制式广泛应用于德国、中国、中国香港、英国、意大利等国家和地区。

不同国家和地区的 PAL 制式电视信号也存在一定的差别。例如，我国采用的是 PAL-D 制式，英国、中国香港、中国澳门使用的是 PAL-I 制式，新加坡则使用的是 PAL-B/G 或 D/K 制式等。

3. SECAM 制式

SECAM 意为“顺序传送彩色信号与存储恢复彩色信号制”，是由法国在 1966 年制定的一种彩色电视制式。与 PAL 制式相同的是，该制式也克服了 NTSC 制式相位易失真的缺点，但在色度信号的传输与调制方式上却与前两者有着较大差别。总体来说，SECAM 制式的特点是彩色效果好、抗干扰能力强，但兼容性相对较差。

在使用中，SECAM 制式同样采用了隔行扫描的方式进行播放，共有 625 行扫描线，分辨率为 720×576 的电视线，帧速率则与 PAL 制式相同。目前，该制式主要应用于俄罗斯、法国、埃及、罗马尼亚等国家。

1.2.2 高清视频技术解析

高清视频技术，即 High Definition，意为“高分辨率”。由于视频画面的分辨率越高，视频所呈现出的画面也就越清晰，因此“高清视频”代表的便是高清晰度、高画质的视觉享受。

目前，将视频以画面清晰度来界定，大致可分为“普通清晰度”“标准清晰度”和“高清晰度”这 3 种层次，各部分之间的标准如表 1-1 所示。

表 1-1 视频画面清晰度分级参数详解

项目名称	普通视频	标清视频	高清视频
垂直分辨率	400i	720p 或 1080i	1080p
播出设备类型	LDTV 普通清晰度电视	SDTV 标准清晰度电视	HDTV 高清晰度电视
播出设备参数	480 条垂直扫描线	720～1080 条可见垂直扫描线	1080 条可见垂直扫描线
部分产品	DVD 视频盘等	HD DVD、Blu-ray 视频盘等	HD DVD、Blu-ray 视频盘等

1.2.3 数字视频压缩技术

数字视频压缩是指通过特定的压缩技术，将某个视频格式的文件转换成另一种视频格式文件的方式。目前视频流传输中最为重要的编解码标准有国际电联的 H.261、H.263，运动静止图像专家组的 M-JPEG 和国际标准化组织运动图像专家组的 MPEG 系列标准。下面详细介绍数字视频压缩技术方面的知识。

1. H.261 标准

H.261 标准是为 ISDN 设计的，主要针对实时编码和解码而设计，压缩和解压缩的信号延时不超过 150ms，码率为 p×64kbps(p=1~30)。

H.261 标准主要采用运动补偿的帧间预测、DCT 变换、自适应量化、熵编码等压缩技术。

只有I帧和P帧，没有B帧，运动估计精度只精确到像素级。支持两种图像扫描格式，分别是QCIF和CIF。

2. H.263标准

H.263标准是甚低码率的图像编码国际标准，它一方面以H.261为基础，以混合编码为核心，其基本原理框图和H.261十分相似，原始数据和码流组织也相似；另一方面，H.263也吸收了MPEG等其他一些国际标准中有效、合理的部分，如半像素精度的运动估计、PB帧预测等，使它性能优于H.261。H.263与H.261相比较，有如下差别：

- H.263的运动补偿使用半像素精度，而H.261则用全像素精度和循环滤波。
- 数据流层次结构的某些部分在H.263中是可选的，使得编/解码可以拥有更低的数据传输率或更好的纠错能力。
- H.263包含4个可协商的选项以改善性能。
- H.263采用无限制的运动向量以及基于语法的算术编码。
- 采用事先预测和与MPEG中的P-B帧一样的帧预测方法。
- H.263支持更多的分辨率标准。

3. MPEG标准

MPEG又被称为动态图像专家组，英文全称为Moving Pictures Experts Group，标准是由ISO(国际标准化组织)所制定并发布的视频、音频、数据压缩技术，目前共有MPEG-1、MPEG-2、MPEG-4、MPEG-7及MPEG-21等多个版本。

- MPEG-1：是专为CD光盘所定制的一种视频和音频压缩格式，其特点是随机访问，拥有灵活的帧率，运动补偿可跨越多个帧等；不足之处在于压缩比还不够大，且图像质量较差，最大清晰度仅为352×288。
- MPEG-2：其设计目的是提高视频数据传输率。MPEG-2能够提供3~10Mbps的数据传输率，在NTSC制式下可流畅输出720×486分辨率的画面。
- MPEG-4：是一种为满足数字电视、交互式绘图应用、交互式多媒体等多方面内容整合及压缩需求而制定的国际标准。MPEG -4旨在为多媒体通信及应用环境提供标准的算法及工具，从而建立起一种能够被多媒体等领域普遍采用的统一格式。
- MPEG-7：其目标是产生一种描述多媒体内容数据的标准，满足实时、非实时以及推拉应用的需求。
- MPEG-21：致力于为多媒体传输和使用定义一个标准化的、可互操作的和高度自动化的开放框架，使其可以为用户提供更丰富的信息。MPEG-21标准其实就是一些关键技术的集成，通过这种集成环境对全球数字媒体资源进行增强管理。

1.2.4 流媒体技术

流媒体技术，又被称为流式媒体技术。所谓流媒体技术就是把连续的影像和声音信息经过压缩处理后放上网站服务器，让用户一边下载一边观看、收听，而不需等到整个压缩文件

下载到自己的计算机上才可以观看的网络传输技术。

该技术先在用户端的计算机上创建一个缓冲区，在播放前预先下载一段数据作为缓冲，在网络实际连线速度小于播放的速度时，播放程序就会取用一小段缓冲区内的数据，这样可以避免播放的中断，也使得播放品质得以保证。

知识精讲

目前，主流的流媒体技术共有以下几种：Real Networks 公司的 Real System、Microsoft 公司的 Windows Media Technology、Apple 公司的 Quick Time 以及 Adobe 公司的 Flash Video 等。

Section 1.3 常见的视频和音频格式

非线性编辑的出现，使得视频影像的处理方式进入了数字时代。与之相应的是，影像的数字化记录方法也更加多样化，在编辑视频影片之前，用户首先需要了解视频和音频格式常识。本节将详细介绍常用视频和音频格式方面的知识。

1.3.1 视频格式

随着视频编码技术的不断发展，视频文件的格式种类也变得极为丰富。为了更好地编辑影片，用户必须熟悉各种常见的视频格式，以便在编辑影片时能够灵活使用不同格式的视频素材。下面详细介绍常用视频格式方面的知识。

1. MPEG/MPG/DAT 格式

MPEG/MPG/DAT 类型的视频文件都是由 MPEG 编码技术压缩而成的视频文件，被广泛应用于 VCD/DVD 和 HDTV 的视频编辑与处理等方面。其中，VCD 内的视频文件由 MPEG 1 编码技术压缩而成(刻录软件会自动将 MPEG 1 编码的视频文件转换为 DAT 格式)，DVD 内的视频文件则由 MPEG 2 压缩而成。

2. MOV 格式

MOV 是由 Apple 公司所研发的一种视频格式，是基于 QuickTime 音视频软件的配套格式。MOV 格式不仅能够在 Apple 公司所生产的 Mac 机上进行播放，还可以在基于 Windows 操作系统的 QuickTime 软件中播放文件，MOV 格式也逐渐成为使用较为频繁的视频文件格式。

3. AVI 格式

AVI 是由微软公司所研发的视频格式，其优点是允许影像的视频部分和音频部分交错在

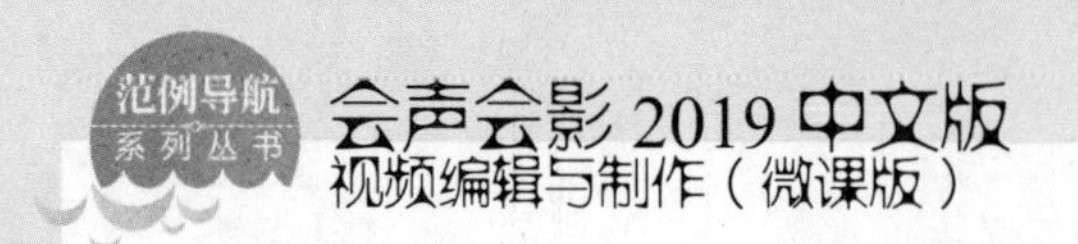

一起同步播放，调用方便、图像质量好，缺点是文件体积过于庞大。

4. ASF 格式

ASF(Advanced Streaming Format，高级流格式)，是微软公司为了和现在的 Real Networks 竞争而发展出来的一种可直接在网上观看视频节目的文件压缩格式。ASF 使用了 MPEG 4 压缩算法，其压缩率和图像的质量都很不错。

5. WMV 格式

WMV 是一种可在互联网上实时传播的视频文件类型，其主要优点在于可扩充的媒体类型、本地或网络回放、可伸缩的媒体类型、流的优先级化、多语言支持、高扩展性等。

6. RM/RMVB 格式

RM/RMVB 是按照 Real Networks 公司所制定的音频/视频压缩规范而创建的视频文件格式。RM 格式的视频文件只适于本地播放，而 RMVB 除了能够进行本地播放外，还可通过互联网进行流式播放，使用户只需进行短时间的缓冲，便可不间断地长时间欣赏影视节目。

1.3.2 常用音频格式

在使用会声会影编辑影片的过程中，用户可以使用音频来丰富视频编辑的效果。下面详细介绍常用音频格式方面的知识。

1. WAVE 格式

WAVE(*.WAV)是微软公司开发的一种声音文件格式，用于保存 Windows 平台的音频信息资源，支持 MSADPCM、CCITT A LAW 等多种压缩算法，同时也支持多种音频位数、采样频率和声道。标准格式的 WAV 文件采用 44.1kHz 的采样频率，速率 88kbps，16 位量化位数，是各种音频文件中音质最好的，同时它的体积也是最大的。

2. AIFF 格式

AIFF 是音频交换文件格式(Audio Interchange File Format)的英文缩写，是一种文件格式存储的数字音频(波形)的数据。AIFF 应用于个人电脑及其他电子音响设备以存储音乐数据。AIFF 支持 ACE2、ACE8、MAC3 和 MAC6 压缩，支持 16 位 44.1kHz 立体声。

3. MP3 格式

MP3 是一种采用了有损压缩算法的音频文件格式。由于 MP3 在采用心理声学编码技术的同时结合了人们的听觉原理，因此剔除了某些人耳分辨不出的音频信号，从而实现了高达 1∶12 或 1∶14 的压缩比。

此外，MP3 还可以根据不同需要采用不同的采样频率进行编码，如 96Kbps、112Kbps、128Kbps 等。其中，使用 128Kbps 采样频率所获得的 MP3 的音质非常接近于 CD 音质，但其大小仅为 CD 音乐的 1/10，因此成为目前最为流行的一种音乐文件。

4. WMA 格式

WMA(Windows Media Audio)，是微软公司推出的与 MP3 格式齐名的一种新的音频格式。由于 WMA 在压缩比和音质方面都超过了 MP3，更是远胜于 RA(Real Audio)，因此即使在较低的采样频率下也能产生较好的音质。

5. OggVorbis 格式

OggVorbis 是一种新的音频压缩格式，类似于 MP3 等现有的音乐格式。但有一点不同的是，它是完全免费、开放和没有专利限制的。Vorbis 是这种音频压缩机制的名字，而 Ogg 则是一个计划的名字，该计划意图设计一个完全开放性的多媒体系统。目前该计划只实现了 OggVorbis 这一部分。

OggVorbis 文件的扩展名是*.OGG。这种文件的设计格式是非常先进的。这种文件格式可以不断地进行大小和音质的改良，而不影响旧有的编码器或播放器。

6. AMR 格式

AMR 全称 Adaptive Multi-Rate，自适应多速率编码，是主要用于移动设备的音频，压缩比较大，但相对其他的压缩格式质量比较差，由于多用于人声、通话，效果还是很不错的。

7. MIDI 格式

MIDI(Musical Instrument Digital Interface)格式被经常玩音乐的人使用，MIDI 允许数字合成器和其他设备交换数据。MID 文件格式由 MIDI 继承而来。MID 文件并不是一段录制好的声音，而是记录声音的信息，然后再告诉声卡如何再现音乐的一组指令。这样一个 MIDI 文件每存 1 分钟的音乐只用 5KB～10KB。MID 文件主要用于原始乐器作品、流行歌曲的业余表演、游戏音轨以及电子贺卡等。

1.3.3 高清视频

现今视频主要有一般、标准、高清、超清几种。高清视频就是现在的 HDTV。

要解释 HDTV，首先要了解 DTV。DTV 是一种数字电视技术，是当下传统模拟电视技术的接班人。所谓的数字电视，是指从演播室到发射、传输、接收过程中的所有环节都是使用数字电视信号，或对该系统所有的信号传播都是通过由二进制数字所构成的数字流来完成的。数字信号的传播速率为每秒 19.39 兆字节，如此大的数据流传输速度保证了数字电视的高清晰度，克服了模拟电视的先天不足。同时，由于数字电视可以允许几种制式信号的同时存在，因此每个数字频道下又可分为若干个子频道，能够满足以后频道不断增多的需求。

HDTV 是 DTV 标准中最高的一种，即 high definition TV。

HDTV 规定了视频必须至少具备 720 线非交错式(720p，p 代表逐行)或 1080 线交错式隔行(1080i，i 代表隔行)扫描，屏幕纵横比为 16∶9。音频输出为 5.1 声道(杜比数字格式)，同时能兼容接收其他较低格式的信号并进行数字化处理重放。

HDTV 有常见的三种分辨率，分别是 720P(1280×720P，非交错式。欧美国家有的电视台就是用这种分辨率)、1080 i(1920×1080，隔行扫描)、1080p(1920×1080，逐行扫描)，其中网络上使用的以 720P 和 1080p 最为常见，480p 属于标清，480p 的效果就是市面上的 DVD 效果。

480p 是一种视频显示格式。字母 p 表示逐行扫描 (progressive scan)，数字 480 表示其垂直分辨率，也就是垂直方向有 480 条水平线的扫描线；而每条水平线分辨率有 640 个像素，纵横比(aspect ratio)为 4∶3，即通常所说的标准电视格式(standard-definition television，SDTV)。帧频通常为 30Hz 或者 60Hz。一般描述该格式时，最后的数字通常表示帧频。480p 通常应用在使用 NTSC 制式的国家和地区，例如北美、日本等。480p60 格式被认为是准高清晰电视格式(enhanced-definition television，EDTV)。

知识精讲

行频也被称为水平扫描率，是指电子枪每秒在荧光屏上扫描水平线的数量，以 kHz 为单位，属于显示设备的固定工作参数。显示设备的行频越大，其工作越稳定。

Section 1.4 数字视频编辑

手机扫描下方二维码，观看本节视频课程

使用影像录制设备获取视频后，用户通常还要对其进行剪切、重新编排等一系列处理，这个操作过程被统称为视频编辑操作，而当用户以数字方式来完成这一任务时，整个过程便称为数字视频编辑。本节将介绍数字视频编辑基础方面的知识。

1.4.1 线性编辑与非线性编辑

在电影电视的发展过程中，视频节目的制作先后经历了“物理剪辑”“电子编辑”和“数字编辑”3 个不同发展阶段，其编辑方式也先后出现了线性编辑和非线性编辑。下面分别介绍线性编辑与非线性编辑方面的知识。

1. 线性编辑

线性编辑是电视节目的传统编辑方式，是一种需要按时间顺序从头至尾进行编辑的节目制作方式。它所依托的是以一维时间轴为基础的线性记录载体，如磁带编辑系统。素材在磁带上按时间顺序排列，这种编辑方式要求编辑人员首先编辑素材的第一个镜头，结尾的镜头最后编，它意味着编辑人员必须对一系列镜头的组接做出确切的判断，事先做好构思，因为

一旦编辑完成，就不能轻易改变这些镜头的组接顺序。因为对编辑带的任何改动，都会直接影响到记录在磁带上的信号的真实地址的重新安排，从改动点以后直至结尾的所有部分都将受到影响，需要重新编一次或者进行复制。

线性编辑具有如下优点：

- 可以很好地保护原来的素材，能多次使用。
- 不损伤磁带，能发挥磁带能随意录、随意抹去的特点，降低制作成本。
- 能保持同步与控制信号的连续性，组接平稳，不会出现信号不连续的情况。
- 可以迅速而准确地找到最适当的编辑点，正式编辑前可预先检查，编辑后可立刻观看编辑效果，发现不妥可马上修改。
- 声音与图像可以做到完全吻合，还可各自分别进行修改。

线性编辑具有如下缺点：

- 线性编辑系统只能在一维的时间轴上按照镜头的顺序一段一段地搜索，不能跳跃进行，因此素材的选择很费时间，影响了编辑效率。
- 模拟信号经多次复制，信号严重衰减，声画质量降低。
- 线性的编辑难以对半成品完成随意的插入或删除等操作。
- 线性编辑系统连线复杂，有视频线、音频线、控制线、同步机，构成复杂，可靠性相对降低，经常出现不匹配的现象。
- 较为生硬的操作界面限制制作人员创造性的发挥。

2. 非线性编辑

传统的线性视频编辑是按照信息记录顺序，从磁带中重放视频数据来进行编辑，需要较多的外部设备，如放像机、录像机、特技发生器、字幕机，工作流程十分复杂。非线性编辑是指剪切、复制和粘贴素材时无须在存储介质上对其进行重新安排的视频编辑方式。非线性编辑在编辑视频的同时，还能实现诸多处理效果，例如添加视觉特技、更改视觉效果等操作的视频编辑方式。现在绝大多数的电视电影制作机构都采用了非线性编辑系统。

非线性编辑(简称非编)系统是计算机技术和电视数字化技术的结晶。它使电视制作的设备由分散到简约，制作速度和画面效果均有很大提高。非线性编辑具有如下特点。

- 信号质量高：使用非线性编辑系统，无论用户如何处理或者编辑，复制多少次，信号质量将是始终如一的。当然，由于信号的压缩与解压缩编码，多少存在一些质量损失，但与“线性编辑”相比，损失大大减小。
- 制作水平高：在非线性编辑系统中，大量的素材都存储在硬盘上，可以随时调用，不必费时费力地逐帧寻找。素材的搜索极其容易，使整个编辑过程就像文字处理一样，既灵活又方便。
- 设备寿命长：非线性编辑系统对传统设备的高度集成，使后期制作所需的设备降至最少，有效地节约了投资。而且由于是非线性编辑，用户可以避免磁鼓的大量磨损，使得录像设备的寿命大大延长。
- 便于升级：非线性编辑系统，所采用的是易于升级的开放式结构，支持许多第三方的硬件、软件。通常，功能的增加只需要通过软件的升级就能实现。

- 网络化：非线性编辑系统可充分利用网络方便地传输数码视频，实现资源共享，还可利用网络上的计算机协同创作，对数码视频资源进行管理、查询。

1.4.2 非线性编辑系统的构成

非线性编辑系统的构成，主要靠软件与硬件两方面的共同支持。目前，一套完整的非线性编辑系统，其硬件部分至少应包括一台多媒体计算机，此外还需要非线性编辑视频卡、IEEE 1394卡以及其他专用板卡和外围设备等，如图1-6所示。其中，视频卡用于采集和输出模拟视频，也就是担负着模拟视频与数字视频之间相互转换的功能，如图1-7所示。

图1-6

图1-7

从软件上看，非线性编辑系统主要由非线性编辑软件、图像处理软件、二维动画软件、三维动画软件和音频处理软件等软件构成。

1.4.3 非线性编辑的工作流程

非线性编辑的工作流程可简单分为输入、编辑和输出3个步骤。本节介绍非线性编辑的工作流程。

1. 素材采集与输入

素材是视频节目的基础，因此收集、整理素材后将其导入编辑系统，便成为正式编辑视频节目前的首要工作。利用Premiere Pro CC的素材采集功能，用户可以方便地将磁带或其他存储介质上的模拟音视频信号转换为数字信号存储在计算机中，并将其导入至编辑项目中，使其成为可以处理的素材。

2. 素材编辑

多数情况下，并不是素材中的所有部分都会出现在编辑完成的视频中。很多时候，视频编辑人员需要使用剪切、复制、粘贴等方法，选择素材内最合适的部分，然后按一定顺序将

不同素材组接成一段完整的视频，而上述操作便是编辑素材的过程。

3. 特技处理

由于拍摄手段与技术及其他原因的限制，很多时候人们都无法直接得到所需要的画面效果。此时，视频编辑人员便需要通过特技处理向观众呈现此类难拍摄或根本无法拍摄到的画面效果。

4. 字幕添加

字幕是影视节目的重要组成部分，在该方面 Premiere Pro 拥有强大的字幕制作功能，操作也极其简便。除此之外，Premiere Pro CC 还内置了大量的字幕模板，很多时候用户只需借助字幕模板，便可以获得令人满意的字幕效果。

5. 影片输出

视频节目在编辑完成后，就可以输出回录到录像带上。当然，根据需要也可以将其输出为视频文件，以便发布到网上，或者直接刻录成 VCD 光盘、DVD 光盘等。

Section 1.5 范例应用与上机操作

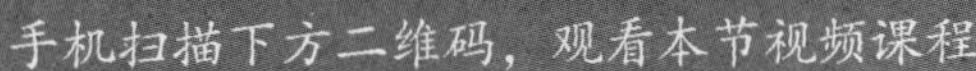

手机扫描下方二维码，观看本节视频课程

通过本章的学习，读者基本可以掌握视频剪辑与基础入门的基本知识以及一些常见的操作方法，本小节将通过一些范例应用，如会声会影 2019 的应用领域、编辑器的基本流程，练习上机操作，以达到巩固学习、拓展提高的目的。

1.5.1 会声会影 2019 的应用领域

会声会影 2019 因其功能强大、操作简单等特点，被越来越多地应用到各个领域。下面介绍会声会影 2019 应用领域方面的知识。

1. 制作珍藏光盘

使用会声会影 2019，用户可以十分方便地将制作好的视频创建成光盘，方便用户珍藏留念，如图 1-8 所示。

2. 输出 3D 视频文件

在会声会影 2019 中，用户可以将相应的视频文件输出为 3D 视频文件，主要包括 MPEG-2

格式、WMV 格式和 AVC 格式等，用户可根据实际情况选择相应的视频格式进行视频文件的输出操作，如图 1-9 所示。

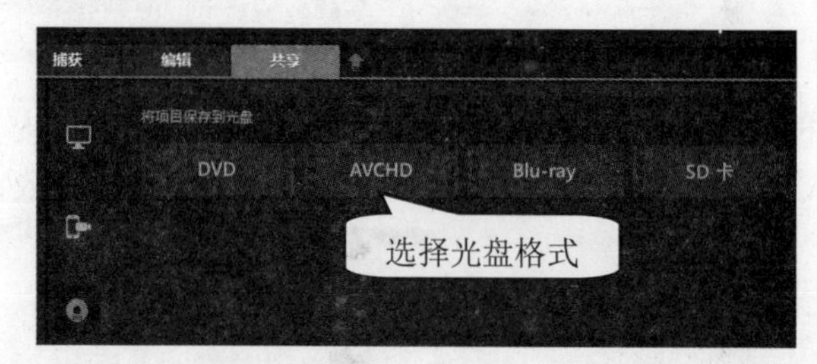

图 1-8

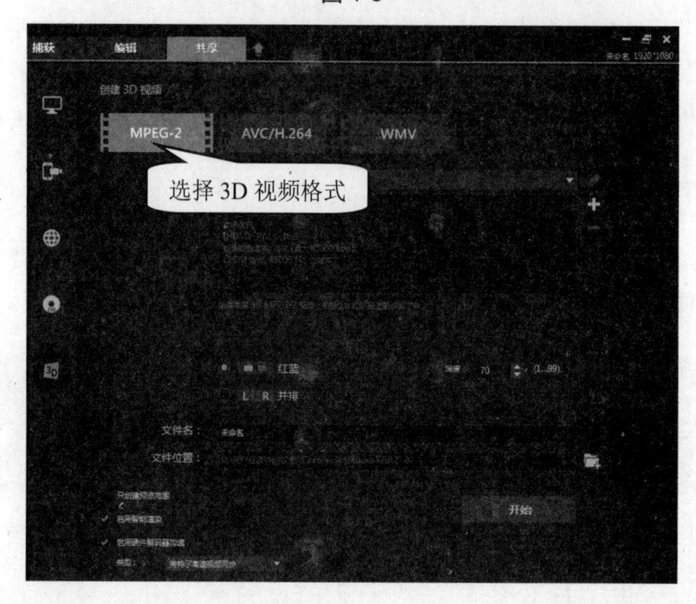

图 1-9

3. 输出网络视频

使用会声会影 2019，用户可以将制作好的视频文件发布到网络中，与亲友共同分享，如图 1-10 所示。

图 1-10

4. 输出保存到可移动设备或摄像机的文件

使用会声会影 2019，用户可以输出保存到可移动设备或摄像机的文件，如图 1-11 所示。

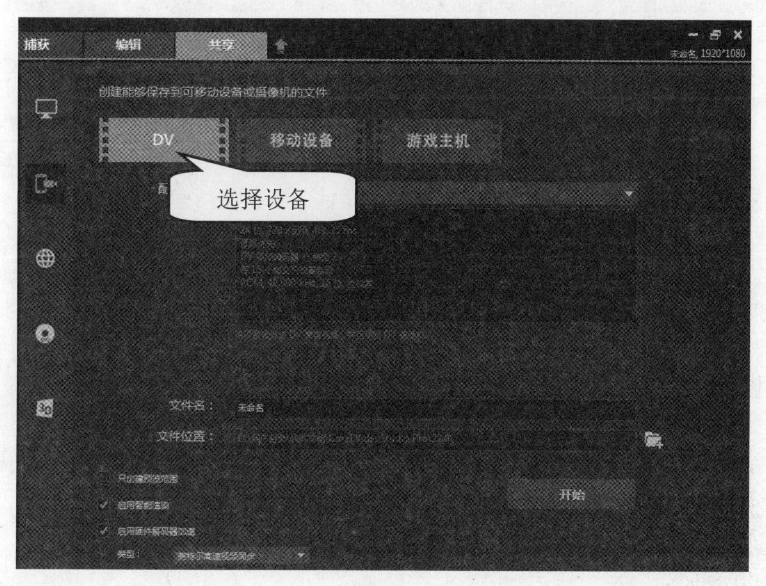

图 1-11

1.5.2 编辑器的基本流程

会声会影 2019 主要通过捕获、编辑和共享 3 个步骤来完成影片的编辑工作，如图 1-12 所示。

在制作影片时首先要捕获视频素材，然后修整素材，排列各素材的顺序，应用转场并添加覆叠、标题、背景音乐等。这些元素被安排在不同的轨上，对某一处轨进行修改或编辑时不会影响到其他的轨，如图 1-13 所示。

图 1-12

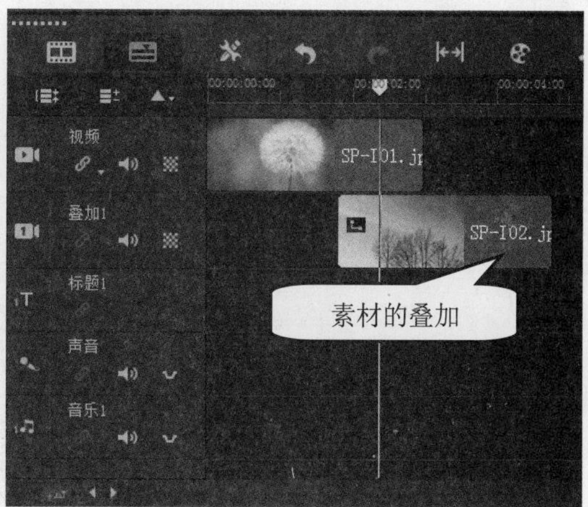

图 1-13

Section 1.6 本章小结与课后练习

本节内容无视频课程

通过本章的学习，读者基本可以掌握视频剪辑与基础入门的基本知识以及一些常见的操作方法，下面通过练习几道习题，达到巩固与提高的目的。

一、填空题

1. ____就是影像动画中最小单位的单幅影像画面，相当于电影胶片上的每一格镜头。
2. ___是指每秒钟刷新的图片的帧数，也可以理解为图形处理器每秒钟能够刷新几次。

二、判断题

1. 线性编辑是电视节目的传统编辑方式，是一种需要按时间顺序从头至尾进行编辑的节目制作方式。（ ）
2. 线性编辑系统的构成，主要靠软件与硬件两方面的共同支持。（ ）

三、思考题

1. 非线性编辑的工作流程有哪些？
2. 会声会影2019编辑器的基本流程有哪些？

第2章

会声会影基础入门与操作

本章主要介绍会声会影 2019 工作界面，要求掌握会声会影 2019 步骤面板、项目的基本操作方面的知识与技巧，同时还讲解了如何设置系统参数属性。通过本章的学习，读者可以掌握会声会影基础入门与操作方面的知识，为深入学习会声会影 2019 中文版知识奠定基础。

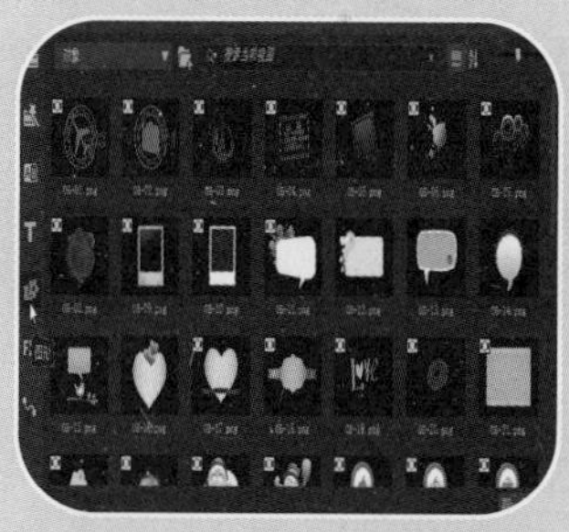

1. 会声会影 2019 工作界面
2. 会声会影 2019 步骤面板
3. 项目的基本操作
4. 设置系统参数属性

Section 2.1

会声会影 2019 工作界面

手机扫描下方二维码，观看本节视频课程

在使用会声会影 2019 制作影片之前，用户首先需要对会声会影 2019 的工作界面有所了解。会声会影 2019 的工作界面由菜单栏、步骤面板、选项面板、素材库、预览窗口和导览面板和项目时间轴等部分组成，本节将详细介绍会声会影 2019 工作界面的相关知识。

2.1.1 菜单栏

会声会影 2019 菜单栏包含文件、编辑、工具、设置和帮助 5 个菜单项(见图 2-1)，这些菜单提供了不同的命令集。

图 2-1

- 【文件】菜单：使用该菜单可以进行一些项目的操作，如新建、打开和保存等。
- 【编辑】菜单：在该菜单中包含一些编辑命令，如撤销、重复、复制和粘贴等。
- 【工具】菜单：使用该菜单可以对视频进行多样的编辑，如使用会声会影的 DV 转 DVD 向导功能，可以对视频文件进行编辑并刻录成光盘。
- 【设置】菜单：通过该菜单可以设置项目文件的基本参数、查看项目文件的属性、使用智能代理管理器以及使用章节点管理器等。
- 【帮助】菜单：在该菜单中可以获取相关的软件帮助信息，包括使用指南、视频教学课程、新增功能、入门指南以及检查更新等内容。

2.1.2 步骤面板

会声会影 2019 将影片制作过程简化为 3 个简单步骤，分别为捕获、编辑和共享。单击步骤面板中的按钮，可在步骤之间切换，如图 2-2 所示。

图 2-2

- 【捕获】标签：将文件录制或导入到用户计算机的硬盘驱动器中。该步骤允许用户捕获和导入视频、照片和音频素材。
- 【编辑】标签：该步骤和时间轴是会声会影 2019 的核心。用户可以通过该步骤排

列、编辑、修整视频素材并为其添加效果。

- 【共享】标签：可以将用户完成的影片导出到磁盘、DVD 或 Web 上。

2.1.3 选项面板

在会声会影 2019 中，【选项】面板会随程序的模式和正在执行的步骤发生变化。【选项】面板可能包含一个或两个选项卡。每个选项卡中的控制和选项都不同，具体取决于所选素材。图 2-3 所示为选择【标题】选项时的选项面板。

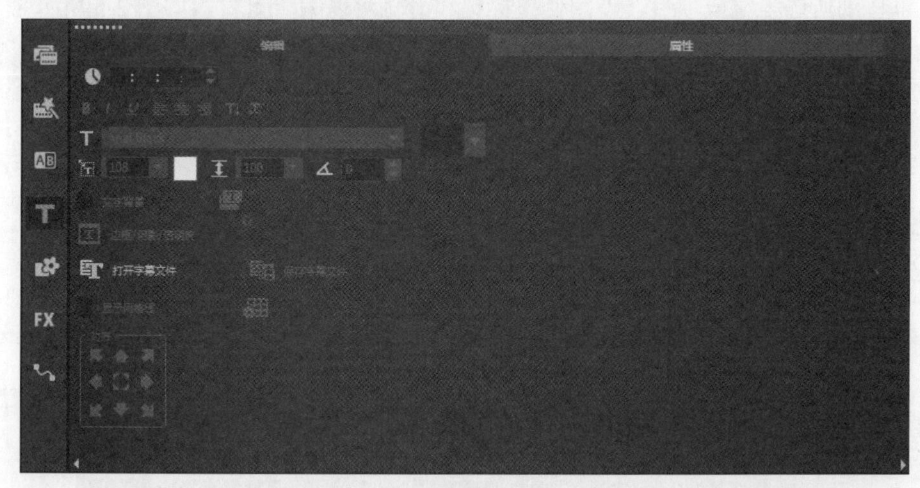

图 2-3

2.1.4 素材库

在会声会影 2019 中，素材库中存储了制作影片所需的全部内容，如视频、照片、即时项目、转场、标题、滤镜、Flash 动画、图形和音频文件等。图 2-4 所示为【图形】选项的素材库。

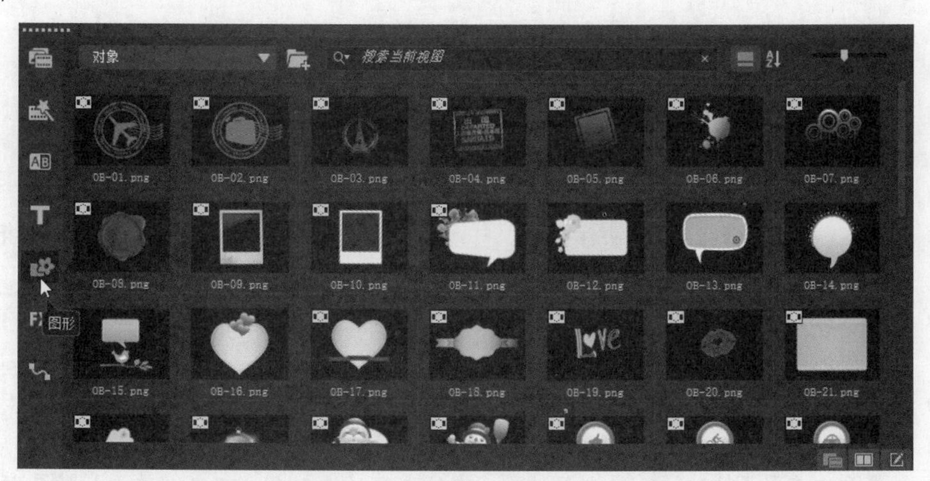

图 2-4

知识精讲

在会声会影2019中，选择【编辑】标签，同时【素材库】会显示视频素材的缩略图，用户可以通过拖曳素材至项目时间轴的方法来为文件添加素材。

2.1.5 预览窗口和导览面板

在会声会影2019中，导览面板会提供一些用于回放和精确修整素材的按钮。使用导览面板可以移动所选素材或项目，使用修整标记和滑轨可以编辑素材，如图2-5所示。

图2-5

- 【滑轨】按钮：单击并拖动该按钮，可以浏览素材，其停顿的位置显示在当前预览窗口中。
- 【修整标记】按钮：单击该按钮，可以修整、编辑和剪辑视频素材。
- 【项目/素材模式】按钮：指定预览整个项目或只预览所选素材。
- 【播放修整后的素材】按钮：单击该按钮，播放修整后的项目、视频或音频素材。按住Shift键的同时单击该按钮，可以播放整个素材。
- 【起始】按钮：单击该按钮，可以将时间线移至视频的起始位置。
- 【上一帧】按钮：单击该按钮，可以将时间线移至视频的上一帧位置，在预览窗口中显示上一帧视频的画面效果。
- 【下一帧】按钮：单击该按钮，可以将时间线移至视频的下一帧位置，在预览窗口中显示下一帧视频的画面效果。
- 【结束】按钮：单击该按钮，可以将时间线移至视频的结束位置。
- 【重复】按钮：单击该按钮，可以使视频重复播放。
- 【系统音量】按钮：单击该按钮，拖动弹出的滑动条，可以调整素材的音频音量，同时也会调整扬声器的音量。

- 【更改项目宽高比】下拉按钮：单击该下拉按钮，在弹出的下拉列表中提供了6种更改项目比例的选项，选择相应的选项图标，在预览窗口中可以将项目更改为相应的播放比例。
- 【变形工具】下拉按钮：单击该按钮，在弹出的下拉列表框中提供了两种变形方式，选择不同的选项图标，即可对素材进行裁剪变形。
- 【开始标记】按钮：单击该按钮，可以标记素材的起始点。
- 【结束标记】按钮：单击该按钮，可以标记素材的结束点。
- 【根据滑轨位置分割素材】按钮：将鼠标指针定位到需要分割的位置，单击该按钮，即可将所选的素材剪切为两段。
- 【扩大】按钮：单击该按钮，可以在较大的窗口中预览项目或素材。
- 【时间码】数值框：通过指定确定的时间，可以直接跳到项目所选素材的特定位置。

2.1.6 项目时间轴

在会声会影 2019 中，项目时间轴是用户组合视频项目中要使用的媒体素材的位置，它是整个项目编辑的关键窗口，如图 2-6 所示。

图 2-6

在项目时间轴面板上方的工具栏中的各工具按钮含义如下。

- 【故事板视图】按钮：单击该按钮，可以切换至故事板视图。
- 【时间轴视图】按钮：单击该按钮，可以切换至时间轴视图。
- 【自定义工具栏】按钮：单击该按钮，可以打开工具栏面板，在面板中用户可以管理时间轴工具栏中的相应工具。
- 【撤销】按钮：单击该按钮，可以撤销前一步的操作。
- 【重复】按钮：单击该按钮，可以重复前一步的操作。
- 【滑动】按钮：单击该按钮，可以调整剪辑的进入和退出帧。
- 【录制/捕获选项】按钮：单击该按钮，弹出【录制/捕获选项】对话框，从中可以进行定格动画、屏幕捕获以及快照等操作。

- 【混音器】按钮：单击该按钮，可以进入混音器视图。
- 【自动音乐】按钮：单击该按钮，可以打开【自动音乐】选项面板，在面板中可以设置相应选项以自动播放音乐。
- 【运动追踪】按钮：单击该按钮，可以制作视频的运动追踪效果。
- 【字幕编辑器】按钮：单击该按钮，可以在视频画面中创建字幕效果。
- 【多相机编辑器】按钮：单击该按钮，可以在播放视频素材的同时进行动态剪辑、合成操作。
- 【重新映射时间】按钮：单击该按钮，可以重新调整视频的播放速度、播放方向。
- 【遮罩创建器】按钮：单击该按钮，可以创建视频的遮罩效果。
- 【摇动和缩放】按钮：单击该按钮，可以创建视频的摇动和缩放效果。
- 【3D标题编辑器】按钮：单击该按钮，可以制作3D标题字幕效果。
- 【分屏模板创建器】按钮：单击该按钮，可以创建多屏同框、兼容分屏效果。
- 【放大/缩小】滑块：向左拖曳滑块，可以缩小项目显示；向右拖曳滑块，可以放大项目显示。
- 【将项目调到时间轴窗口大小】按钮：单击该按钮，可以将项目文件调整到时间轴窗口大小。
- 【项目区间】显示框 00:00:05:000：该显示框中的数值显示了当前项目的区间大小。

在项目时间轴面板的左侧，默认情况下包含5条轨道，分别为视频轨、叠加轨、标题轨、声音轨和音乐轨，各轨道相关功能如下。

- 视频轨：在视频轨中可以插入视频素材与图片素材，还可以对视频素材与图片素材进行相应的编辑、修剪以及管理等操作。
- 叠加轨：在叠加轨中可以制作相应的叠加特效。叠加功能是会声会影2019中提供的一种视频编辑技巧。简单地说，“叠加”就是画面的叠加，在屏幕上同时显示多个画面效果。
- 标题轨：在标题轨中可以创建多个标题字幕效果与单个标题字幕效果。字幕是以各种字体、样式、动画等形式出现在屏幕上的中外文字的总称，字幕设计与书写是视频编辑的艺术手段之一。
- 声音轨：在声音轨中可以插入相应的背景声音素材，并添加相应的声音特效。在编辑影片的过程中，除了画面以外，声音效果是影片的另一个非常重要的因素。
- 音乐轨：在音乐轨中也可以插入相应的音乐素材，是除声音轨以外，另一个添加音乐素材的轨道。

为了方便用户查看和编辑影片，会声会影提供了3种视图模式，分别为故事板视图、时间轴视图和音频视图，下面将分别予以详细介绍。

1. 故事板视图

单击【故事板视图】按钮，即可切换到故事板视图。故事板视图中的每个缩略图都代表一张照片、一个视频素材或一个转场。缩略图是按其在项目中的位置显示的，用户可

以拖动缩略图重新进行排列。每个素材的区间都显示在各缩略图的底部，如图 2-7 所示。

图 2-7

2. 时间轴视图

单击【时间轴视图】按钮，即可切换到时间轴视图。时间轴视图可以准确地显示事件发生的时间和位置，从中还可以粗略浏览不同媒体素材的内容。时间轴视图中的素材可以是视频文件、静态图像、声音文件、音乐文件或者转场效果，也可以是彩色背景或标题。

在时间轴视图中，故事板被水平分割成视频轨、覆叠轨、标题轨、声音轨以及音乐轨 5 个不同的轨，如图 2-8 所示。单击相应的按钮，可以切换到它们所代表的轨，以便选择和编辑相应的素材。

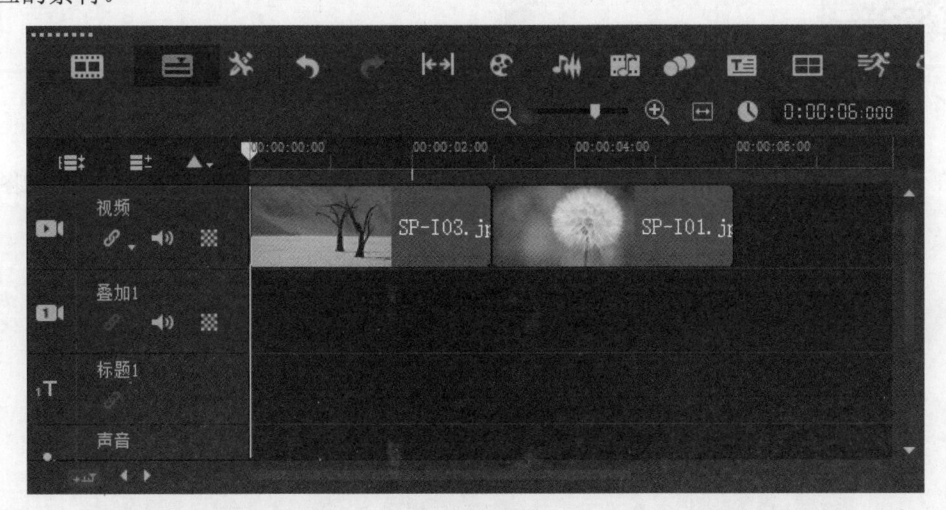

图 2-8

3. 音频视图

音频视图是通过单击工具栏中的【混音器】按钮，来进行切换的。通过混音面板可以实时地调整项目中音频轨的音量，也可以调整音频轨中特定点的音量，如图 2-9 所示。

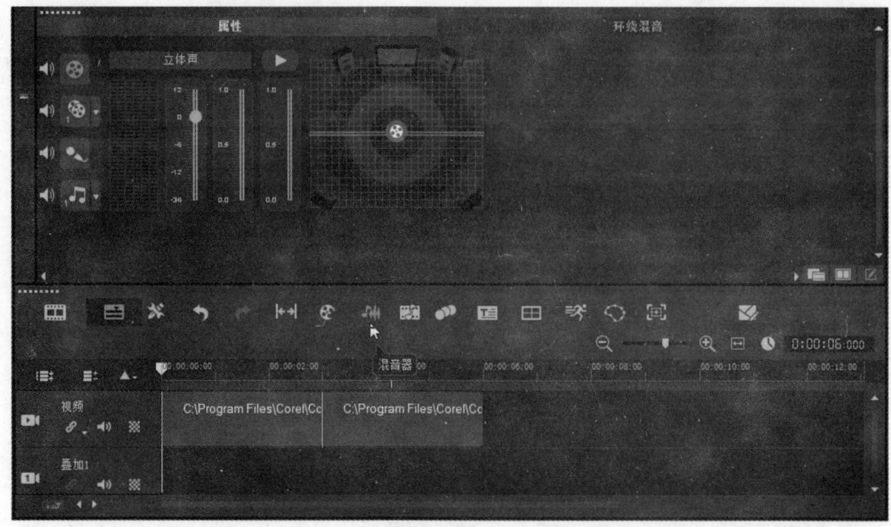

图 2-9

Section 2.2 掌握会声会影2019步骤面板

手机扫描下方二维码，观看本节视频课程

在会声会影 2019 中包括三大步骤面板，分别为【捕获】、【编辑】以及【共享】，这三大步骤面板都是编辑视频时需要用到的常用面板，本节将详细介绍这三大步骤面板的相关知识及使用方法。

2.2.1 【捕获】步骤面板

在会声会影2019界面的上方，单击【捕获】标签，即可进入【捕获】步骤面板，如图2-10所示。

图 2-10

通过使用该步骤面板中的相关功能，可以捕获各种视频文件，如 DV 视频、DVD 视频以及实时屏幕画面，还可以制作定格动画。该界面能满足用户的各种视频捕获需求。

2.2.2 【编辑】步骤面板

在会声会影 2019 界面的上方，单击【编辑】标签，即可进入【编辑】步骤面板，如图 2-11 所示。

图 2-11

该步骤面板是编辑视频文件的主要场所，在其中可以对视频进行剪辑和修整操作，还可以为视频添加转场、滤镜、字幕等各种特效，以丰富视频画面。

2.2.3 【共享】步骤面板

在会声会影 2019 界面的上方，单击【共享】标签，进入【共享】步骤面板，如图 2-12 所示。

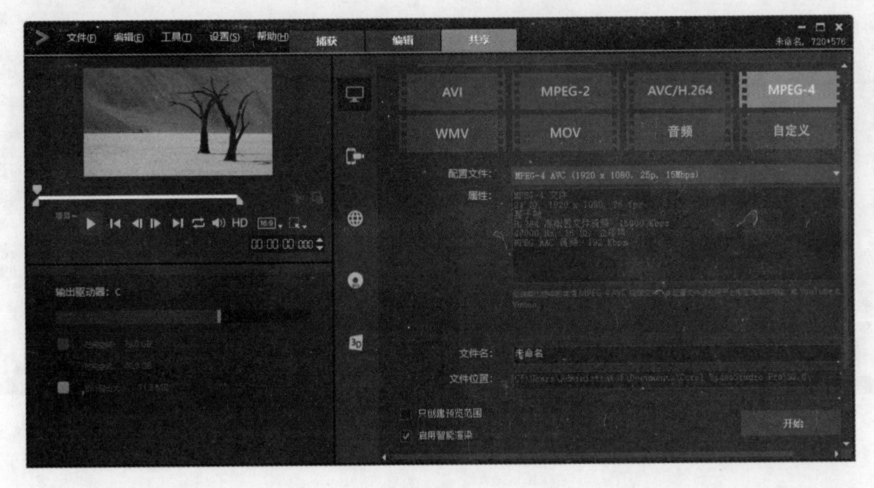

图 2-12

当用户对视频编辑完成后，需要通过【共享】步骤面板中的相关面板，将视频文件进行输出操作，可以输出为不同的视频格式，还可以制作 3D 视频文件，或者将视频上传至网络与其他网友一起分享制作的视频成果。

Section 2.3 项目的基本操作

手机扫描下方二维码，观看本节视频课程

项目就是进行视频编辑等操作的文件。使用会声会影对视频进行编辑时，会涉及一些项目的基础操作，如新建项目、打开项目、保存项目和关闭项目等，本节将详细介绍项目的基本操作相关知识。

2.3.1 新建项目文件

会声会影 2019 的项目文件是*.VSP 格式的文件，它用来存放制作影片所需要的必要信息。在运行会声会影编辑器时，程序会自动建立一个新的项目文件，如果是第一次使用会声会影编辑器，新项目将使用会声会影的初始默认设置；否则新项目将使用上次使用的项目设置。下面详细介绍新建项目文件的操作方法。

素材文件 无

效果文件 第 2 章\效果文件\新建项目文件.VSP

step 1 进入会声会影编辑器，在菜单栏中，① 单击【文件】菜单，② 在弹出的菜单中选择【新建项目】菜单项，如图 2-13 所示。

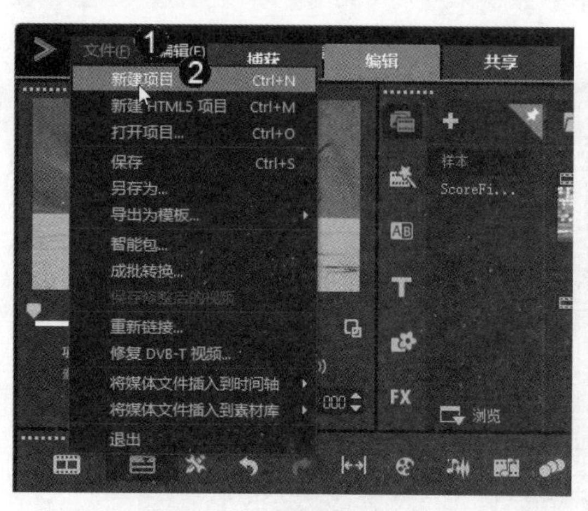

图 2-13

step 2 经过上述操作之后，即可新建一个项目文件。单击【显示照片】按钮，显示软件自带的照片素材，如图 2-14 所示。

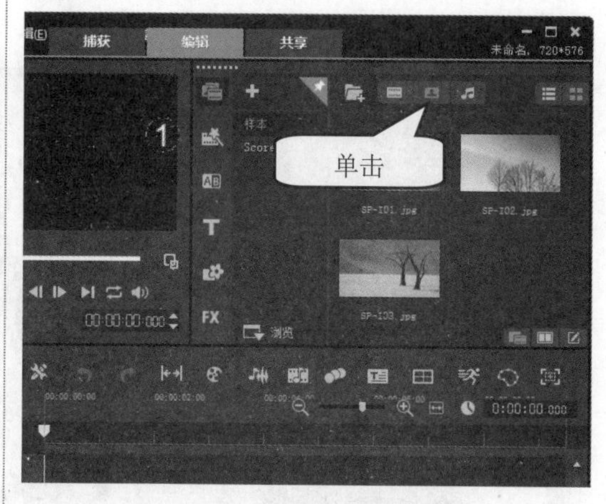

图 2-14

step 3 在照片素材库中，选择相应的照片素材，按住鼠标左键并拖曳至视频轨中，如图 2-15 所示。

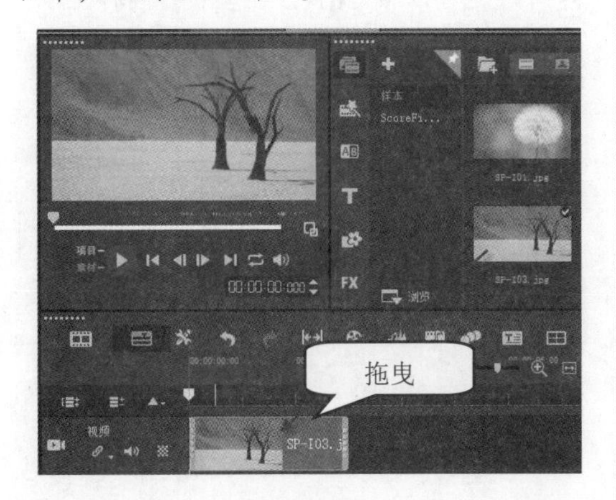

图 2-15

在预览窗口中，即可预览视频效果，如图 2-16 所示。

图 2-16

知识精讲

当用户正在编辑的文件没有进行保存操作时，在新建项目的过程中，会弹出提示信息框，提示用户是否保存当前文档。单击【是】按钮，即可保存项目文件；单击【否】按钮，将不保存项目文件；单击【取消】按钮，将取消项目文件的新建操作。

2.3.2 打开项目文件

在打开项目文件时，既可以在保存位置上双击文件直接打开，也可以在打开的会声会影软件中使用【打开项目】命令来打开。下面详细介绍打开项目文件的操作方法。

step 1 在菜单栏中，① 单击【文件】菜单，② 在弹出的菜单中选择【打开项目】菜单项，如图 2-17 所示。

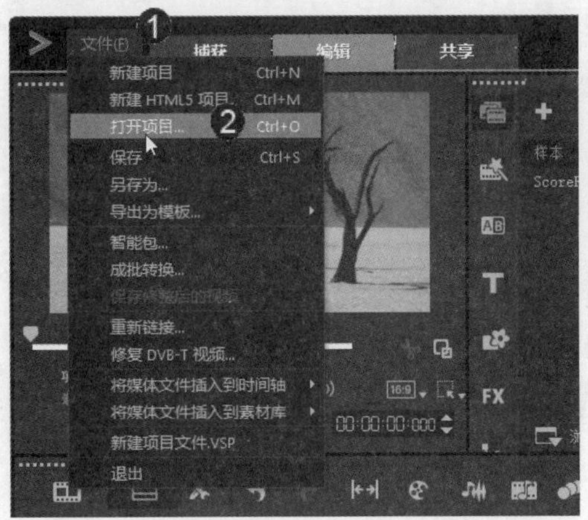

图 2-17

step 2 弹出【打开】对话框，① 选择项目所在位置，② 选中准备打开的项目文件，③ 单击【打开】按钮，如图 2-18 所示。

图 2-18

step 3 在预览窗口可以看到打开的项目文件。通过以上步骤即可完成打开项目文件的操作，如图 2-19 所示。

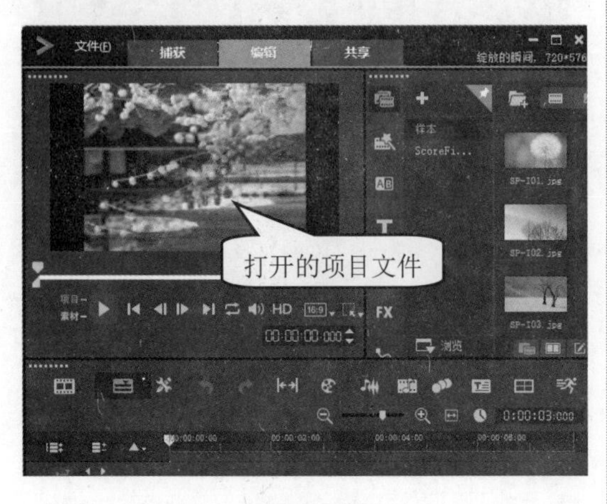

图 2-19

智慧锦囊

除了使用【文件】→【打开项目】命令外，还可以按 Ctrl+O 组合键，同样可以弹出【打开】对话框，选择准备打开的项目文件。

考考您

请您根据上述方法打开一个项目文件，测试一下您的学习效果。

2.3.3 保存项目文件

在使用会声会影对素材进行编辑后，为了方便下次使用或继续编辑，可以将该项目保存到电脑中。下面详细介绍保存项目文件的操作方法。

step 1 在菜单栏中，① 单击【文件】菜单，② 在弹出的菜单中选择【另存为】菜单项，如图 2-20 所示。

图 2-20

step 2 弹出【另存为】对话框，① 选择项目保存位置，② 在【文件名】文本框中输入名称，③ 单击【保存】按钮，即可完成保存项目文件的操作，如图 2-21 所示。

图 2-21

2.3.4 保存为压缩文件

在会声会影 2019 中，可以将编辑的项目文件保存为压缩文件，还可以对压缩文件进行加密处理。下面详细介绍保存为压缩文件的操作方法。

素材文件 无

效果文件 第 2 章\效果文件\绽放的瞬间.zip

step 1 进入会声会影编辑器，在菜单栏中，① 单击【文件】菜单，② 在弹出的菜单中选择【智能包】菜单项，如图 2-22 所示。

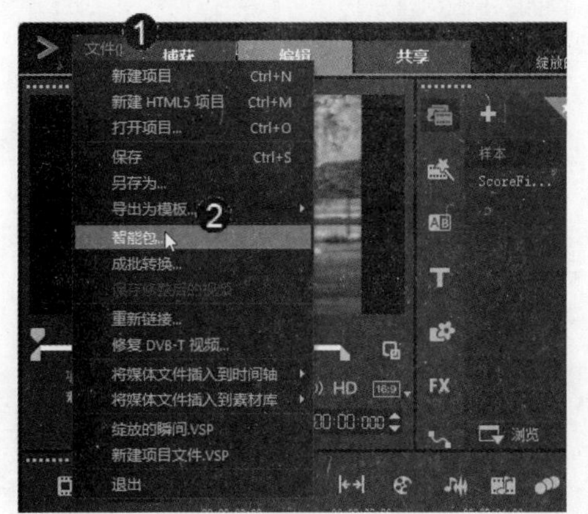

图 2-22

弹出 Corel VideoStudio 对话框，单击【是】按钮，如图 2-23 所示。

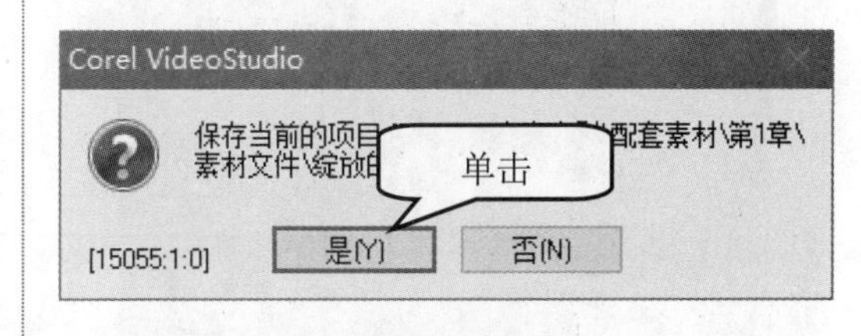

图 2-23

step 3 弹出【智能包】对话框，① 在【打包为】选项组中选中【压缩文件】单选按钮，② 单击【文件夹路径】文本框右侧的【浏览】按钮...，如图 2-24 所示。

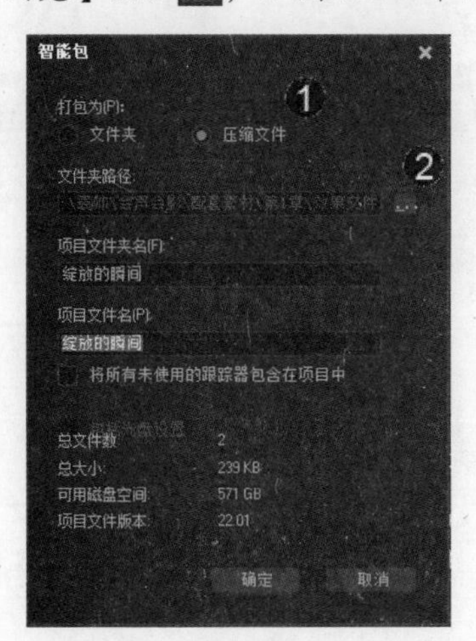

图 2-24

step 4 弹出【浏览文件夹】对话框，① 选择文件存放的位置，② 单击【确定】按钮，如图 2-25 所示。

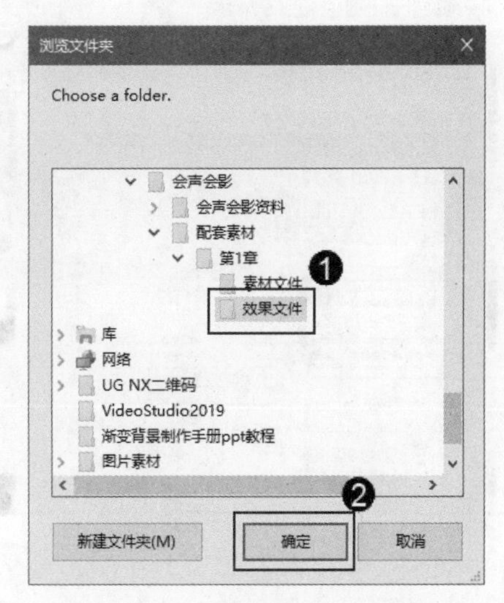

图 2-25

step 5 返回到【智能包】对话框中，① 在【项目文件夹名】文本框中，设置文件夹的名称，② 在【项目文件名】文本框中，设置文件的名称，③ 单击【确定】按钮，如图 2-26 所示。

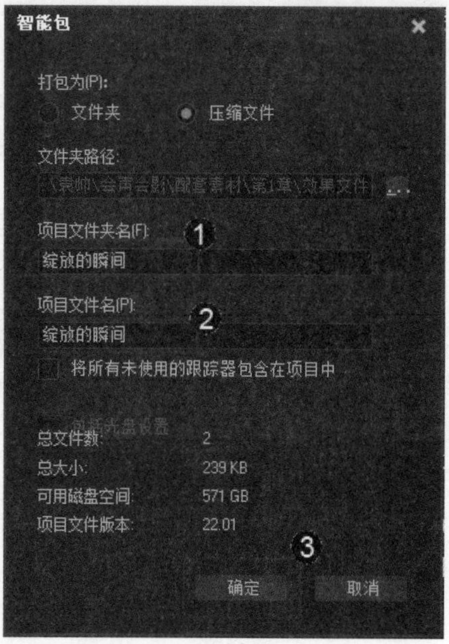

图 2-26

step 6 弹出【压缩项目包】对话框，① 勾选【加密添加文件】复选框，② 单击【确定】按钮，如图 2-27 所示。

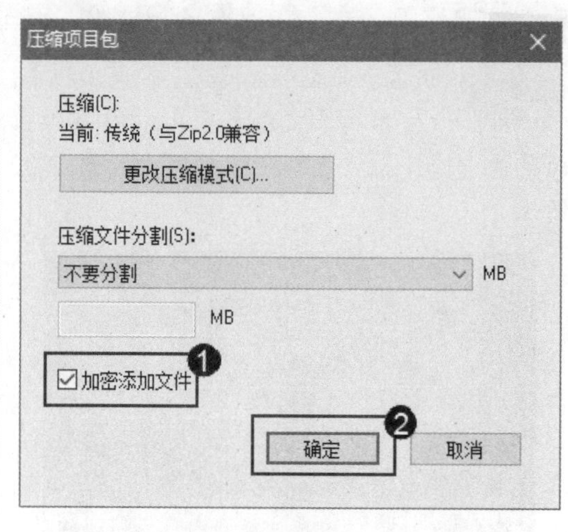

图 2-27

step 7 弹出【加密】对话框，① 在【请输入密码】文本框中输入准备使用的密码，② 在【重新输入密码(用于确认)】文本框中，再次输入相同的密码，③ 单击【确定】按钮，如图 2-28 所示。

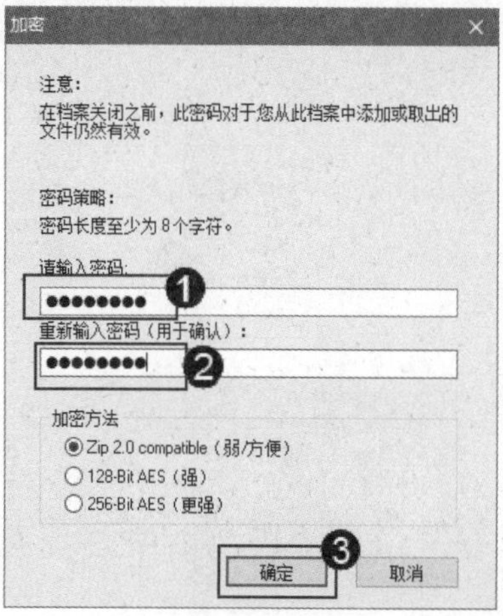

图 2-28

step 8 弹出 Corel VideoStudio 对话框，提示成功压缩，单击【确定】按钮，即可完成保存为压缩文件的操作，如图 2-29 所示。

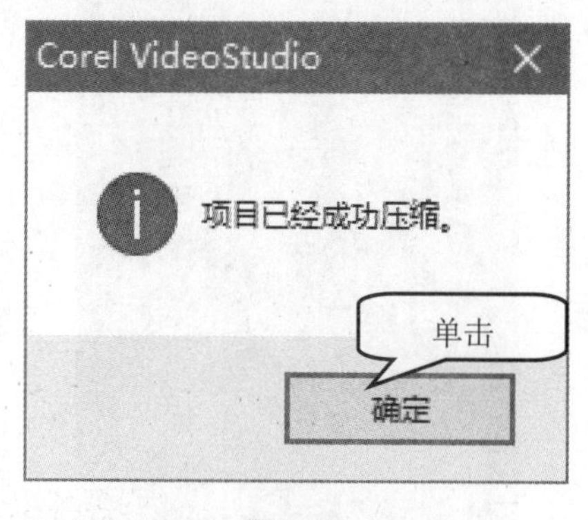

图 2-29

Section 2.4 设置系统参数属性

手机扫描下方二维码，观看本节视频课程

在会声会影 2019 中，用户可以对系统参数中的一些属性进行详细的设置，以便帮助用户更好地制作影片。本节将详细介绍设置参数选择属性、设置项目属性等方面的相关知识及设置方法。

2.4.1 设置参数选择属性

适当地设置参数选择属性，可以在输入素材、编辑时节省大量的时间，从而提高工作效率。下面将详细介绍设置参数选择属性的操作方法。

创建项目文件后，选择【设置】菜单，在弹出的下拉菜单中，选择【参数选择】菜单项，系统会弹出【参数选择】对话框，从中可设置常规、编辑、捕获、性能和界面布局等选项的属性，如图 2-30 所示。

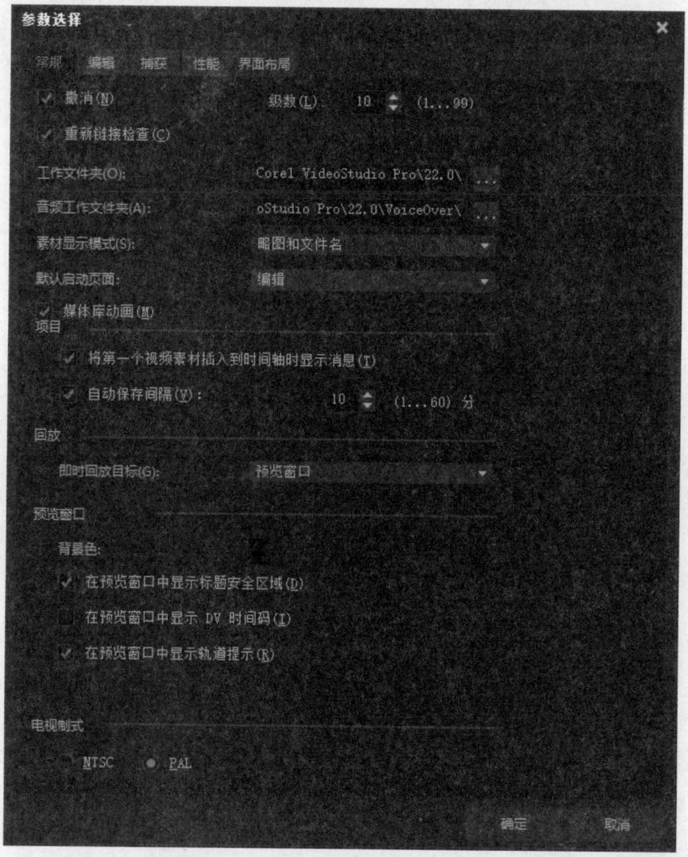

图 2-30

【参数选择】对话框中的各个选项卡的说明如下。

- 【常规】选项卡：可以设置一些基本的文件操作属性。
- 【编辑】选项卡：可以设置所有效果和素材的质量，还可以调整插入的图像/色彩素材的默认区间以及转场、淡入/淡出效果的默认区间。
- 【捕获】选项卡：可以设置与视频捕获相关的参数。
- 【性能】选项卡：可以设置是否启用智能代理的功能。
- 【界面布局】选项卡：可以设置软件界面的布局效果。

2.4.2 设置项目属性

项目属性包括项目文件信息、项目模板属性、文件格式、自定义压缩、视频设置以及音频等设置，下面将详细介绍设置常规属性方面的知识。

在会声会影编辑器中，选择【设置】菜单，在弹出的下拉菜单中，选择【项目属性】菜单项，系统会弹出【项目属性】对话框，从中即可设置项目属性，如图 2-31 所示。

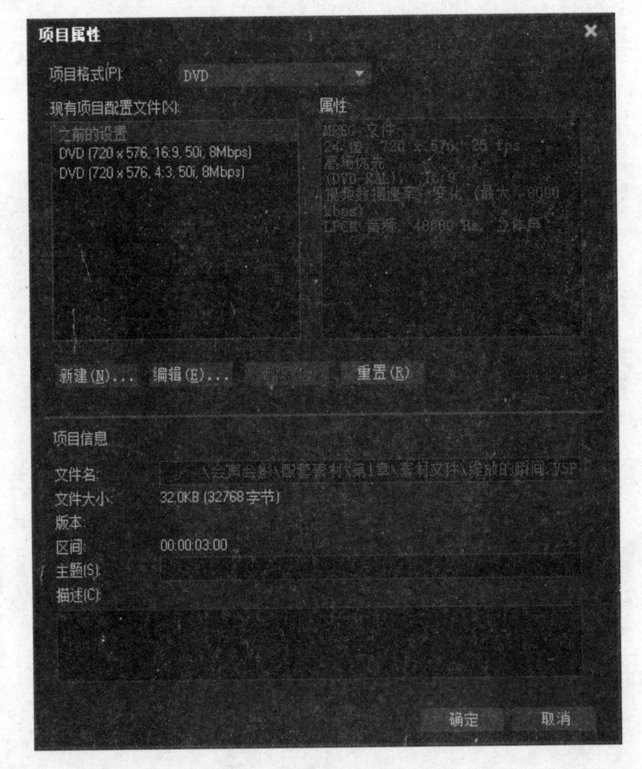

图 2-31

- 【项目信息】选项组：显示与项目相关的各种信息，如文件大小、名称等。
- 【现有项目配置文件】列表框：显示项目使用的视频文件格式和其他属性。
- 【项目格式】下拉列表框：单击其下拉按钮，会展开下拉列表，里面有一些关于项目格式的选项，用户可以选择相关选项来更改项目格式，如图 2-32 所示。
- 按钮选项组：包括【新建】按钮、【编辑】按钮、【删除】按钮和【重置】按钮。单击【新建】按钮，系统会弹出【编辑配置文件选项】对话框，从中可以新建一个项

目配置文件；单击【编辑】按钮，系统会弹出【编辑配置文件选项】对话框，从中可以设置视频和音频，并对所选文件格式进行压缩；单击【删除】按钮，可以删除项目配置文件；单击【重置】按钮，系统会弹出 Corel VideoStudio 对话框，从中可以清理自定义配置文件。

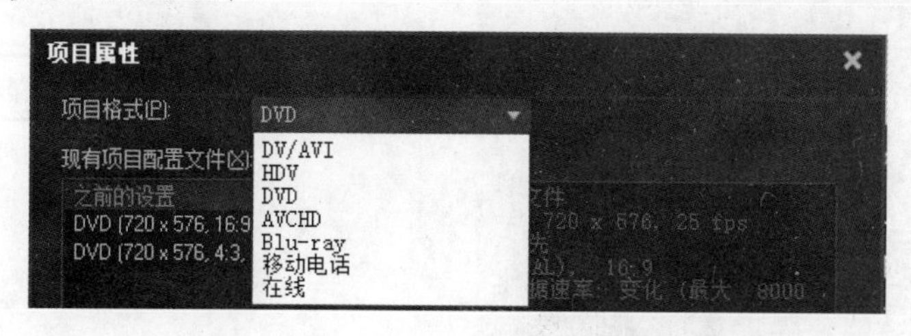

图 2-32

在会声会影 2019 中，按 Alt+Enter 组合键，同样可以快速打开【项目属性】对话框。

Section 2.5 范例应用与上机操作

手机扫描下方二维码，观看本节视频课程

通过本章的学习，读者基本可以掌握会声会影基础入门的一些知识以及常见的操作方法，本节将通过一些范例应用，如新建 HTML5 项目、将文件保存为智能包、另存为项目文件，练习上机操作，以达到巩固学习、拓展提高的目的。

2.5.1 新建 HTML5 项目

HTML5 是近 10 年来 Web 开发标准最巨大的飞跃。在会声会影中，如果要将编辑的视频导出为 HTML5 文件，则在创建项目时选择【新建 HTML5 项目】，这样在导出时才可以选择导出为 HTML5 文件。本例详细介绍新建 HTML5 项目的操作方法。

素材文件 第 2 章\素材文件\绽放的瞬间.VSP

效果文件 第 2 章\效果文件\HTML 5 项目.VSH

打开素材文件“绽放的瞬间.VSP”，① 在菜单栏中单击【文件】菜单，② 在弹出的菜单中选择【新建 HTML5 项目】菜单项，如图 2-33 所示。

弹出 Corel VideoStudio 对话框，提示用户“背景轨中的所有效果和素材导出为 HTML5 格式后将被渲染为一个视频文件。”单击【确定】按钮，如图 2-34 所示。

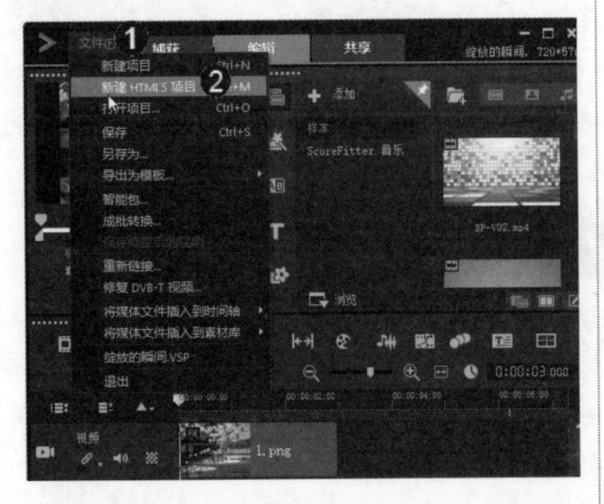

图 2-33

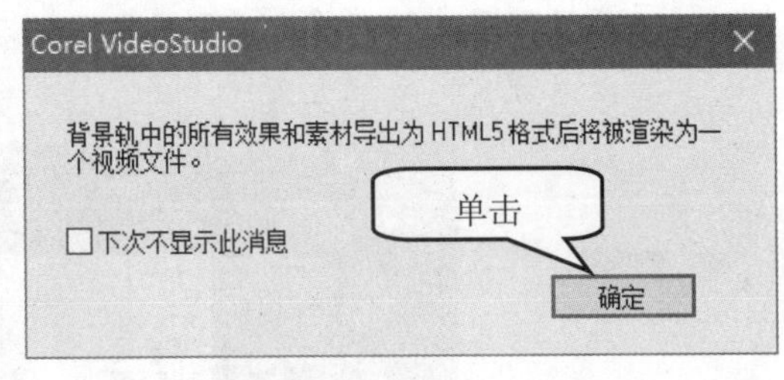

图 2-34

step 3　返回到软件主界面中，可以在菜单栏右侧看到，文件名后面的名字为(HTML5)，这样即可完成新建 HTML5 项目的操作，如图 2-35 所示。

图 2-35

智慧锦囊

按 Ctrl+M 组合键也可以快速完成新建 HTML5 项目的操作。

考考您

请您根据上述方法新建一个 HTML5 项目，测试一下您的学习效果。

2.5.2　将文件保存为智能包

在会声会影中保存的项目文件，如果素材文件更改存放位置，软件将无法与素材取得链接，因此，为了避免这种情况的发生，用户可以将文件保存为智能包。本例详细介绍将文件保存为智能包的操作方法。

素材文件　第 2 章\素材文件\绽放的瞬间.VSP

效果文件　第 2 章\效果文件\【智能】文件夹

step 1 打开素材项目文件“绽放的瞬间.VSP”，在菜单栏中，① 单击【文件】菜单，② 在弹出的菜单中选择【智能包】菜单项，如图 2-36 所示。

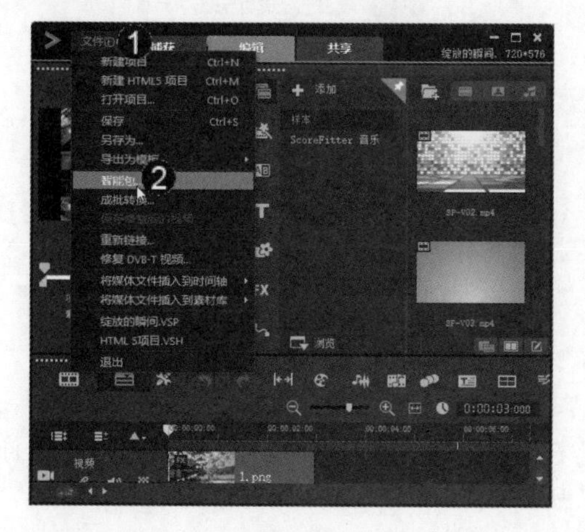

图 2-36

step 2 弹出 Corel VideoStudio 对话框，单击【是】按钮，如图 2-37 所示。

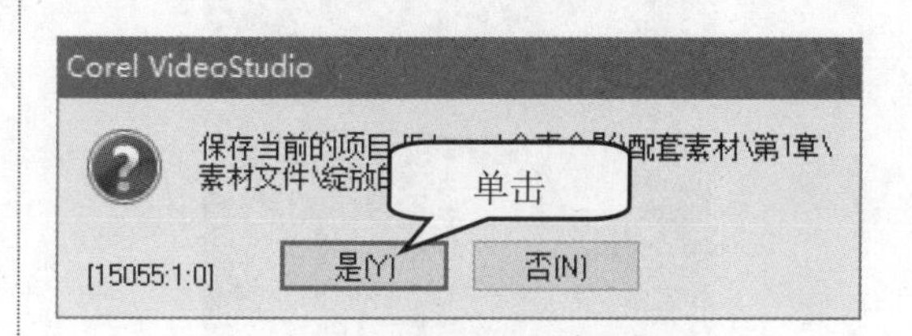

图 2-37

step 3 弹出【智能包】对话框，① 在【打包为】选项组中选中【文件夹】单选按钮，② 单击【文件夹路径】文本框右侧的【浏览】按钮...，如图 2-38 所示。

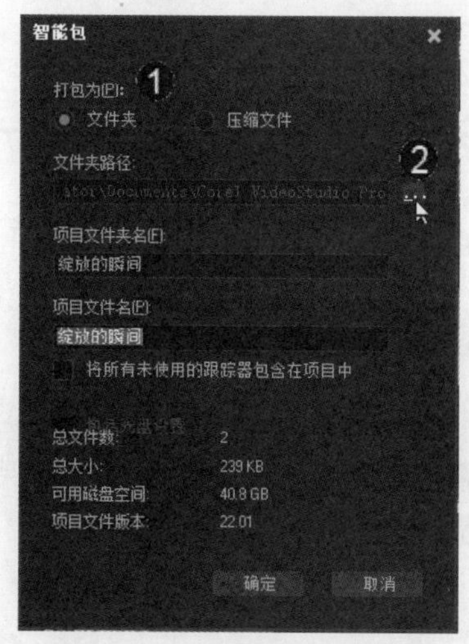

图 2-38

step 4 弹出【浏览文件夹】对话框，① 选择文件存放的位置，② 单击【确定】按钮，如图 2-39 所示。

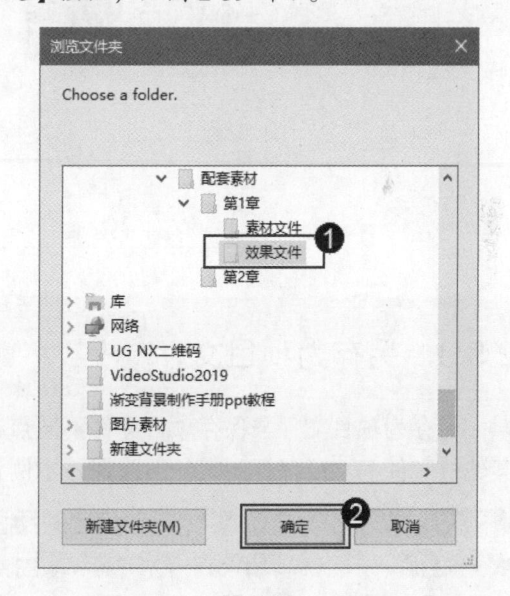

图 2-39

step 5 返回到【智能包】对话框中，① 在【项目文件夹名】文本框中，设置文件夹的名称，② 在【项目文件名】文本框中，设置文件的名称，③ 单击【确定】按钮，如图 2-40 所示。

step 6 弹出 Corel VideoStudio 对话框，提示成功压缩，单击【确定】按钮，如图 2-41 所示。

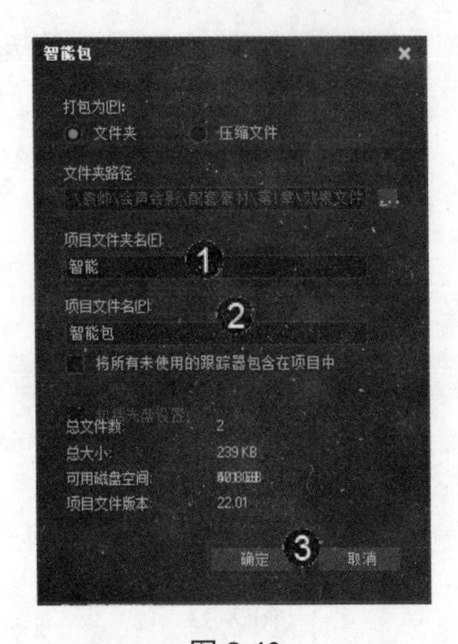

图 2-40

图 2-41

step 7 打开设置的文件夹路径，可以查看创建的智能包文件。通过以上步骤即可完成将文件保存为智能包的操作，如图 2-42 所示。

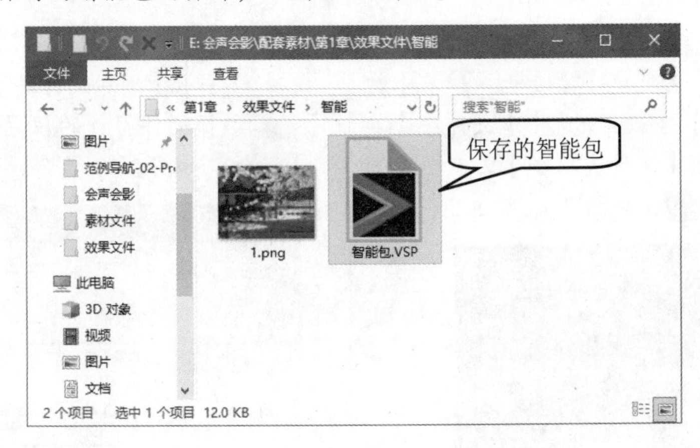

图 2-42

2.5.3 另存为项目文件

另存为项目文件与保存项目文件不同点在于，另存为项目文件可以将项目文件保存为其他的文件名，或保存到其他的路径。本例详细介绍另存为项目文件的操作方法。

素材文件	第 2 章\素材文件\绽放的瞬间.VSP
效果文件	第 2 章\效果文件\另存项目.VSP

step 1 打开素材项目文件，在菜单栏中，① 单击【文件】菜单，② 在弹出的下拉菜单中，选择【另存为】菜单项，如图 2-43 所示。

step 2 弹出【另存为】对话框，① 在【保存在】下拉列表框中，选择文件存放的位置，② 在【文件名】文本框中，输入文件保存的名称，③ 单击【保存】按钮，即可完成另存为项目文件的操作，如图 2-44 所示。

图 2-43

图 2-44

Section 2.6 本章小结与课后练习

本节内容无视频课程

会声会影 2019 是第一款面向非专业用户的视频编辑软件，它凭借着简单方便的操作、丰富的效果和强大的功能，成为家庭 DV 用户的首选编辑软件。在开始学习这款软件之前，读者应该积累一定的入门知识，这样有助于后面的学习。通过本章的学习，读者基本可以掌握会声会影基础入门的一些知识以及常见的操作方法，下面通过练习几道习题，达到巩固与提高的目的。

一、填空题

1. 会声会影 2019 将影片制作过程简化为 3 个简单步骤，分别为____、编辑和______。单击步骤面板中的按钮，可在步骤之间切换。

2. 在会声会影 2019 中，______中存储了制作影片所需的全部内容，如视频、照片、即时项目、转场、标题、滤镜、Flash 动画、图形和音频文件等。

3. 在会声会影 2019 中，______会提供一些用于回放和精确修整素材的按钮。

4. 在会声会影 2019 中，________是用户组合视频项目中，要使用的媒体素材的位置，它是整个项目编辑的关键窗口。

5. 在打开项目文件时，既可以在保存位置上双击文件直接打开，也可以在打开的会声会影软件中使用____________命令来打开。

6. 创建项目文件后，选择【设置】菜单，在弹出的下拉菜单中，选择【参数选择】菜单项，系统会弹出__________对话框，从中可设置常规、编辑、捕获、性能和界面布局等选

项的属性。

7. __________包括项目文件信息、项目模板属性、文件格式、自定义压缩、视频设置以及音频等设置。

二、判断题

1. 在会声会影2019中，【选项】面板不会随程序的模式和正在执行的步骤发生变化。（ ）

2. 【选项】面板可能包含一个或两个选项卡。每个选项卡中的控制和选项都不同，具体取决于所选素材。（ ）

3. 使用导览面板可以移动所选素材或项目，使用修整标记和滑轨可以编辑素材。（ ）

4. 当用户对视频编辑完成后，需要通过【编辑】步骤面板中的相关面板，将视频文件进行输出操作，可以输出为不同的视频格式，还可以制作3D视频文件，或者将视频上传至网络与其他网友一起分享制作的视频成果。（ ）

5. 会声会影2019的项目文件是“*.VSP”格式的文件，它用来存放制作影片所需要的必要信息。在运行会声会影编辑器时，程序会自动建立一个新的项目文件，如果是第一次使用会声会影编辑器，新项目将使用会声会影的初始默认设置；否则新项目将使用上次使用的项目设置。（ ）

6. 在使用会声会影对素材进行编辑后，为了方便下次使用或继续编辑，可以将该项目保存到电脑中。（ ）

三、思考题

1. 如何新建项目文件？

2. 如何保存为压缩文件？

四、上机操作

1. 通过本章的学习，读者基本可以掌握会声会影基础入门与操作方面的知识，下面通过练习切换为混音器视图，达到巩固与提高的目的。

2. 通过本章的学习，读者基本可以掌握会声会影基础入门与操作方面的知识，下面通过练习使用多种方法退出会声会影2019软件，达到巩固与提高的目的。

第 3 章

应用素材库与视频模板

本章主要介绍操作素材库、管理素材库、应用模板方面的知识与技巧，同时还讲解了如何应用即时项目模板。通过本章的学习，读者可以掌握应用素材库与视频模板基础操作方面的知识，为深入学习会声会影 2019 中文版知识奠定基础。

1. 操作素材库
2. 管理素材库
3. 应用模板
4. 应用即时项目模板

Section 3.1 操作素材库

手机扫描下方二维码，观看本节视频课程

在会声会影 2019 中，素材库主要用于存放制作影片过程中的所有素材文件，方便用户查找和应用；素材库选项栏中默认的素材种类为视频。本节将详细介绍素材库的基本操作方面的知识与技巧。

3.1.1 素材的预览

在会声会影 2019 中，在素材库中导入素材文件后，为方便用户快速选择素材文件，用户可以进行预览素材的操作。下面详细介绍预览素材方面的知识。

在素材库中导入素材文件后，在【素材库】面板中，选择准备预览的素材文件，在【预览】面板中，单击【播放】按钮▶，即可完成预览素材的操作，如图 3-1 所示。

图 3-1

3.1.2 素材库的切换

在会声会影 2019 中，素材库包括媒体、即时项目、转场、标题、图形、滤镜和路径等 7 个类型的素材，用户可以根据需要切换素材库。下面介绍切换素材库的操作方法。

在【素材库】面板中，在左侧的选项区中，选择准备切换的素材库选项，如【转场】选项AB，即可将素材库切换为【转场】素材库，如图 3-2 所示。

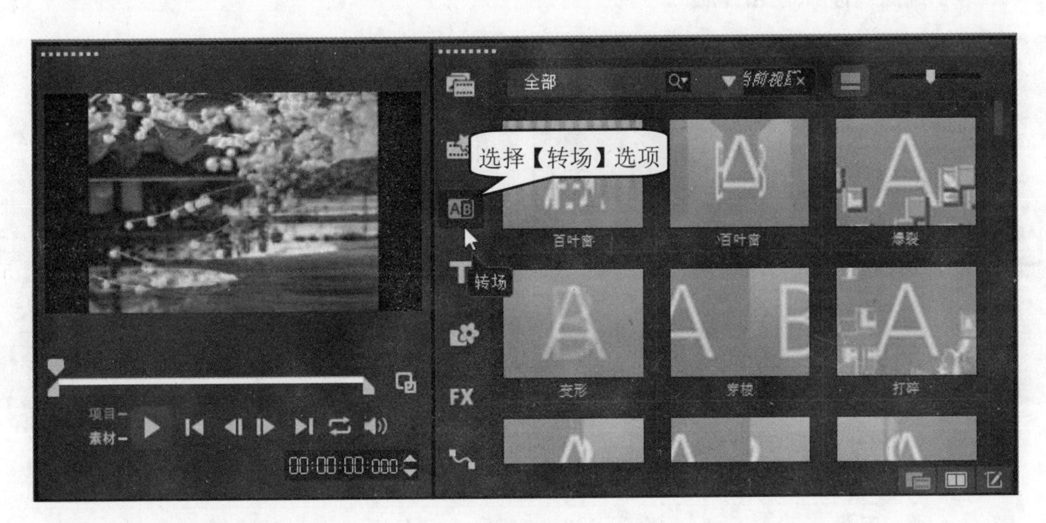

图 3-2

3.1.3 对素材进行排序

在会声会影 2019 中，用户还可以按照多种排序方式对素材进行排序。下面详细介绍对素材进行排序的操作方法。

在【素材库】面板中，单击【对素材库中的素材排序】按钮，在弹出的下拉菜单中，选择对应的菜单项，即可对素材进行排序，如图 3-3 所示。

图 3-3

3.1.4 更改素材库面板视图

在会声会影 2019 中，素材库面板中的视图默认是缩略图视图，用户可以根据个人需要更改素材库面板视图。

素材库面板视图有两个视图显示方式，单击【列表视图】按钮会以列表的方式显示(见图 3-4)，单击【缩略图视图】按钮则会以缩略图的方式显示(见图 3-5)。

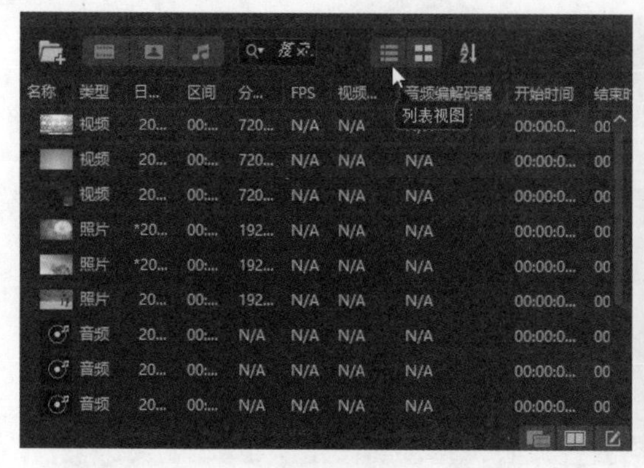

图 3-4

图 3-5

图像素材以列表视图方式进行排序后，会显示素材的名称、类型、拍摄日期、区间、分辨率、FPS、视频编解码器、音频编解码器、开始时间和结束时间等信息。

Section 3.2 管理素材库

手机扫描下方二维码，观看本节视频课程

在会声会影 2019 中，对素材库中的素材进行管理，可以使用户有条不紊地使用素材文件。管理素材库的操作包括加载视频素材、重命名素材文件、删除素材文件以及创建库项目等。本节将详细介绍管理素材库方面的知识及操作方法。

3.2.1 视频素材的加载

在会声会影 2019 中，用户可以在视频素材库中加载需要的视频素材。本小节详细介绍加载视频素材的操作方法。

素材文件 第 3 章\素材文件\雪山.mov

效果文件 第 3 章\效果文件\加载视频素材.VSP

新建项目文件，① 在【媒体】素材库中鼠标右键单击空白位置，② 在弹出的快捷菜单中选择【插入媒体文件】菜单项，如图 3-6 所示。

弹出【浏览媒体文件】对话框，① 选中准备加载的视频素材“雪山.mov”，② 单击【打开】按钮，如图 3-7 所示。

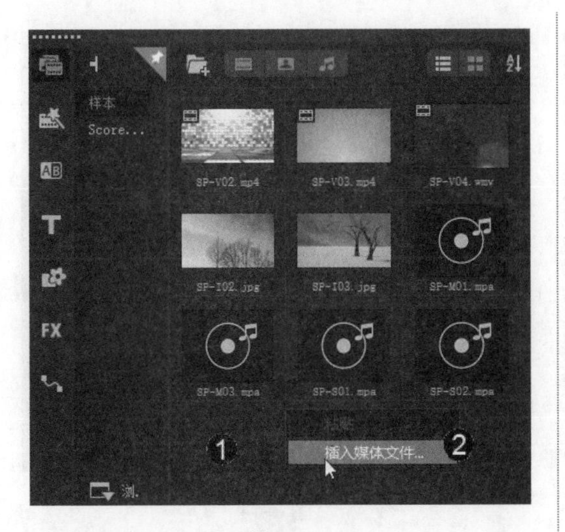

图 3-6

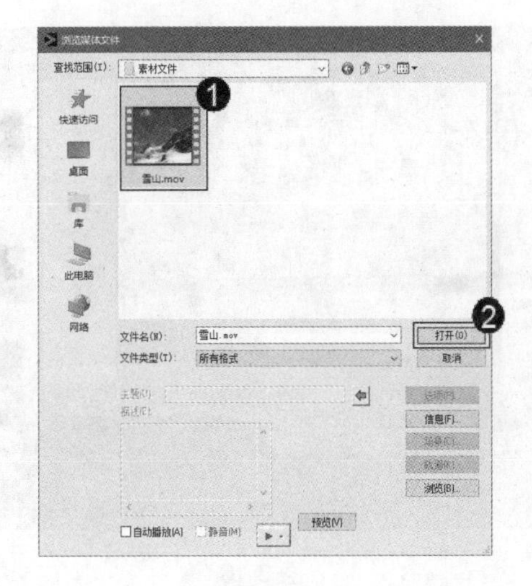

图 3-7

step 3 可以看到视频素材已经导入到视频库中，如图 3-8 所示。

图 3-8

step 4 同时导览面板显示该视频素材，单击【播放】按钮▶即可预览加载的视频效果，如图 3-9 所示。

图 3-9

在会声会影 2019 中，还可以通过以下方法将视频导入素材库中：在【媒体】素材库中，单击【导入媒体文件】按钮；选择【文件】→【将媒体文件插入到素材库】→【插入视频】菜单项；在打开会声会影 2019 的状态下，直接在目标文件夹中选中需要插入的视频文件，将其拖曳至素材库中。

3.2.2 重命名素材文件

为了使素材文件方便辨认和管理，可以对素材库中的素材文件进行重命名操作。下面详细介绍重命名素材文件的操作方法。

step 1 在素材库面板中选择需要重命名的素材文件，在该素材名称处单击鼠标左键，素材的名称文本框中会出现闪烁光标，如图 3-10 所示。

step 2 删除素材原来的名称，输入新的名称“图片 1”，然后按 Enter 键，即可完成重命名素材文件的操作，如图 3-11 所示。

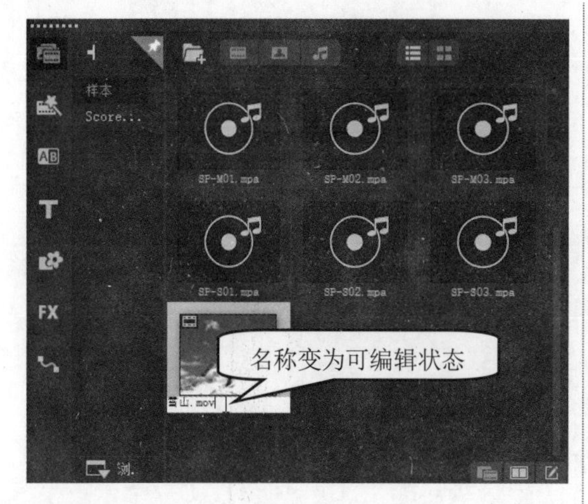

图 3-10

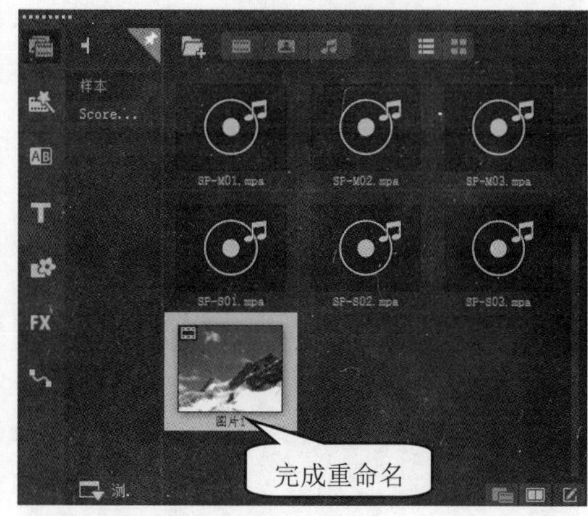

图 3-11

3.2.3 删除素材文件

当素材库中的素材过多或者不需要时，可以将其进行删除，以提高工作效率。下面详细介绍删除素材库中文件的操作方法。

step 1 在素材库面板中，① 右击准备删除的素材文件，② 在弹出的快捷菜单中选择【删除】菜单项，如图 3-12 所示。

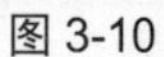

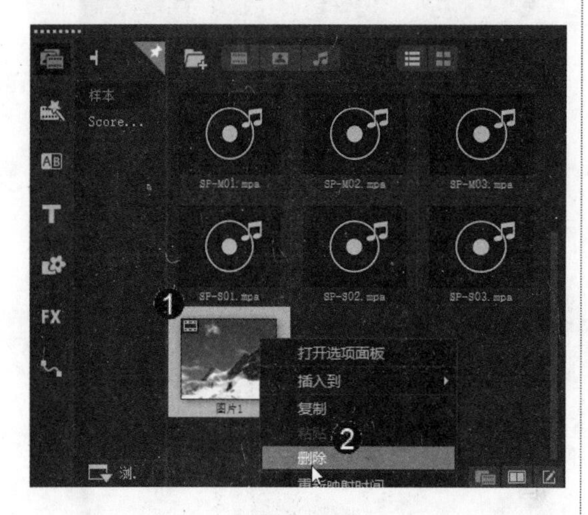

图 3-12

step 2 弹出 Corel VideoStudio 对话框，单击【是】按钮，如图 3-13 所示。

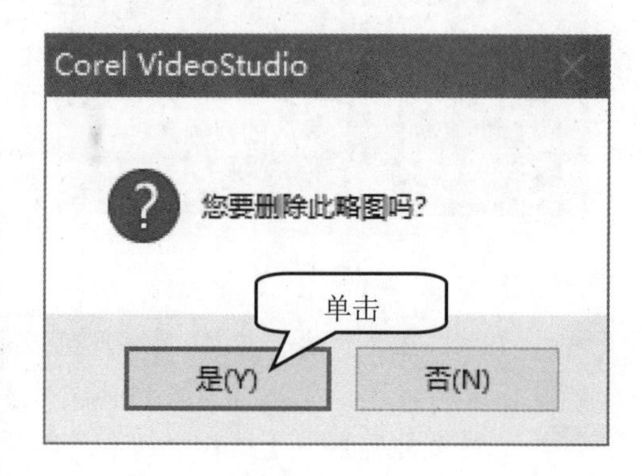

图 3-13

step 3 素材文件已经被删除。通过以上步骤即可完成删除素材文件的操作，如图 3-14 所示。

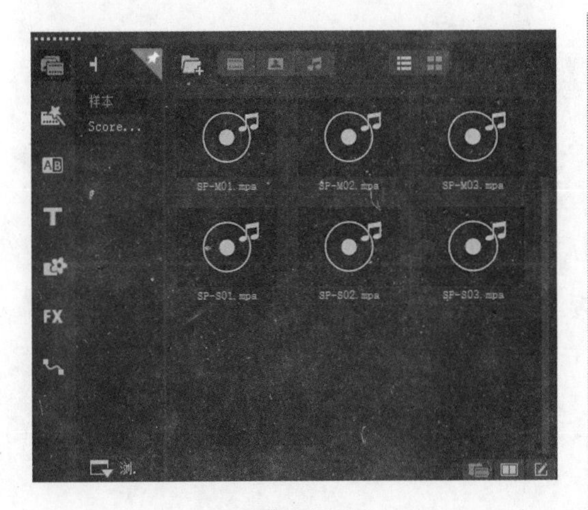

图 3-14

智慧锦囊

在会声会影 2019 中，单击素材库面板中的【浏览】按钮，系统会打开一个文件浏览器，在文件浏览器中可以将文件直接拖放到【素材库】或【时间轴】。还可以从 Windows 资源管理器中将文件直接拖放到“素材库”中。

3.2.4 创建库项目

在会声会影 2019 中，可以根据需要在媒体素材库中创建库项目，以方便影片的剪辑操作。下面介绍创建库项目的方法。

在媒体素材库面板中单击【添加新文件夹】按钮，如图 3-15 所示。

图 3-15

创建了一个名为“文件夹”的库项目，如图 3-16 所示。

图 3-16

使用输入法输入新名称如“素材”，如图 3-17 所示。

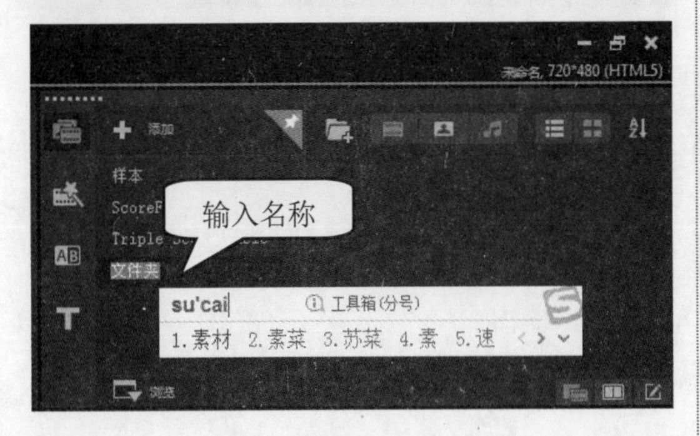

图 3-17

按 Enter 键完成输入。这样即可完成创建库项目，如图 3-18 所示。

图 3-18

Section 3.3 应用模板

手机扫描下方二维码，观看本节视频课程

在会声会影 2019 中，提供了多种类型的主题模板，如图像模板、视频模板、即时项目模板、对象模板、边框模板以及其他各种类型的模板等。本节将详细介绍在会声会影 2019 中运用图像和视频模板的方法。

3.3.1 应用树木图像模板

在会声会影 2019 中，可以使用“照片”素材库中的树木模板制作优美的风景效果。本小节详细介绍应用树木图像模板的操作方法。

素材文件 无

效果文件 第 3 章\效果文件\应用树木模板.VSP

在库面板中单击【显示照片】按钮，如图 3-19 所示。

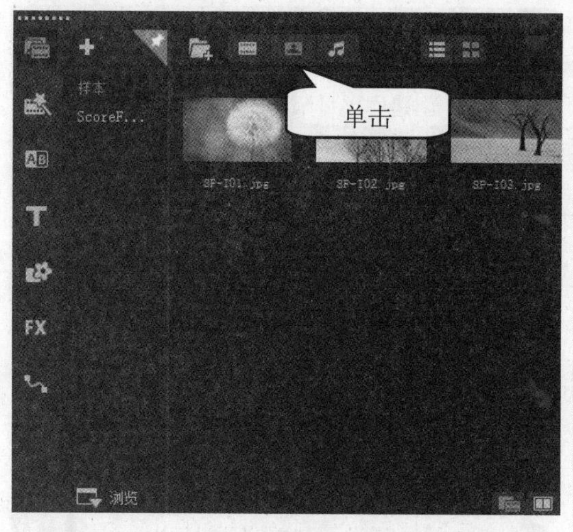

图 3-19

在“照片”素材库中选择树木图像模板，如图 3-20 所示。

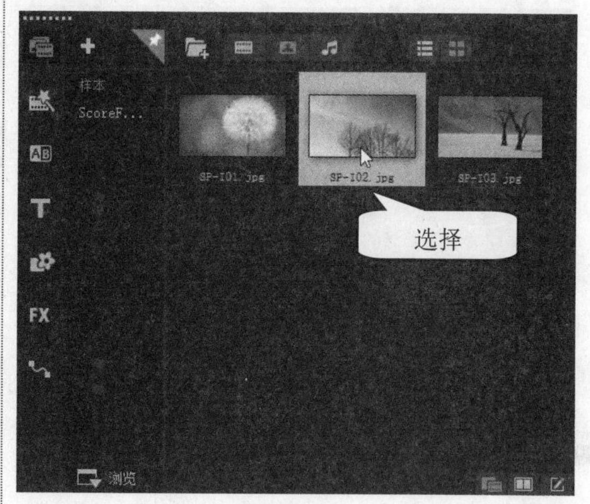

图 3-20

单击并拖动树木图像模板至时间轴面板中的适当位置，如图 3-21 所示。

同时在预览窗口中可以预览添加的树木模板效果。这样即可完成应用树木图像模板的操作，如图 3-22 所示。

图 3-21

图 3-22

3.3.2 应用光影视频模板

会声会影 2019 提供了光影视频模板，用户可以将“视频”素材库中的光影模板应用到制作视频的效果中。本小节详细介绍应用光影视频模板的操作方法。

素材文件	无
效果文件	第 3 章\效果文件\应用光影模板.VSP

step 1 在库面板中单击【显示视频】按钮 ，如图 3-23 所示。

图 3-23

step 2 在“视频”素材库中选择光影视频模板，如图 3-24 所示。

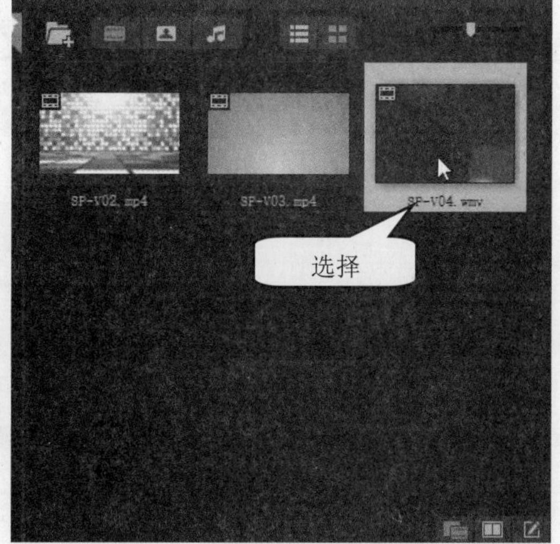

图 3-24

step 3 单击并拖动光影视频模板至时间轴面板中的适当位置，如图 3-25 所示。

step 4 同时在预览窗口中可以预览添加的光影模板效果。这样即可完成应用光影视频模板的操作，如图 3-26 所示。

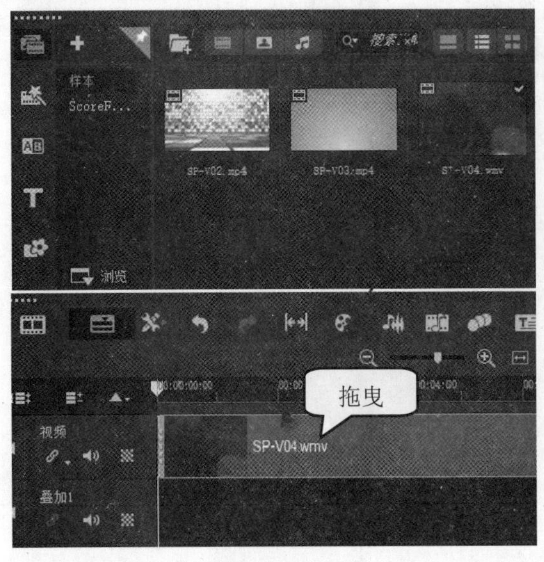

图 3-25

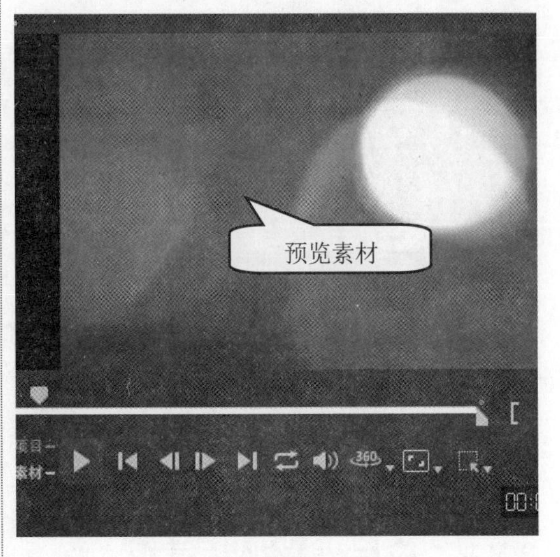

图 3-26

Section 3.4

应用“即时项目”素材库

手机扫描下方二维码，观看本节视频课程

在会声会影 2019 中，即时项目不仅简化了手动编辑的步骤，而且提供了多种类型的即时项目模板，用户可根据需要选择不同的即时项目模板。本节将详细介绍运用即时项目模板的相关知识及操作方法。

3.4.1 应用【开始】主题模板

在会声会影 2019 中，在【即时项目】素材库中，用户可以应用多种多样的素材类型来丰富创建中的影片。应用【即时项目】素材库中【开始】主题的模板，可以为创建的影片制作片头动画。本小节详细介绍应用【开始】主题模板的方法。

素材文件 无

效果文件 第 3 章\效果文件\应用【开始】主题模板.VSP

step 1 创建项目文件后，在【素材库】面板的左侧选择【即时项目】选项，如图 3-27 所示。

step 2 显示库导航面板，在面板中选择【开始】选项，如图 3-28 所示。

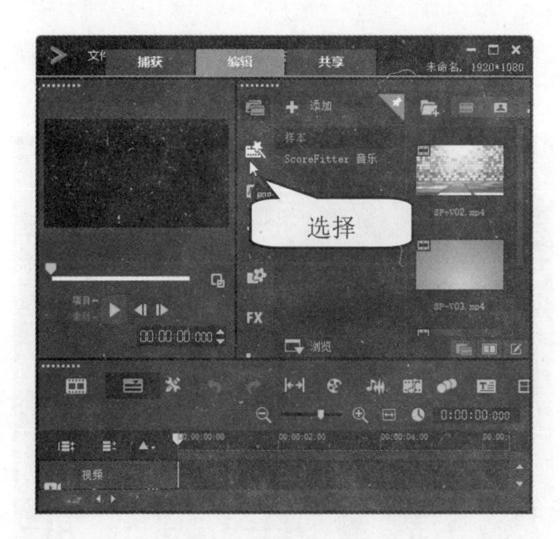

图 3-27

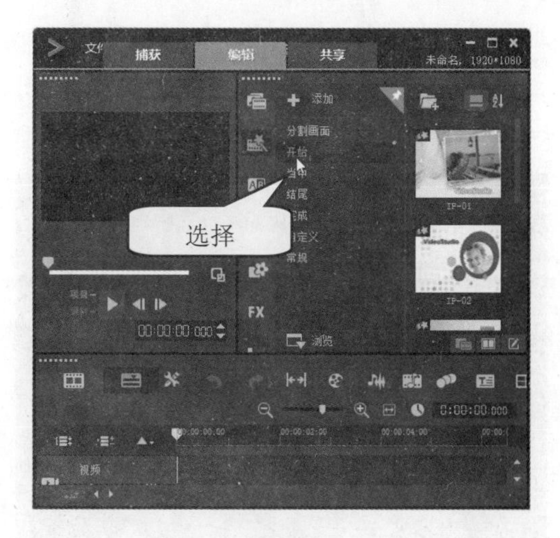

图 3-28

step 3 选择准备应用的【开始】主题模板，拖动选择的主题模板至【时间轴视图】面板中，如图 3-29 所示。

图 3-29

step 4 单击【导览】面板中的【播放】按钮▶，即可预览影视片头效果，如图 3-30 所示。

图 3-30

知识精讲

在会声会影 2019 中，选择【文件】菜单项，在弹出的下拉菜单中，选择【导出为模板】菜单项，可以执行创建【即时项目】模板的操作。

3.4.2 应用【当中】主题模板

在会声会影 2019 中，应用【即时项目】素材库中【当中】主题模板，可以为创建中的影片制作中间动画。本小节详细介绍应用【当中】主题模板的方法。

素材文件	无
效果文件	第 3 章\效果文件\应用【当中】主题模板.VSP

step 1 创建项目文件后，在【素材库】面板的左侧选择【即时项目】选项，如图 3-31 所示。

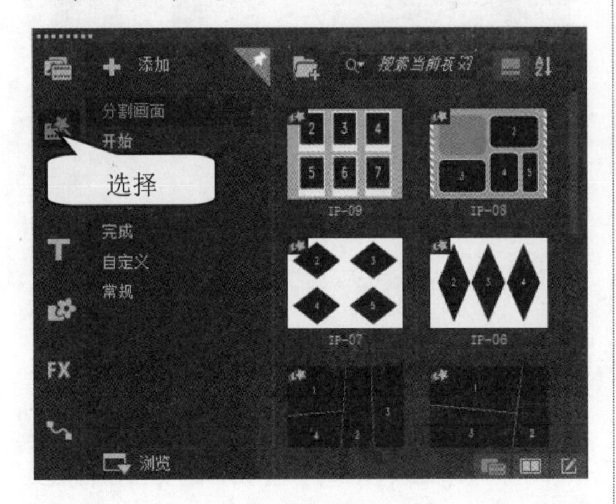

图 3-31

step 2 显示库导航面板，在面板中选择【当中】选项，如图 3-32 所示。

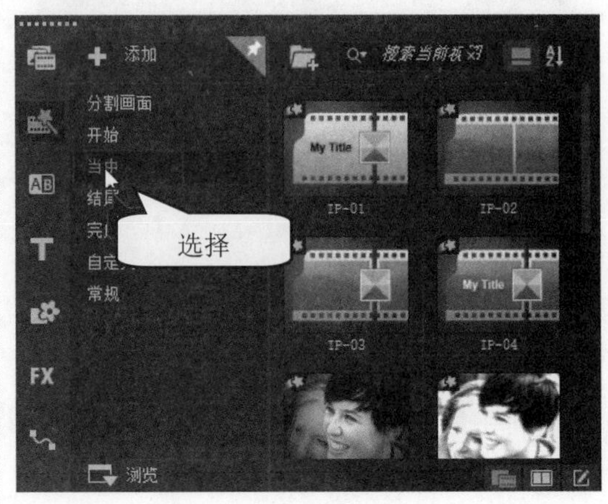

图 3-32

step 3 选择准备应用的【当中】主题模板，拖曳选择的主题模板至【时间轴视图】面板中，如图 3-33 所示。

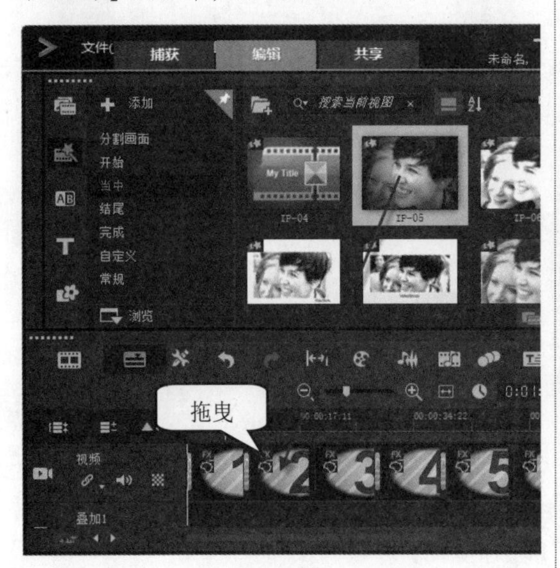

图 3-33

step 4 ① 右键单击其中的一帧，② 在弹出的快捷菜单中，选择【替换素材】菜单项，③ 在弹出的子菜单中，选择【照片】菜单项，如图 3-34 所示。

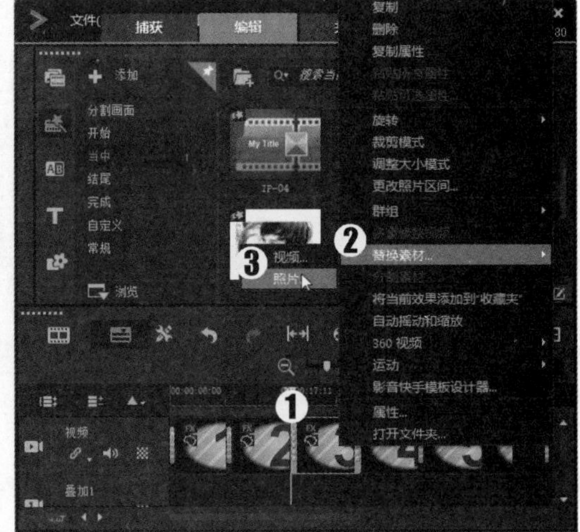

图 3-34

step 5 弹出【替换/重新链接素材】对话框，① 选择准备使用的图片文件，② 单击【打开】按钮，如图 3-35 所示。

step 6 返回到编辑器界面中，在【时间轴视图】面板中，可以看到已经替换的图片文件，如图 3-36 所示。

图 3-35

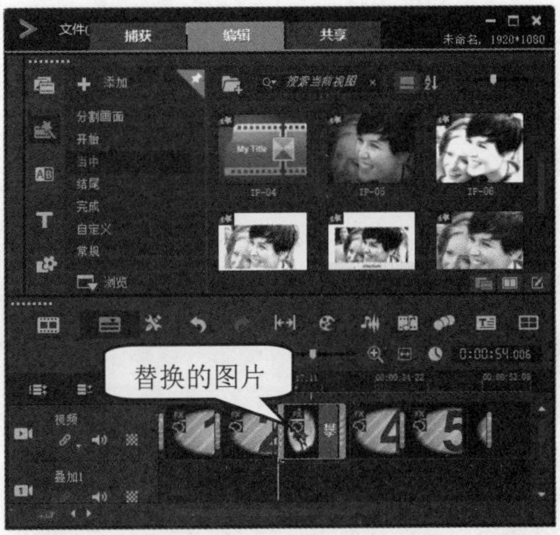

图 3-36

在【导览】面板中，单击【播放】按钮▶，即可预览模板效果。通过以上步骤即可完成应用【当中】主题模板的操作，效果如图 3-37 所示。

图 3-37

3.4.3 应用【结尾】主题模板

在会声会影 2019 中，应用【即时项目】素材库中的【结尾】主题模板，可以为创建中的影片制作结尾动画。本小节详细介绍应用【结尾】主题模板的方法。

素材文件	无
效果文件	第 3 章\效果文件\应用【结尾】主题模板.VSP

创建项目文件后，在【素材库】面板的左侧选择【即时项目】选项，如图 3-38 所示。

显示库导航面板，在面板中选择【结尾】选项，如图 3-39 所示。

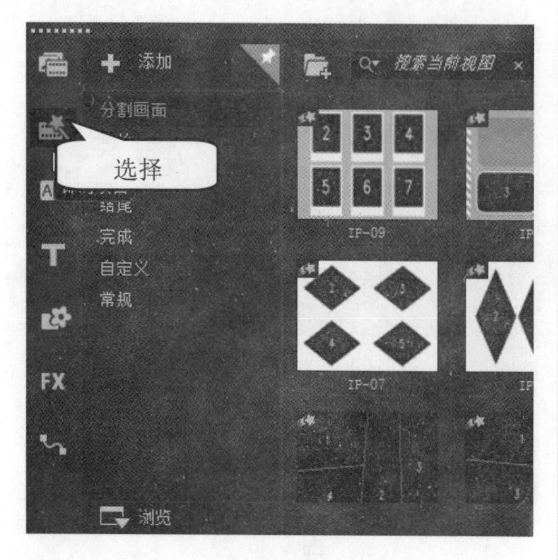

图 3-38

图 3-39

step 3 选择准备应用的【结尾】主题模板，拖动选择的主题模板至【时间轴视图】面板中，如图 3-40 所示。

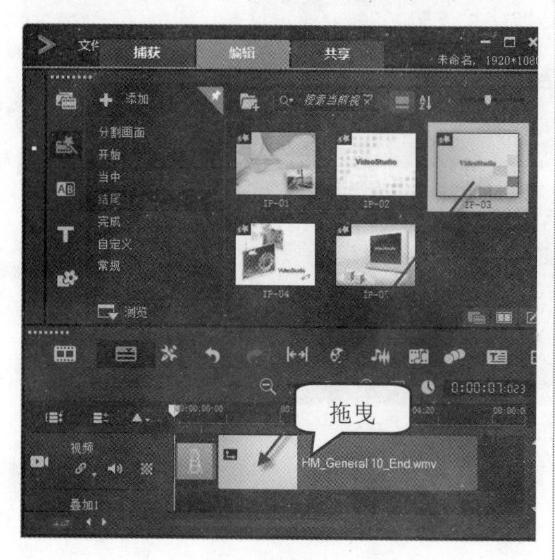

图 3-40

step 4 单击【导览】面板中的【播放】按钮▶，即可预览效果。这样即可完成应用【结尾】主题模板的操作，如图 3-41 所示。

图 3-41

3.4.4 应用【完成】主题模板

在会声会影 2019 中，应用【即时项目】素材库中的【完成】主题模板，可以为创建中的影片制作总结动画，以便对制作的整个动画进行总结。本小节详细介绍应用【完成】主题模板的操作方法。

素材文件 无

效果文件 第 3 章\效果文件\应用【完成】主题模板.VSP

创建项目文件后，在【素材库】面板的左侧选择【即时项目】选项，如图 3-42 所示。

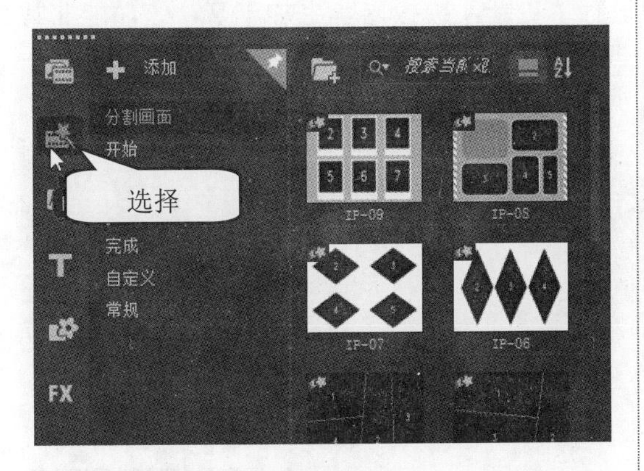

图 3-42

显示库导航面板，在面板中选择【完成】选项，如图 3-43 所示。

图 3-43

选择准备应用的【完成】主题模板，拖动选择的主题模板至【时间轴视图】面板中，如图 3-44 所示。

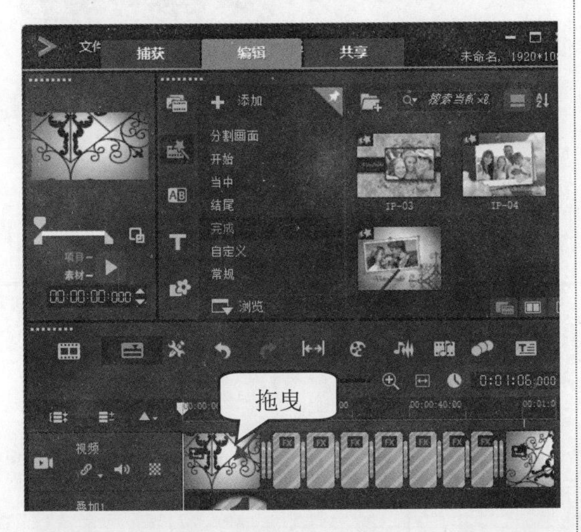

图 3-44

step 4

单击【导览】面板中的【播放】按钮▶，即可预览效果。这样即可完成应用【完成】主题模板的操作，如图 3-45 所示。

图 3-45

Section 3.5 范例应用与上机操作

手机扫描下方二维码，观看本节视频课程

通过本章的学习，读者基本可以掌握应用素材库与视频模板的基本知识以及一些常见的操作方法，本节将通过一些范例应用，如应用影音快手模板制作旅行视频、应用颜色模板制作转场效果视频，练习上机操作，以达到巩固学习、拓展提高的目的。

3.5.1 应用影音快手模板制作旅行视频

影音快手模板在会声会影2019的版本中进行了更新，模板内容更加丰富，该功能非常适合新手，可以让新手快速、方便地制作出视频画面。本例详细介绍应用影音快手模板制作旅行视频的操作方法。

素材文件 第3章\素材文件\旅行1.jpg、旅行2.jpg

效果文件 第3章\效果文件\旅行影片.mp4

step 1 创建项目文件后，① 单击【工具】菜单，② 在弹出的菜单中选择【影音快手】菜单项，如图3-46所示。

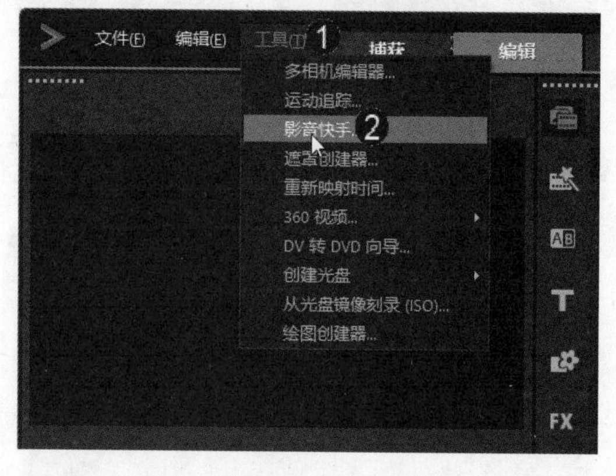

图3-46

step 2 进入到影音快手启动界面，用户需要在线等待一段时间，如图3-47所示。

图3-47

step 3 进入影音快手工作界面，在右侧的【所有主题】列表框中选择一种视频主题样式，如图3-48所示。

图3-48

step 4 在左侧的预览窗口下方单击【播放】按钮▶，即可查看视频效果，如图 3-49 所示。

图 3-49

在左侧的预览窗口下方，单击【添加媒体】按钮，如图 3-50 所示。

图 3-50

step 6 打开相应的面板，单击右侧的【添加媒体】按钮⊕，如图 3-51 所示。

图 3-51

step 7 弹出【添加媒体】对话框，① 选择需要的媒体素材文件，② 单击【打开】按钮，如图 3-52 所示。

返回到影音快手界面中，在右侧显示了新增的媒体文件，如图 3-53 所示。

图 3-52

图 3-53

step 9 在左侧预览窗口下方，单击【播放】按钮，可以预览更换素材后的影片模板效果，如图 3-54 所示。

图 3-54

step 10 预览影片效果后，如果确定无误，就可以进行保存了。在左侧预览窗口下方，单击【保存和共享】按钮，如图 3-55 所示。

图 3-55

step 11 进入到【保存和共享】界面，① 在右侧单击 MPEG-4 按钮，设置视频文件导出格式，② 单击【文件位置】文本框右侧的【浏览】按钮，如图 3-56 所示。

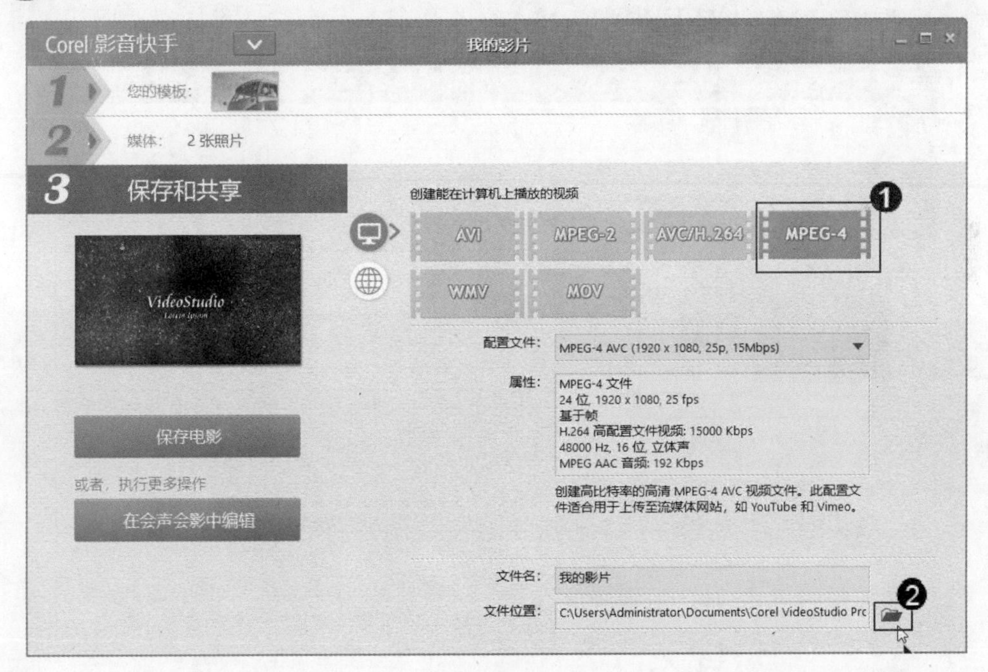

图 3-56

step 12 弹出【另存为】对话框，① 设置视频文件输出的位置，② 将文件命名为“旅行影片”，③ 单击【保存】按钮，如图 3-57 所示。

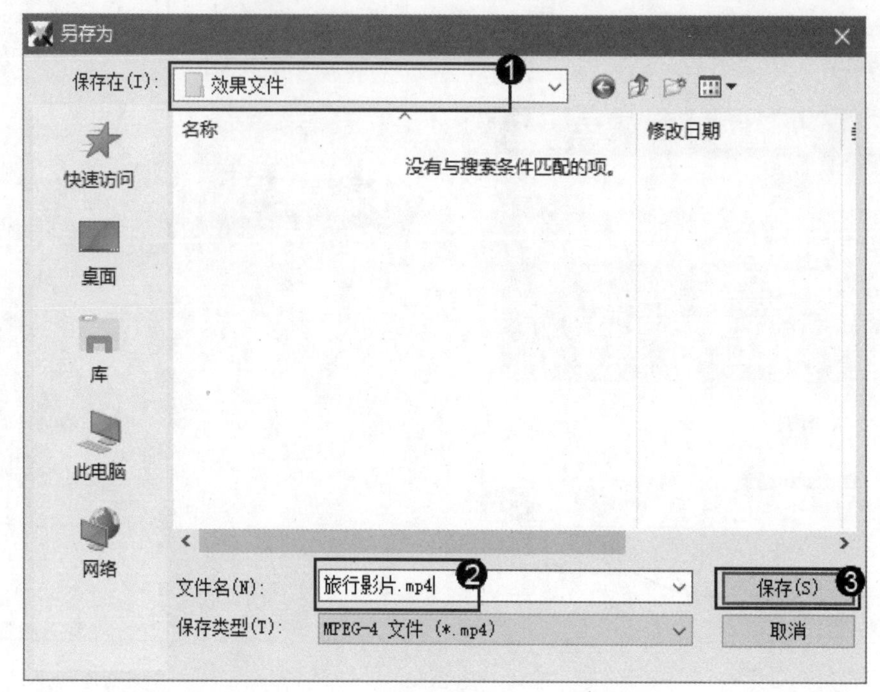

图 3-57

step 13 返回到【保存和共享】界面，可以看到已经完成更改文件位置以及文件名，单击左侧的【保存电影】按钮，如图 3-58 所示。

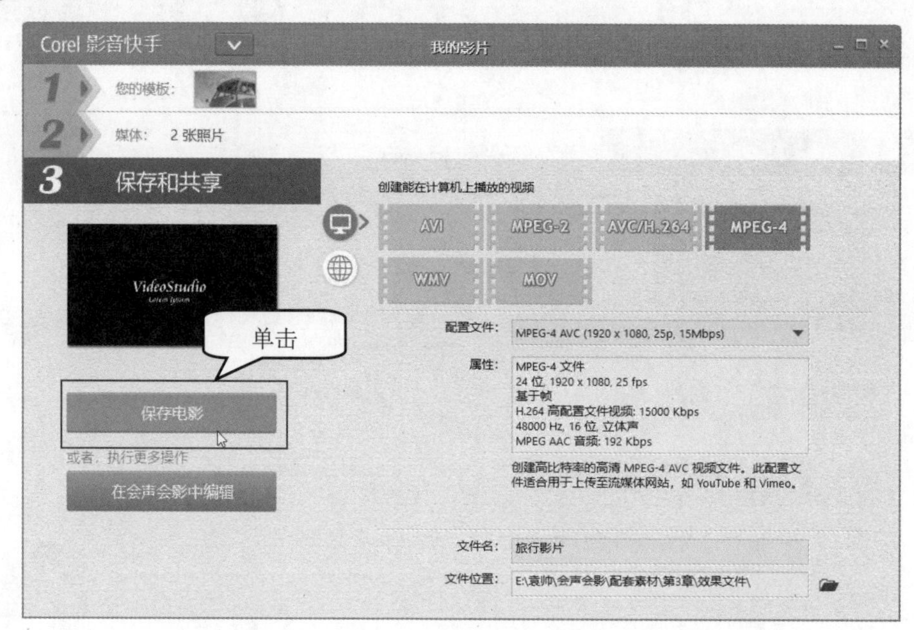

图 3-58

step 14 开始输出渲染视频文件，并显示输出进度，用户需要在线等待一段时间，如图 3-59 所示。

图 3-59

step 15 弹出 FastFlick 对话框，提示“电影已成功渲染。”单击【确定】按钮，如图 3-60 所示。

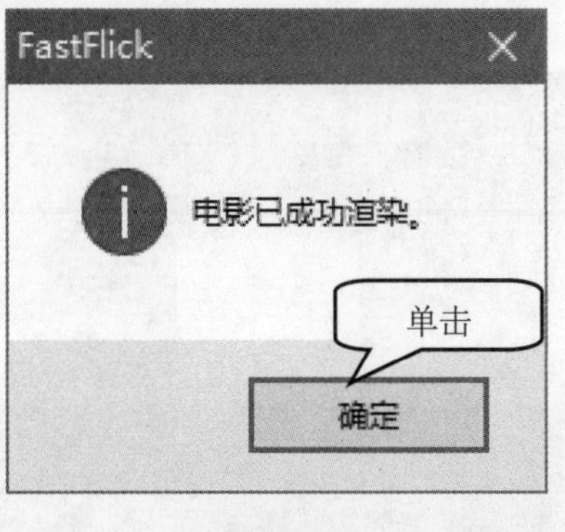

图 3-60

step 16 打开制作的视频所在的文件夹，可以看到制作好的视频文件。这样即可完成应用影音快手模板制作旅行视频，如图 3-61 所示。

图 3-61

3.5.2 应用颜色模板制作转场效果视频

在会声会影 2019 中的照片素材上，可以根据需要应用颜色模板效果。本例详细介绍应用颜色模板制作具有转场效果的视频。

素材文件 第 3 章\素材文件\小船.VSP、小船.jpg

效果文件 第 3 章\效果文件\颜色模板制作转场效果.VSP

step 1 进入会声会影编辑器，执行【文件】→【打开项目】命令，打开名为“小船.VSP”的项目文件，如图 3-62 所示。

图 3-62

step 2 在素材库面板中，① 选择【图形】选项，② 单击窗口上方的下拉按钮，③ 在弹出的选项中选择【颜色】选项，如图 3-63 所示。

图 3-63

step 3 切换至颜色素材库，其中显示了多种颜色的模板，选中一个颜色模板，如图 3-64 所示。

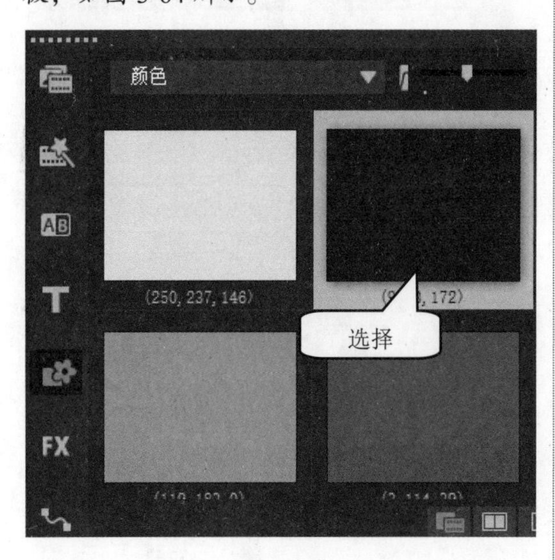

图 3-64

step 4 将其拖至视频轨中的适当位置，如图 3-65 所示。

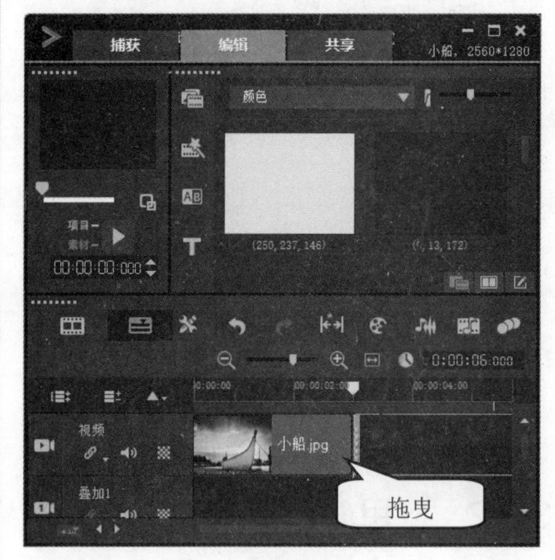

图 3-65

step 5 ① 在素材库中选择【转场】选项，② 选择【过滤】特效组，③ 选择【交叉淡化】效果，如图 3-66 所示。

step 6 将转场效果拖至视频轨中的素材与颜色模板之间，如图 3-67 所示。

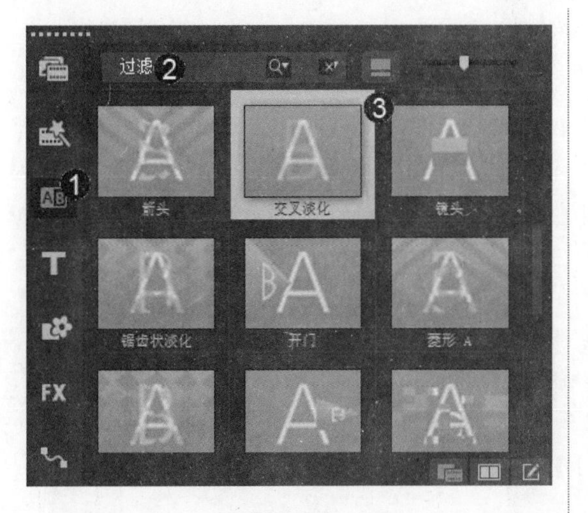

图 3-66

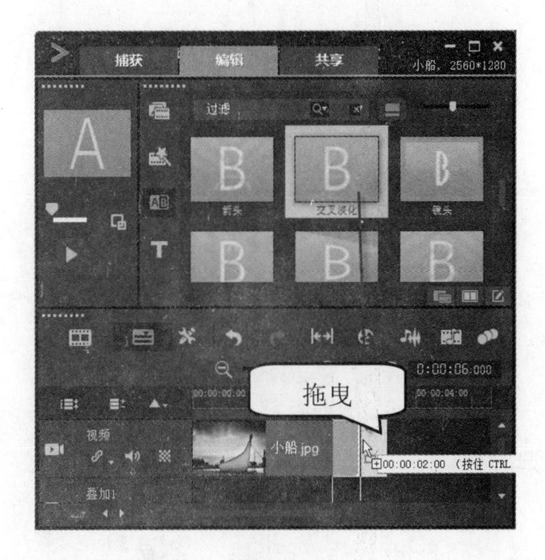

图 3-67

在【导览】面板中，单击【播放】按钮▶，即可预览模板效果。通过以上步骤即可完成应用颜色模板制作转场效果视频的操作，效果如图 3-68 所示。

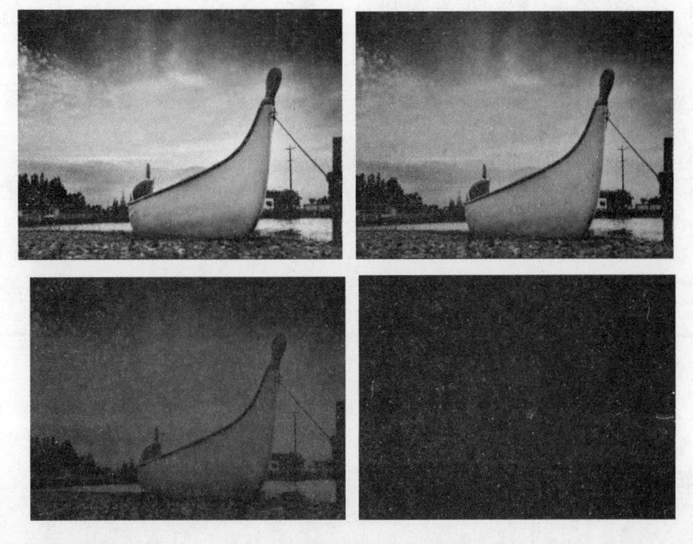

图 3-68

Section 3.6 本章小结与课后练习

本节内容无视频课程

在会声会影 2019 中，用户可以根据需要对素材库进行相应的操作，并且提供了多种类型的主题模板，运用这些主题模板可以将大量生活和旅游照片制作成动态影片。通过本章的学习，读者可以掌握应用素材库与视频模板的基本知识以及一些常见的操作方法，下面通过练习几道习题，达到巩固与提高的目的。

一、填空题

1. 在会声会影2019中，素材库面板中的视图默认是______视图，用户可以根据个人需要更改素材库面板视图。

2. 为了使素材文件方便辨认和管理，用户可以将素材库中的素材文件进行________操作。

3. 当素材库中的素材过多或者不需要时，可以将其进行________，以提高工作效率。

4. 在会声会影2019中，在【即时项目】素材库中，用户可以应用多种多样的素材类型来丰富创建中的影片。应用【即时项目】素材库中【开始】主题的模板，用户可以为创建的影片制作_____动画。

5. 在会声会影2019中，应用【即时项目】素材库中【当中】主题的模板，用户可以为创建中的影片制作_________动画。

二、判断题

1. 在会声会影2019中，素材库包括媒体、即时项目、转场、标题、图形、滤镜和路径等7个类型的素材，用户可以根据需要切换素材库。 (　　)

2. 在会声会影2019中，应用【即时项目】素材库中【完成】主题的模板，可以为创建中的影片制作结尾动画。 (　　)

3. 在会声会影2019中，应用【即时项目】素材库中【完成】主题的模板，用户可以为创建中的影片制作总结动画，以便对制作的整个动画进行总结。 (　　)

三、思考题

1. 如何创建库项目？

2. 如何应用【开始】主题模板？

四、上机操作

1. 通过本章的学习，读者基本可以掌握应用素材库与视频模板方面的知识，下面通过练习应用对象模板，达到巩固与提高的目的。

2. 通过本章的学习，读者基本可以掌握应用素材库与视频模板方面的知识，下面通过练习调整缩略图视图大小，达到巩固与提高的目的。

第 4 章

捕获与添加媒体素材

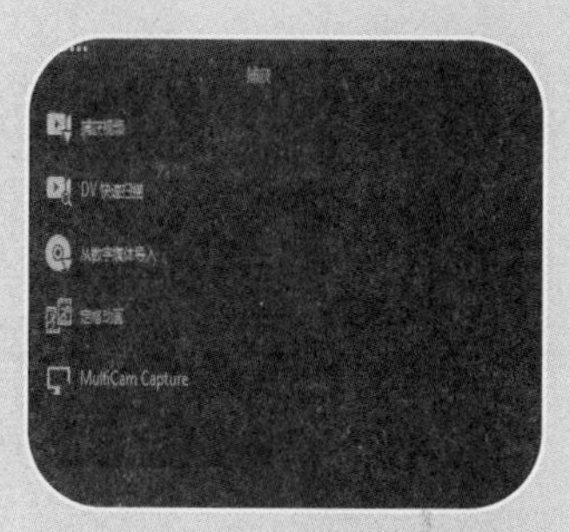

本章主要介绍捕获视频素材、捕获静态图像和捕获定格动画方面的知识与技巧，同时还讲解了捕获视频的技巧。通过本章的学习，读者可以掌握捕获与添加媒体素材基础操作方面的知识，为深入学习会声会影 2019 中文版知识奠定基础。

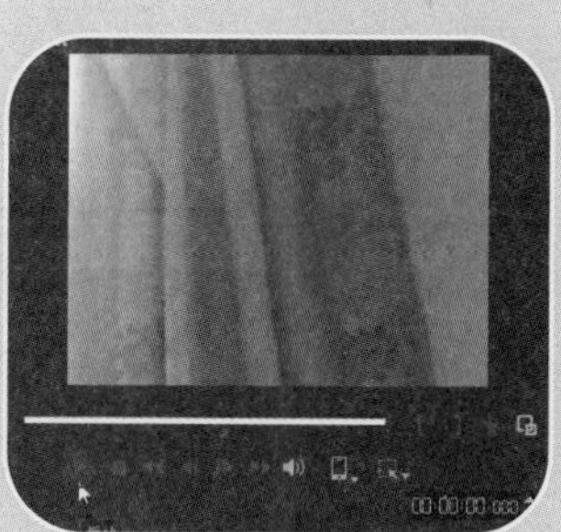

1. 捕获视频素材
2. 捕获静态图像
3. 捕获定格动画
4. 捕获视频技巧

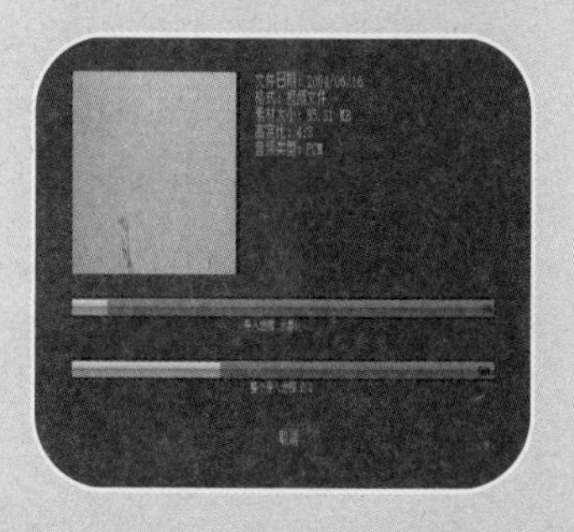

Section 4.1 捕获视频素材

手机扫描下方二维码，观看本节视频课程

在通常情况下，视频编辑的第一步是捕获视频素材。会声会影 2019 的捕获功能比较强大，用户在捕获 DV 视频时，可以将其中的一帧图像捕获成静态图像。本节主要介绍捕获视频素材的操作方法。

4.1.1 认识【捕获】选项面板

使用会声会影 2019 捕获视频之前，用户首先需要对【捕获】选项面板进行了解，以便更好地掌握捕获视频的技巧。下面将详细介绍【捕获】选项面板方面的知识。

将拍摄设备与计算机连接后，在会声会影 2019 中选择【捕获】标签，这样即可打开【捕获】选项面板，如图 4-1 所示。

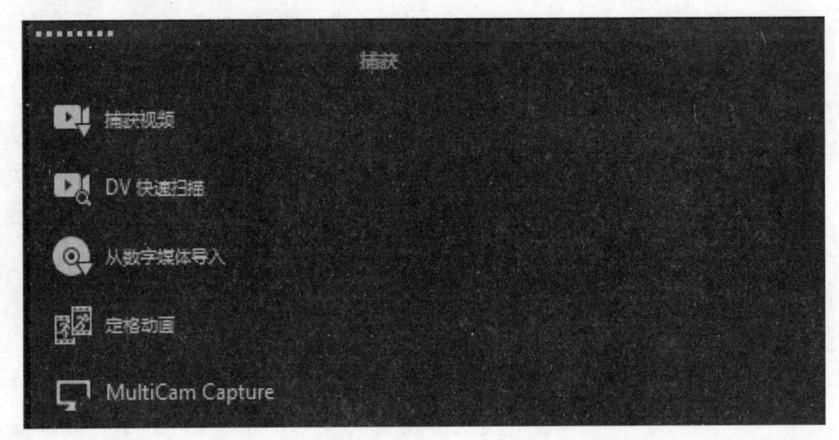

图 4-1

- 【捕获视频】按钮：单击此按钮，用户可以将视频镜头和照片从摄像机捕获到计算机中。
- 【DV 快速扫描】按钮：单击此按钮，程序可以扫描用户的 DV 磁带并选择想要添加到用户影片的场景。
- 【从数字媒体导入】按钮：单击此按钮，用户可以从 DVD-Video/DVD-VR、AVCHD、BDMV 格式的光盘或从硬盘中添加媒体素材。此功能还允许用户直接从 AVCHD、Blu-ray 光盘或 DVD 摄像机导入视频。
- 【定格动画】按钮：单击此按钮，用户可以使用从照片和视频捕获设备中捕获的图像，制作即时定格动画。
- MultiCam Capture 按钮：单击此按钮，用户可以创建捕获所有计算机操作和屏幕上显示元素的屏幕捕获视频。

4.1.2 设置捕获参数

将拍摄设备与计算机连接后，在【捕获】选项面板中，单击【捕获视频】按钮，即可进入【捕获视频】面板，从中即可进行捕获参数设置的操作，如图 4-2 所示。

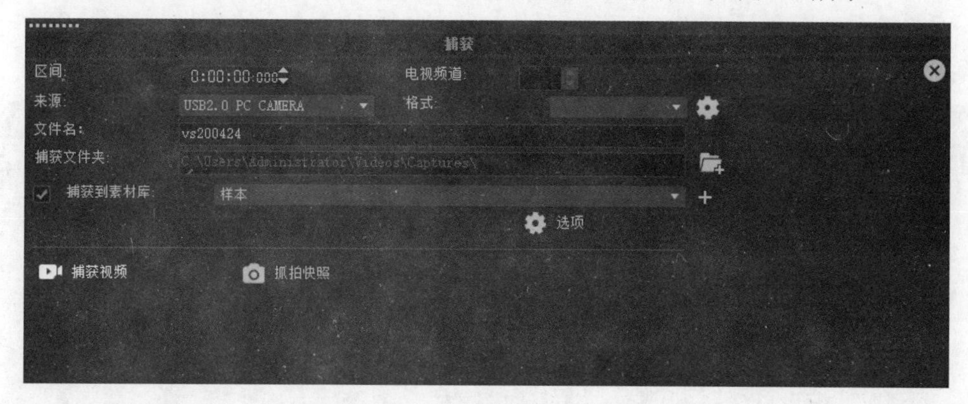

图 4-2

- 【区间】选项：用于设置捕获时间的长度。
- 【来源】选项：显示检测到的捕获设备驱动程序。
- 【格式】选项：在此选择文件格式，用于保存捕获的视频。
- 【文件名】选项：用于指定已捕获文件的前缀。
- 【捕获文件夹】选项：保存捕获文件的位置。
- 【选项】按钮：单击此按钮，在弹出的列表中，用户可以打开与捕获驱动程序有关的对话框，如图 4-3 和图 4-4 所示。

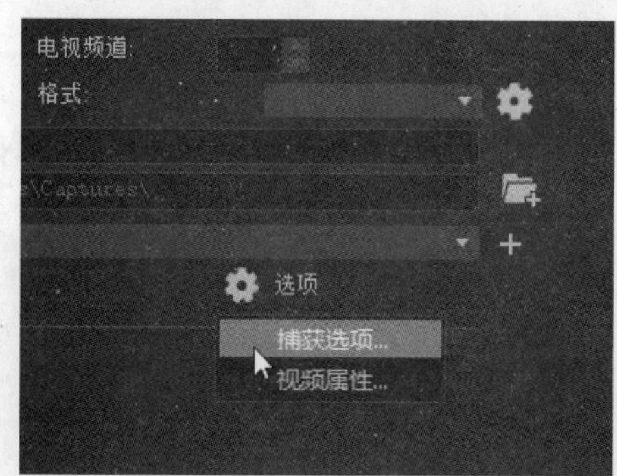

图 4-3

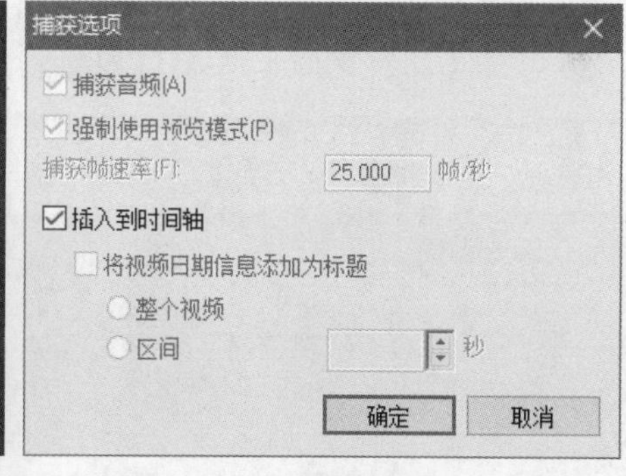

图 4-4

- 【按场景分割】复选框：按照录制的日期和时间，自动将捕获的视频分割成多个文件。应注意的是，此功能仅在从 DV 摄像机中捕获视频时使用。
- 【捕获到素材库】复选框：选择或创建用户想要保存视频的素材库文件夹。
- 【捕获视频】按钮：单击此按钮，开始从安装的视频输入设备中捕获视频。
- 【抓拍快照】按钮：单击此按钮，用户可以将视频输入设备中的当前帧作为静态图像捕获到会声会影 2019 中。

4.1.3 捕获视频

用户可以将计算机中的视频插入会声会影中，下面详细介绍从计算机中捕获视频的操作方法。

step 1 启动会声会影 2019 后，在【步骤】面板中，① 单击【捕获】选项卡，② 在【捕获】选项面板中，单击【捕获视频】按钮，如图 4-5 所示。

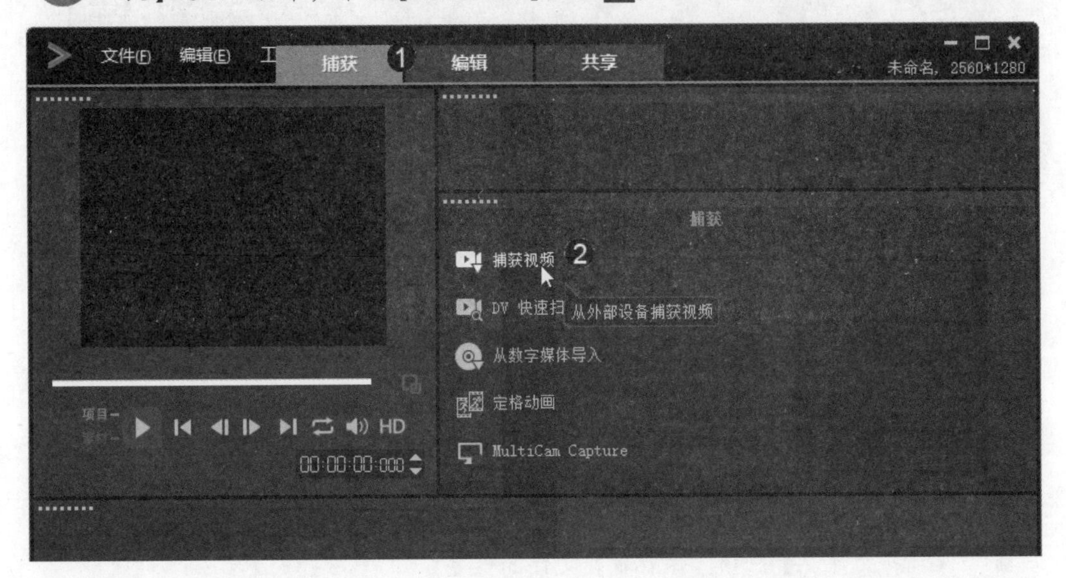

图 4-5

step 2 在【捕获视频】面板中，① 在【格式】下拉列表框中，设置视频格式，② 勾选【捕获到素材库】复选框，③ 在【捕获文件夹】文本框中，输入视频文件保存的路径，④ 单击【捕获视频】按钮，即可进行捕获视频的操作，如图 4-6 所示。

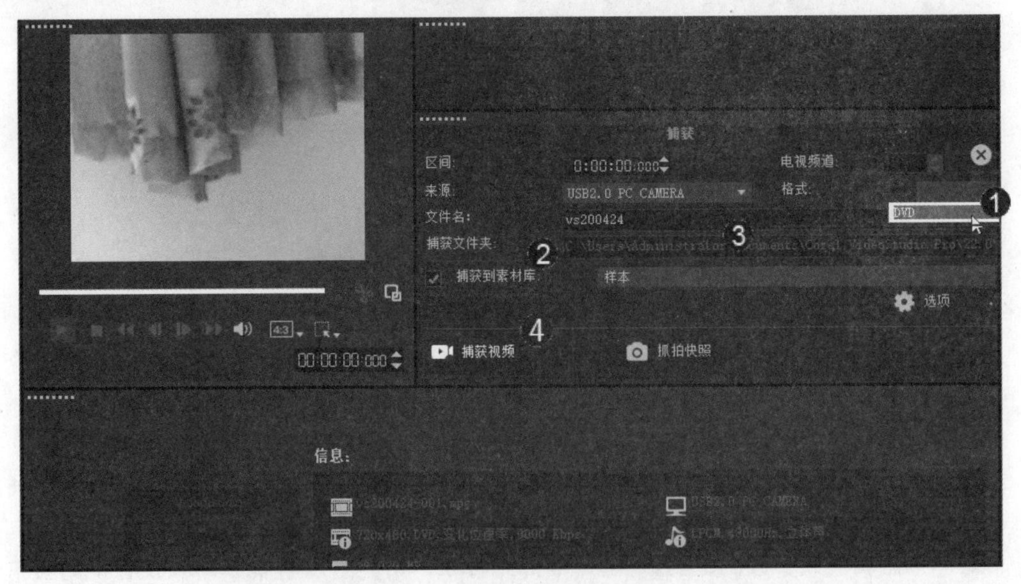

图 4-6

Section 4.2 捕获静态图像

手机扫描下方二维码，观看本节视频课程 

在会声会影 2019 中，用户还可以从视频文件中捕获静态图像。本节将详细介绍捕获静态图像的相关知识及操作方法，包括设置捕获图像参数、找到图像位置以及捕获静态图像等操作方法与技巧。

4.2.1 设置捕获图像参数

在会声会影 2019 中，在捕获静态图像之前，首先需要设置捕获图像的参数，以便更好地捕获用户需要的静态图像。下面详细介绍设置捕获图像参数的操作方法。

step 1 启动会声会影 2019 编辑器后，① 单击【设置】菜单，② 在弹出的下拉菜单中，选择【参数选择】菜单项，如图 4-7 所示。

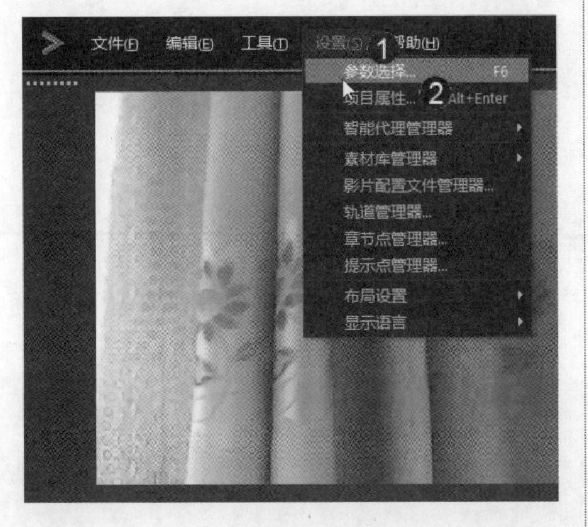

图 4-7

step 2 弹出【参数选择】对话框，① 选择【捕获】选项卡，② 在【捕获格式】下拉列表框中，选择 JPEG 选项，③ 单击【确定】按钮，即可完成设置捕获图像参数的操作，如图 4-8 所示。

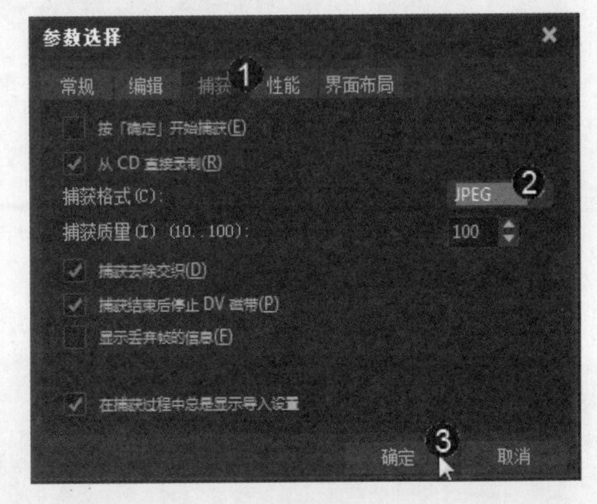

图 4-8

知识精讲

捕获的图像长宽取决于原始视频，图像格式可以是 BITMAP 或 JPEG，默认选项为 BITMAP，它的图像质量比 JPEG 要好，但文件较大。在【捕获】选项卡中勾选【捕获去除交织】复选框，捕获图像时将使用固定的分辨率，而非采用交织图像的渐进式图像分辨率，这样捕获后的图像就不会产生锯齿。

4.2.2 找到图像位置

在会声会影 2019 中，设置捕获图像的参数后，即可设置静态图像的保存路径，方便用户查找和使用。下面详细介绍找到图像位置的操作方法。

step 1 启动会声会影编辑器，① 选择【捕获】标签，② 在【捕获】面板中单击【捕获视频】按钮，如图 4-9 所示。

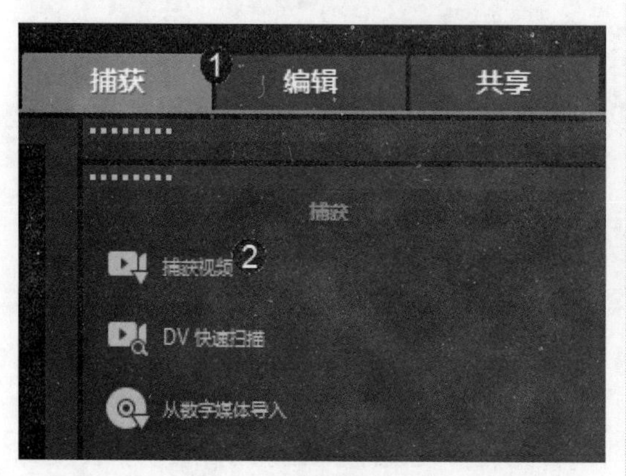

图 4-9

step 2 进入【捕获视频】面板，单击【捕获文件夹】按钮，如图 4-10 所示。

图 4-10

step 3 弹出【浏览文件夹】对话框，① 选择准备存放静态图像的磁盘位置，② 单击【确定】按钮即可完成找到图像位置的操作，如图 4-11 所示。

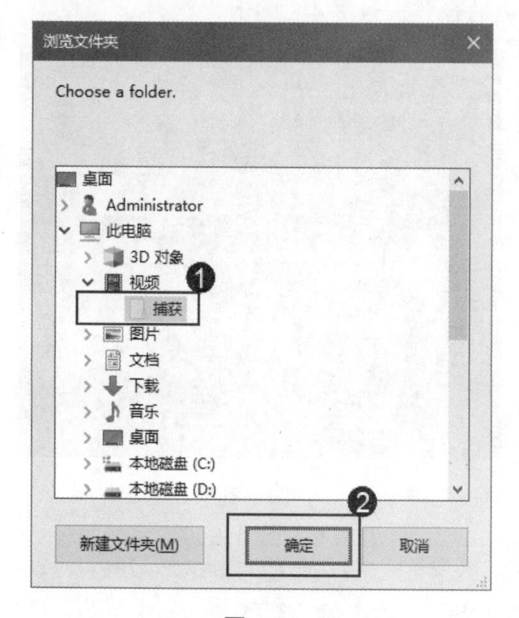

图 4-11

智慧锦囊

用户选择的图像文件夹尽量为固定且容易记住的位置，不要经常改动图像存放位置，否则可能找不到捕获的图像。

考考您

请您根据上述方法设置图像参数并找到图像位置，测试一下您的学习效果。

4.2.3 捕获静态图像

设置静态图像捕获的路径后，用户即可开始捕获静态图像。下面详细介绍捕获静态图像的操作方法。

step 1 捕获的过程中，如果遇到需要捕获的静态图像，在【捕获视频】面板中，单击【抓拍快照】按钮，如图 4-12 所示。

图 4-12

step 2 此时，在【捕获视频】面板上方会显示刚刚抓拍的图像，并且已经被保存在指定的文件夹中，如图 4-13 所示。

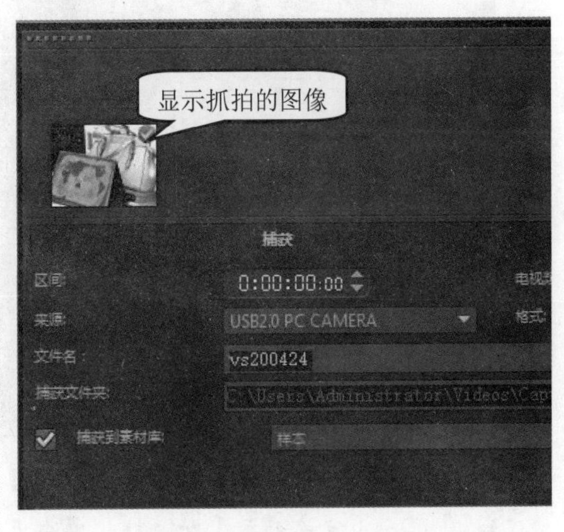

图 4-13

知识精讲

在会声会影 2019 中，可以对捕获完成的静态图像进行编辑，在步骤面板中选择【编辑】标签，即可进入静态图像的编辑界面。

Section 4.3 捕获定格动画

手机扫描下方二维码，观看本节视频课程

用户可以使用从 DV/HDV 摄像机、网络摄像头或 DSLR 捕获的图像或导入的照片，直接在会声会影中创建定格动画，并将其添加到视频项目中。本节将详细介绍捕获定格动画的相关知识及操作方法。

4.3.1 创建定格动画项目

在使用会声会影 2019 捕获定格动画之前，需要创建一个定格动画项目。下面详细介绍创建定格动画项目的操作方法。

step 1 启动会声会影 2019 后，在【步骤】面板中，① 单击【捕获】标签，② 在【捕获】选项面板中，单击【定格动画】按钮，如图 4-14 所示。

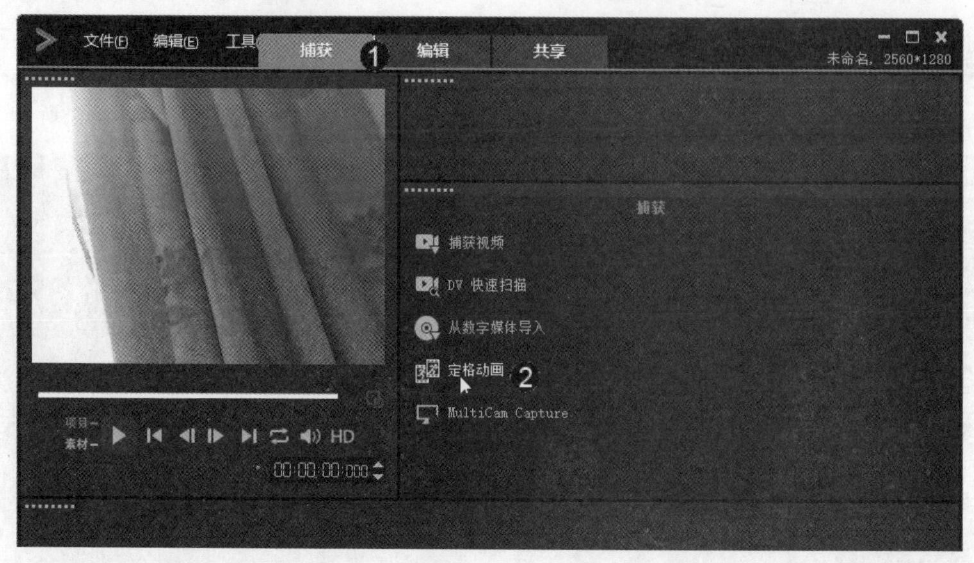

图 4-14

step 2 弹出【定格动画】对话框，单击左上角的【创建】按钮，即可创建一个新的定格动画项目，如图 4-15 所示。

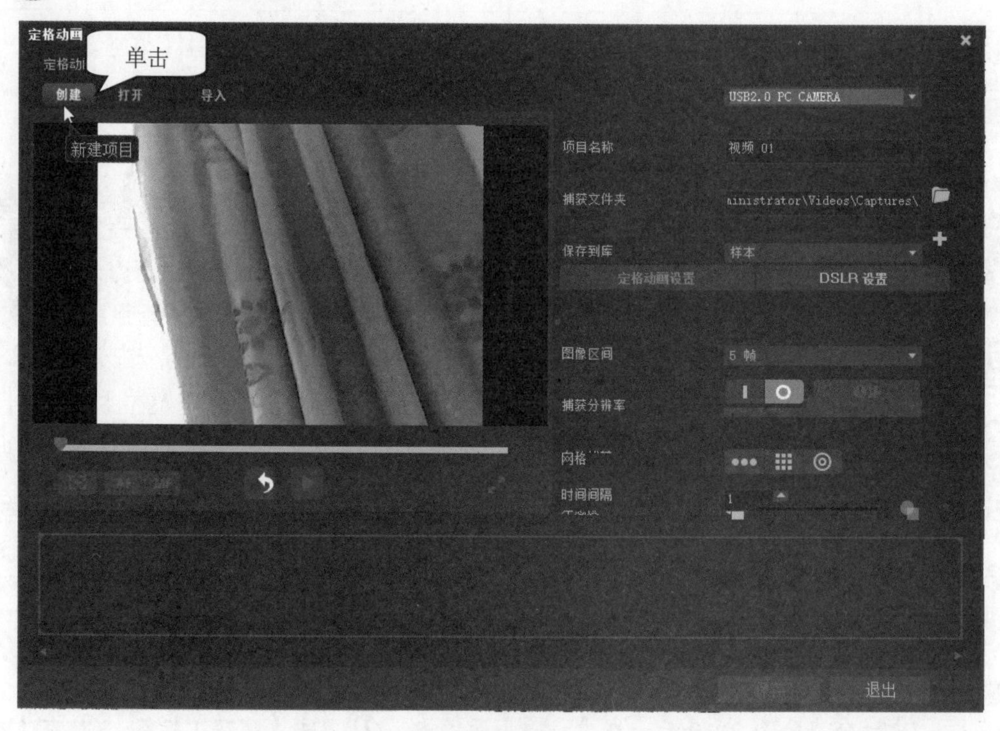

图 4-15

step 3 创建完新的项目后，① 在【项目名称】文本框中输入定格动画项目的名称，② 在【捕获文件夹】文本框中，指定或查找想要保存素材的目标文件夹，③ 在【保存到库】下拉列表中选择一个现有的库文件夹来选择想要保存定格动画项目的位置，即可完成创建定格动画项目的操作，如图 4-16 所示。

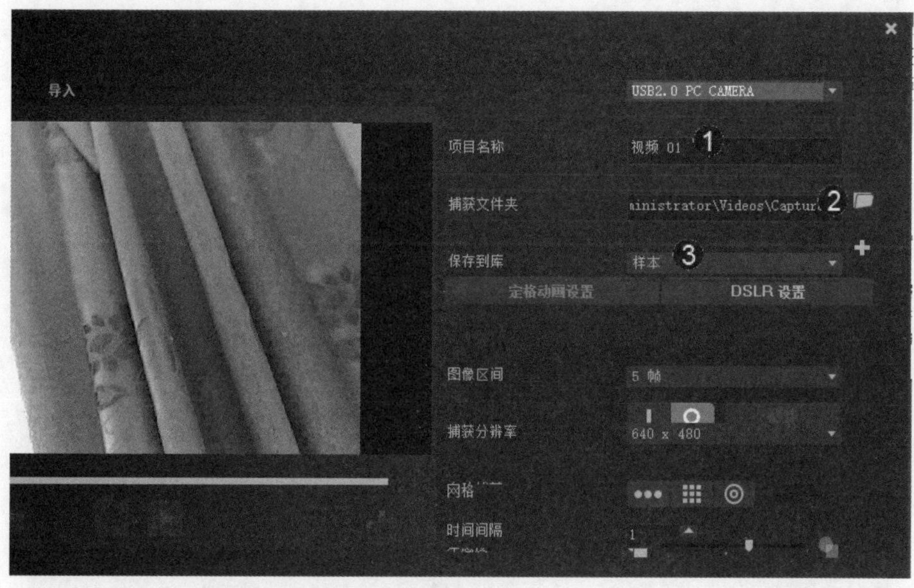

图 4-16

4.3.2 捕获定格动画

创建完定格动画项目后，就可以进行捕获定格动画了，并将其保存到素材库中。下面详细介绍捕获定格动画的操作方法。

step 1 在【定格动画】对话框中，如果遇到需要捕捉的图像可以单击【预览】窗口下方的【捕获图像】按钮，如图 4-17 所示。

图 4-17

重复上一步的操作，单击【捕获图像】按钮，直至捕获到足够的定格动画，然后单击【保存】按钮，即可完成捕获定格动画的操作，如图 4-18 所示。

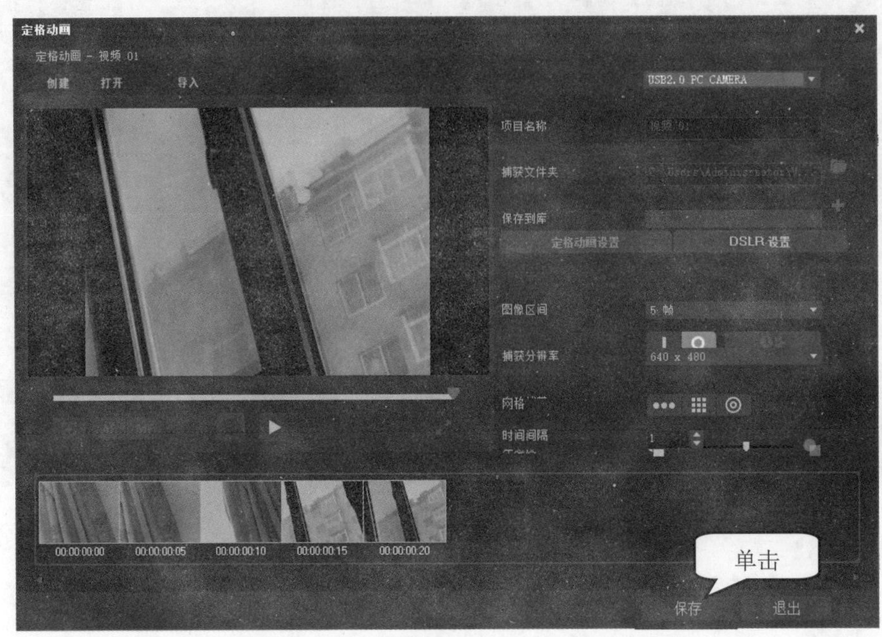

图 4-18

4.3.3 打开现有的定格动画项目

在会声会影中创建的定格动画项目都是友立图像序列(*uisx)格式。如果有保存好的定格动画项目，可以将其打开。下面详细介绍打开现有的定格动画项目的方法。

在【定格动画】对话框中的左上角，单击【打开】按钮，如图 4-19 所示。

图 4-19

step 2 弹出【打开项目】对话框，① 选择准备打开的项目所在的路径，② 选择准备打开的项目，③ 单击【打开】按钮，如图 4-20 所示。

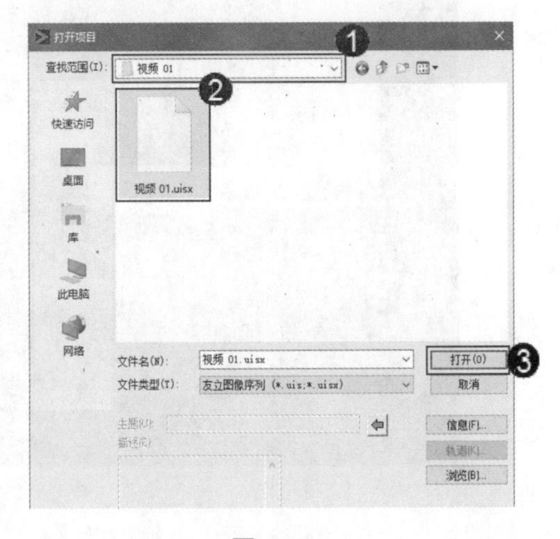

图 4-20

返回到【定格动画】对话框中，可以看到选择的定格动画项目已被打开。这样即可完成打开现有的定格动画项目的操作，如图 4-21 所示。

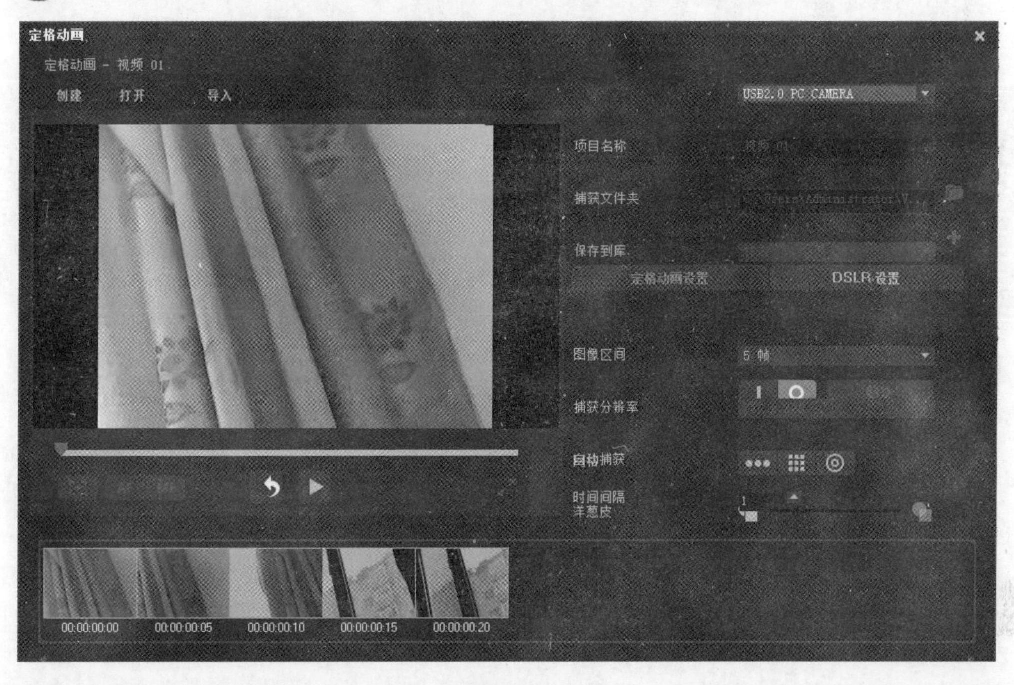

图 4-21

4.3.4 播放定格动画项目

打开定格动画项目后，可以在【定格动画】对话框中预览定格动画项目中的内容，在【预览】窗口中，单击【播放】按钮▶，即可播放预览定格动画项目，如图 4-22 所示。

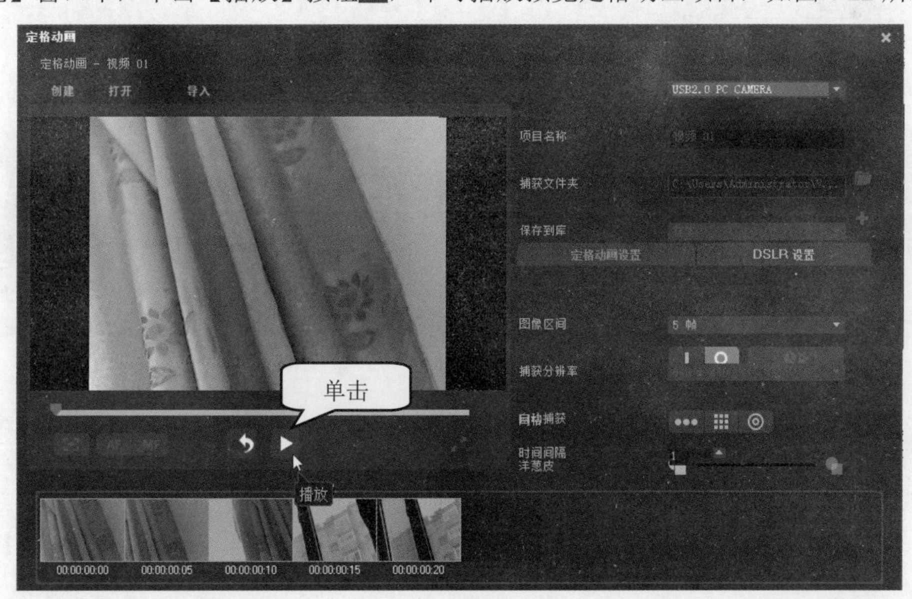

图 4-22

Section 4.4 捕获视频技巧

手机扫描下方二维码，观看本节视频课程

使用会声会影2019捕获视频时，掌握不同的捕获视频技巧，可以大大地提高捕获的效率。本节将详细讲解捕获视频的技巧，包括从手机中捕获视频的方法、按照指定的时间长度捕获视频的相关操作方法。

4.4.1 从手机中捕获视频

手机是现在人们生活中必不可少的工具，从手机中捕获视频更是方便用户将日常生活中拍摄的视频作为视频素材。下面将以Windows 10操作系统为例，详细介绍从安卓手机中捕获视频的操作方法。

step 1 在Windows 10操作系统中，打开【计算机】窗口，① 在安卓手机的内存磁盘上单击鼠标右键，② 在弹出的快捷菜单中选择【打开】菜单项，如图4-23所示。

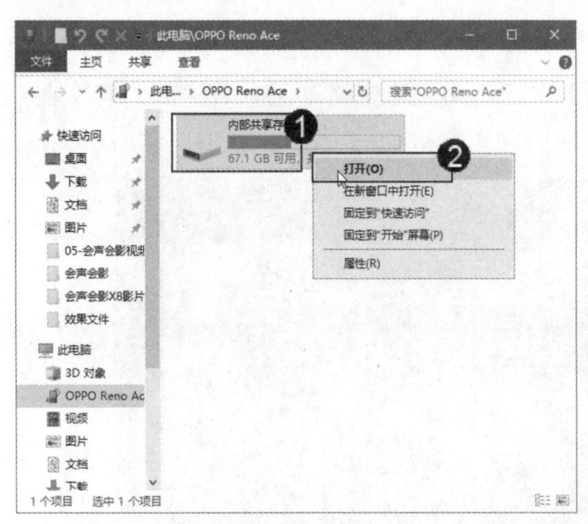

图4-23

step 2 打开手机移动磁盘中的文件夹，① 右击视频文件，② 在弹出的快捷菜单中选择【复制】菜单项，如图4-24所示。

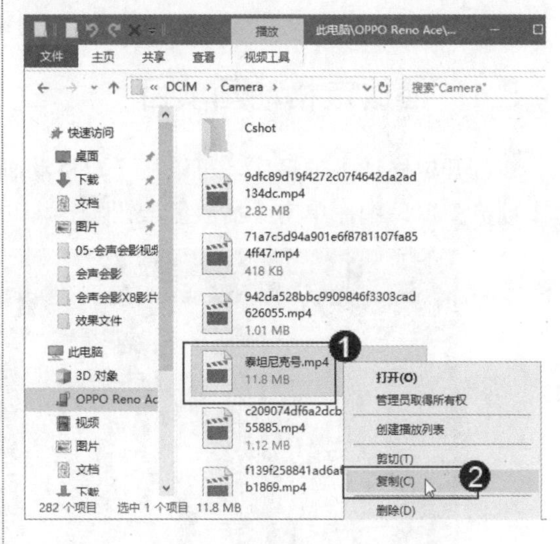

图4-24

step 3 打开计算机中的文件夹，① 右击文件夹空白处，② 在弹出的快捷菜单中选择【粘贴】菜单项，如图4-25所示。

step 4 手机中的视频文件已经被复制到计算机中，如图4-26所示。

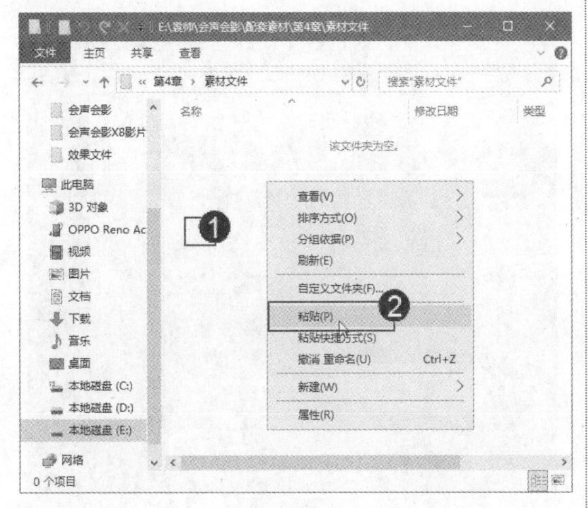

图 4-25

图 4-26

将视频文件拖曳至会声会影编辑器的视频轨中，如图 4-27 所示。

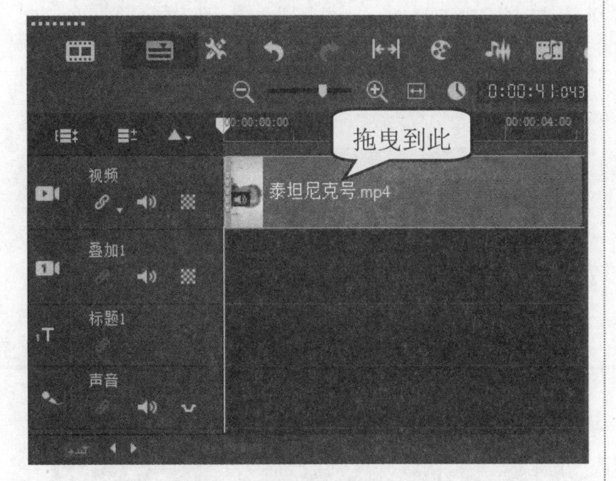

图 4-27

在导览面板中，单击【播放】按钮▶，即可预览安卓手机中的视频画面，如图 4-28 所示。

图 4-28

根据智能手机的类型和品牌不同，拍摄的视频格式也会有所不同，但大多数拍摄的视频格式会声会影都支持，都可以导入会声会影编辑器中应用。

4.4.2 按照指定的时间长度捕获视频

使用会声会影 2019 捕获视频时，可以指定要捕获的时间长度。下面详细介绍按照指定的时间长度捕获视频的操作方法。

启动会声会影 2019，在【捕获】面板中单击【捕获视频】按钮，如图 4-29 所示。

在【导览】面板中单击【播放】按钮，这样可以在【预览】窗口中显示需要捕获的起始帧位置，如图 4-30 所示。

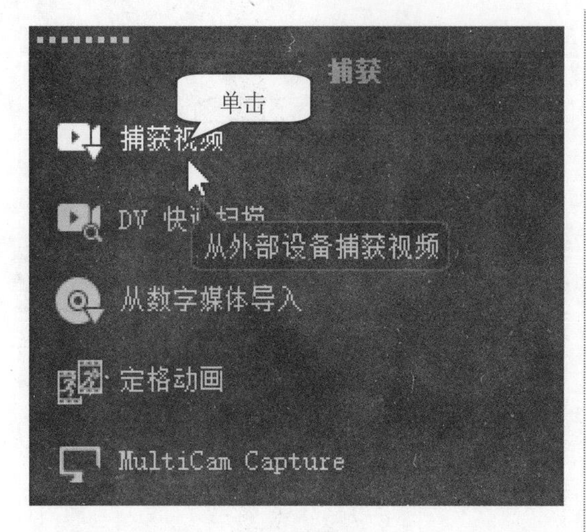

图 4-29

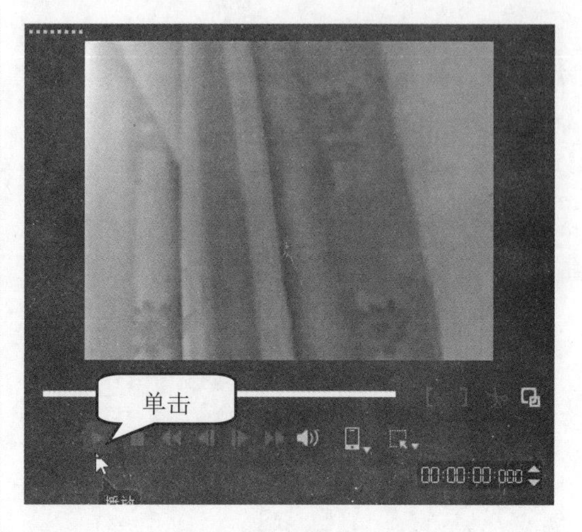

图 4-30

step 3 在【捕获视频】选项面板中，在【区间】微调框中设置捕获视频指定的时间长度，单击【捕获视频】按钮，如图 4-31 所示。

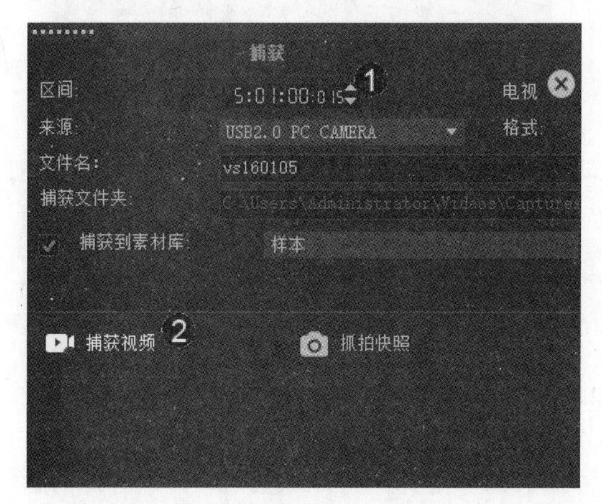

图 4-31

step 4 在捕获视频的过程中，当捕获到指定时间长度后，程序将自动停止，捕获的视频将显示在素材库中。通过以上步骤即可完成按照指定的时间长度捕获视频的操作，如图 4-32 所示。

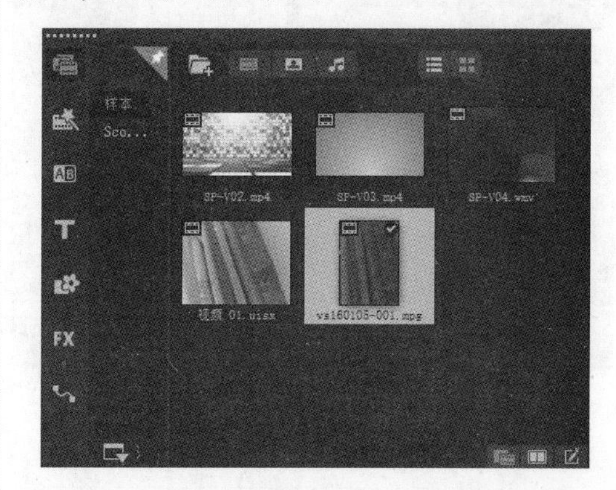

图 4-32

Section 4.5 范例应用与上机操作

手机扫描下方二维码，观看本节视频课程

通过本章的学习，读者基本可以掌握捕获与添加媒体素材的基本知识以及一些常见的操作方法。本节将通过一些范例应用，如将图像导入定格动画项目、屏幕捕捉、从数字媒体导入视频，练习上机操作，以达到巩固学习、拓展提高的目的。

4.5.1 将图像导入定格动画项目

在【定格动画】对话框中，还可以将一些图像素材导入到定格动画项目中，从而更好地编辑定格动画项目。本例详细介绍将图像导入定格动画项目的操作方法。

素材文件 第4章\素材文件\视频 01.uisx

效果文件 第4章\无

step 1 在【定格动画】对话框中，单击【打开】按钮，如图 4-33 所示。

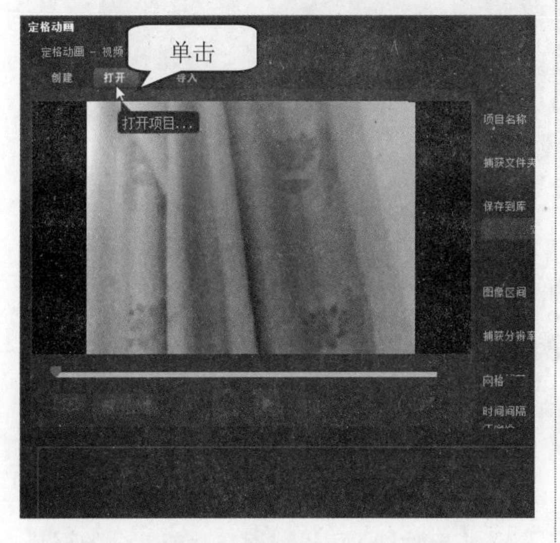

图 4-33

step 2 弹出【打开项目】对话框，① 选择准备打开的定格动画项目素材所在的路径，② 选择准备打开的定格动画项目素材“视频 01.uisx”，③ 单击【打开】按钮，如图 4-34 所示。

图 4-34

step 3 返回到【定格动画】对话框中，单击【导入】按钮，如图 4-35 所示。

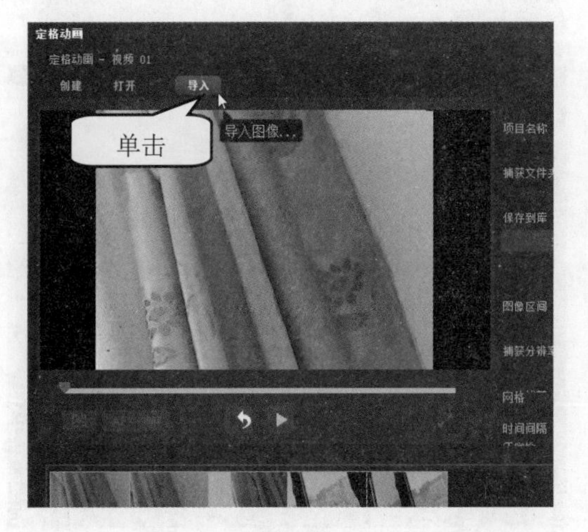

图 4-35

step 4 弹出【导入图像】对话框，① 选择准备导入的图像素材所在的路径，② 选择准备导入的图像，③ 单击【打开】按钮，如图 4-36 所示。

图 4-36

step 5 返回到【定格动画】对话框中，可以看到选择的图像已被添加到定格动画项目中。单击【保存】按钮，即可完成将图像导入定格动画项目的操作，如图 4-37 所示。

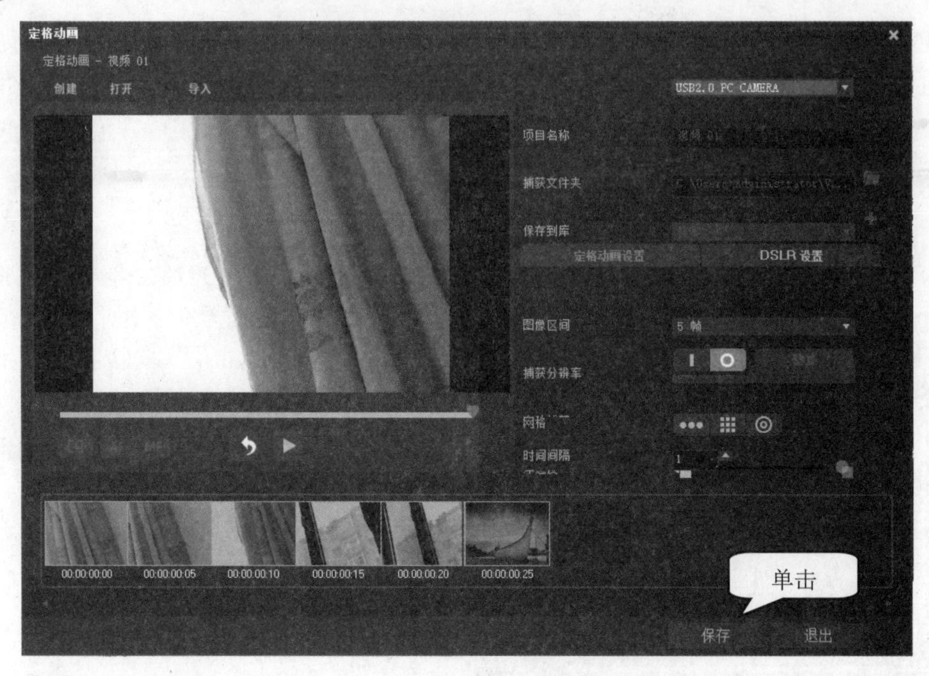

图 4-37

4.5.2 屏幕捕捉

会声会影 2019 具有屏幕捕捉的功能，运用屏幕捕捉功能，可以捕捉完整或部分的屏幕。本例详细介绍使用屏幕捕捉的操作方法。

step 1 启动会声会影 2019，在【捕获】面板中单击 MultiCam Capture 按钮，如图 4-38 所示。

图 4-38

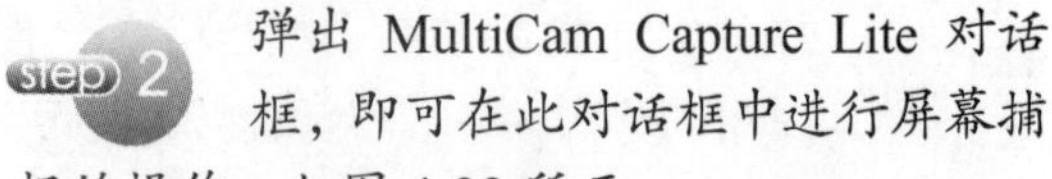

step 2 弹出 MultiCam Capture Lite 对话框，即可在此对话框中进行屏幕捕捉的操作，如图 4-39 所示。

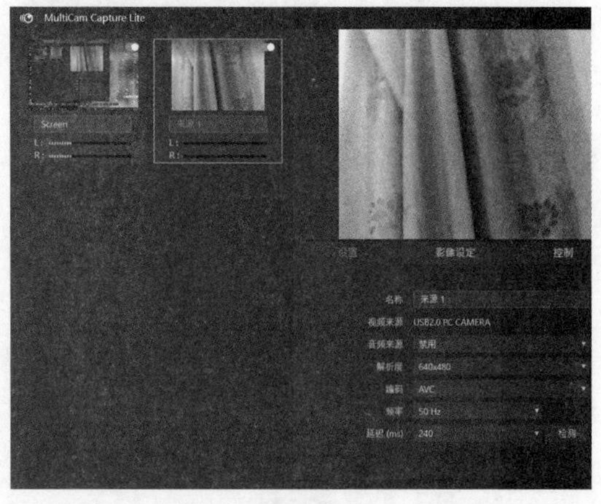

图 4-39

在 MultiCam Capture Lite 对话框中还包含一个独立的小面板，如图 4-40 所示，在该面板中可以设置更多的参数，如项目文件的名称、保存位置等。

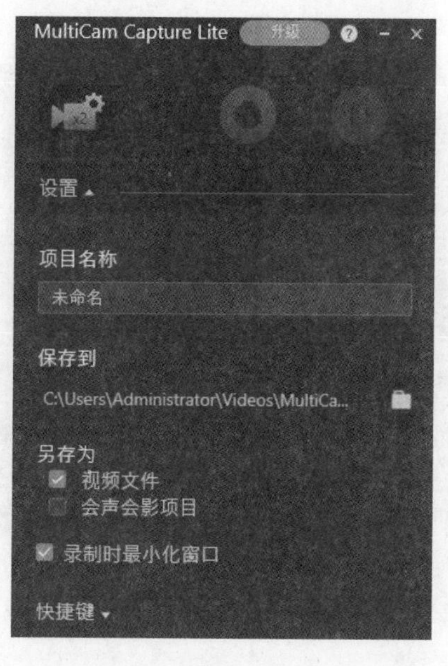

图 4-40

4.5.3 从数字媒体导入视频

在会声会影 2019 中，用户不仅可以从摄像机中捕获录制的视频文件，还可以从光盘、硬盘、内存卡、数码相机和 DSLR 中将 DVD 视频文件或照片导入。本例详细介绍从硬盘中导入视频的操作方法。

step 1 启动会声会影 2019 后，在【步骤】面板中，① 选择【捕获】标签，② 在【捕获】选项面板中，单击【从数字媒体导入】按钮，如图 4-41 所示。

图 4-41

step 2 弹出【选取“导入源文件夹”】对话框，① 选中准备打开的路径文件夹复选框，② 单击【确定】按钮，如图 4-42 所示。

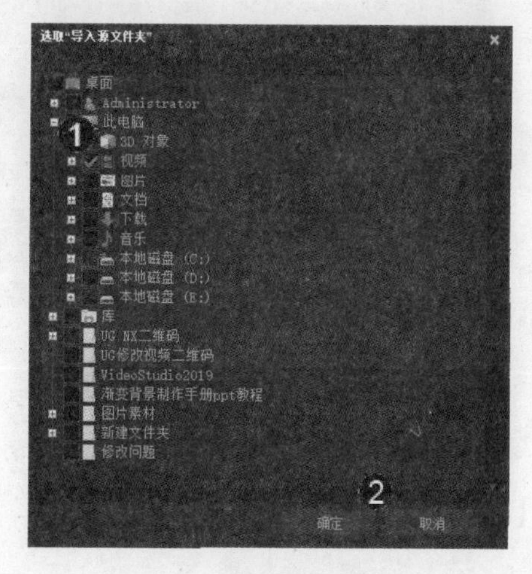

图 4-42

step 3 弹出【从数字媒体导入】对话框，① 选中准备导入文件的文件夹，② 单击右下角的【起始】按钮，如图 4-43 所示。

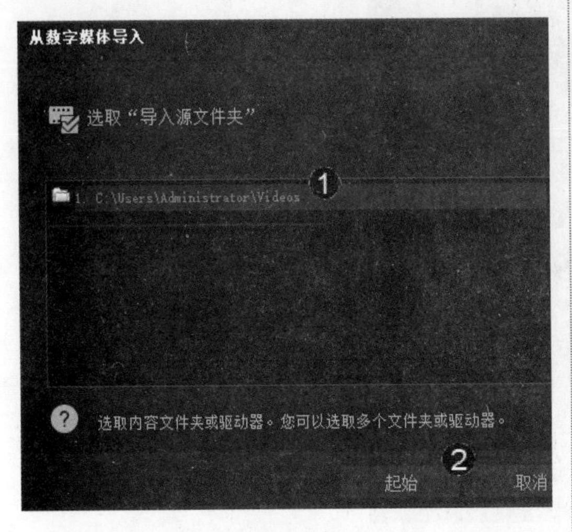

图 4-43

弹出【从数字媒体导入】对话框，① 选中准备导入的视频文件，② 单击【开始导入】按钮，如图 4-44 所示。

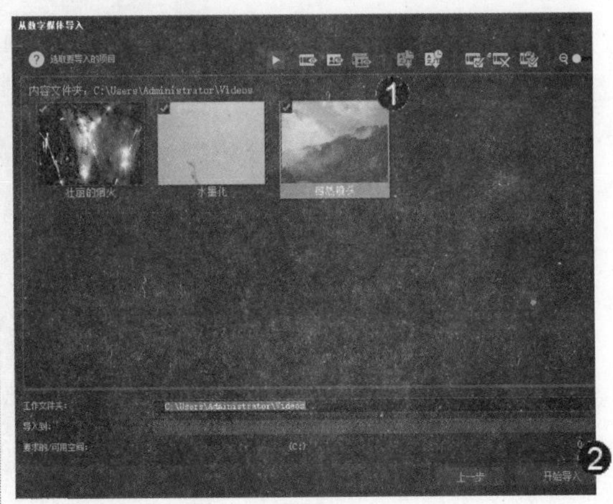

图 4-44

step 5 弹出一个对话框，提示导入进度，用户需要在线等待一段时间，在导入的过程中会显示导入的视频相关信息，如图 4-45 所示。

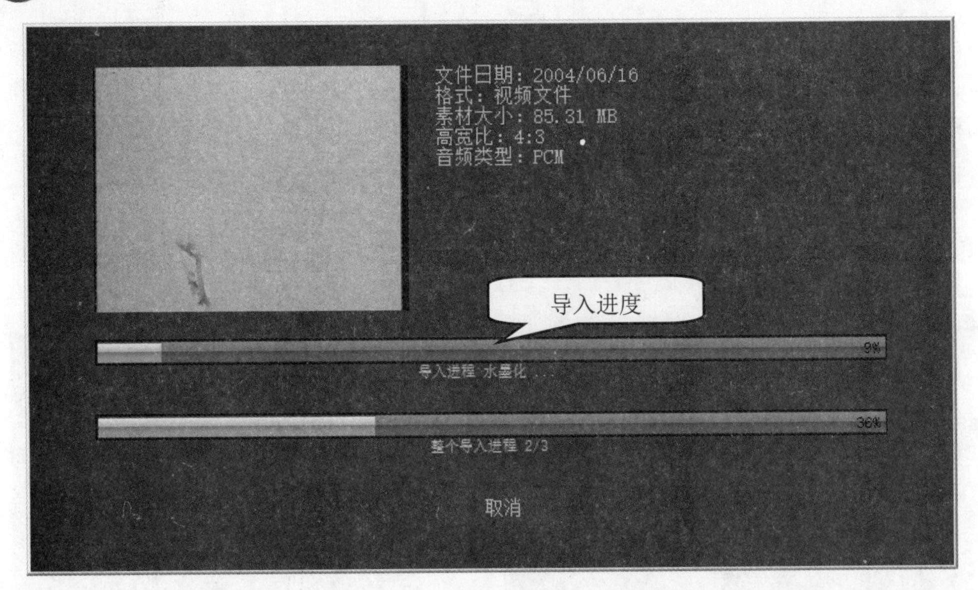

图 4-45

step 6 弹出【导入设置】对话框，① 勾选【捕获到素材库】复选框，② 单击【确定】按钮，如图 4-46 所示。

在【步骤】面板中，① 选择【编辑】标签，② 切换至【编辑】面板后，在【素材库】面板中，可以查看被导入的视频素材。这样即可完成从数字媒体导入视频的操作，如图 4-47 所示。

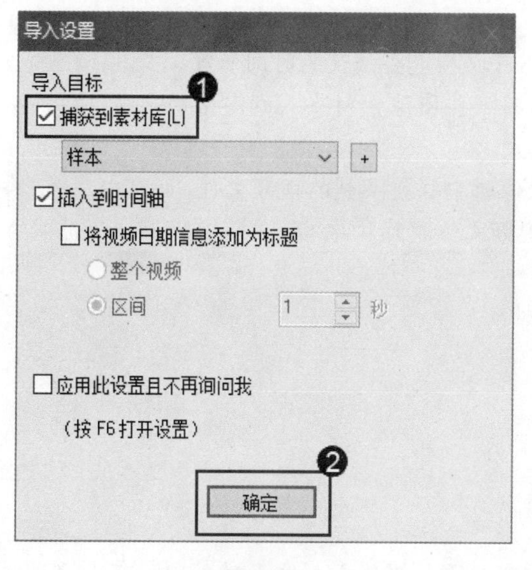

图 4-46

图 4-47

本章小结与课后练习

所谓捕获视频素材就是从摄像机、手机等视频源获取视频数据，然后通过视频捕获卡或者通过 USB 接收，最后将视频信号保存至计算机的硬盘中。通过本章的学习，读者基本可以掌握捕获与添加媒体素材的基本知识以及一些常见的操作方法，下面通过练习几道习题，达到巩固与提高的目的。

一、填空题

1. 将拍摄设备与计算机连接后，在会声会影 2019 中选择______标签，这样即可打开【捕获】选项面板。

2. 将拍摄设备与计算机连接后，在【捕获】选项面板中，单击________按钮，即可进入【捕获视频】面板，从中即可进行捕获参数设置的操作。

3. 打开定格动画项目后，可以在【定格动画】对话框中预览定格动画项目中的内容，在【预览】窗口中，单击__________，即可播放预览定格动画项目。

4. 在使用会声会影 2019 捕获定格动画之前，需要创建一个______________。

5. 打开定格动画项目后，可以在【定格动画】对话框中预览定格动画项目中的内容。在【预览】窗口中，单击__________，即可播放预览定格动画项目。

二、判断题

1. 在会声会影中创建的定格动画项目都是友立图像序列(*uisx)格式。如果有保存好的定

格动画项目，那么用户可以将其打开。 ( )

2. 使用会声会影2019捕获视频时，用户不可以指定要捕获的时间长度。 ( )

3. 在【定格动画】对话框中，用户还可以将一些图像素材导入到定格动画项目中，从而更好地编辑定格动画项目。 ( )

4. 在会声会影2019中，用户不仅可以从摄像机中捕获录制的视频文件，还可以从光盘、硬盘、内存卡、数码相机和DSLR中将DVD视频文件或照片导入。 ( )

三、思考题

1. 如何捕获视频?

2. 如何找到图像位置?

四、上机操作

1. 通过本章的学习，读者基本可以掌握捕获与添加媒体素材方面的知识，下面通过练习将计算机中的素材插入视频，达到巩固与提高的目的。

2. 通过本章的学习，读者基本可以掌握捕获与添加媒体素材方面的知识，下面通过练习在时间轴中交换轨道，达到巩固与提高的目的。

第 5 章

编辑影片素材

本章主要介绍添加与编辑素材、编辑影片素材、摇动缩放和运动追踪方面的知识与技巧，同时还讲解了如何调整图像色彩。通过本章的学习，读者可以掌握编辑影片素材基础操作方面的知识，为深入学习会声会影 2019 中文版知识奠定基础。

1. 添加与编辑素材
2. 编辑影片素材
3. 摇动缩放和运动追踪
4. 调整图像色彩

Section 5.1 添加与编辑素材

手机扫描下方二维码，观看本节视频课程

在会声会影2019中，用户除了从摄像机直接捕获视频外，还可以将保存到硬盘上的视频素材、图像素材、色彩素材或者音频素材添加到项目文件中。本节将详细介绍添加素材到视频轨的相关知识及操作方法。

5.1.1 添加视频素材到视频轨

在会声会影2019中，将视频素材添加到视频轨中是编辑视频的第一步。添加视频素材的方法有两种，下面将分别予以详细。

1. 从文件中添加视频素材

在会声会影2019中，可以直接使用菜单命令将视频素材添加到视频轨中。下面详细介绍从文件中添加视频素材的操作方法。

step 1 创建空白项目文件，① 单击【文件】菜单，② 从弹出的菜单中选择【将媒体文件插入到时间轴】菜单项，③ 在弹出的子菜单中选择【插入视频】菜单项，如图5-1所示。

图 5-1

step 2 弹出【打开视频文件】对话框，① 选择视频素材存放的位置，② 选择准备添加的视频素材，③ 单击【打开】按钮，如图5-2所示。

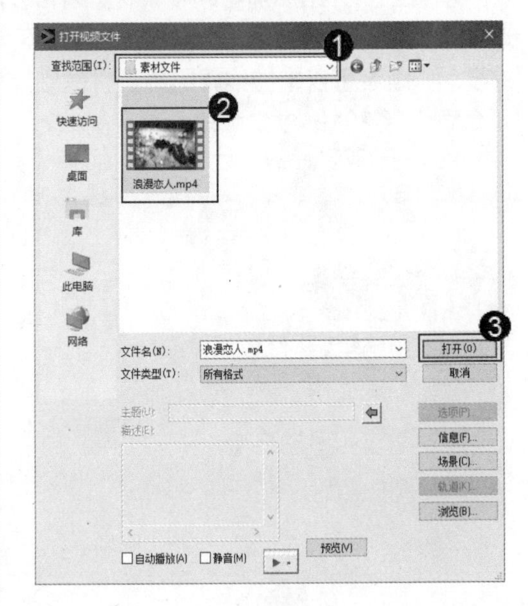

图 5-2

step 3 返回到主界面中，可以看到选择的视频素材已被插入到【时间轴视图】面板中，可以在预览窗口中单击【播放】按钮▶，预览添加的视频文件。通过以上步骤即可完成从文件中添加视频素材的操作，如图 5-3 所示。

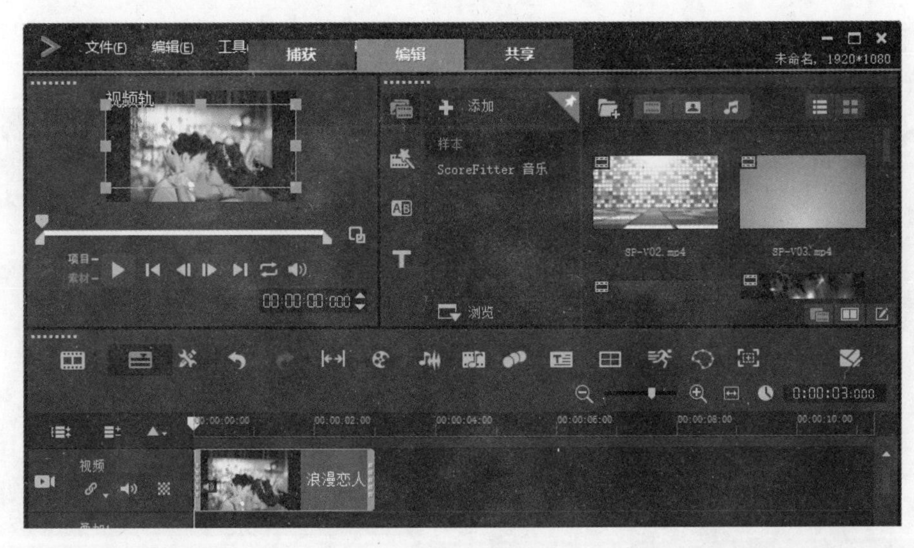

图 5-3

2. 从素材库中添加视频素材

利用素材库中的【导入媒体文件】按钮，可以快速地插入视频素材文件。下面将详细介绍从素材库中添加视频素材的操作方法。

step 1 在【素材库】面板中，单击【导入媒体文件】按钮，如图 5-4 所示。

图 5-4

step 2 弹出【浏览媒体文件】对话框，① 在【查找范围】下拉列表框中，选择准备添加的视频素材存放的位置，② 选择准备添加的视频素材，③ 单击【打开】按钮，如图 5-5 所示。

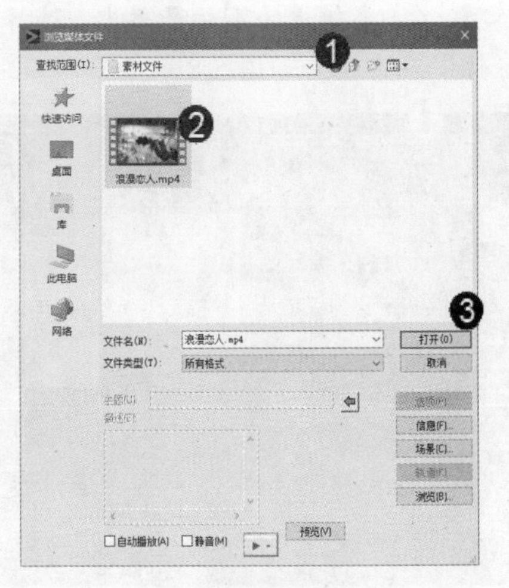

图 5-5

step 3 返回到【素材库】面板中，可以看到选择的视频素材已被添加到素材库中，如图 5-6 所示。

图 5-6

step 4 将视频素材导入【素材库】面板后，选中该视频素材文件，拖动鼠标将视频素材文件拖曳至【时间轴视图】面板中，即可完成从素材库中添加视频素材的操作，如图 5-7 所示。

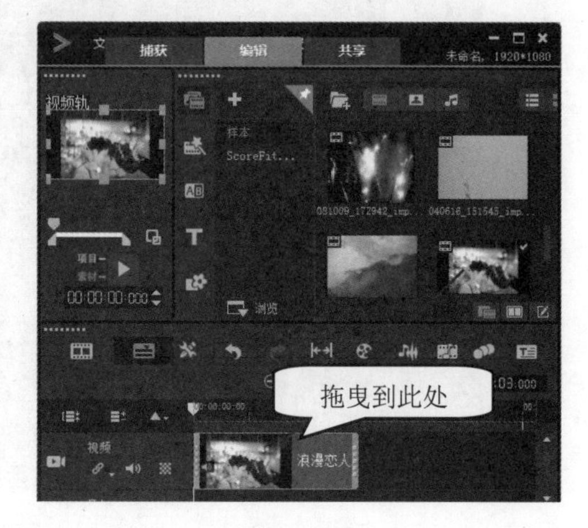

图 5-7

5.1.2 添加音频素材到音频轨

在会声会影 2019 中，为了声情并茂地展示所创建的影片，还可以将音频素材直接添加到视频轨中。下面详细介绍添加音频素材的操作方法。

step 1 创建项目文件后，① 单击【文件】菜单，② 在弹出的下拉菜单中，选择【将媒体文件插入到时间轴】菜单项，③ 在弹出的下拉菜单中，选择【插入音频】菜单项，④ 在弹出的下拉菜单中，选择【到声音轨】菜单项，如图 5-8 所示。

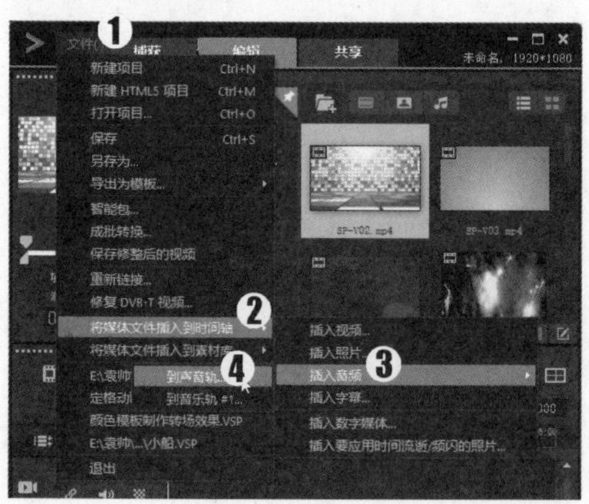

图 5-8

step 2 弹出【打开音频文件】对话框，① 在【查找范围】下拉列表框中，选择音频素材存放的位置，② 选择准备添加的音频素材，③ 单击【打开】按钮，如图 5-9 所示。

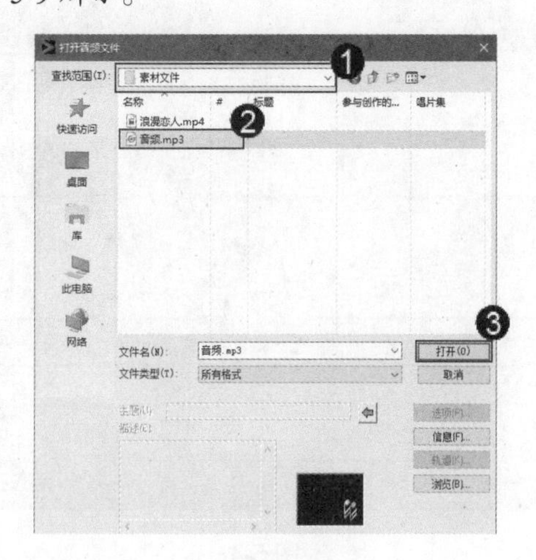

图 5-9

返回到主界面中，可以看到选择的音频素材已被插入到【时间轴视图】面板中。通过以上步骤即可完成添加音频素材的操作，如图 5-10 所示。

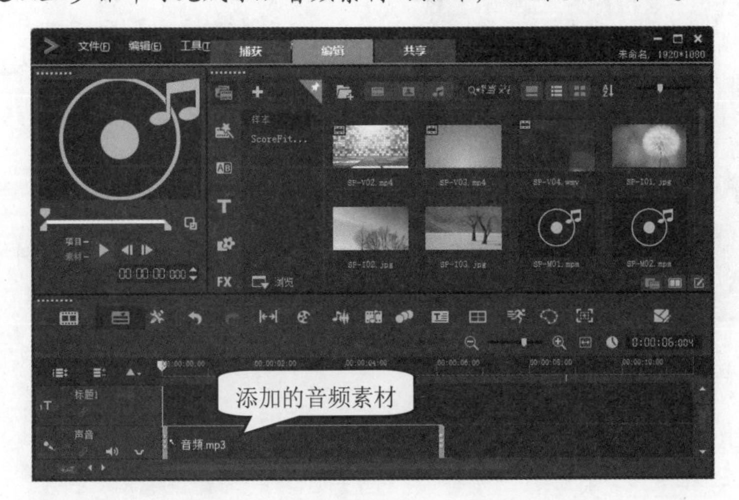

图 5-10

5.1.3 复制素材

在会声会影 2019 中，为了制作某些特殊的艺术效果，有时需要复制已经应用的素材文件。下面详细介绍复制素材的操作方法。

step 1 添加素材文件后，在【时间轴视图】面板中，① 右击准备复制的素材文件，② 在弹出的快捷菜单中，选择【复制】菜单项，如图 5-11 所示。

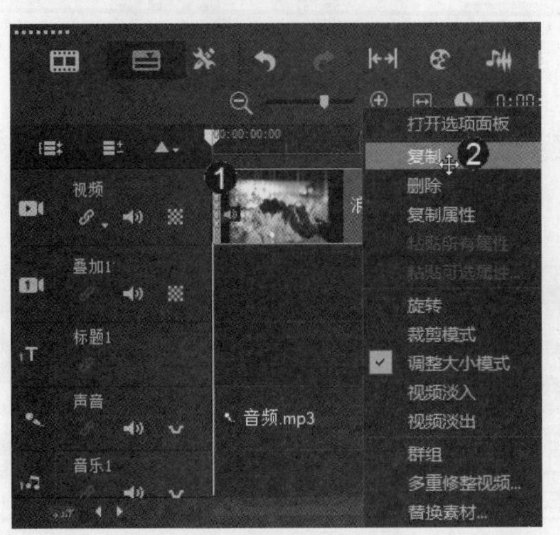

图 5-11

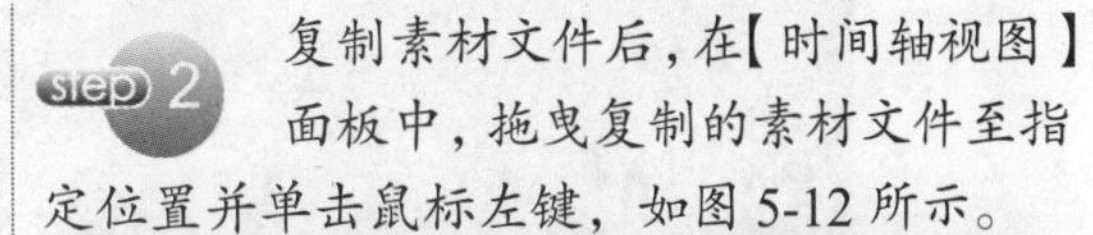

step 2 复制素材文件后，在【时间轴视图】面板中，拖曳复制的素材文件至指定位置并单击鼠标左键，如图 5-12 所示。

图 5-12

step 3 可以看到在指定位置处添加了一个同样的素材。这样即可完成复制素材的操作，如图 5-13 所示。

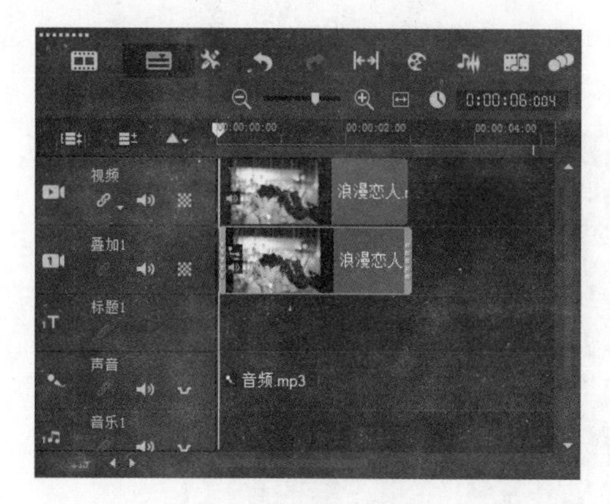

图 5-13

智慧锦囊

在【素材库】面板中，选择准备复制的素材文件，按 Ctrl+C 组合键，同样可以进行复制素材文件的操作。

考考您

请您根据上述方法复制素材，测试一下您的学习效果。

5.1.4 移动素材

为了方便组合出完美的影片，可以将各项素材移动至指定的位置。在【时间轴视图】面板中，拖曳准备移动的素材至指定的位置处，然后释放鼠标左键，即可完成移动素材的操作，如图 5-14 所示。

图 5-14

Section 5.2 编辑影片素材

手机扫描下方二维码，观看本节视频课程

添加各种素材文件后，可以对添加的素材文件进行编辑操作，以便满足对影片的需要，包括设置素材显示方式、设置素材的回放速度、分离视频与音频、调整视频素材音量等操作。本节将详细介绍编辑影片素材的相关知识及操作方法。

5.2.1 设置素材显示方式

修整视频之前，建议用户根据需要将缩略图以不同的方式显示，以便查看和修整。下面详细介绍调整素材显示方式方面的知识。

创建项目文件并添加素材文件后，选择【设置】菜单，在弹出的菜单中选择【参数选择】菜单项，系统即可弹出【参数选择】对话框，在【素材显示模式】下拉列表框中选择相应的选项，即可完成调整素材显示顺序与方式的操作，如图 5-15 所示。

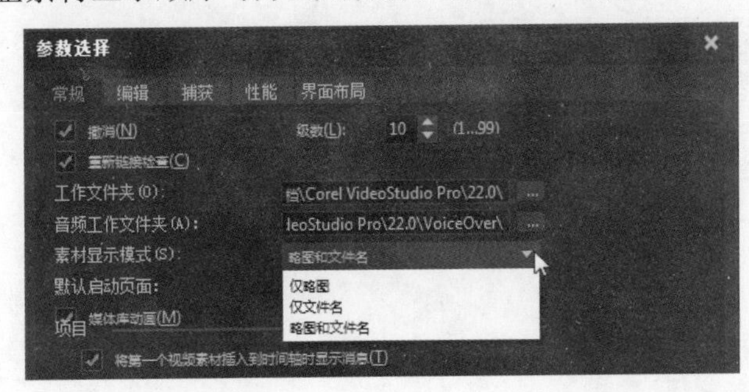

图 5-15

- 【仅略图】选项：选择该选项，时间轴中的素材将以略图的方式进行显示。
- 【仅文件名】选项：选择该选项，时间轴中的素材将以文件名的方式进行显示。
- 【略图和文件名】选项：选择该选项，时间轴中的素材将以略图和文件名的方式进行显示。

5.2.2 设置素材的回放速度

修改视频的回放速度，将视频设置为慢动作，可以强调动作；而设置较快的播放速度，可以为影片营造出特殊的气氛。下面详细介绍设置素材的回放速度的操作方法。

在【时间轴】面板中选中素材，在【素材库】面板中单击【显示选项面板】按钮 ，如图 5-16 所示。

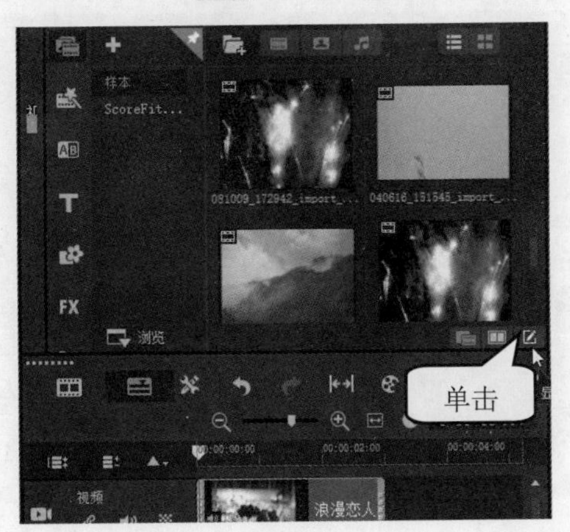

图 5-16

在弹出的【选项】面板中，单击【速度/时间流逝】按钮，如图 5-17 所示。

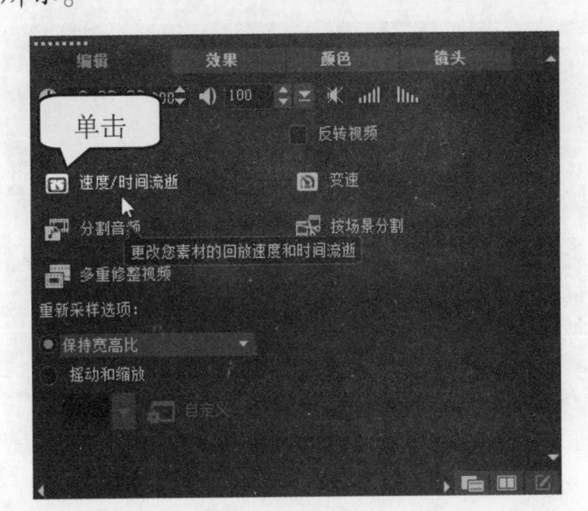

图 5-17

第5章 编辑影片素材

step 3 弹出【速度/时间流逝】对话框，① 在【速度】下方的区域中，拖动滑块向左或向右滑动，制作慢镜头或快镜头，② 单击【确定】按钮，即可完成设置素材的回放速度的操作，如图 5-18 所示。

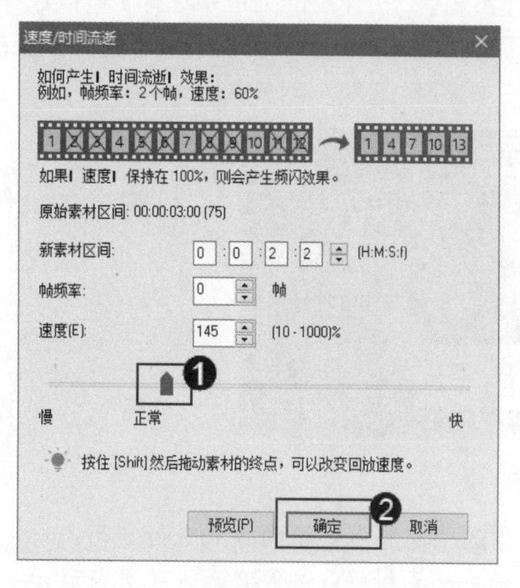

图 5-18

智慧锦囊

在按住 Shift 键的同时。在【时间轴视图】面板上，当光标变为白色，拖动至素材的终止处，即可改变素材的回放速度。

考考您

请您根据上述方法复制素材，测试一下您的学习效果。

5.2.3 分离视频与音频

在会声会影 2019 中，添加视频素材后，可以将视频素材的音频和视频分离，以便进行独立的编辑。下面详细介绍分离视频与音频的操作方法。

step 1 在【时间轴】面板中，右击准备进行分离的视频素材，在弹出的快捷菜单中选择【音频】→【分离音频】菜单项，如图 5-19 所示。

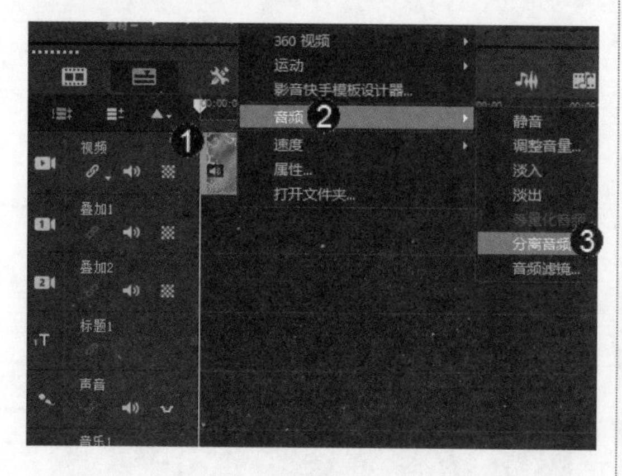

图 5-19

step 2 在【时间轴】面板中，可以看到选择的视频素材已经分离出视频和音频文件。这样即可完成分离视频与音频的操作，如图 5-20 所示。

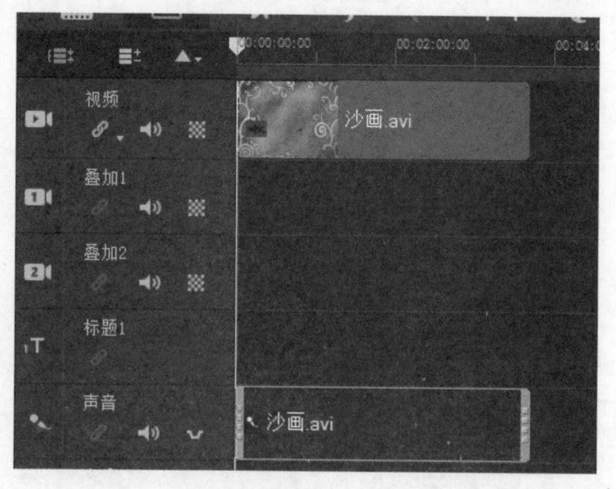

图 5-20

5.2.4　调整视频素材音量

使用会声会影软件编辑视频时，为了使视频与背景音乐相配合，就需要调整视频素材的音量。下面详细介绍调整视频素材音量的操作方法。

step 1　在【时间轴】面板中选择准备调整音量的素材，在【素材库】面板中单击【显示选项面板】按钮，如图 5-21 所示。

图 5-21

step 2　弹出【选项】面板，在【素材音量】文本框中，输入要调整的音量数值，即可完成调整素材音量的操作，如图 5-22 所示。

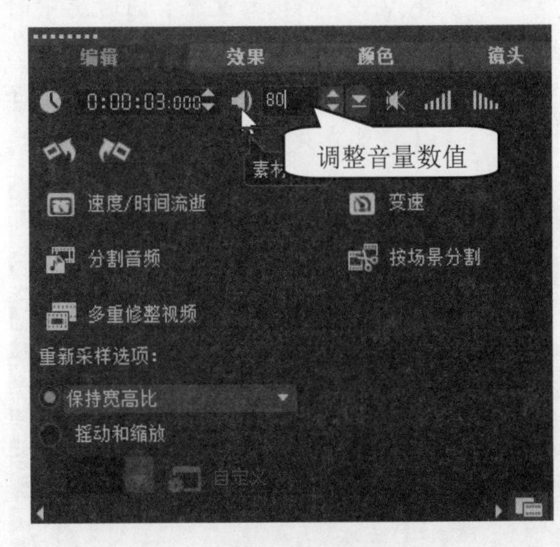

图 5-22

知识精讲

素材音量代表原始录制音量的百分比，取值范围为 0 到 500%，其中 0%将使素材完全静音，100% 将保留原始的录制音量。

5.2.5　调整视频素材区间

用户可以根据需要调整视频素材的区间。在【时间轴】面板中选择准备调整的素材，在【素材库】面板中单击【显示选项面板】按钮，弹出【选项】面板，在【区间】微调框中单击任意一个数字，数字变为闪烁状态，即可进行修改，如图 5-23 所示。

图 5-23

5.2.6 组合多个视频片段

在会声会影 2019 中，可以将需要编辑的多个素材进行组合操作，然后可以对组合的素材进行批量编辑，这样可以提高视频剪辑的效率。下面详细介绍组合多个视频素材的方法。

素材文件 第 5 章\素材文件\烟花.VSP、烟花 1.jpg、烟花 2.jpg
效果文件 第 5 章\效果文件\组合多个视频片段.VSP

step 1 启动会声会影 2019，打开名为“烟花.VSP”的项目文件，同时选中时间轴上的两个素材“烟花 1”与“烟花 2”，右击选中的素材，在弹出的快捷菜单中选择【群组】→【分组】菜单项，如图 5-24 所示。

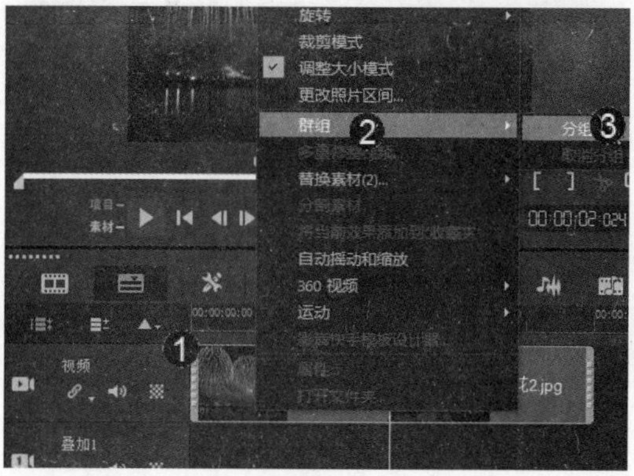

图 5-24

step 2 两个素材已经组合到一起，① 在素材库面板中选择【滤镜】选项，打开滤镜素材库，② 选择一个滤镜模板，如图 5-25 所示。

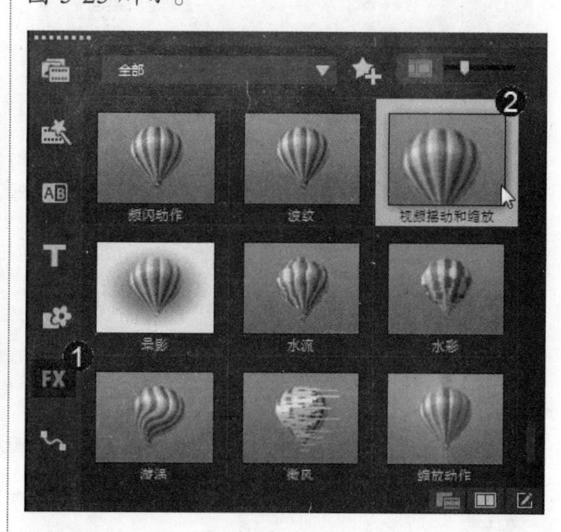

图 5-25

step 3 将滤镜模板拖曳至时间轴中的素材上，此时被组合的两个素材将同时应用相同的滤镜，素材缩略图的左上角显示了滤镜图标，如图 5-26 所示。

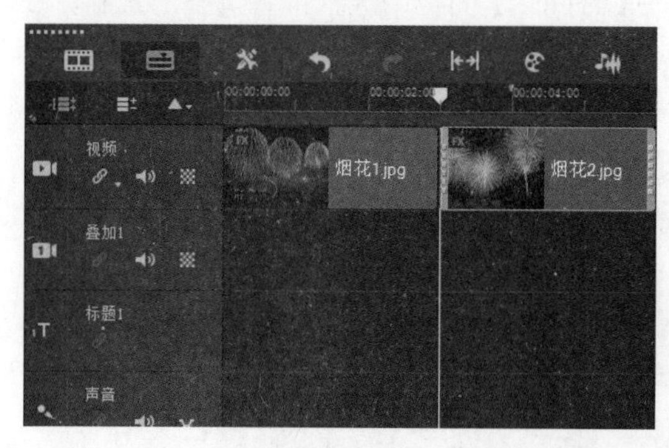

图 5-26

智慧锦囊

当用户对素材批量编辑完成后，可以将组合的素材进行取消组合操作，以还原单个视频文件的属性。在需要取消组合的素材上单击鼠标右键，在弹出的快捷菜单中选择【群组】→【取消群组】菜单项，即可取消组合。

考考您

请您根据上述方法组合多个视频片段，测试一下您的学习效果。

Section 5.3 摇动缩放和运动追踪

手机扫描下方二维码，观看本节视频课程 

在会声会影 2019 中，用户还可以根据需要为素材添加摇动缩放和运动追踪效果，使用摇动缩放效果可以使静态图像或放大或缩小，或平移变为动态图像；使用运动追踪功能可以设置视频的运动效果。

5.3.1 使用默认摇动和缩放效果

在会声会影 2019 中提供了多款摇动和缩放预设样式，使用默认的摇动和缩放效果，可以让精致的图像动起来，使制作的影片更加生动。下面详细介绍使用默认摇动和缩放的操作方法。

素材文件 第 5 章\素材文件\跳跃.jpg、跳跃.VSP

效果文件 第 5 章\效果文件\摇动和缩放效果.VSP

step 1 启动会声会影 2019，在视频轨中插入一幅图像素材“跳跃.jpg”，选中该素材，如图 5-27 所示。

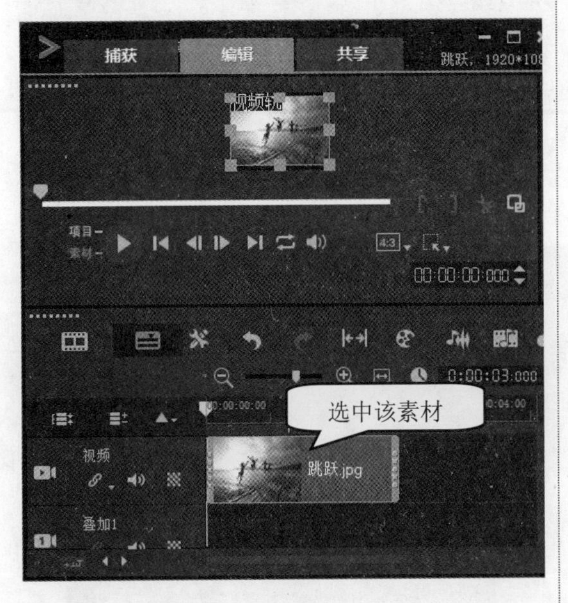

图 5-27

step 2 在【素材库】面板中单击【显示选项面板】按钮，打开选项面板，① 选择【编辑】选项卡，② 选中【摇动和缩放】单选按钮，③ 单击单选按钮下方的下拉按钮，④ 在弹出的列表中选择所需的样式，如图 5-28 所示。

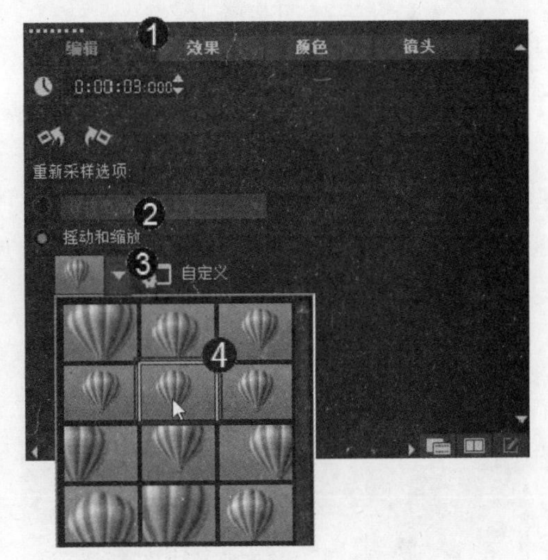

图 5-28

step 3 执行上述操作后，在导览面板中单击【播放】按钮▶，预览默认摇动和缩放效果。通过以上步骤即可完成使用默认摇动和缩放效果的操作，如图 5-29 所示。

图 5-29

智慧锦囊

在会声会影 2019 中的摇动和缩放效果只能应用于图像素材，应用摇动和缩放效果可以使图像效果更加丰富。

考考您

请您根据上述方法使用摇动和缩放效果，测试一下您的学习效果。

5.3.2 自定义摇动和缩放效果

在会声会影 2019 中，为图像添加摇动和缩放效果后，还可以根据需要自定义摇动和缩放效果。下面详细介绍自定义摇动和缩放效果的操作方法。

素材文件 第 5 章\素材文件\沙滩.jpg、沙滩.VSP
效果文件 第 5 章\效果文件\自定义摇动和缩放效果.VSP

step 1 启动会声会影 2019，在视频轨中插入一幅图像素材“沙滩.jpg”，选中该素材，如图 5-30 所示。

图 5-30

step 2 鼠标左键双击图像素材，展开【编辑】选项面板，① 设置【区间】为 0:00:05:000，② 选中【摇动和缩放】单选按钮，③ 单击【自定义】按钮，如图 5-31 所示。

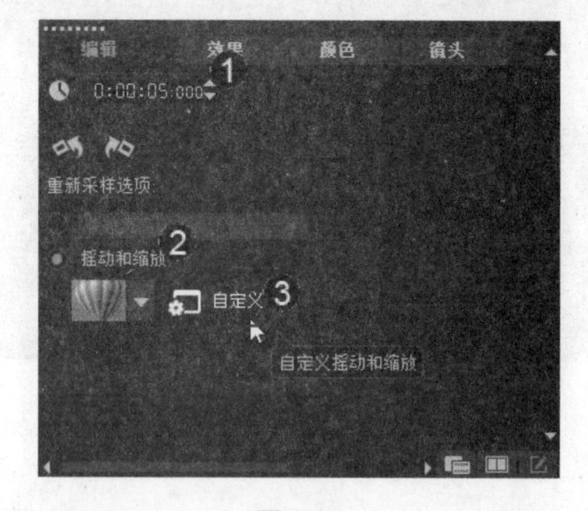

图 5-31

step 3 弹出【摇动和缩放】对话框，① 在其中设置【编辑模式】为【动画】，② 设置右侧的【垂直】参数为 500，【水平】参数为 549，【缩放率】参数为 142，如图 5-32 所示。

图 5-32

step 4 将滑块拖曳到第 3 帧处，① 单击【添加关键帧】按钮，插入一个关键帧，② 设置右侧的【垂直】参数为 355，【水平】参数为 586，【缩放率】参数为 198，如图 5-33 所示。

图 5-33

在第 3 帧的关键帧上单击鼠标右键，在弹出的快捷菜单中选择【复制】菜单项，如图 5-34 所示。

图 5-34

step 6

选中最后一个关键帧，单击鼠标右键，在弹出的快捷菜单中选择【粘贴】菜单项，如图 5-35 所示。

图 5-35

① 设置最后一个关键帧的【垂直】参数为 539，【水平】参数为 531，【缩放率】参数为 120，② 单击【确定】按钮，如图 5-36 所示。

图 5-36

单击导览面板中的【播放】按钮，即可预览自定义摇动和缩放的效果。最终的画面效果如图 5-37 所示。

图 5-37

知识精讲

在会声会影 2019 编辑器下方的时间轴工具栏中，也可以单击【摇动和缩放】工具按钮，打开【摇动和缩放】对话框进行自定义设置。

5.3.3 自定义动作特效

在会声会影2019的【自定义动作】对话框中，可以设置视频的动画属性和运动效果。下面详细介绍使用自定义动作特效的方法。

素材文件 第5章\素材文件\节日快乐.VSP、节日快乐.jpg、节日快乐.png

效果文件 第5章\效果文件\自定义动作效果.VSP

step 1 启动会声会影2019，打开名为"节日快乐.VSP"的项目文件，并选中叠加1轨道上的素材，如图5-38所示。

图5-38

step 2 在菜单栏中，① 选择【编辑】菜单，② 在弹出的菜单中选择【自定义动作】菜单项，如图5-39所示。

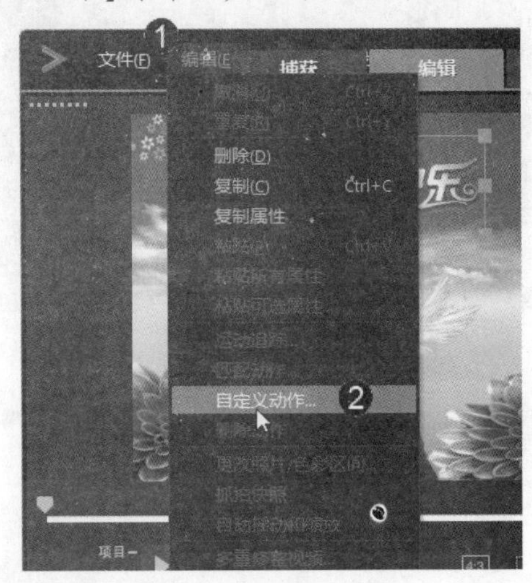

图5-39

step 3 弹出【自定义动作】对话框，在【位置】选项区中设置X、Y的参数分别为-2和60，在【大小】选项区中设置X、Y的参数均为50，如图5-40所示。

图5-40

step 4 在【自定义动作】对话框中，① 选择最后一个关键帧，② 在【位置】选项区中设置 X、Y 的参数分别为 0 和 75，在【大小】选项区中设置 X、Y 的参数均为 65，③ 单击【确定】按钮，如图 5-41 所示。

图 5-41

step 5 单击导览面板中的【播放】按钮▶，即可预览自定义动作的效果。最终的画面效果如图 5-42 所示。

图 5-42

5.3.4 添加路径特效

用户将软件自带的路径动画添加至视频画面上，可以制作出视频的画中画效果，以增强视频的感染力。下面详细介绍添加路径特效的操作方法。

素材文件 第 5 章\素材文件\狗狗.VSP、狗狗.jpg

效果文件 第 5 章\效果文件\添加路径特效效果.VSP

step 1 启动会声会影 2019，打开名为“狗狗.VSP”的项目文件，并选中视频轨道上的素材，如图 5-43 所示。

图 5-43

step 2 在素材库面板中，① 选择【路径】选项，② 在路径素材库中选择一个路径模板素材，如选择 P04 模板素材，如图 5-44 所示。

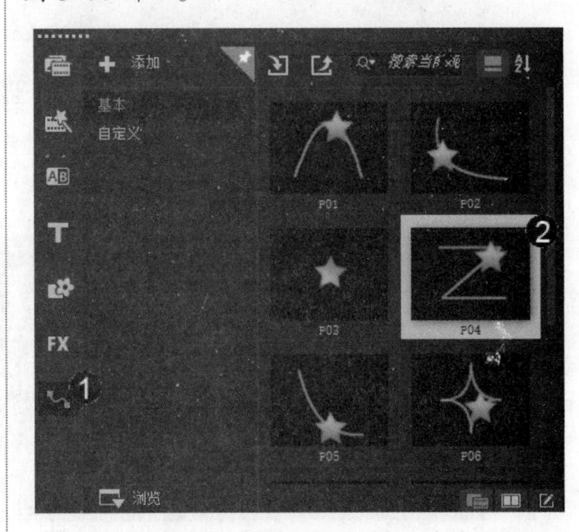

图 5-44

step 3 将 P04 素材拖曳至时间轴面板中的素材上，如图 5-45 所示。

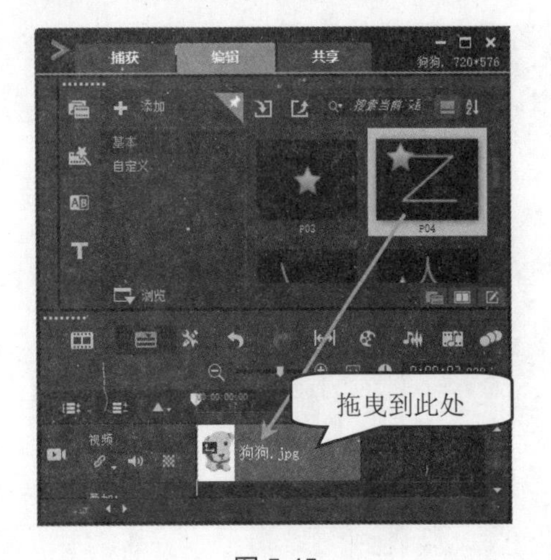

图 5-45

step 4 单击导览面板中的【播放】按钮▶，即可预览路径特效的效果。最终的画面效果如图 5-46 所示。

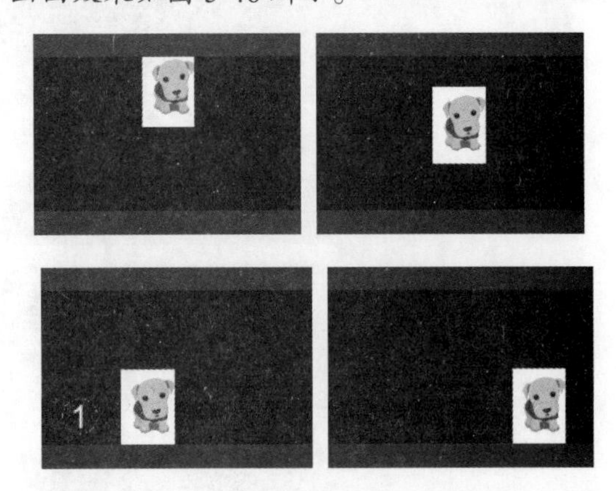

图 5-46

5.3.5 运动追踪画面

在会声会影 2019 的【运动追踪】对话框中，可以设置视频的动画属性和运动效果，以制作出视频中人物走动的红圈画面。下面详细介绍其操作方法。

素材文件 第 5 章\素材文件\红圈.png、人物走动.avi

效果文件 第 5 章\效果文件\运动追踪画面效果.VSP

step 1 启动会声会影 2019，在菜单栏中，① 单击【工具】菜单，② 在弹出的菜单中选择【运动追踪】菜单项，如图 5-47 所示。

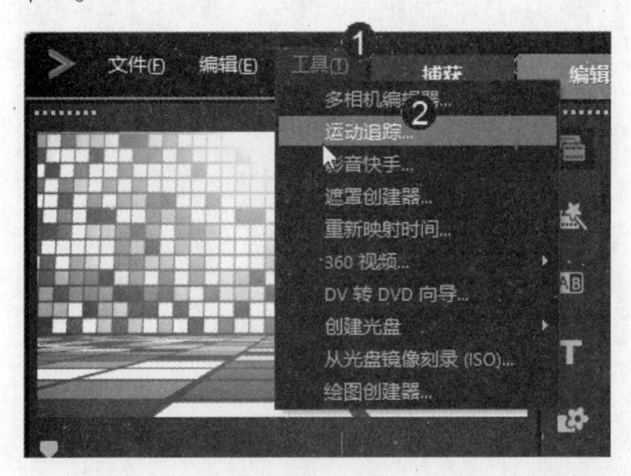

图 5-47

step 2 弹出【打开视频文件】对话框，① 选择本例素材视频文件“人物走动.avi”，② 单击【打开】按钮，如图 5-48 所示。

图 5-48

step 3 弹出【运动追踪】对话框，① 将时间线移动至第 20 帧位置处，② 在【跟踪器类型】区域中单击【按区域设置跟踪器】按钮，③ 勾选【添加匹配对象】复选框，如图 5-49 所示。

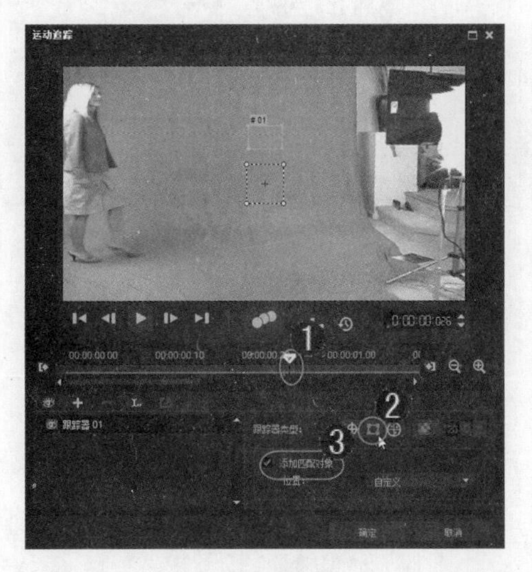

图 5-49

step 4 ① 在预览窗口中通过拖曳的方式调整方框的跟踪位置，移至人物位置处，② 单击【运动追踪】按钮，即可开始播放视频文件，并显示运动追踪信息，如图 5-50 所示。

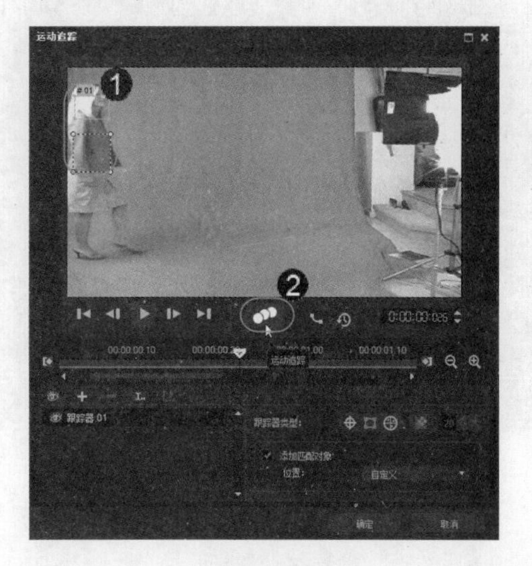

图 5-50

step 5 待视频播放完成后，单击【显示跟踪路径】按钮，在上方窗格中即可显示运动追踪路径，路径线条以青色线表示，单击【确定】按钮，如图5-51所示。

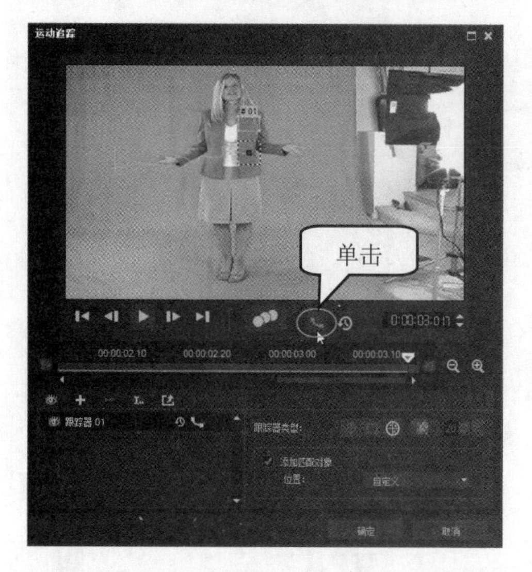

图 5-51

step 6 返回到会声会影编辑器中，在视频轨和叠加轨中显示了视频文件与运动追踪文件，完成视频运动追踪操作，如图5-52所示。

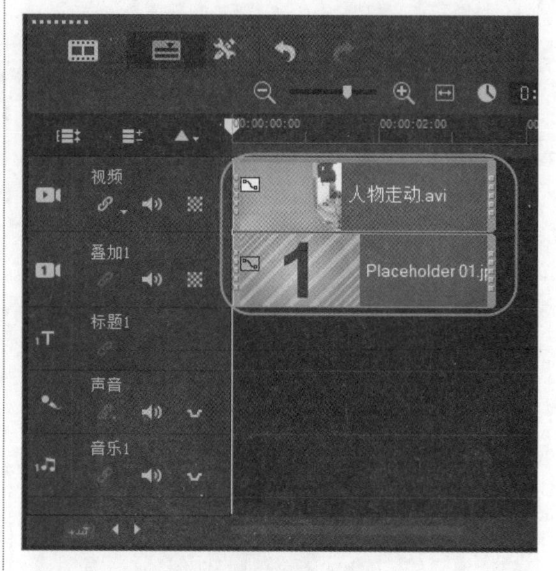

图 5-52

step 7 选中叠加轨中的运动追踪文件并单击鼠标右键，在弹出的快捷菜单中选择【替换素材】→【照片】菜单项，如图5-53所示。

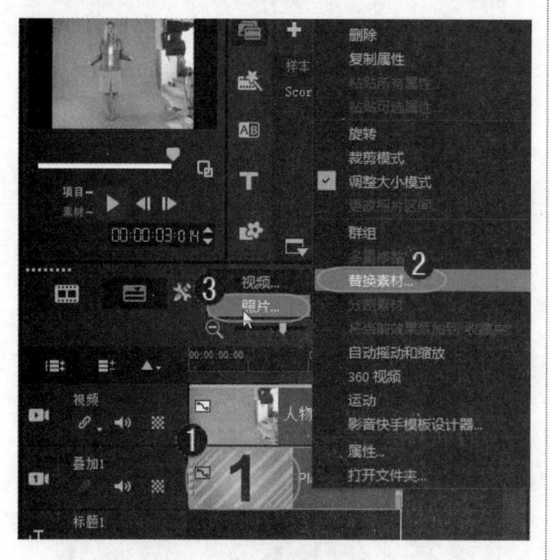

图 5-53

step 8 弹出【替换/重新链接素材】对话框，① 选择本例的素材文件“红圈.png”，② 单击【打开】按钮，如图5-54所示。

图 5-54

在“红圈.png”素材上右击，在弹出的快捷菜单中选择【运动】→【匹配动作】菜单项，如图 5-55 所示。

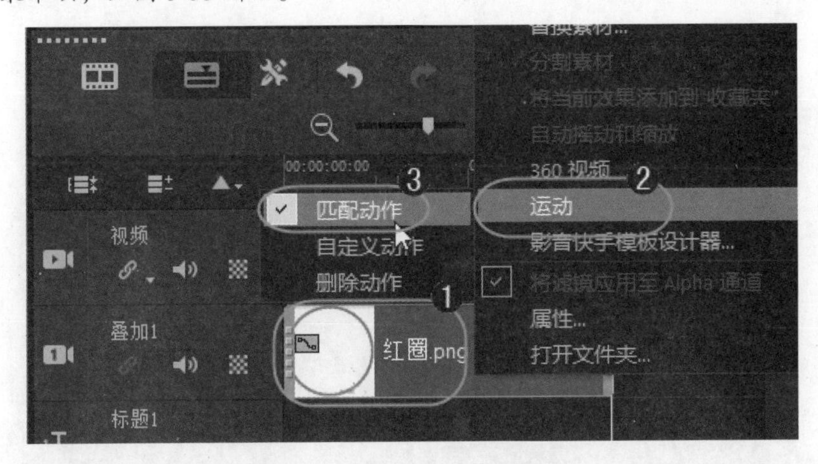

图 5-55

弹出【匹配动作】对话框，① 选择第 1 个关键帧，② 在下方的【偏移】选项区中设置 X 为-17、Y 为 52；在【大小】选项区中设置 X 为 30、Y 为 27，如图 5-56 所示。

图 5-56

在【匹配动作】对话框中，① 选择最后 1 个关键帧，② 在下方的【偏移】选项区中设置 X 为-7、Y 为 49；在【大小】选项区中设置 X 为 26、Y 为 23，如图 5-57 所示。

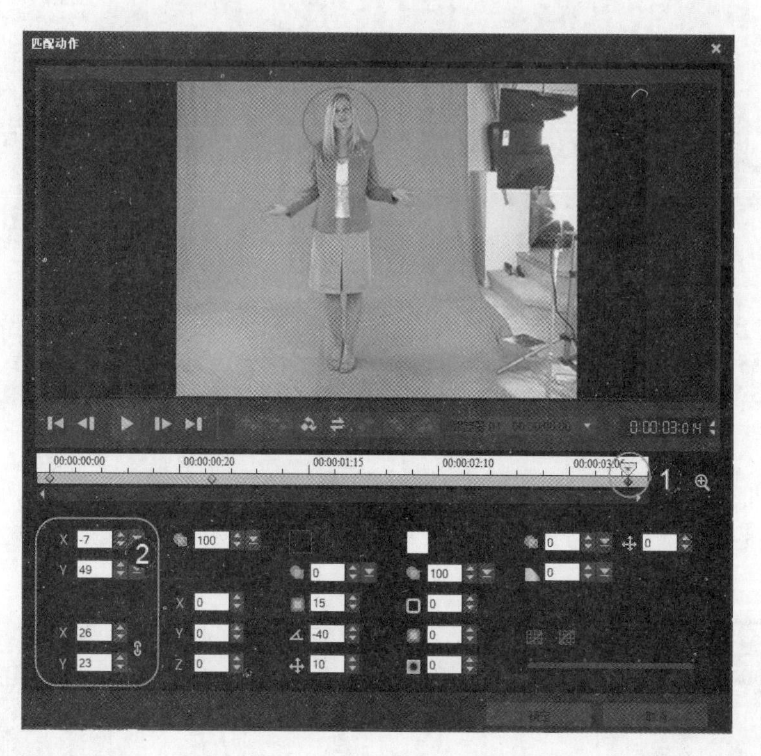

图 5-57

单击导览面板中的【播放】按钮，即可预览运动追踪的效果。最终的画面效果如图 5-58 所示。

图 5-58

Section 5.4 调整图像色彩

手机扫描下方二维码，观看本节视频课程

会声会影 2019 拥有多种强大的颜色调整功能，使用色调、饱和度、亮度以及对比度等功能可以轻松调整图像的色相、饱和度、对比度和亮度，修正有色彩失衡、曝光不足或过度等缺陷的图像。本节将介绍调整图像色彩的相关知识及操作方法。

5.4.1 调整图像色调效果

在会声会影 2019 中，如果对照片的色调不太满意，可以重新调整照片的色调。在【色彩校正】选项面板中，拖动【色调】滑块可以调整画面的颜色。下面详细介绍调整图像色调效果的操作方法。

素材文件 第5章\素材文件\山河.jpg、山河.VSP

效果文件 第5章\效果文件\调整图像色调效果.VSP

step 1 启动会声会影 2019，打开本例素材项目文件“山河.VSP”，并选中视频轨道上的素材，然后单击【显示选项面板】按钮，如图 5-59 所示。

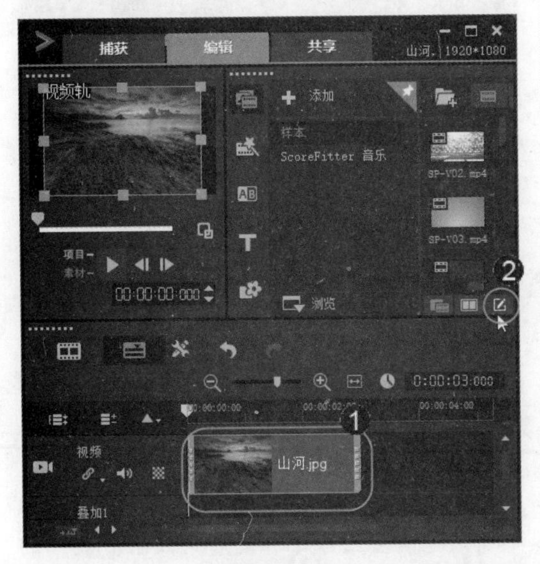

图 5-59

step 2 打开选项面板，① 选择【颜色】选项卡，② 在【色调】微调框中输入-13，如图 5-60 所示。

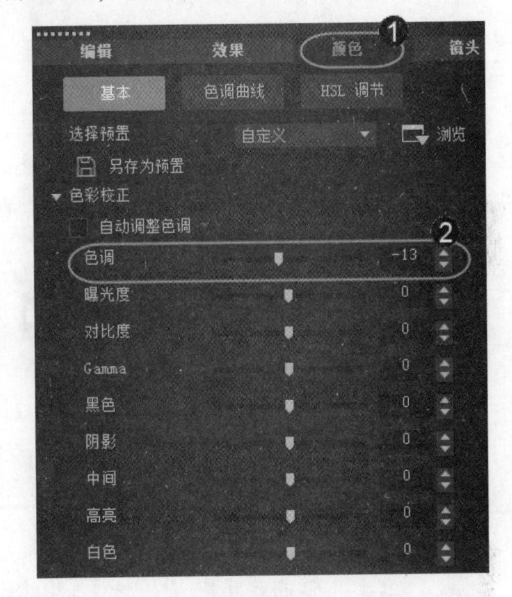

图 5-60

step 3 单击导览面板中的【播放】按钮，即可预览调整图像色调后的效果。最终的画面效果如图 5-61 所示。

图 5-61

5.4.2 调整图像饱和度效果

在会声会影 2019 中，使用饱和度功能可以调整整张图片或单个颜色分量的色相、饱和度和亮度值。下面详细介绍调整图像饱和度效果的方法。

素材文件 第 5 章\素材文件\摄影素材 1.jpg、极光.VSP

效果文件 第 5 章\效果文件\调整图像饱和度效果.VSP

step 1 启动会声会影 2019，打开本例素材项目文件“极光.VSP”，并选中视频轨道上的素材，然后单击【显示选项面板】按钮，如图 5-62 所示。

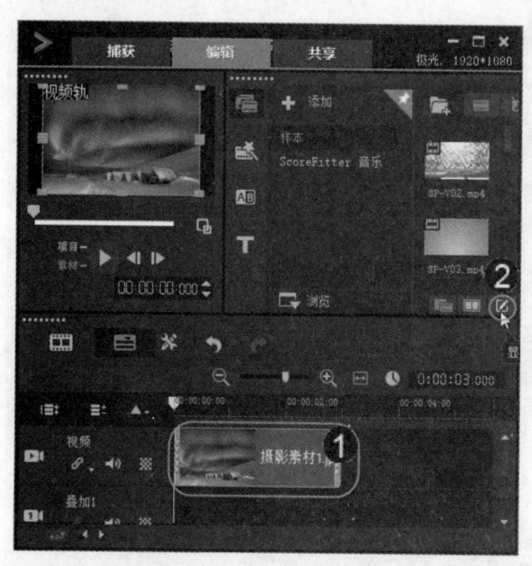

图 5-62

step 2 打开选项面板，① 选择【颜色】选项卡，② 在【饱和度】微调框中输入 100，如图 5-63 所示。

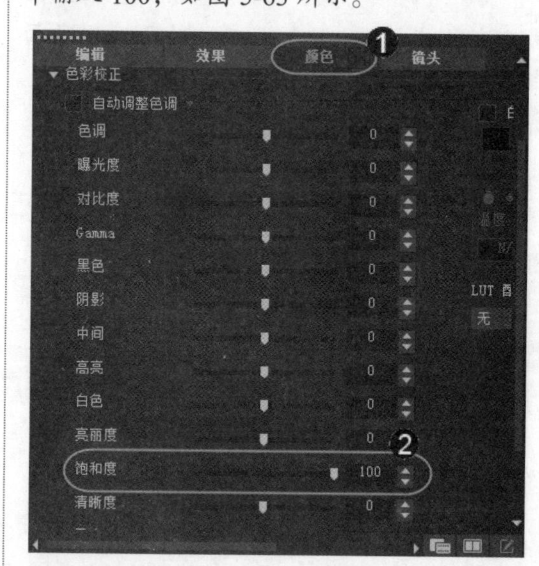

图 5-63

 单击导览面板中的【播放】按钮，即可预览调整图像饱和度后的效果。最终的画面效果如图 5-64 所示。

图 5-64

5.4.3 调整图像亮度效果

在会声会影 2019 中，当素材亮度过暗或过亮时，可以调整素材的亮度。下面详细介绍

调整图像亮度效果的方法。

素材文件	第 5 章\素材文件\清泉.jpg、清泉.VSP
效果文件	第 5 章\效果文件\调整图像亮度效果.VSP

step 1 启动会声会影 2019，打开本例素材项目文件“清泉.VSP”，并选中视频轨道上的素材，然后单击【显示选项面板】按钮，如图 5-65 所示。

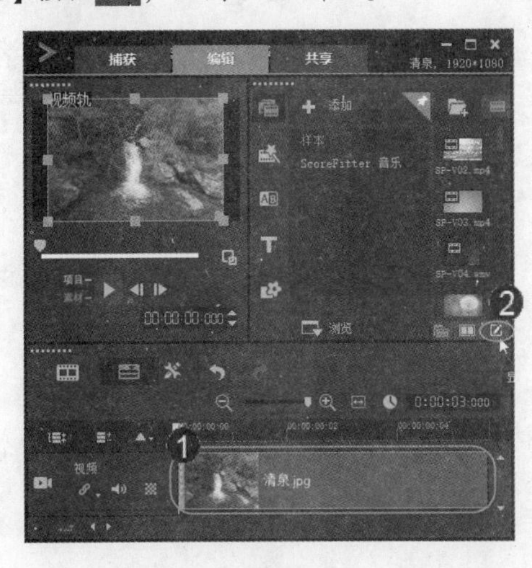

图 5-65

step 2 打开选项面板，① 选择【颜色】选项卡，② 在【亮丽度】微调框中输入 80，如图 5-66 所示。

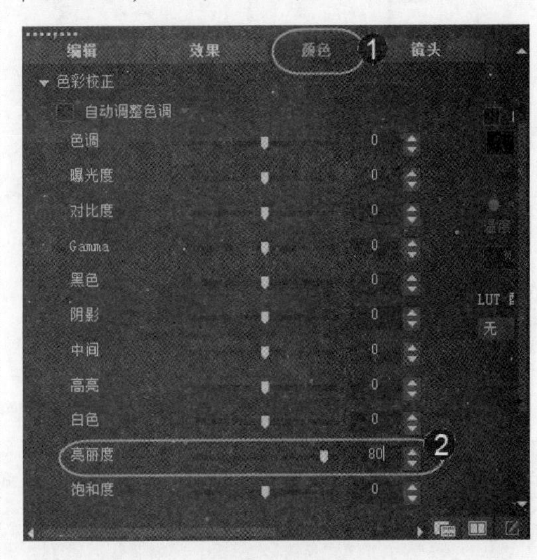

图 5-66

step 3 单击导览面板中的【播放】按钮，即可预览调整图像亮度后的效果。最终的画面效果如图 5-67 所示。

图 5-67

5.4.4 调整图像对比度效果

在会声会影 2019 中，对比度是指图像中阴暗区域最亮的白与最暗的黑之间不同亮度范围的差异。下面详细介绍调整图像对比度效果的操作方法。

素材文件 第 5 章\素材文件\杨柳.jpg、杨柳.VSP

效果文件 第 5 章\效果文件\调整图像对比度效果.VSP

step 1 启动会声会影 2019，打开本例素材项目文件“杨柳.VSP”，并选中视频轨道上的素材，然后单击【显示选项面板】按钮，如图 5-68 所示。

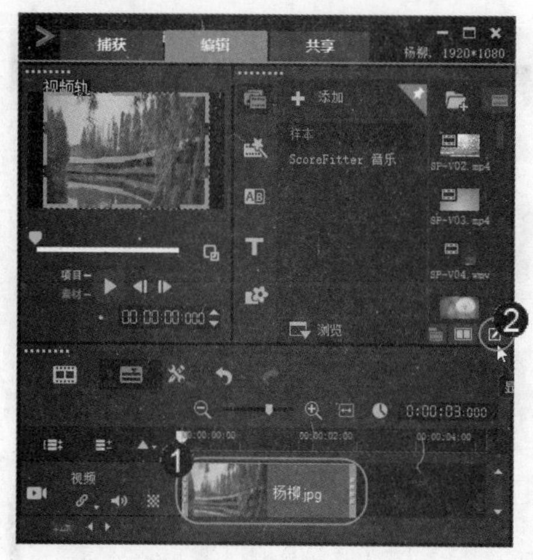

图 5-68

step 2 打开选项面板，① 选择【颜色】选项卡，② 在【对比度】微调框中输入 70，如图 5-69 所示。

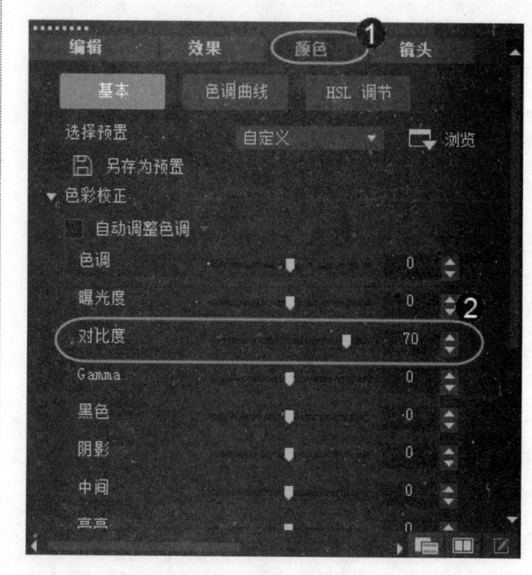

图 5-69

step 3 单击导览面板中的【播放】按钮，即可预览调整图像对比度后的效果。最终的画面效果如图 5-70 所示。

图 5-70

5.4.5 调整图像 Gamma 效果

在会声会影 2019 中，Gamma 是指灰阶。在图像中灰阶代表了由最暗到最亮之间不同亮度的层次级别，中间层次越多，所能够呈现的画面效果也就越细腻。下面详细介绍在会声会影 2019 中调整图像 Gamma 效果的操作方法。

素材文件 第5章\素材文件\风景1.jpg、风景1.VSP
效果文件 第5章\效果文件\调整图像Gamma效果.VSP

step 1 启动会声会影2019，打开本例素材项目文件“风景1.VSP”，并选中视频轨道上的素材，然后单击【显示选项面板】按钮，如图5-71所示。

图5-71

step 2 打开选项面板，① 选择【颜色】选项卡，② 在Gamma微调框中输入65，如图5-72所示。

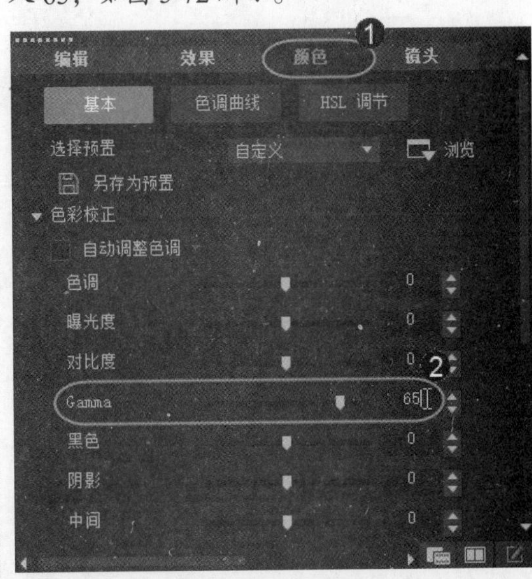

图5-72

step 3 单击导览面板中的【播放】按钮，即可预览调整图像Gamma后的效果。最终的画面效果如图5-73所示。

图5-73

5.4.6 调整图像白平衡效果

在会声会影2019中，可以根据需要调整图像素材的白平衡，制作出特殊的光照效果。下面详细介绍调整图像白平衡效果的操作方法。

素材文件 第 5 章\素材文件\锦鸡.jpg、锦鸡.VSP

效果文件 第 5 章\效果文件\调整图像白平衡效果.VSP

step 1 启动会声会影 2019，打开本例素材项目文件“锦鸡.VSP”，并选中视频轨道上的素材，然后单击【显示选项面板】按钮，如图 5-74 所示。

图 5-74

step 2 打开选项面板，① 选择【颜色】选项卡，② 勾选【白平衡】复选框，③ 单击【日光】按钮并设置相关参数，如图 5-75 所示。

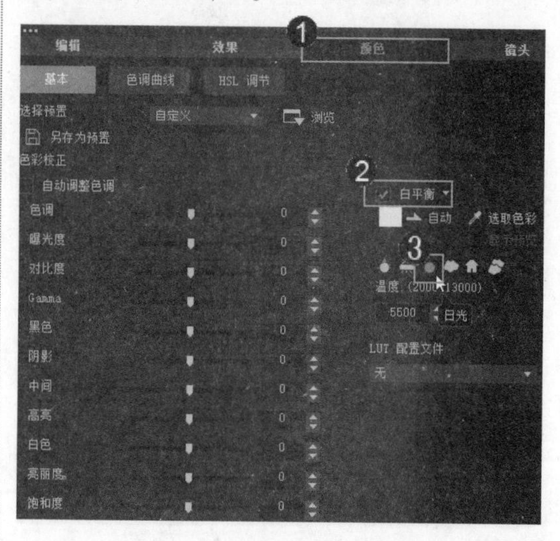

图 5-75

单击导览面板中的【播放】按钮，即可预览调整图像白平衡后的效果。最终的画面效果如图 5-76 所示。

图 5-76

知识精讲

通常每一个像素可以呈现出许多不同的颜色，它是由红、绿、蓝(RGB)三个子像素组成的。每一个子像素，其背后的光源都可以显现出不同的亮度级别。

Section 5.5 范例应用与上机操作

手机扫描下方二维码，观看本节视频课程

通过本章的学习，读者基本可以掌握编辑影片素材的基本知识以及一些常见的操作方法，本节将通过一些范例应用，如反转视频画面、旋转视频素材、调整素材的顺序，练习上机操作，以达到巩固学习、拓展提高的目的。

5.5.1 反转视频画面

在电影中经常可以看到物品破碎后又复原的效果，在会声会影 2019 中可以轻松地制作出此类效果。本例详细介绍反转视频画面的操作方法。

素材文件 第 5 章\素材文件\自然镜头.avi、自然镜头.VSP

效果文件 第 5 章\效果文件\反转播放视频画面效果.VSP

step 1 启动会声会影 2019，打开本例素材项目文件“自然镜头.VSP”，并选中视频轨道上的素材，然后单击【显示选项面板】按钮，如图 5-77 所示。

图 5-77

step 2 打开选项面板，① 选择【编辑】选项卡，② 勾选【反转视频】复选框，如图 5-78 所示。

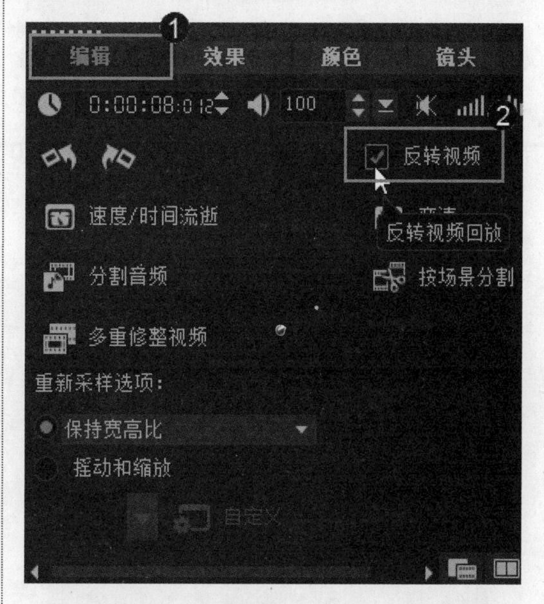

图 5-78

step 3 单击导览面板中的【播放】按钮，即可预览反转播放视频画面后的效果。最终的画面效果如图 5-79 所示。

图 5-79

5.5.2　旋转视频素材

在会声会影 2019 中，运用旋转功能，可以对视频素材进行旋转操作。本例详细介绍旋转视频素材的操作方法。

素材文件	第 5 章\素材文件\房屋.jpg、房屋.VSP
效果文件	第 5 章\效果文件\旋转视频效果.VSP

step 1　打开本例素材项目文件“房屋.VSP”，① 选中视频轨道上的素材，然后右击，② 在弹出的快捷菜单中选择【打开选项面板】菜单项，如图 5-80 所示。

图 5-80

step 2　打开选项面板，① 选择【编辑】选项卡，② 单击【向左旋转】按钮或【向右旋转】按钮，如图 5-81 所示。

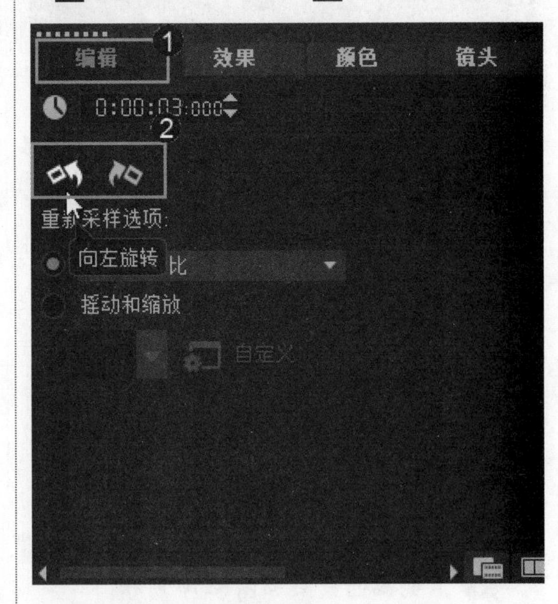

图 5-81

单击导览面板中的【播放】按钮▶，即可预览旋转视频画面后的效果。最终的画面效果如图 5-82 所示。

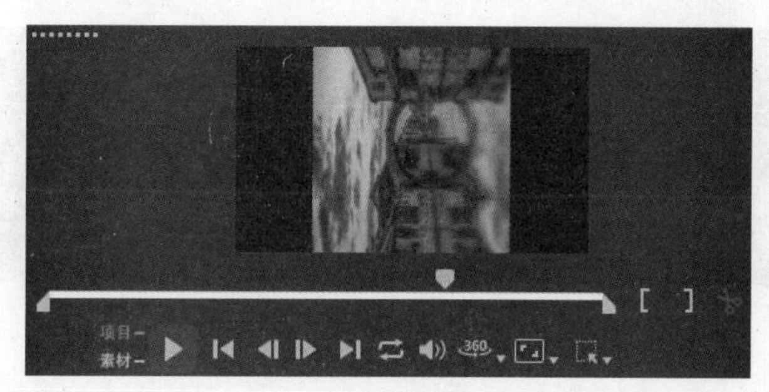

图 5-82

5.5.3 调整素材的顺序

在会声会影编辑器中编辑素材时，还可以根据需要来调整素材的显示顺序。本例详细介绍调整素材顺序的操作方法。

素材文件　第 5 章\素材文件\摄影素材 4.jpg、摄影素材 6.jpg、摄影素材.VSP

效果文件　第 5 章\效果文件\调整素材的顺序.VSP

打开项目文件“摄影素材.VSP”，单击【故事版视图】按钮，切换到【故事板视图】面板，可以看到插入两张图像素材，如图 5-83 所示。

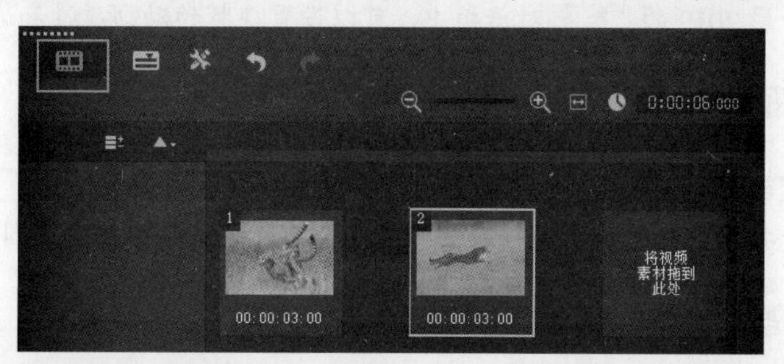

图 5-83

选择要移动顺序的素材，按住鼠标左键并拖曳到第 2 张的后面，此时拖动的位置处显示一条竖线，表示素材将要放置的位置，如图 5-84 所示。

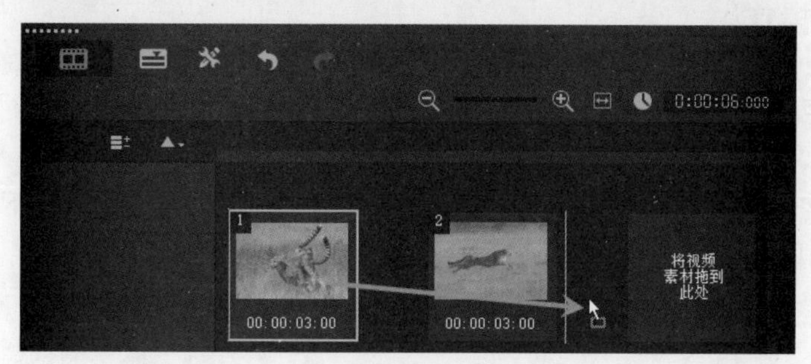

图 5-84

step 3 释放鼠标左键，选中的素材将会放置在鼠标指针释放的位置，这样即可完成调整素材顺序的操作，如图 5-85 所示。

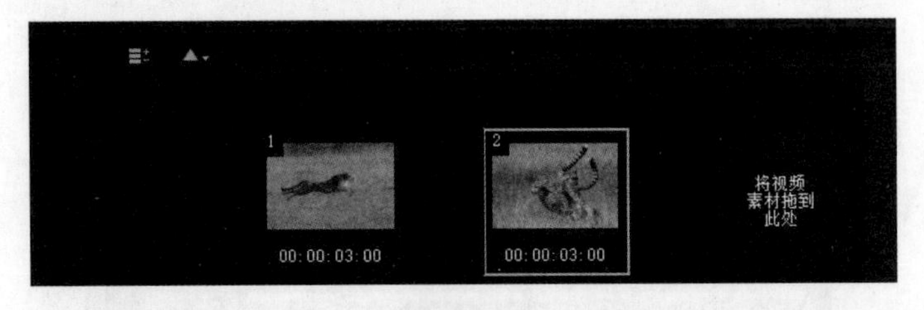

图 5-85

Section 5.6 本章小结与课后练习

本节内容无视频课程

通过本章的学习，读者基本可以掌握编辑影片素材的基本知识以及一些常见的操作方法，下面通过练习几道习题，达到巩固与提高的目的。

一、填空题

1. 添加视频素材后，可以将视频素材的音频和视频分离，以便进行____的编辑。
2. 在会声会影 2019 的______对话框中，可以设置视频的动画属性和运动效果。

二、判断题

1. 修改视频的回放速度，将视频设置为慢动作，可以强调动作。 （ ）
2. 白平衡是指图像中阴暗区域最亮的白与最暗的黑之间不同亮度范围的差异。 （ ）

三、思考题

1. 如何设置素材的回放速度？
2. 如何添加路径特效？

四、上机操作

1. 通过本章的学习，读者基本可以掌握编辑影片素材方面的知识，下面通过练习调整图像清晰度，达到巩固与提高的目的。

2. 通过本章的学习，读者基本可以掌握编辑影片素材方面的知识，下面通过练习显示网格线，达到巩固与提高的目的。

第6章

视频剪辑

本章主要介绍剪辑视频素材、特殊场景剪辑视频素材、保存修整后的视频素材方面的知识与技巧，同时还讲解了如何使用多相机和重新映射时间。通过本章的学习，读者可以掌握视频剪辑基础操作方面的知识，为深入学习会声会影 2019 中文版知识奠定基础。

1. 剪辑视频素材
2. 特殊场景剪辑视频素材
3. 保存修整后的视频素材
4. 多相机和重新映射时间

Section 6.1 剪辑视频素材

手机扫描下方二维码，观看本节视频课程

视频的来源有很多种，把各种来源的视频素材经过剪辑变为在制作影片中可用的片段，是一项很重要的任务。在会声会影2019编辑器中，可以对视频素材进行相应的剪辑，本节将详细介绍剪辑视频素材的相关知识及操作方法。

6.1.1 使用黄色标记剪辑视频

在会声会影2019中，在时间轴中，选中的视频素材两侧会出现黄色的标记，使用黄色标记，用户可以将选中的视频素材进行剪辑。下面介绍使用黄色标记剪辑视频的方法。

step 1 将视频导入【时间轴视图】面板中后，按F6键，系统会弹出【参数选择】对话框，① 在【素材显示模式】下拉列表框中，选择【仅略图】选项，② 单击【确定】按钮，如图6-1所示。

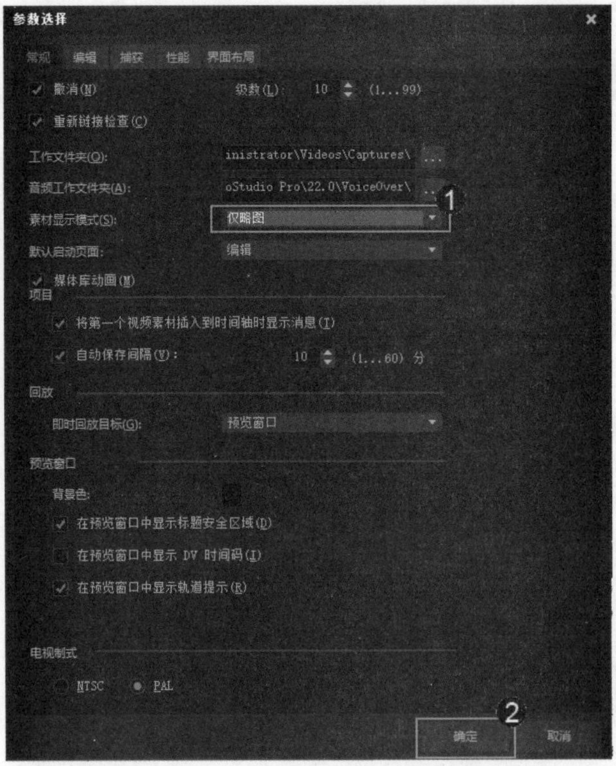

图 6-1

在【时间轴视图】面板中，选中准备剪辑的视频素材，视频两侧以黄色标记显示，如图6-2所示。

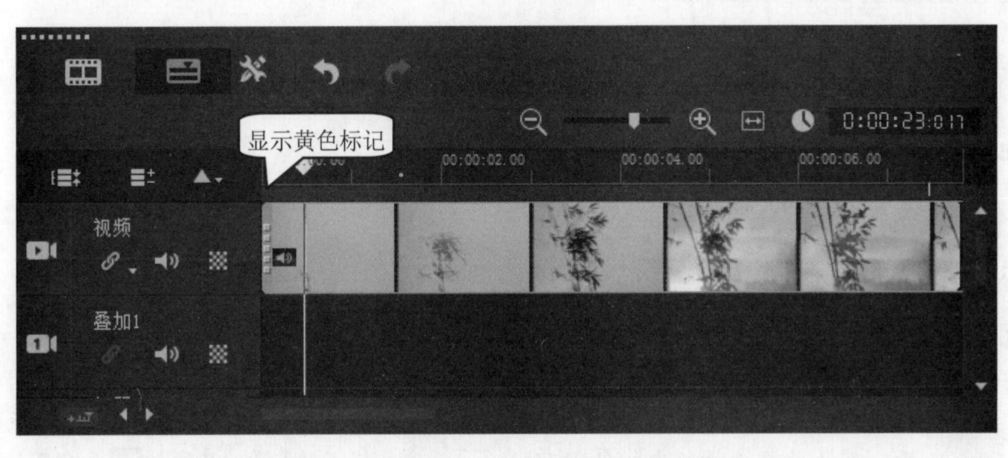

图 6-2

step 3 在左侧黄色标记上，按住鼠标左键向右拖曳黄色标记到要修整的位置，然后释放鼠标，如图 6-3 所示。

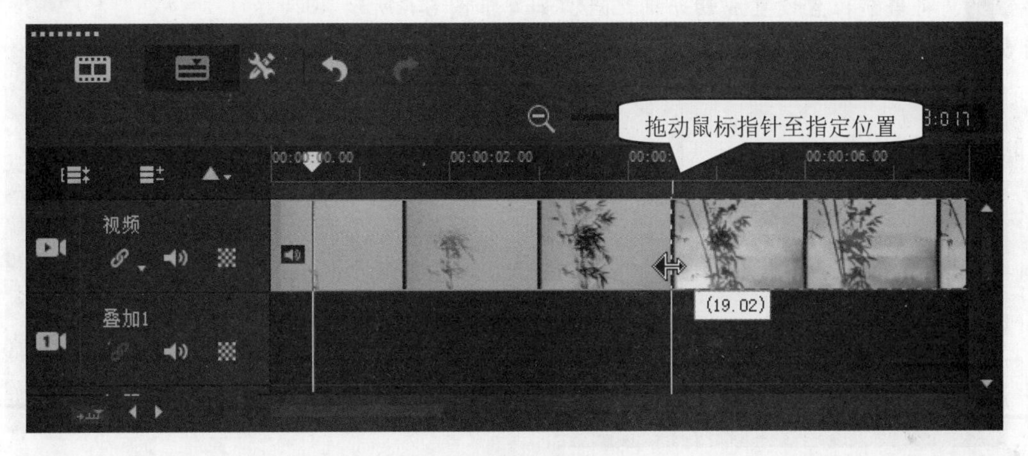

图 6-3

step 4 黄色标记拖曳过程中，左侧的视频帧已经被删除。通过以上方法即可完成用黄色标记剪辑视频的操作，如图 6-4 所示。

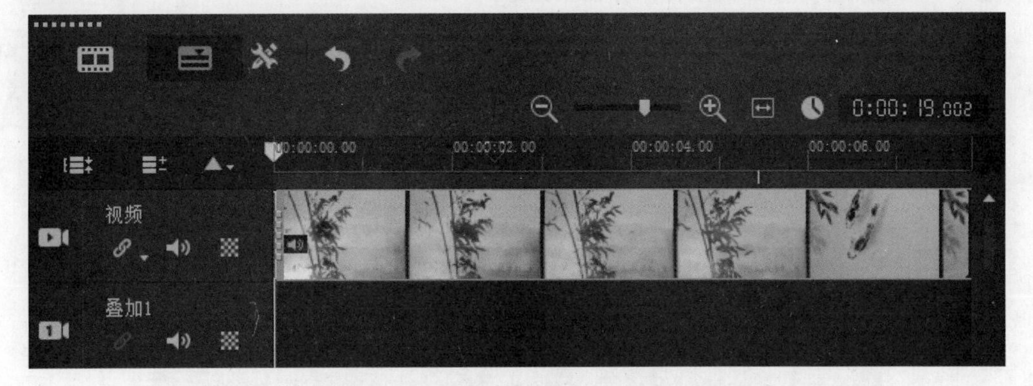

图 6-4

知识精讲

运用相同的方法，在【时间轴视图】面板中，拖曳右侧的黄色标记至左侧准备修整的位置，同样可以使用黄色标记剪辑视频。

6.1.2 通过修整栏剪辑视频

修整栏上以白色显示保留的视频区域。拖动滑轨，精确查找并定位，可以通过【开始标记】按钮[和【结束标记】按钮]进行修整，并且在预览窗口中将显示对应的画面。下面详细介绍通过修整栏剪辑视频的操作方法。

step 1 将视频导入【时间轴视图】面板中后，在【导览】面板中，① 拖动飞梭栏上的【滑块】按钮至准备修整的位置，② 确定位置后，单击【开始标记】按钮[，将当前位置设置成开始标记点，如图6-5所示。

图6-5

step 2 在【导览】面板中，① 拖动飞梭栏上的【滑块】按钮至准备结束修整的位置，② 确定位置后，单击【结束标记】按钮]，将当前位置设置成结束标记点，如图6-6所示。

图6-6

step 3 单击【导览】面板中的【播放】按钮▶，预览剪辑效果。通过以上步骤即可完成通过修整栏剪辑视频的操作，如图6-7所示。

图6-7

6.1.3 通过多重修整功能剪辑视频

会声会影 2019 提供了多重修整视频的功能，用户可以一次性将视频分割成多个片段，从而完整地控制要提取的素材，更方便地管理项目。下面详细介绍通过多重修整功能剪辑视频的操作方法。

step 1 将视频导入【时间轴】面板中后，① 选中该视频素材，② 单击【显示选项面板】按钮，如图 6-8 所示。

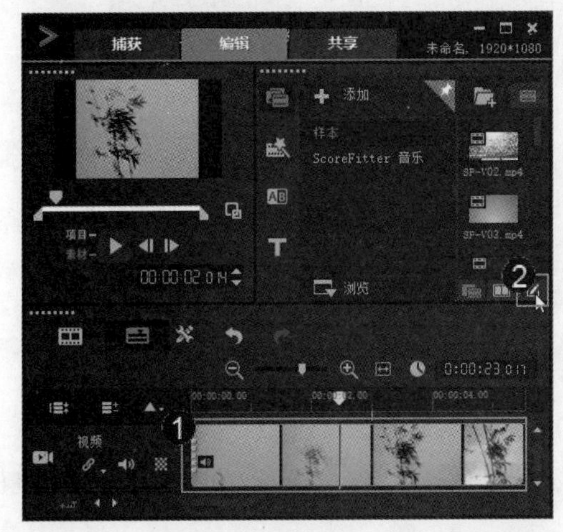

图 6-8

step 2 打开选项面板，① 选择【编辑】选项卡，② 单击【多重修整视频】按钮，如图 6-9 所示。

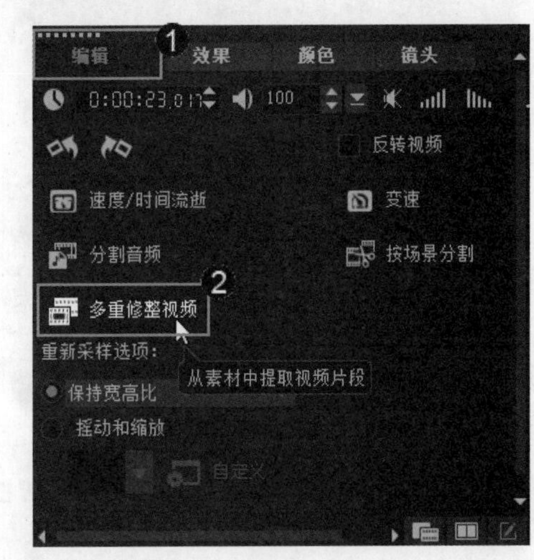

图 6-9

step 3 弹出【多重修整视频】对话框，① 拖动飞梭栏上的【滑块】按钮至准备修整的位置，② 确定位置后，单击【开始标记】按钮，将当前位置设置成开始标记点，如图 6-10 所示。

图 6-10

step 4 设置完开始标记点后，① 拖动飞梭栏上的【滑块】按钮至准备结束修整的位置，② 确定位置后，单击【结束标记】按钮，将当前位置设置成结束标记点，如图 6-11 所示。

图 6-11

step 5 此时，在【多重修整视频】对话框下方，剪辑出的视频自动添加到【修整的视频区间】区域中，如图 6-12 所示。

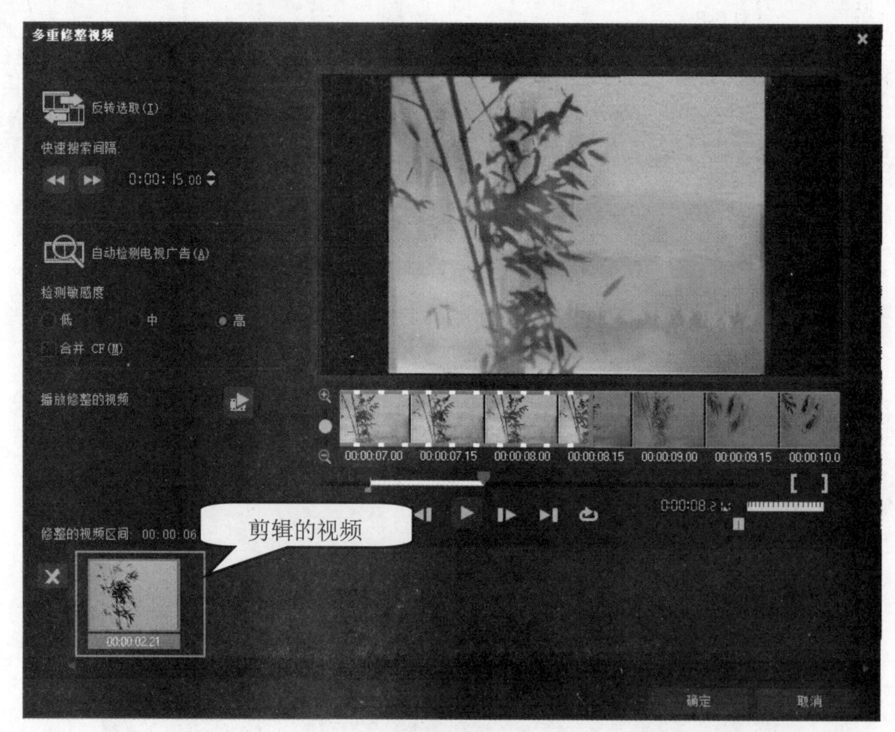

图 6-12

step 6 可以单击【向前搜索】按钮或【向后搜索】按钮，来一次性地向前或向后退一段时间，具体的时间可以单击【快速搜索间隔】中的按钮进行调整，如图 6-13 所示。

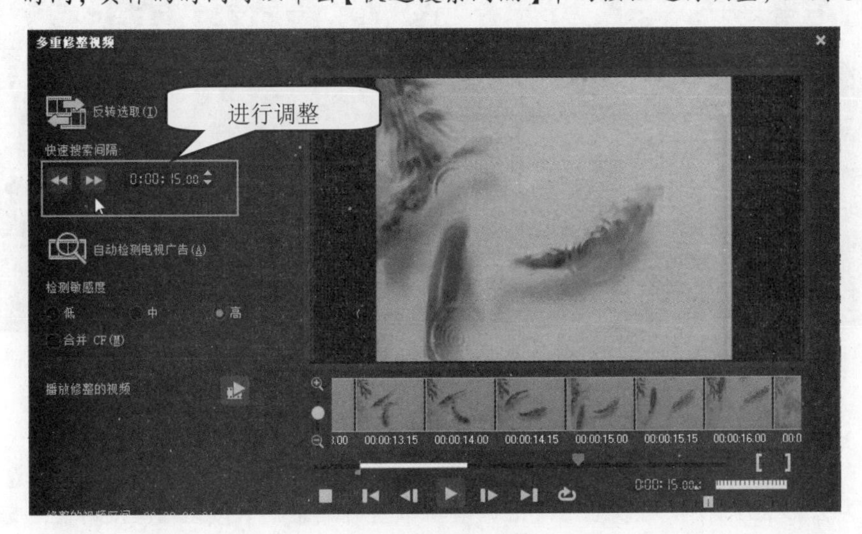

图 6-13

重复上面的操作步骤，修剪出素材中需要的视频片段；若要删除其中的某一段，则选择该片段，然后单击【删除所选素材】按钮 X 即可，如图 6-14 所示。

图 6-14

step 8 单击【确定】按钮，剪辑的所有视频片段显示在【时间轴】面板上，原来视频中不需要的画面都被删除了，这样即可完成通过多重修整功能剪辑视频的操作，如图 6-15 所示。

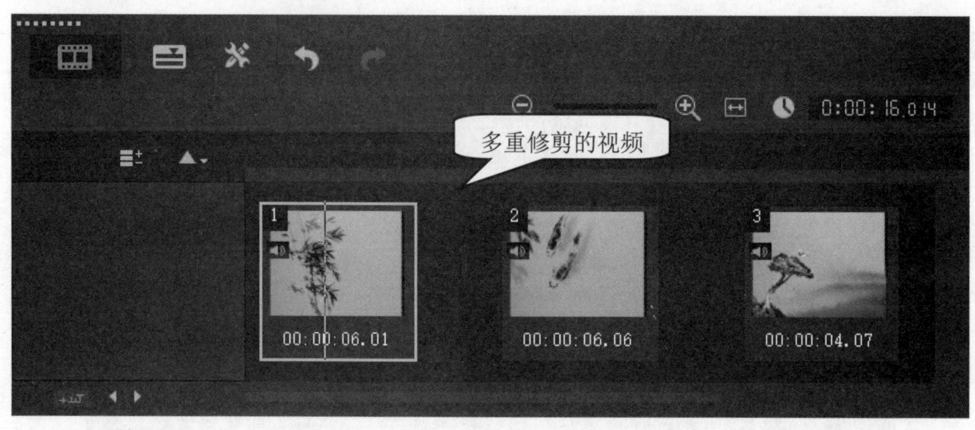

图 6-15

6.1.4 通过按钮剪辑视频

在会声会影 2019 中，可以通过【根据滑轨位置分隔素材】按钮直接对视频进行编辑。下面详细介绍通过按钮剪辑视频的操作方法。

素材文件 第6章\素材文件\倒计时.mpg

效果文件 第6章\效果文件\通过按钮剪辑视频.VSP

step 1 进入会声会影编辑器，在视频轨中插入名为“倒计时.mpg”的素材，在视频轨中将时间线移至 00:00:02:00 的位置，如图 6-16 所示。

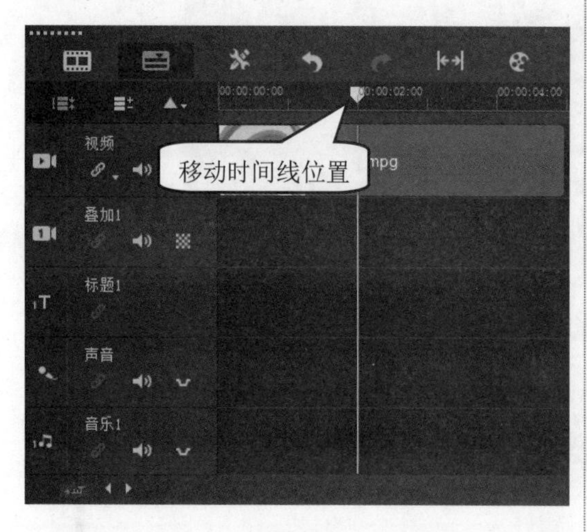

图 6-16

step 2 在预览窗口的右下方单击【根据滑轨位置分割素材】按钮，如图 6-17 所示。

图 6-17

step 3 执行命令后，可以看到已经将视频素材分割为两段，这样即可完成通过按钮剪辑视频的操作，如图 6-18 所示。

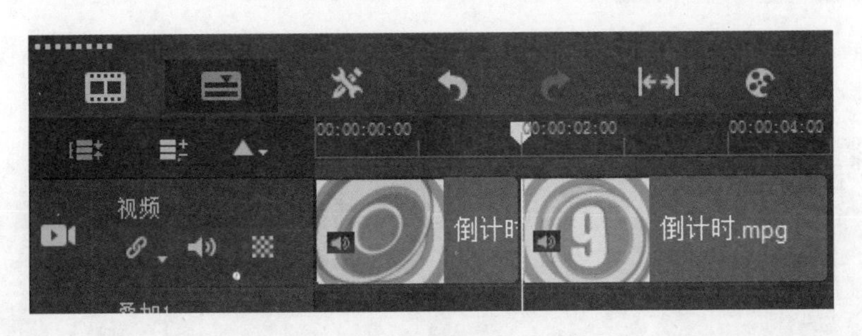

图 6-18

Section 6.2 特殊场景剪辑视频素材

手机扫描下方二维码，观看本节视频课程

在会声会影 2019 中，还可以使用一些特殊的视频剪辑方法对视频进行剪辑，如使用变速按钮剪辑视频素材、使用区间剪辑视频素材以及按场景分割视频文件等。本节将详细介绍特殊场景剪辑素材的相关知识及操作方法。

6.2.1 使用变速按钮剪辑视频素材

在会声会影 2019 中，使用【变速】按钮可以调整整段视频的播放速度，或者调整视频片段中某一小节的播放速度。下面详细介绍使用【变速】按钮剪辑视频的方法。

素材文件 第 6 章\素材文件\壮丽的烟火.mov

效果文件 第 6 章\效果文件\使用变速按钮剪辑视频素材.VSP

step 1 进入会声会影编辑器，在视频轨中插入名为“壮丽的烟火.mov”的素材，并选中视频轨道上的素材，然后单击【显示选项面板】按钮 ，如图 6-19 所示。

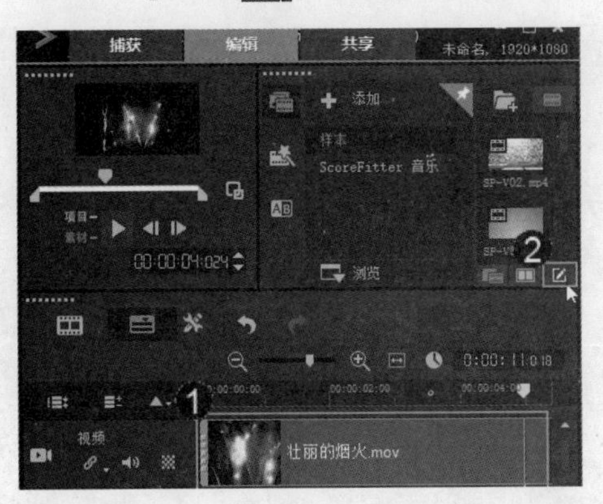

图 6-19

step 2 在【编辑】选项面板中单击【变速】按钮，如图 6-20 所示。

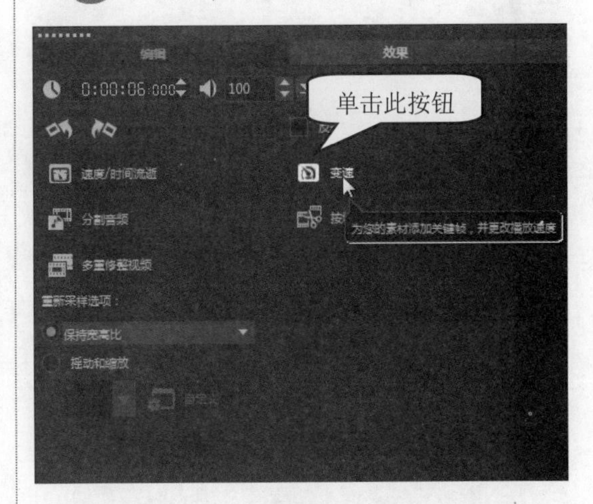

图 6-20

step 3 在时间轴面板中显示使用变速功能剪辑后的视频素材，并且会删除视频片段中的部分片段，如图 6-21 所示。

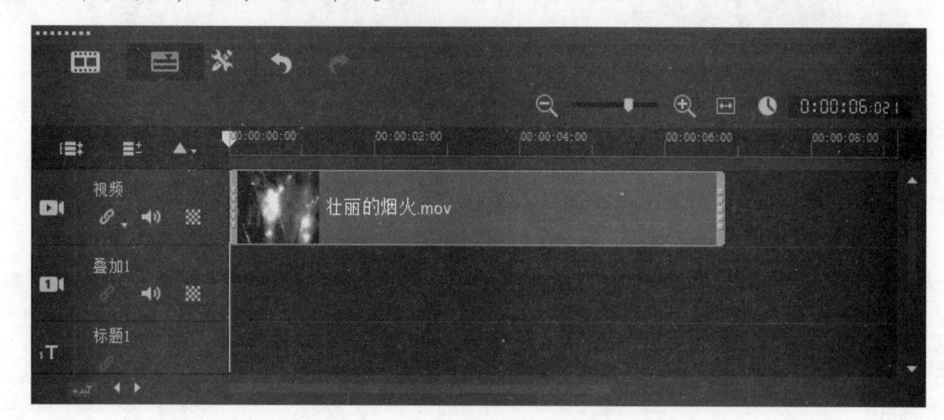

图 6-21

知识精讲

在视频轨中插入所需的视频素材，在视频素材上单击鼠标右键，在弹出的快捷菜单中选择【速度】→【变速】菜单项，也可以快速弹出【变速】对话框。

6.2.2 使用区间剪辑视频素材

在会声会影 2019 中，使用区间剪辑视频可以精确控制片段的播放时间，但它只能从视频尾部进行剪辑，若对整个影片的播放时间有严格的限制，可使用区间修整的方法来剪辑视频。下面详细介绍使用区间剪辑视频素材的方法。

素材文件 第 6 章\素材文件\海水冲海滩.mov

效果文件 第 6 章\效果文件\使用区间剪辑视频素材.VSP

step 1 进入会声会影编辑器，在视频轨中插入名为“海水冲海滩.mov”的素材，并选中视频轨道上的素材，然后单击【显示选项面板】按钮，如图 6-22 所示。

图 6-22

step 2 在【编辑】选项面板中的【视频区间】数值框内输入 00:00:05:006，然后按 Enter 键，如图 6-23 所示。

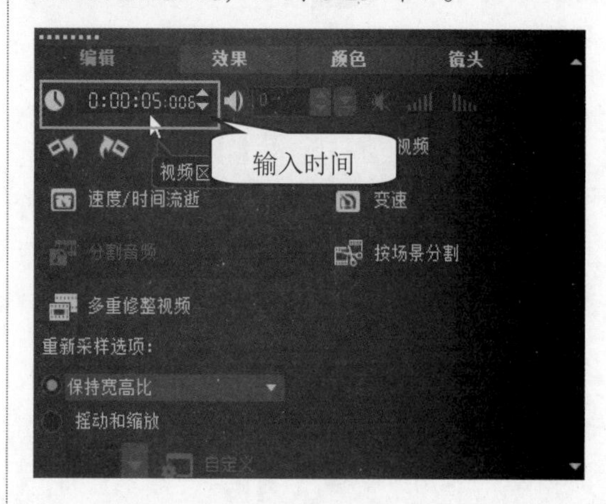

图 6-23

可以看到时间轴中视频已经变为所在位置的播放时间。通过以上步骤即可完成使用区间剪辑视频素材的操作，如图 6-24 所示。

图 6-24

6.2.3 按场景分割视频素材

视频文件通常会包含多个不同场景的片段，编辑时需要把它们分割出来，会声会影中的“按场景分割视频”功能可以根据录制的时间、内容的变化，自动将视频文件分割成不同的场景片段。下面详细介绍按场景分割视频的操作方法。

素材文件 第 6 章\素材文件\Wildlife.wmv

效果文件 第 6 章\效果文件\按场景分割视频素材.VSP

step 1 将视频素材 Wildlife.wmv 导入到视频轨后，并选中视频轨道上的素材，然后单击【显示选项面板】按钮 ，如图 6-25 所示。

图 6-25

step 2 在打开的【编辑】选项面板中单击【按场景分割】按钮，如图 6-26 所示。

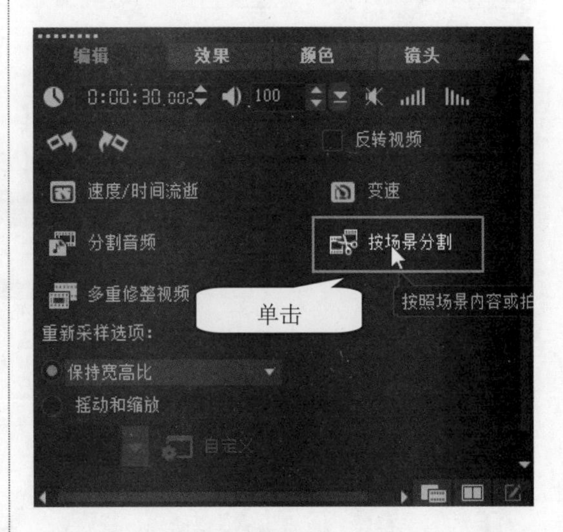

图 6-26

弹出【场景】对话框，在对话框底部，单击【选项】按钮，如图 6-27 所示。

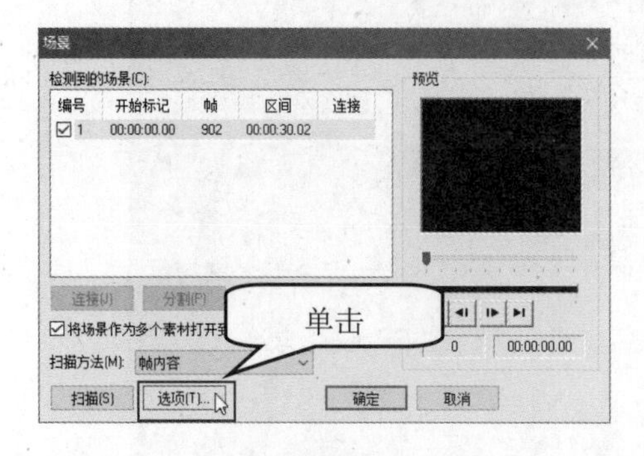

图 6-27

step 5

返回到【场景】对话框中，① 单击【扫描】按钮，程序开始扫描分割视频场景，② 单击【确定】按钮，如图 6-29 所示。

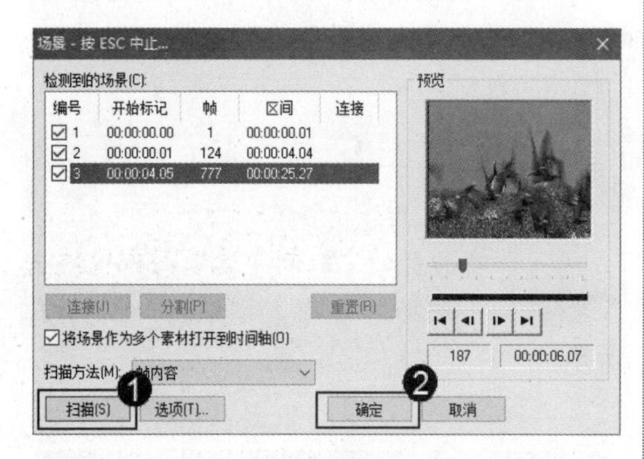

图 6-29

step 4

弹出【场景扫描敏感度】对话框，① 拖动【敏感度】滑块，设置场景检测的精确度数值，② 单击【确定】按钮，如图 6-28 所示。

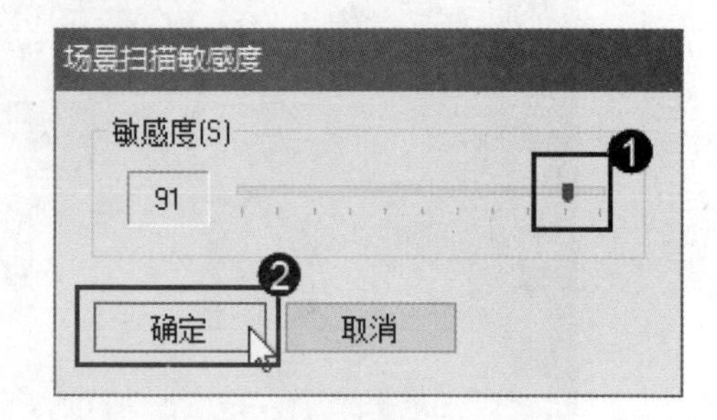

图 6-28

step 6

分割后的场景通常会比较细碎，需要再进行合并工作，① 勾选准备相连的两个场景复选框，如“2 号”场景和“5 号”场景，② 单击【连接】按钮，即可进行合并场景的操作，如图 6-30 所示。

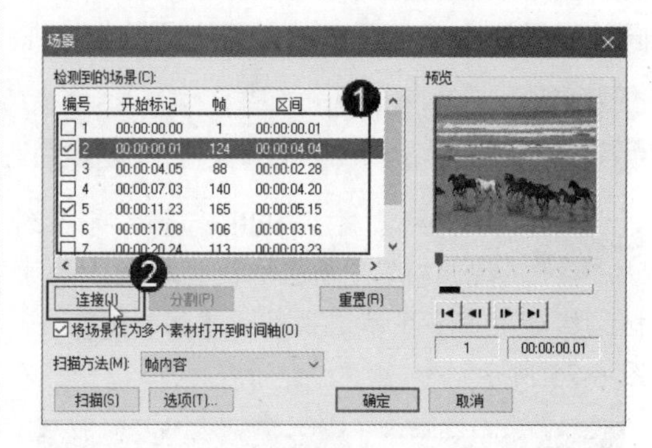

图 6-30

如果想撤销该操作，则可以单击【分割】按钮，便撤销了连接的操作，而不需要再扫描一次。完成设置后，单击【确定】按钮，如图 6-31 所示。

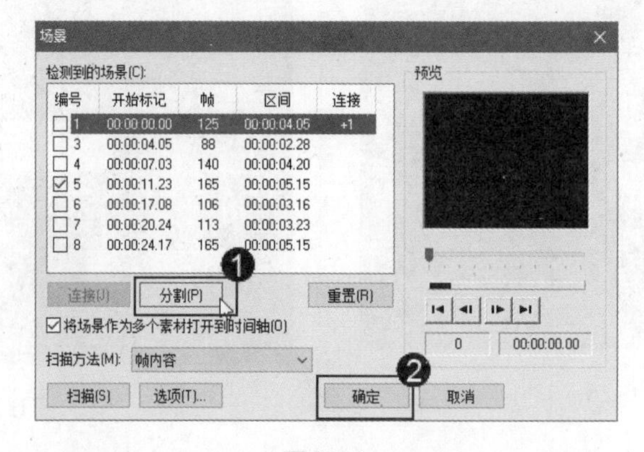

图 6-31

返回到会声会影编辑器中，可以看到分割的场景素材已经出现在时间轴中。这样即可完成按场景分割视频的操作，如图 6-32 所示。

图 6-32

知识精讲

会声会影检测场景的方式取决于视频文件的类型。在捕获的 DV AVI 文件中，场景的检测方法有两种：DV 录制时间扫描，根据拍摄日期和时间来检测场景；逐帧检测内容的变化，如动作变化、镜头转换、亮度变化等，然后将它们分割成不同的文件。

Section 6.3 保存修整后的视频素材

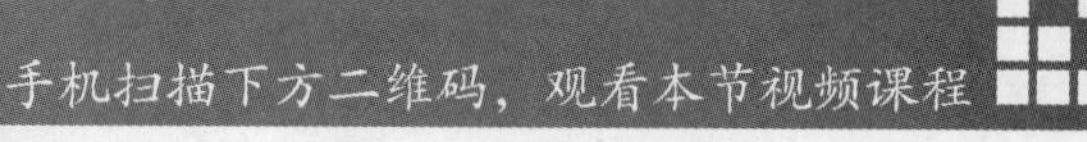

手机扫描下方二维码，观看本节视频课程

将视频进行修整和剪辑后，需要将其进行保存，以便日后使用或再次进行编辑。可以将视频素材保存到素材库，也可以将其输出为一个独立的视频文件。本节将详细介绍保存修整后视频素材的相关知识及操作方法。

6.3.1 将修整后的视频保存到素材库中

将修整后的视频保存到素材库中，方便用户随时进行调用和修整。下面详细介绍将修整后的视频保存到素材库中的操作方法。

在【时间轴视图】面板中，视频素材修整完成后，选中修整的视频素材，如图 6-33 所示。

图 6-33

按住鼠标左键将其拖曳到【素材库】面板中，即可完成将修整后的视频保存到素材库中的操作，如图6-34所示。

图 6-34

6.3.2 将修整后的视频输出为视频文件

可以将编辑完成后的视频素材输出成可独立播放的视频文件，方便进行观看。下面详细介绍将修整后的视频输出为视频文件的操作方法。

在【时间轴视图】面板中，选中修整后的视频素材，在菜单栏中选择【文件】→【保存修整后的视频】菜单项，如图6-35所示。

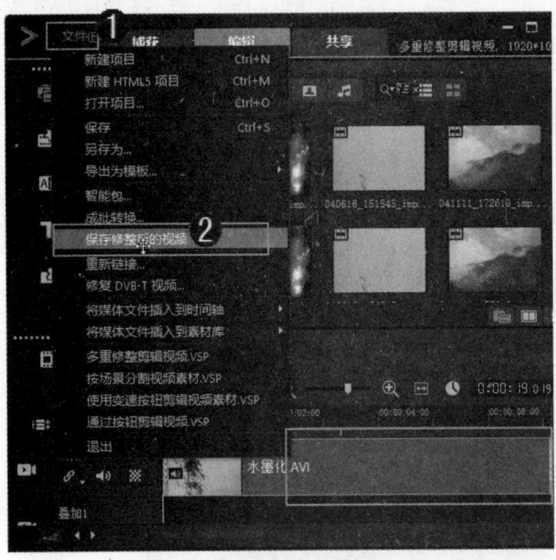

图 6-35

弹出【正在渲染】对话框，显示正在保存修整后的视频素材的进度，如图6-36所示。

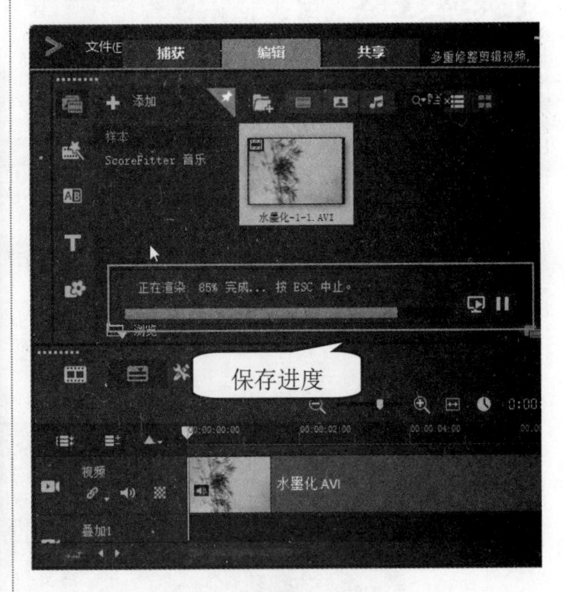

图 6-36

保存完成后，在文件保存的文件夹中，可以查看输出的视频文件。通过以上步骤即可完成将修整后的视频输出为视频文件的操作，如图6-37所示。

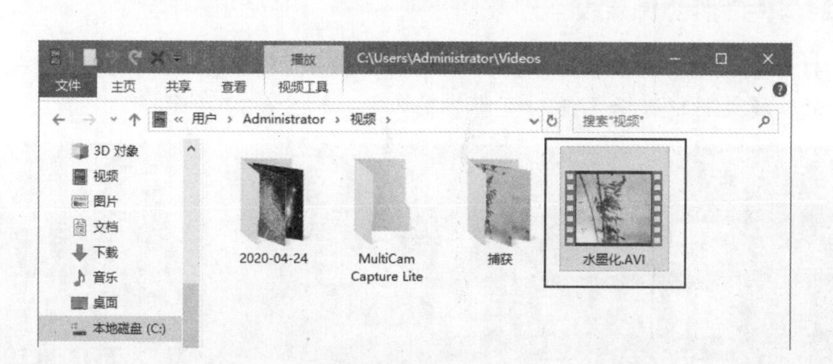

图 6-37

Section 6.4

多相机和重新映射时间

手机扫描下方二维码，观看本节视频课程

在会声会影 2019 中，可以通过从不同相机、不同角度捕获的时间镜头创建专业的视频编辑。此外，“重新映射时间”功能非常实用，可以帮助用户更加精准地修整视频的播放速度。本节将介绍多相机和重新映射时间的知识。

6.4.1 使用【多相机编辑器】剪辑视频画面

在会声会影 2019 中，使用【多相机编辑器】功能可以更加快速地进行视频的剪辑，可以对大量素材进行选择、搜索、剪辑点确定、时间线对位等基本操作。下面详细介绍使用【多相机编辑器】剪辑视频画面的方法。

素材文件 第 6 章\素材文件\飞机 1.mov、飞机 2.mov

效果文件 第 6 章\效果文件\使用【多相机编辑器】剪辑视频画面.VSP

step 1 新建项目文件后，单击【工具】菜单，在弹出的菜单中选择【多相机编辑器】菜单项，如图 6-38 所示。

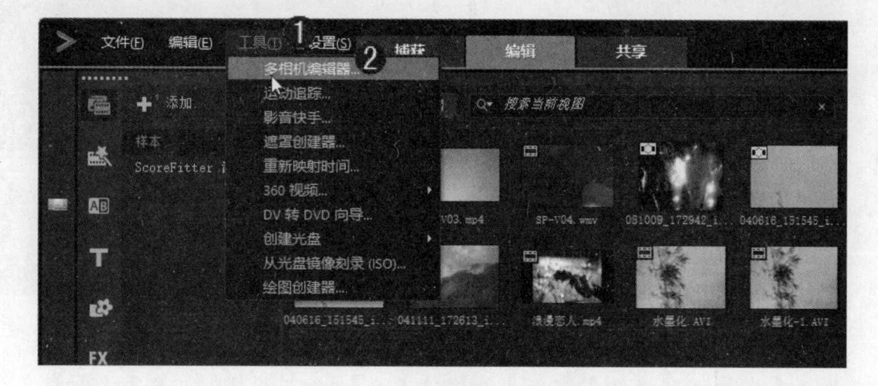

图 6-38

打开【来源管理器】窗口，在右上方的【相机 1】轨道右侧空白处右击，在弹出的快捷菜单中选择【插入视频】菜单项，如图 6-39 所示。

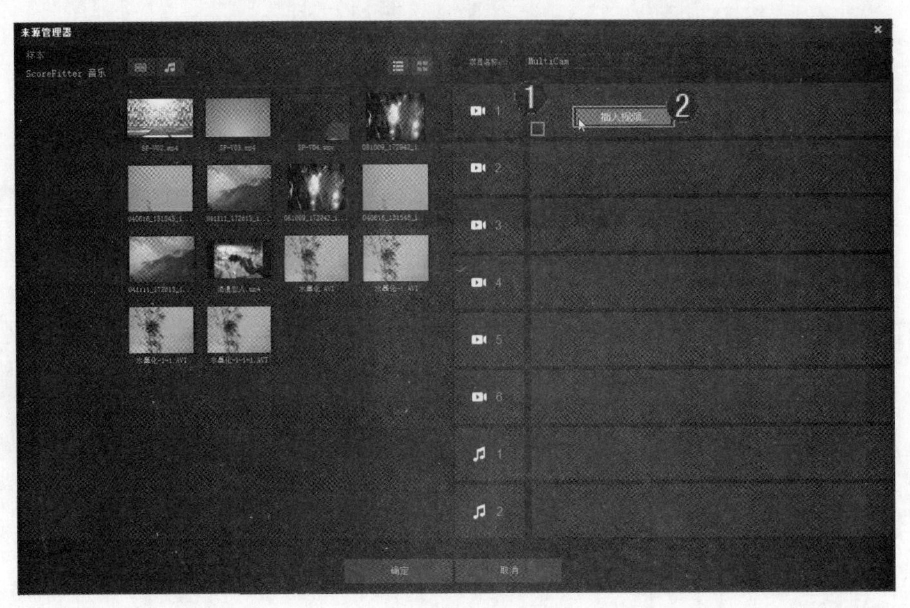

图 6-39

step 3 弹出【浏览媒体文件】对话框，① 选择文件所在位置，② 选中视频素材文件“飞机 1”，③ 单击【打开】按钮，如图 6-40 所示。

图 6-40

step 4 视频被添加到【相机 1】轨道中。按照相同方法将“飞机 2”视频文件添加至【相机 2】轨道中，单击【确定】按钮，如图 6-41 所示。

图 6-41

打开【多相机编辑器】窗口，单击第 1 个相机窗口，即可在【多相机】轨道上添加【相机 1】轨道的视频画面，如图 6-42 所示。

图 6-42

step 6 拖动时间轴上方的滑块至 00:00:02:00 的位置，单击左上方的预览框 2，此时在【多相机】轨道上的时间轴位置添加了【相机 2】轨道的视频画面，对视频进行了剪辑合并操作，如图 6-43 所示。

图 6-43

step 7 按照同样的方法，在 00:00:03:09 的位置再次添加【相机 1】轨道的视频画面，单击【确定】按钮，如图 6-44 所示。

图 6-44

step 8 返回到会声会影编辑器中，在视频素材库中显示刚制作的多相机视频文件，如图 6-45 所示。

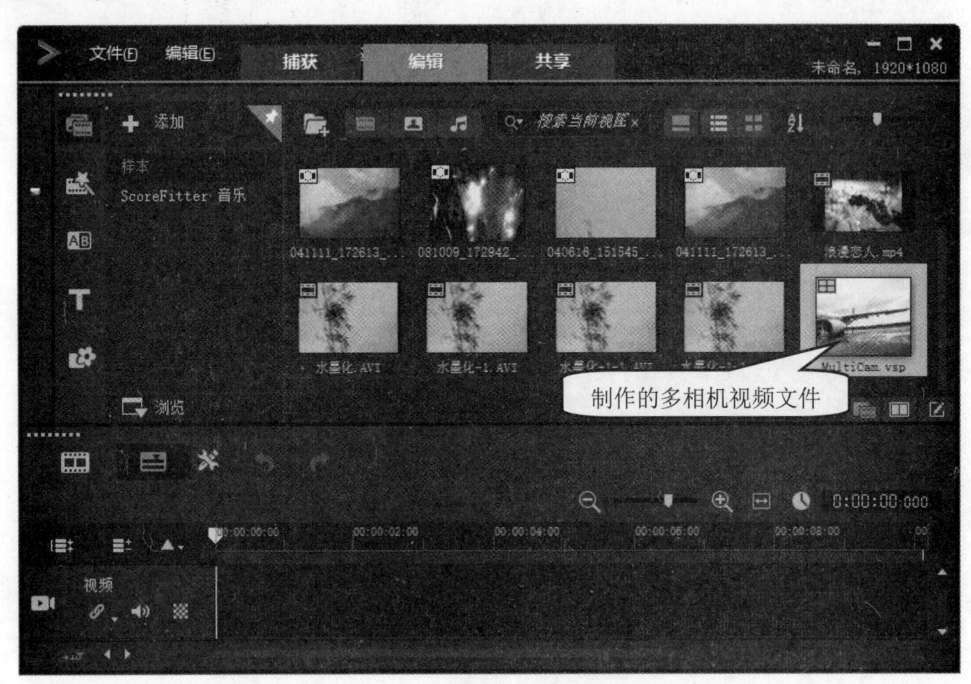

图 6-45

step 9 将制作完成的多相机视频文件拖曳至视频轨中，即可看到 3 段合成视频，如图 6-46 所示。

图 6-46

单击【导览】面板中的【播放】按钮▶，预览剪辑的视频效果。通过以上步骤即可完成使用【多相机编辑器】剪辑视频画面的操作，如图 6-47 所示。

图 6-47

6.4.2 使用【重新映射时间】精修视频画面

在会声会影 2019 中，【重新映射时间】功能非常实用，可以帮助用户更加精准地修整视频的播放速度，制作出视频的快动作或慢动作特效。下面详细介绍使用【重新映射时间】精修视频画面的方法。

素材文件 第6章\素材文件\自然镜头.avi、自然镜头.VSP

效果文件 第6章\效果文件\使用【重新映射时间】精修视频画面.VSP

step 1 打开项目文件“自然镜头.VSP”，在视频轨中插入名为“自然镜头.avi”的素材，选中该素材文件，在菜单栏中，① 单击【工具】菜单，② 在弹出的菜单中选择【重新映射时间】菜单项，如图 6-48 所示。

图 6-48

step 2 弹出【时间重新映射】对话框，① 将时间线移至0:00:02.00的位置，② 在窗口右侧单击【停帧】按钮，③ 设置【停帧】的时间为3秒，如图6-49所示。

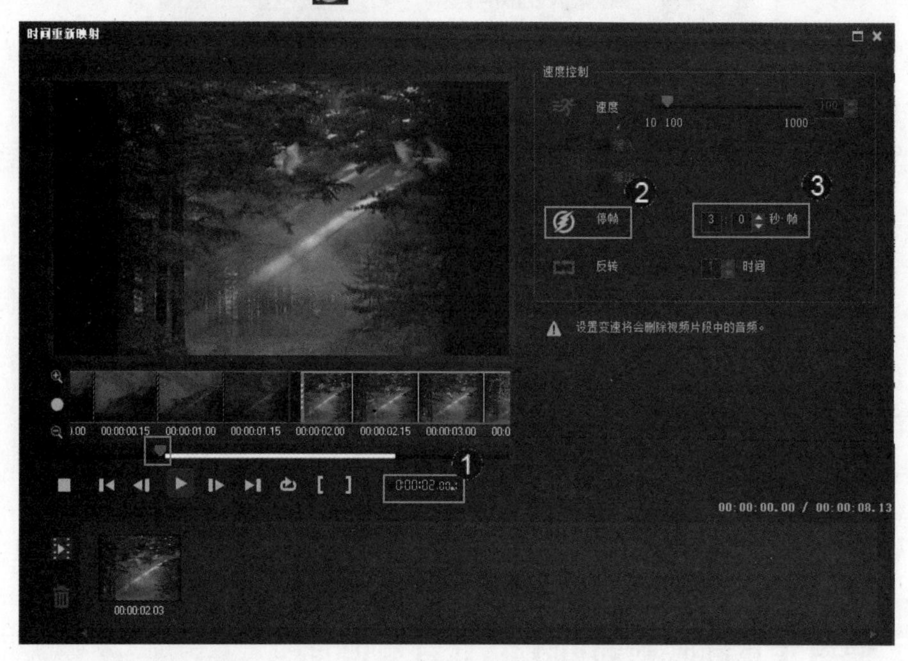

图 6-49

step 3 在【时间重新映射】对话框中，① 将时间线移至0:00:04.15的位置，② 在窗口右上方设置【速度】为45，如图6-50所示。

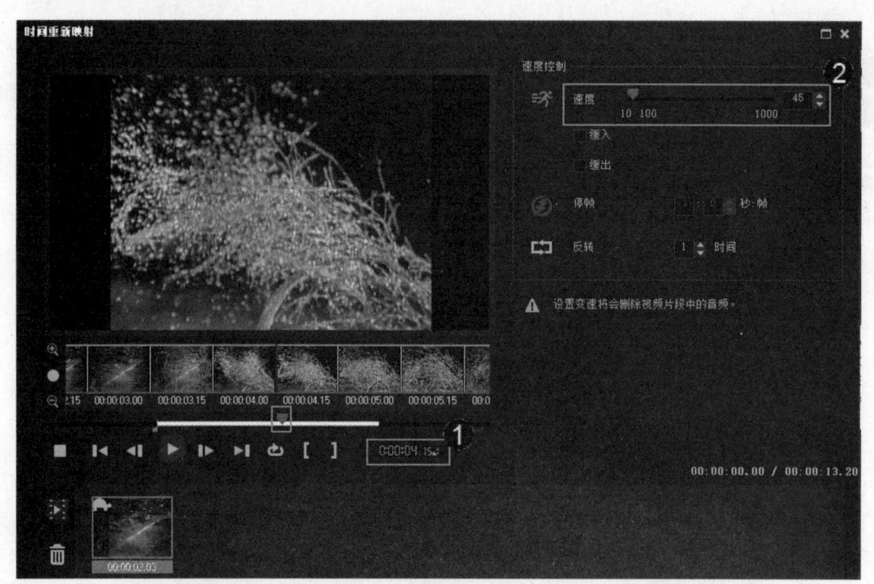

图 6-50

step 4 在【时间重新映射】对话框中，① 将时间线移至0:00:07.02的位置，② 再次单击【停帧】按钮，③ 设置【停帧】的时间为3秒，④ 单击【确定】按钮，如图6-51所示。

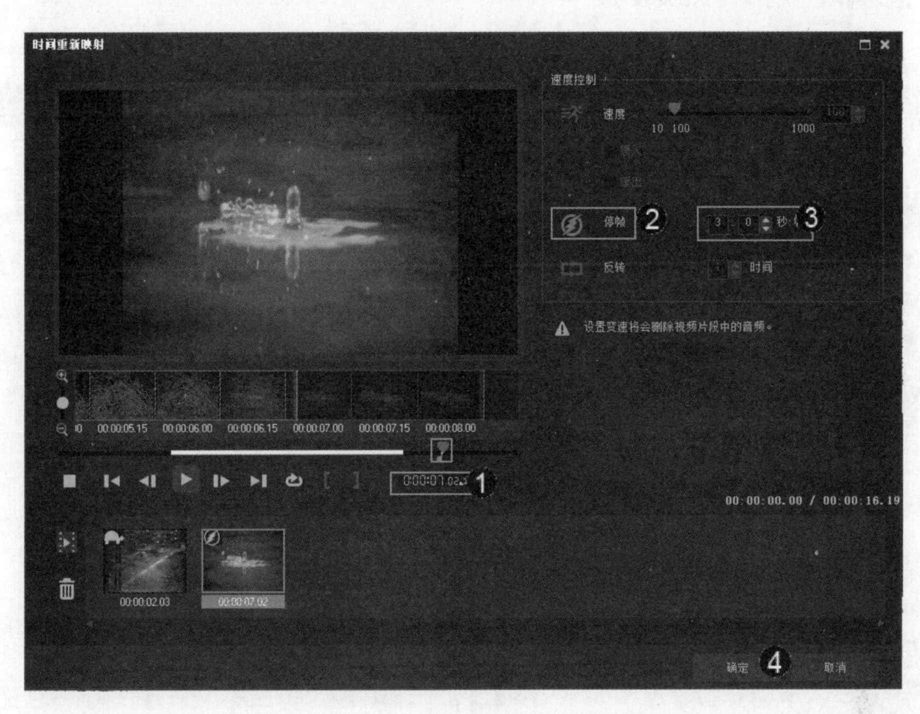

图 6-51

step 5 返回到会声会影编辑器中，在视频轨中可以查看精修完成的视频文件，如图 6-52 所示。

图 6-52

step 6 单击【导览】面板中的【播放】按钮，预览精修的视频效果。通过以上步骤即可完成使用【重新映射时间】精修视频的操作，如图 6-53 所示。

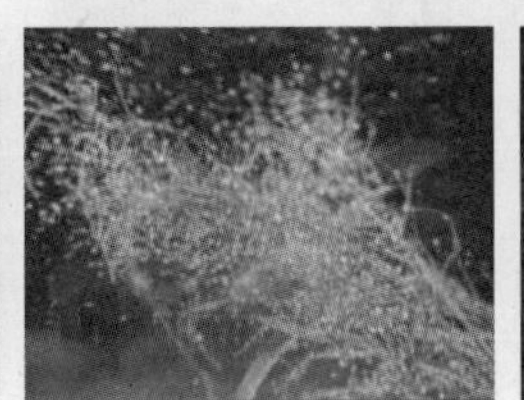

图 6-53

Section 6.5

范例应用与上机操作

手机扫描下方二维码，观看本节视频课程

通过本章的学习，读者基本可以掌握视频剪辑的基本知识以及一些常见的操作方法，本节将通过一些范例应用，如显示网格线、转到特定时间码，练习上机操作，以达到巩固学习、拓展提高的目的。

6.5.1 显示网格线

在会声会影2019中，还可以在项目文件中显示网格线，用于更精确地编辑文件。下面详细介绍显示网格线的操作方法。

素材文件 第6章\素材文件\海水冲海滩.mov、海水冲海滩.VSP

效果文件 无

step 1 启动会声会影2019，打开本例素材项目文件“海水冲海滩.VSP”，并选中视频轨道上的素材，然后单击【显示选项面板】按钮，如图6-54所示。

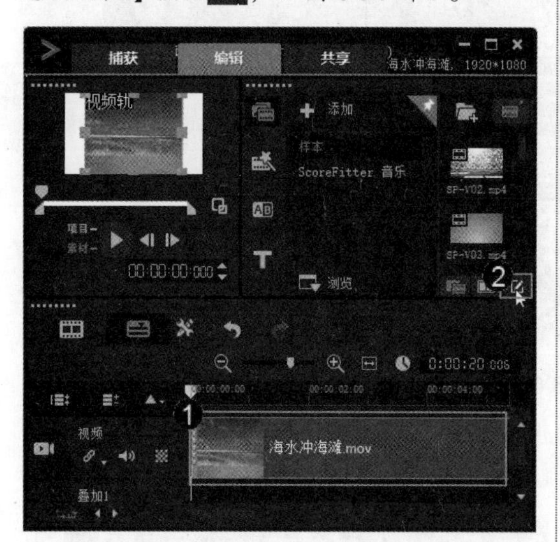

图 6-54

step 2 打开选项面板，① 选择【效果】选项卡，② 勾选【显示网格线】复选框，如图6-55所示。

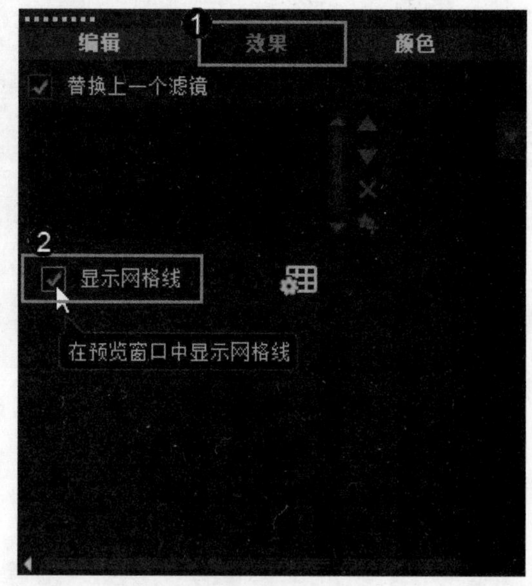

图 6-55

step 3 在【导览】面板中，显示设置的网格线。通过以上步骤即可完成显示网格线的操作，效果如图6-56所示。

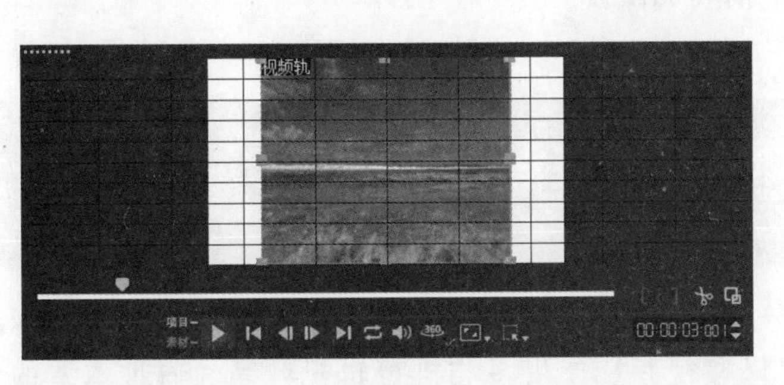

图 6-56

6.5.2　转到特定时间码

在会声会影 2019 中，可以精确地调整所编辑素材的时间码。下面详细介绍在【多重修整视频】对话框中转到特定时间码的操作方法。

素材文件　第 6 章\素材文件\渔民.mpg、渔民.VSP

效果文件　第 6 章\效果文件\转到特定时间码.VSP

step 1　进入会声会影编辑器，在视频轨中插入名为“渔民.mpg”的视频素材，如图 6-57 所示。

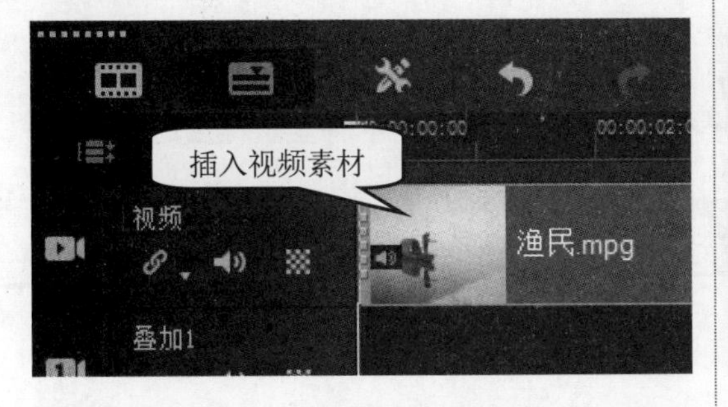

图 6-57

step 2　打开【多重修整视频】对话框，单击【设置开始标记】按钮[，如图 6-58 所示。

图 6-58

step 3　① 在【转到特定的时间码】文本框中输入 00:00:03.000，即可将时间线定位到视频中的第 3 秒的位置，② 单击【设置结束标记】按钮]，③ 单击【确定】按钮，如图 6-59 所示。

图 6-59

step 4　返回会声会影编辑器，单击导览面板中的【播放】按钮▶预览剪辑后的效果，如图 6-60 所示。

图 6-60

Section 6.6 本章小结与课后练习

本节内容无视频课程

在会声会影 2019 中，可以对视频素材进行相应的剪辑操作，还可以按场景分割视频、多重修整视频、使用多相机剪辑视频等。通过本章的学习，读者基本可以掌握视频剪辑的基本知识以及一些常见的操作方法，下面通过练习几道习题，达到巩固与提高的目的。

一、填空题

1. 在会声会影 2019 中，在时间轴中，选中的视频素材__________会出现黄色的标记，使用黄色标记，可以将选中的视频素材进行剪辑。

2. 会声会影 2019 提供了______________的功能，用户可以一次性将视频分割成多个片段，从而完整地控制要提取的素材，更方便地管理项目。

二、判断题

1. 修整栏上以白色显示保留的视频区域。拖动滑轨，精确查找并定位，可以通过【开始标记】按钮[和【结束标记】按钮]进行修整，并且在预览窗口中将显示对应的画面。（ ）

2. 在会声会影 2019 中，使用【变形】按钮可以调整整段视频的播放速度，或者调整视频片段中某一小节的播放速度。（ ）

三、思考题

1. 如何使用黄色标记剪辑视频？
2. 如何按场景分割视频素材？

四、上机操作

1. 通过本章的学习，读者基本可以掌握视频剪辑方面的知识，下面通过练习快速搜索视频间隔，达到巩固与提高的目的。

2. 通过本章的学习，读者基本可以掌握视频剪辑方面的知识，下面通过练习反转选取视频画面，达到巩固与提高的目的。

第 7 章

应用转场制作视频特效

本章主要介绍转场的基础知识、转场的基本操作、添加单色画面过渡效果、转场效果的设置方面的知识与技巧，同时还讲解了常用转场效果的应用案例。通过本章的学习，读者可以掌握应用转场制作视频特效基础操作方面的知识，为深入学习会声会影 2019 中文版知识奠定基础。

本章要点

1. 转场的基础知识
2. 转场的基本操作
3. 添加单色画面过渡效果
4. 转场效果的设置
5. 常用转场效果应用案例

Section 7.1 转场的基础知识

手机扫描下方二维码，观看本节视频课程

在制作一部影片的过程中，不同的场景直接连接会使效果显得十分生硬，而在两个不同场景之间添加转场后，使得场景与场景之间的过渡变得自然而且生动有趣。在应用转场之前首先应该掌握有关转场的基本知识，本节将介绍转场的相关知识。

7.1.1 转场效果概述

广义上讲，每个段落(构成电视片的最小单位是镜头，一个个镜头连接在一起形成镜头序列)都具有某个单一的、相对完整的意思，如表现一个动作过程，表现一种相关关系，表现一种含义，等等。它是电视片中一个完整的叙事层次，就像戏剧中的幕、小说中的章节一样，一个个段落连接在一起，就形成了完整的电视片。因此，段落是电视片最基本的结构形式，电视片在内容上的结构层次是通过段落表现出来的。而段落与段落、场景与场景之间的过渡或转换，就叫做转场。

简单地说，转场效果是指两个场景(即两段素材)之间，采用一定的技巧，如划像、叠变、卷页等，实现场景或情节之间的平滑过渡，或达到丰富画面吸引观众的效果。

7.1.2 认识转场面板

在会声会影2019中，单击【素材库】面板中的【转场】按钮即可切换到转场素材库。转场面板由【转场素材显示】区域、【画廊】下拉列表框、【缩放】滑块、【添加到收藏夹】按钮、【对视频轨应用当前效果】按钮、【对视频轨应用随机效果】按钮和【隐藏标题】按钮等部分组成，如图7-1所示。

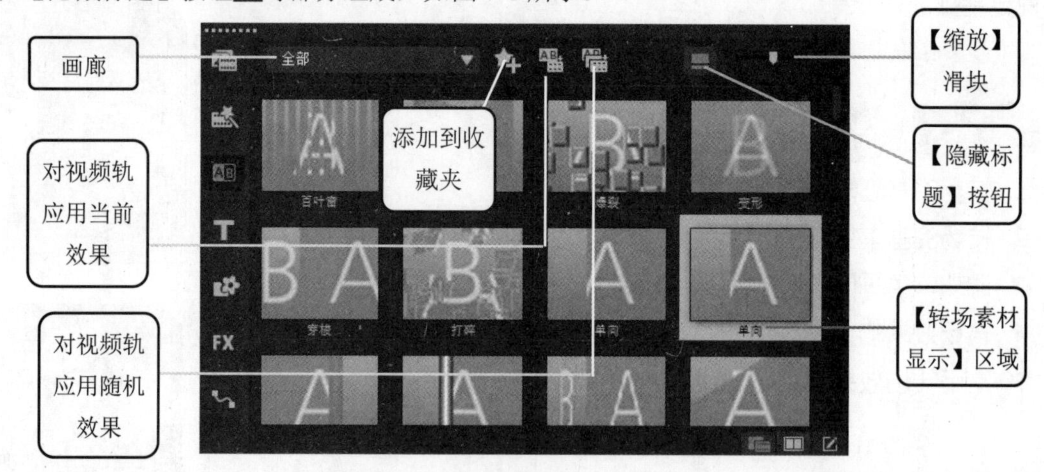

图7-1

- 【转场素材显示】区域：用于显示转场素材库中的各种转场效果文件。
- 【画廊】下拉列表框：单击该下拉按钮，将以不同类型的转场效果来显示。
- 【缩放】滑块：用于缩放转场效果的视图大小。
- 【添加到收藏夹】按钮：将当前选择的转场效果添加到收藏夹中。
- 【对视频轨应用当前效果】按钮：将选择的转场应用到视频轨中的视频素材中。
- 【对视频轨应用随机效果】按钮：对视频轨中的视频素材随机应用转场效果。
- 【隐藏标题】按钮：单击该按钮，可以隐藏转场效果的名称。

知识精讲

在会声会影 2019 中，从某种角度来说，转场就是一种特殊的滤镜效果，它可以在两个图像或视频素材之间创建某种过渡效果，从而使视频更具有吸引力。会声会影 2019 为用户提供了上百种的转场效果，用户可以根据个人需要添加适合的转场效果，从而制作出绚丽多彩的视频作品。

Section 7.2 转场的基本操作

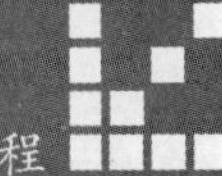

手机扫描下方二维码，观看本节视频课程

掌握了转场效果基本知识后，用户即可对转场进行一些基本操作。在制作一部影片的过程中，不同的场景直接连接会使效果显得十分生硬，而在两个不同场景之间添加转场后，会使得场景与场景之间的过渡变得自然且生动有趣。本节将详细介绍转场的一些基本操作知识。

7.2.1 自动添加转场效果

在会声会影 2019 中，自动添加转场是默认的功能，当用户将素材添加到时间轴面板中时，会声会影将自动在两段素材之间添加转场效果。下面详细介绍自动添加转场的方法。

素材文件 第 7 章\素材文件\含苞.jpg、盛开.jpg

效果文件 第 7 章\效果文件\自动添加转场效果.VSP

step 1 按 F6 键，弹出【参数选择】对话框，① 选择【编辑】选项卡，② 勾选【自动添加转场效果】复选框，③ 在【默认转场效果】下拉列表框中，选择【随机】选项，④ 单击【确定】按钮，如图 7-2 所示。

step 2 设置完成后，① 单击【文件】菜单，② 在弹出的下拉菜单中，选择【将媒体文件插入到时间轴】菜单项，③ 在弹出的子菜单中，选择【插入照片】菜单项，如图 7-3 所示。

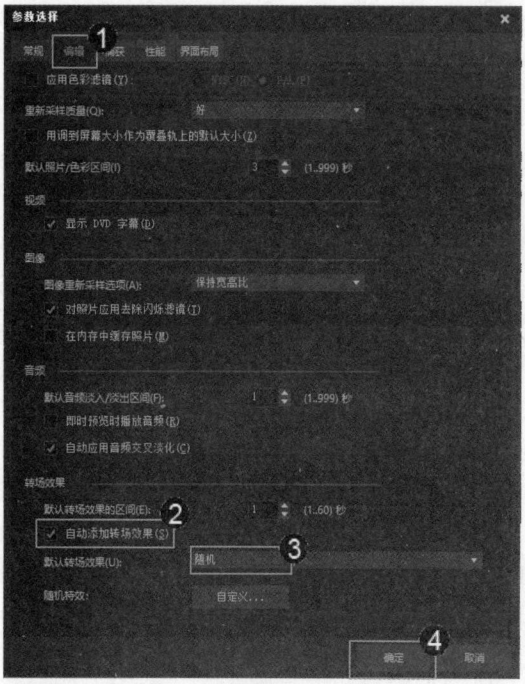

图 7-2

step 3 弹出【浏览照片】对话框，① 在【查找范围】下拉列表框中，选择图像素材存放的磁盘位置，② 选择准备添加的本例图像素材“含苞.jpg”“盛开.jpg”，③ 单击【打开】按钮，如图 7-4 所示。

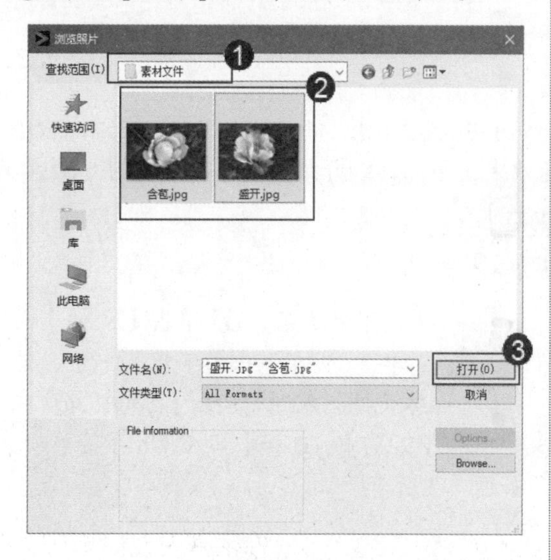

图 7-4

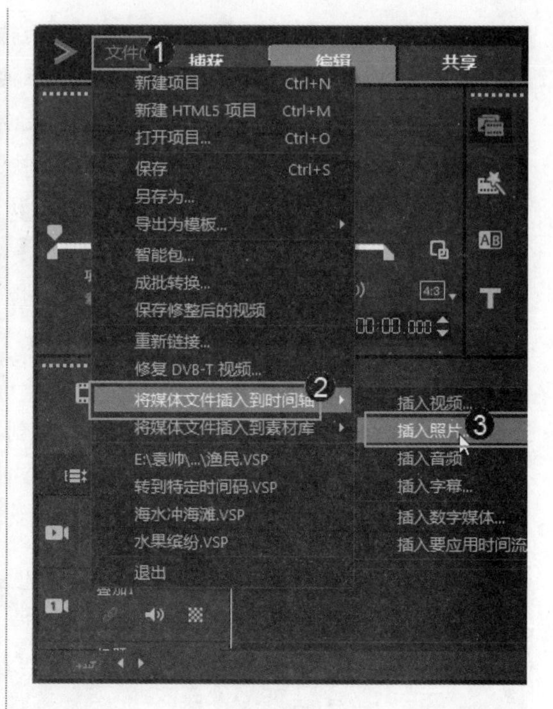

图 7-3

step 4 在【故事板视图】面板中，添加素材文件后，可以看到程序自动在素材之间添加转场效果，如图 7-5 所示。

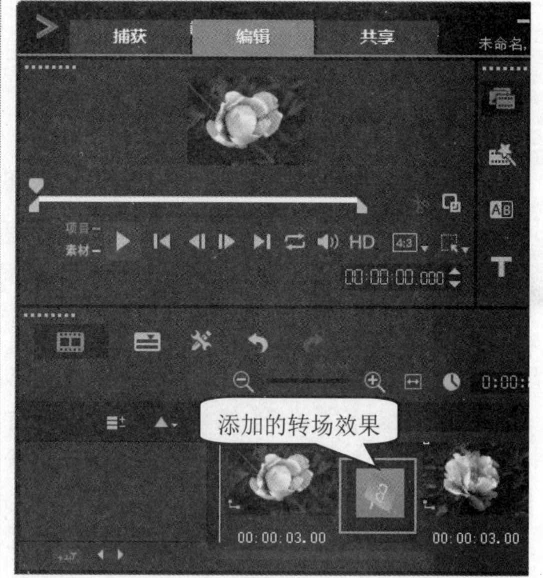

图 7-5

step 5 单击【导览】面板中的【播放】按钮▶，预览添加的转场视频效果。通过以上步骤即可完成自动添加转场效果的操作，如图 7-6 所示。

图 7-6

7.2.2 手动添加转场效果

使用预定义的转场效果虽然方便，但约束太多，且不能很好地控制效果。下面详细介绍手动添加转场效果的操作方法。

素材文件 第 7 章\素材文件\实物 1.jpg、实物 2.jpg

效果文件 第 7 章\效果文件\手动添加转场效果.VSP

step 1 按 F6 键，弹出【参数选择】对话框，① 选择【编辑】选项卡，② 取消勾选【自动添加转场效果】复选框，③ 单击【确定】按钮，如图 7-7 所示。

图 7-7

step 2 设置完成后，① 单击【文件】菜单，② 在弹出的下拉菜单中，选择【将媒体文件插入到时间轴】菜单项，③ 在弹出的子菜单中，选择【插入照片】菜单项，如图 7-8 所示。

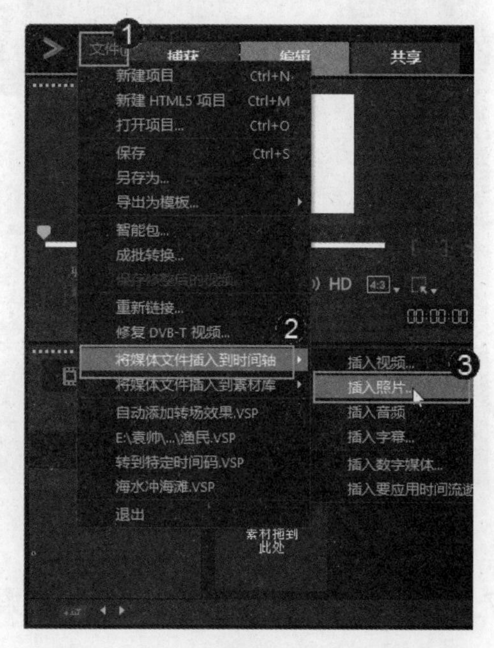

图 7-8

step 3 弹出【浏览照片】对话框，① 在【查找范围】下拉列表框中，选择图像素材存放的磁盘位置，② 选择准备添加的图像素材“实物 1.jpg”“实物 2.jpg”，③ 单击【打开】按钮，如图 7-9 所示。

step 4 添加素材文件后，在【素材库】面板中，① 单击【转场】按钮，② 选择准备应用的转场效果，如选择“穿梭”转场效果，如图 7-10 所示。

图 7-9

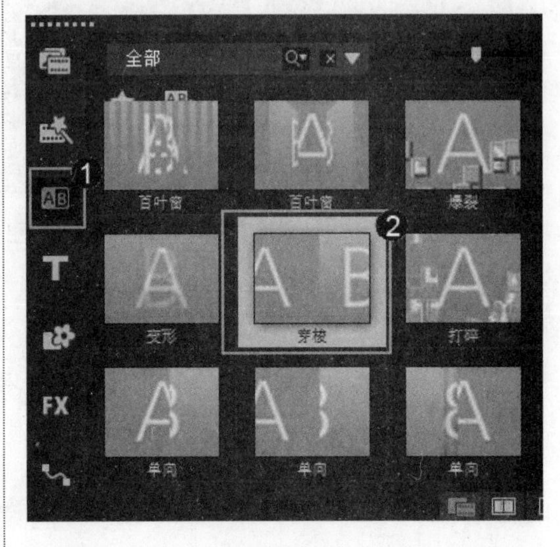

图 7-10

step 5 在【故事板视图】面板中，拖动选中的转场效果至两个素材文件之间，然后释放鼠标左键，如图 7-11 所示。

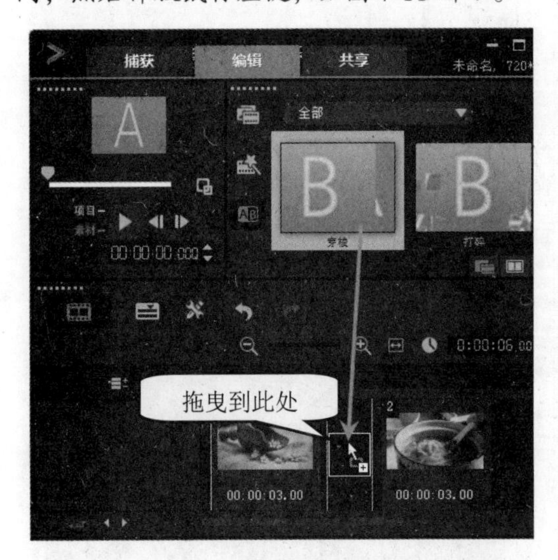

图 7-11

step 6 在【导览】面板中，单击【播放】按钮▶，即可预览转场效果。通过以上步骤即可完成手动添加转场效果的操作，如图 7-12 所示。

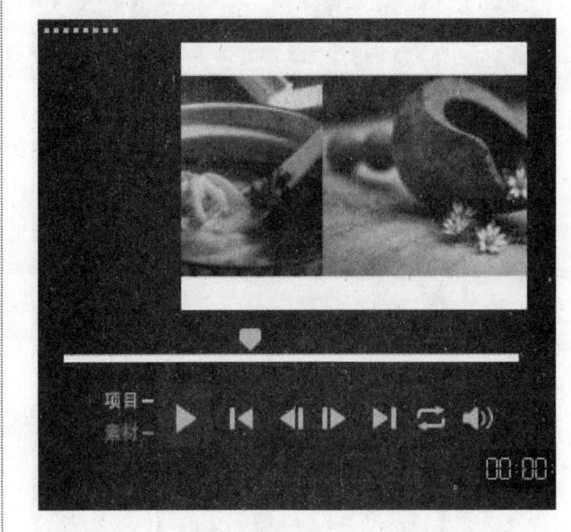

图 7-12

7.2.3 对素材应用当前转场效果

在会声会影 2019 中，使用应用当前转场功能，可以将当前选中的转场效果应用到当前项目的素材之间。下面详细介绍应用当前转场效果的操作方法。

素材文件 第 7 章\素材文件\风景 1.jpg、风景 2.jpg

效果文件 第 7 章\效果文件\应用当前效果.VSP

step 1 进入会声会影编辑器，在【故事板视图】面板中，插入名为“风景1.jpg”和“风景2.jpg”的图像素材，如图7-13所示。

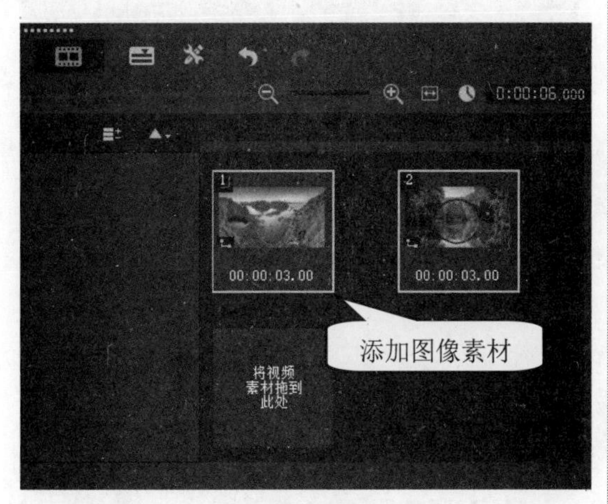

图7-13

step 2 在【转场】面板中，① 选择准备应用的转场效果，② 单击【对视频轨应用当前效果】按钮，如图7-14所示。

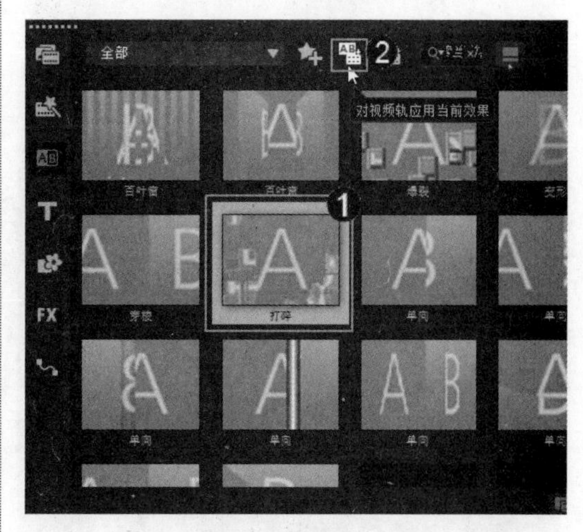

图7-14

step 3 在【故事板视图】面板中，程序自动在素材之间添加当前转场效果，如图7-15所示。

图7-15

step 4 在【导览】面板中，单击【播放】按钮，即可预览转场效果。通过以上步骤即可完成对素材应用当前转场效果的操作，如图7-16所示。

图7-16

7.2.4 对素材应用随机效果

在会声会影2019中，可以随机应用【转场】素材库中的转场效果，以便制作出意想不到的艺术效果。下面详细介绍随机应用效果的操作方法。

素材文件 第7章\素材文件\都市.jpg、星球.jpg

效果文件 第7章\效果文件\应用随机效果.VSP

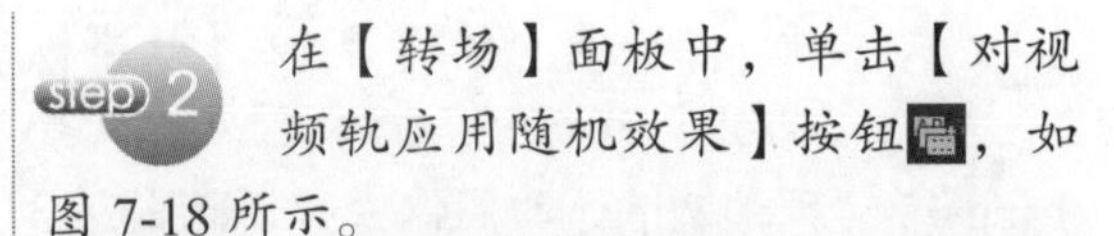

step 1 进入会声会影编辑器，在【故事板视图】面板中，插入名为“都市.jpg”和“星球.jpg”的本例图像素材，如图 7-17 所示。

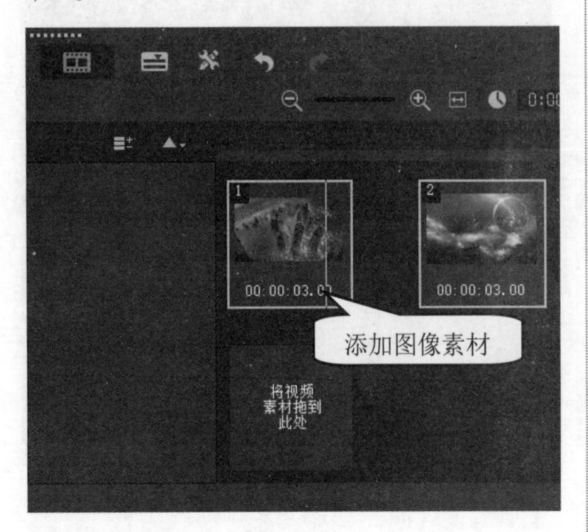

图 7-17

step 2 在【转场】面板中，单击【对视频轨应用随机效果】按钮，如图 7-18 所示。

图 7-18

step 3 在【故事板视图】面板中，程序自动在素材之间随机添加转场效果，如图 7-19 所示。

图 7-19

step 4 在【导览】面板中，单击【播放】按钮，即可预览转场效果。通过以上步骤即可完成对素材应用随机效果的操作，如图 7-20 所示。

图 7-20

7.2.5 将转场效果添加到收藏夹

用户可以从不同类别中收集自己喜欢的转场，将它们保存到收藏夹文件夹中。通过这种方式，可以很方便地找到常用的转场效果。下面详细介绍将转场效果添加到收藏夹的方法。

step 1 在【转场】面板中，① 选择准备添加到收藏夹的转场效果，② 单击【添加到收藏夹】按钮，如图 7-21 所示。

图 7-21

step 2 在【转场】面板中，① 单击【画廊】右侧的下拉按钮，② 在弹出的下拉列表框中，选择【收藏夹】选项，可以看到添加到收藏夹的转场效果。这样即可完成将转场效果添加到收藏夹的操作，如图 7-22 所示。

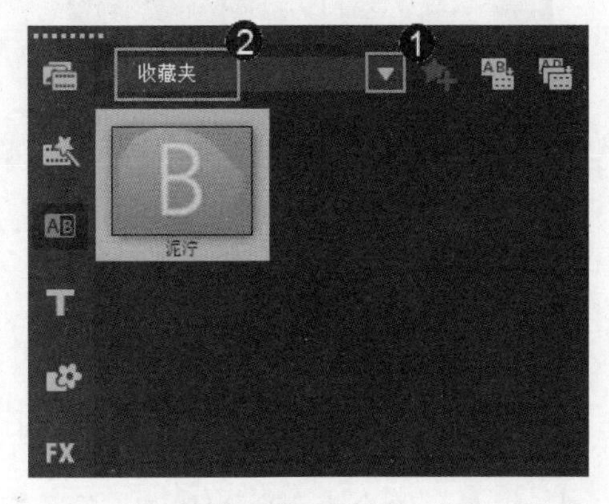

图 7-22

7.2.6 从收藏夹中删除转场效果

如果收藏夹中的转场效果过多，查看起来杂乱，也可以从收藏夹中删除不再使用的转场效果。下面详细介绍其操作方法。

step 1 在【转场】面板中的收藏夹中，① 右击准备删除的转场效果，② 在弹出的快捷菜单中，选择【删除】菜单项，如图 7-23 所示。

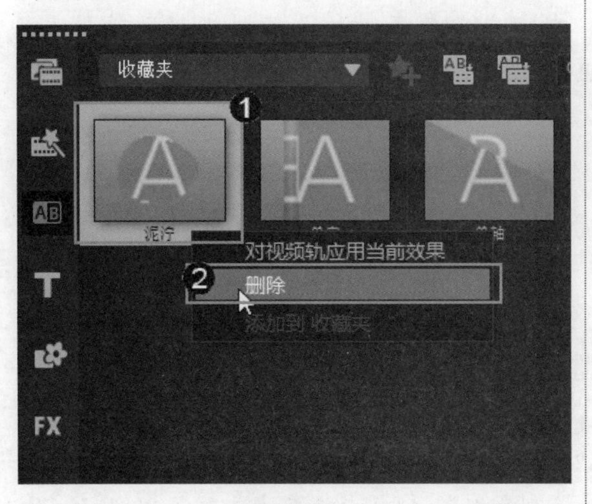

图 7-23

弹出 Corel VideoStudio 对话框，单击【是】按钮，如图 7-24 所示。

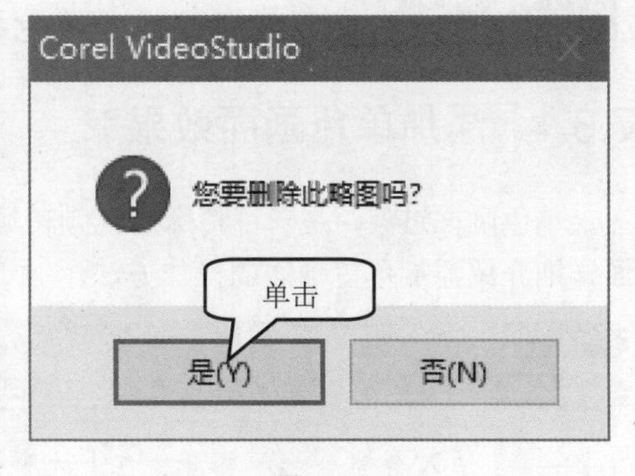

图 7-24

step 3 在【转场】面板中的收藏夹中，可以看到选择的转场效果已被删除，这样即可完成从收藏夹中删除转场效果的操作，如图7-25所示。

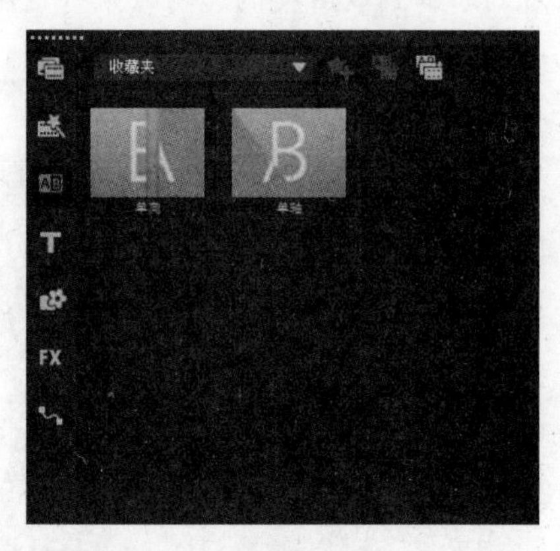

图7-25

在【收藏夹】界面中，右击收藏的转场效果，在弹出的快捷菜单中选择【对视频轨应用当前效果】菜单项，即可对视频素材应用所收藏的转场效果。

请您根据上述方法添加转场效果到收藏夹中，并进行删除操作，测试一下您的学习效果。

知识精讲

在会声会影2019中，除了可以运用以上方法删除转场效果外，还可以在收藏夹转场素材库中选择该转场效果，然后按Delete键，也可以弹出提示信息框，单击【是】按钮，即可删除转场效果。

Section 7.3 添加单色画面过渡效果

手机扫描下方二维码，观看本节视频课程

在会声会影2019中，可以使用单色的画面效果，来对场景进行过渡，使视频转场独具风格，添加单色画面过渡的操作，包括添加单色画面效果、自定义单色素材和添加黑屏过渡效果等。本节将介绍添加单色画面过渡方面的知识。

7.3.1 添加单色画面效果

单色画面过渡，是一种特殊的视频转场效果，起到划分视频片段、间歇过渡的作用。下面详细介绍添加单色画面的操作方法。

素材文件 第7章\素材文件\狗狗.jpg、猫咪.jpg

效果文件 第7章\效果文件\添加单色画面效果.VSP

step 1 进入会声会影编辑器，在【故事板视图】面板中，插入名为“狗狗.jpg”和“猫咪.jpg”的图像素材，如图7-26所示。

step 2 在【素材库】面板中，① 单击【图形】按钮，② 在【画廊】下拉列表框中，选择【颜色】选项，③ 选择一种单色【色彩】色块，如图7-27所示。

图 7-26

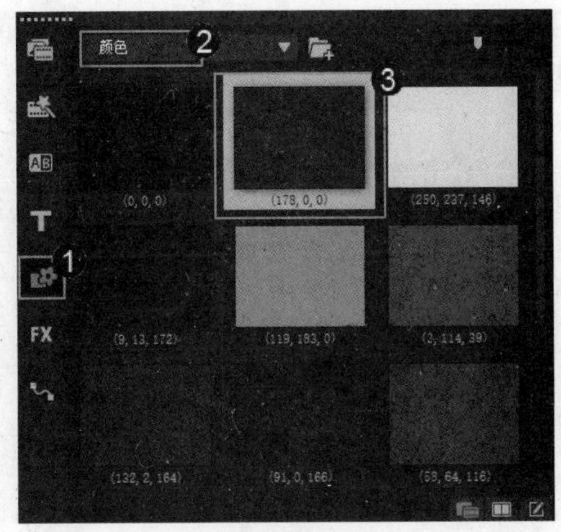

图 7-27

step 3 选择色块后，按住鼠标左键将选择的色块拖动至【故事板视图】面板中，如图 7-28 所示。

图 7-28

step 4 在【转场】面板中，① 在【画廊】下拉列表框中，选择【过滤】选项，② 选择准备应用的转场效果，如选择【打碎】转场效果，如图 7-29 所示。

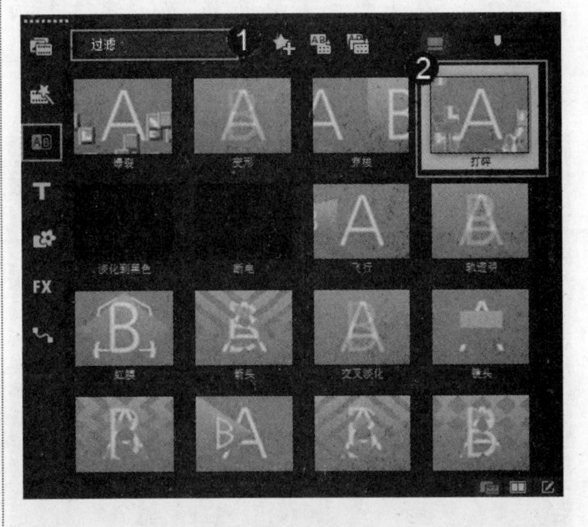

图 7-29

step 5 按住鼠标左键将转场效果拖曳至【故事板视图】面板素材之间，如图 7-30 所示。

step 6 在【导览】面板中，单击【播放】按钮▶，即可预览转场效果。通过以上步骤即可完成添加单色画面的操作，如图 7-31 所示。

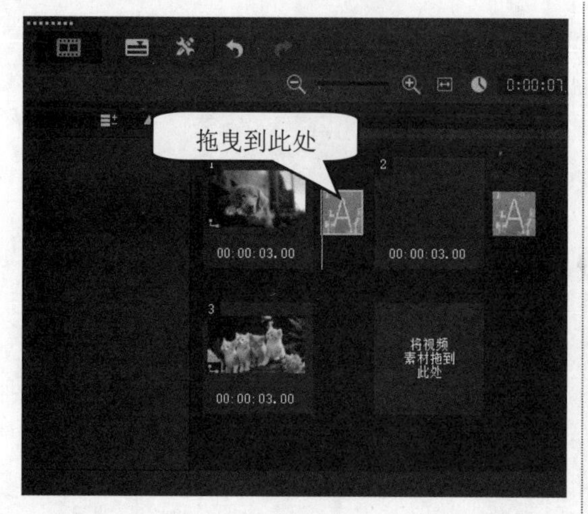

图 7-30

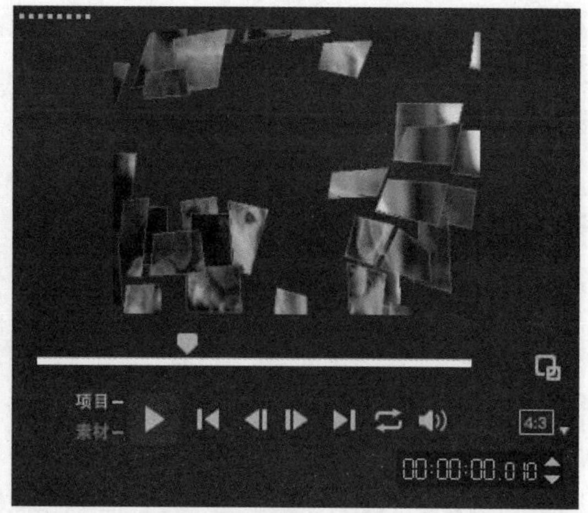

图 7-31

7.3.2 自定义单色素材

在会声会影 2019 中，如果【图形】面板中的颜色不能满足用户的编辑需求，用户可以自定义单色素材。下面详细介绍自定义单色素材的操作方法。

step 1 在【图形】面板中，① 选择【颜色】画廊，② 单击【添加】按钮，如图 7-32 所示。

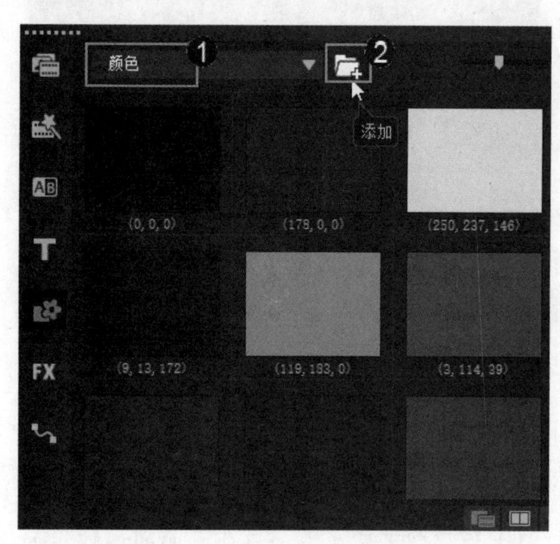

图 7-32

step 2 弹出【新建色彩素材】对话框，① 在【色彩】选项组中，选择准备自定义的底色，② 在【红色】微调框中，输入颜色数值，③ 在【绿色】微调框中，输入颜色数值，④ 在【蓝色】微调框中，输入颜色数值，⑤ 单击【确定】按钮，如图 7-33 所示。

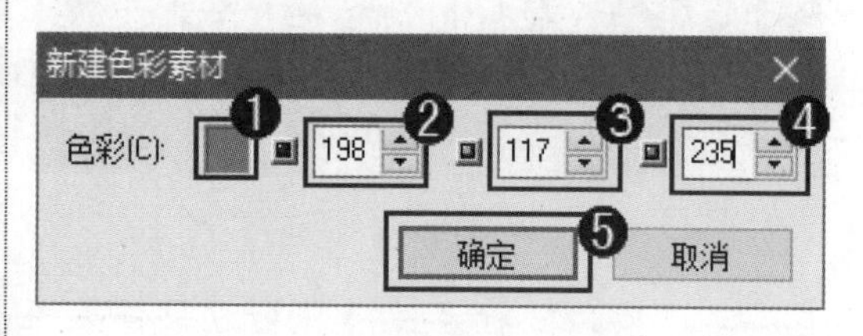

图 7-33

step 3 此时，自定义的单色已经作为色块被添加到【图形】面板中。通过以上步骤即可完成自定义单色素材的操作，如图 7-34 所示。

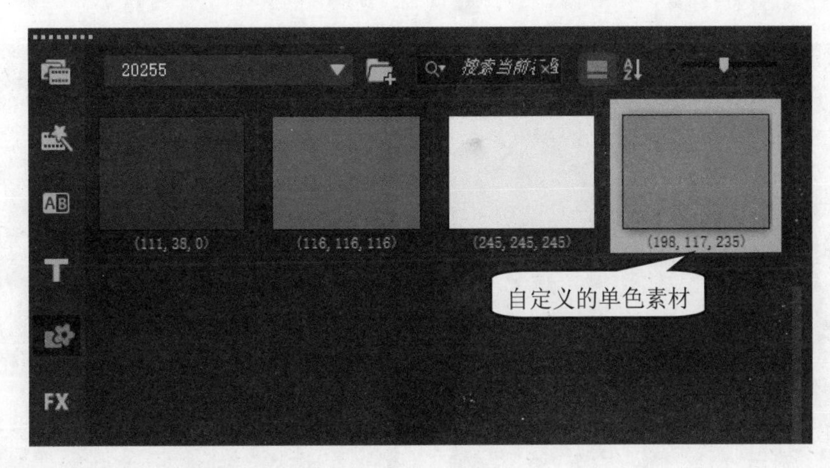

图 7-34

7.3.3 添加黑屏过渡效果

黑屏过渡效果是一种常用的转场效果，能让场景之间的转换变得自然、平稳。下面详细介绍添加黑屏过渡效果的操作方法。

素材文件 第7章\素材文件\太阳.jpg

效果文件 第7章\效果文件\添加黑屏过渡效果.VSP

step 1 进入会声会影编辑器，在【故事板视图】面板中，插入名为“太阳.jpg”的图像素材，如图 7-35 所示。

图 7-35

step 2 在【素材库】面板中，① 单击【图形】按钮，② 在【画廊】下拉列表框中，选择【颜色】选项，③ 选择准备应用的【黑色】色块，如图 7-36 所示。

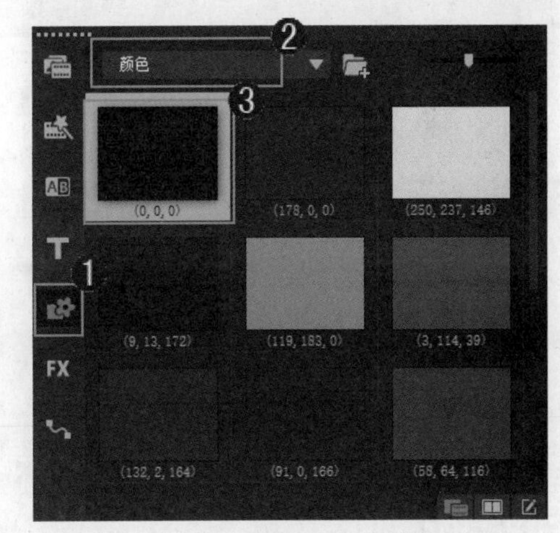

图 7-36

step 3 选择黑色色块后，按住鼠标左键将选择的色块拖动至【故事板视图】面板中，如图 7-37 所示。

step 4 在【转场】面板中，① 在【画廊】下拉列表框中，选择【过滤】选项，② 选择准备应用的转场效果，如“交叉淡化”，如图 7-38 所示。

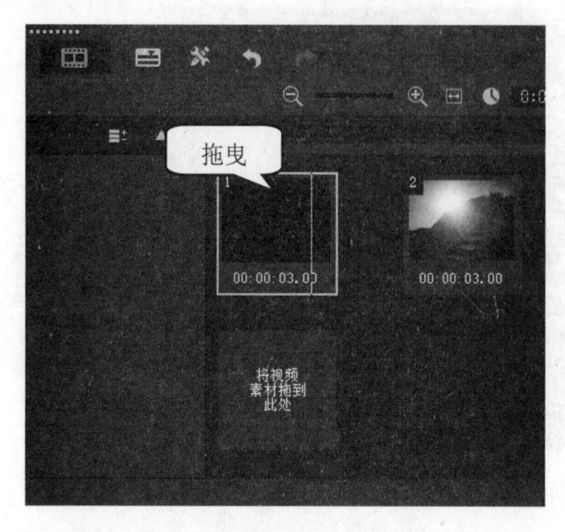

图 7-37

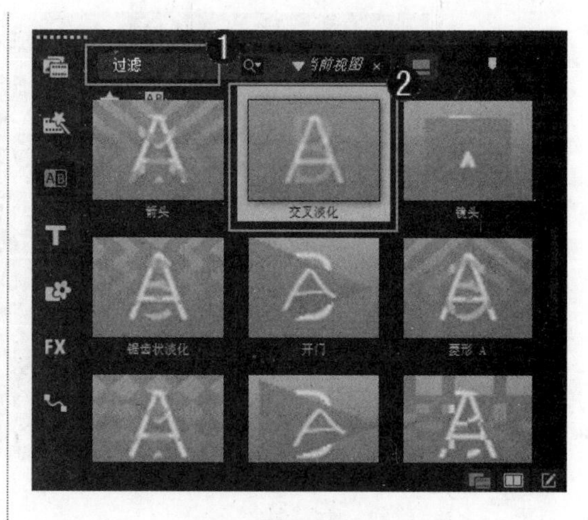

图 7-38

step 5 按住鼠标左键将【交叉淡化】效果拖曳至【故事板视图】面板素材之间，如图 7-39 所示。

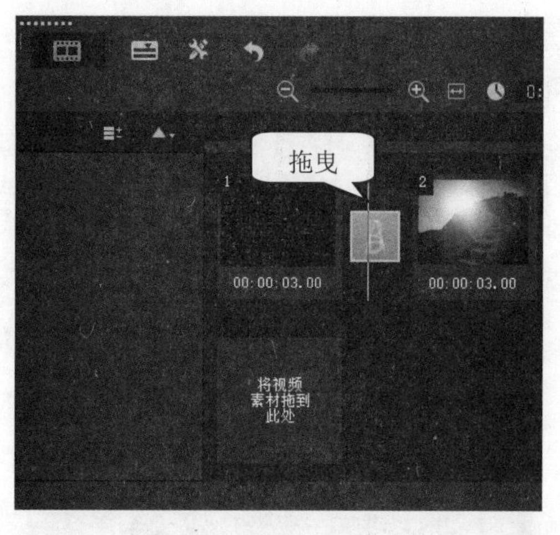

图 7-39

step 6 在【导览】面板中，单击【播放】按钮▶，即可预览转场效果。通过以上步骤即可完成添加黑屏过渡效果的操作，如图 7-40 所示。

图 7-40

Section 7.4 转场效果的设置

手机扫描下方二维码，观看本节视频课程

在会声会影 2019 中，为素材之间添加转场效果并对其进行调节后，还可以对转场效果的属性进行一些设置，如设置转场边框效果，调整转场时间长度、转场效果的位置等，从而制作出丰富的视觉效果。本节将介绍设置转场效果方面的知识。

7.4.1 调整转场效果的位置

如果在视频素材中添加了多个转场效果，可以调整转场效果的位置，从而修改制作影片的效果。下面详细介绍调整转场效果的位置的操作方法。

在【故事板视图】面板中，在导入的素材之间添加转场效果后，选择准备调整位置的转场效果并拖曳至指定的转场效果位置，如图 7-41 所示。

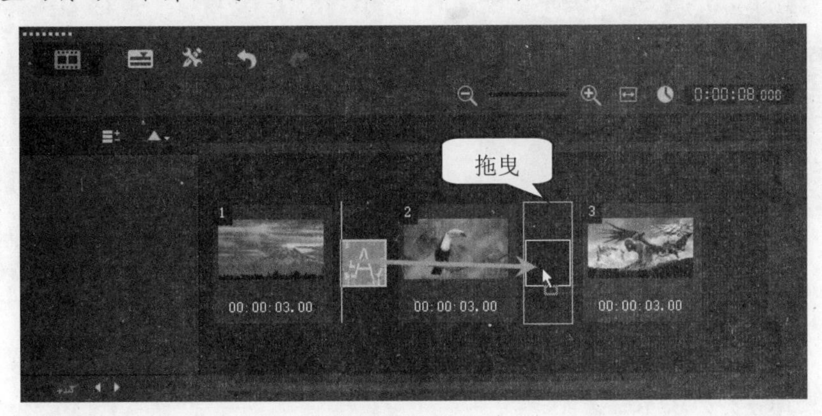

图 7-41

释放鼠标左键后，可以看到调整位置后的转场效果在另一处。这样即可完成调整转场效果位置的操作，如图 7-42 所示。

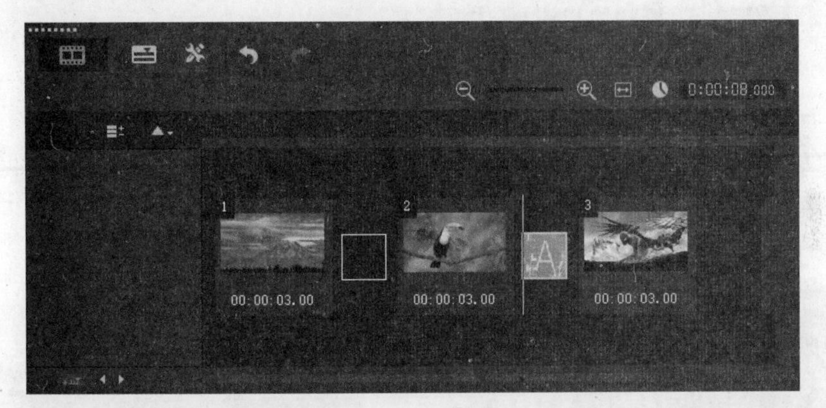

图 7-42

7.4.2 调整转场的时间长度

添加转场效果后，可以根据需要设置转场的时间长度，便于用户的编辑需要。下面详细介绍调整转场时间长度的操作方法。

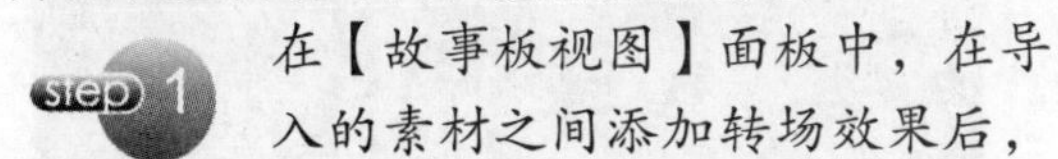

在【故事板视图】面板中，在导入的素材之间添加转场效果后，① 选择准备设置转场持续时间的转场效果，② 单击【显示选项面板】按钮，如图 7-43 所示。

在打开的【选项】面板中，在【区间】微调框中，设置转场的时间长度，即可完成设置转场持续时间的操作，如图 7-44 所示。

图 7-43

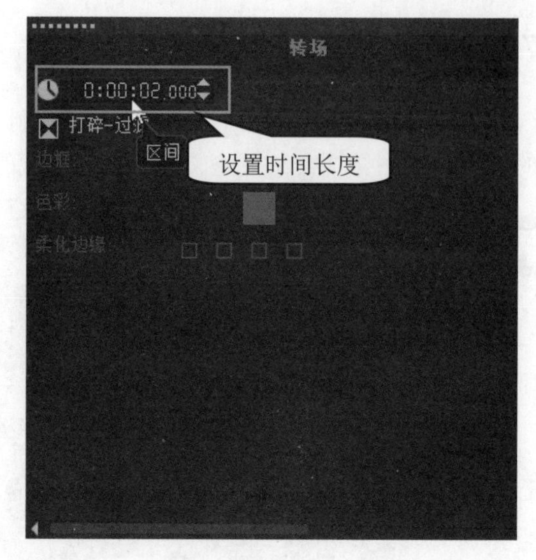

图 7-44

7.4.3 设置转场边框效果

在会声会影 2019 中，有许多的转场可以设置边框效果，使转场效果更加美观。下面详细介绍调整转场的边框的操作方法。

素材文件 第 7 章\素材文件\转场边框.VSP

效果文件 第 7 章\效果文件\转场边框效果.VSP

step 1 打开项目文件“转场边框.VSP”，① 选择图像素材之间的转场效果，② 单击【显示选项面板】按钮 ，如图 7-45 所示。

图 7-45

step 2 打开【选项】面板，① 在【边框】微调框中，输入边框的粗细值，② 在【色彩】选取框中，选择准备应用的边框颜色，③ 在【柔化边缘】区域中，选择准备应用的一种边框模式，如图 7-46 所示。

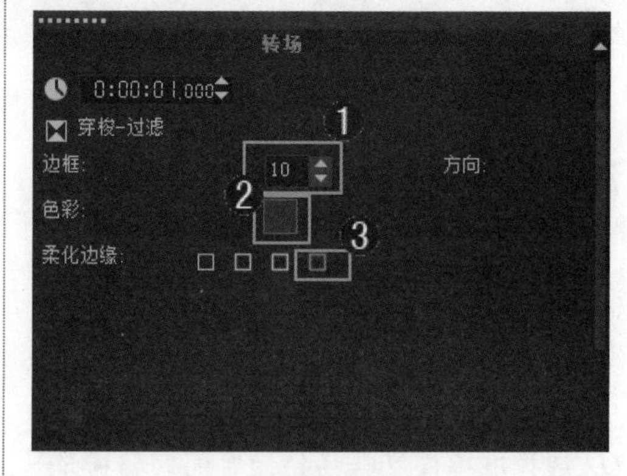

图 7-46

step 3 在【导览】面板中，单击【播放】按钮▶，即可预览转场效果。通过以上步骤即可完成调整转场的边框的操作，如图 7-47 所示。

图 7-47

在会声会影 2019 中，在【转场】面板中，不是所有类型的转场效果都适合添加边框，在选择转场效果时，应注意区分。

考考您

请您根据上述方法设置转场边框效果，测试一下您的学习效果。

知识精讲

在会声会影 2019 中，转场边框宽度的取值范围在 0~10 之间，可以通过输入数值参数的方式，设置转场效果的边框宽度，还可以单击【边框】数值框右侧的上下微调按钮，设置【边框】的参数值。在下方还可以设置边框的柔化边缘属性，可以根据影片的需要合理运用。

7.4.4 替换和删除转场效果

在素材之间添加转场效果后，为达到编辑要求，可以随时替换已经应用的转场效果，同时还可以对不符合要求的转场效果进行删除。下面分别介绍替换和删除转场方面的操作方法。

1. 替换转场

在会声会影 2019 中，可以在【故事板视图】面板中直接替换转场效果。下面详细介绍替换转场的操作方法。

素材文件 第 7 章\素材文件\转场边框.VSP

效果文件 第 7 章\效果文件\替换转场效果.VSP

step 1 打开素材项目文件“转场边框.VSP”，选择图像素材之间的转场效果，如图 7-48 所示。

step 2 打开【选项】面板，① 选择【转场】选项，② 选择准备应用替换的转场效果，如选择【爆裂】转场效果，如图 7-49 所示。

图 7-48

图 7-49

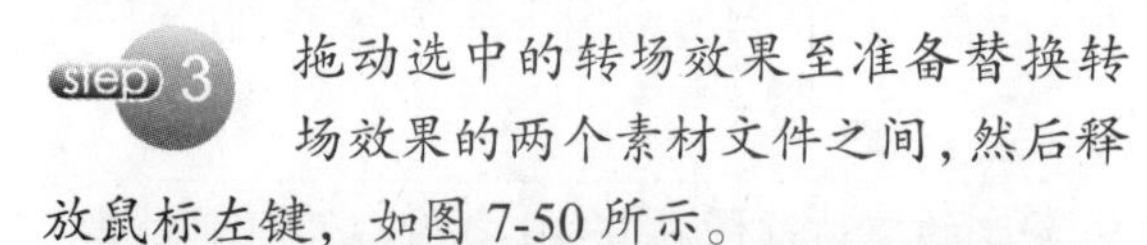

step 3 拖动选中的转场效果至准备替换转场效果的两个素材文件之间，然后释放鼠标左键，如图 7-50 所示。

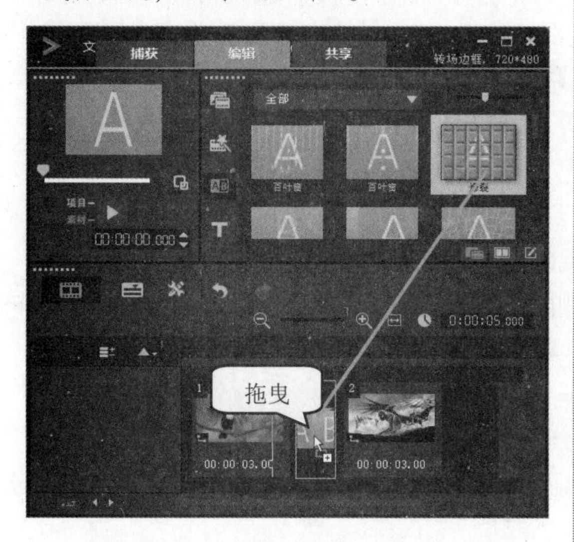

图 7-50

step 4 在【导览】面板中，单击【播放】按钮▶，即可预览转场效果。通过以上步骤即可完成替换转场的操作，如图 7-51 所示。

图 7-51

2. 删除转场

在会声会影 2019 中，可以在【故事板视图】面板中直接删除转场效果。下面详细介绍删除转场的操作方法。

在【故事板视图】面板中，在导入的素材之间添加转场效果后，右击准备删除的转场效果，然后在弹出的快捷菜单中选择【删除】菜单项，即可完成删除转场的操作，如图 7-52 所示。

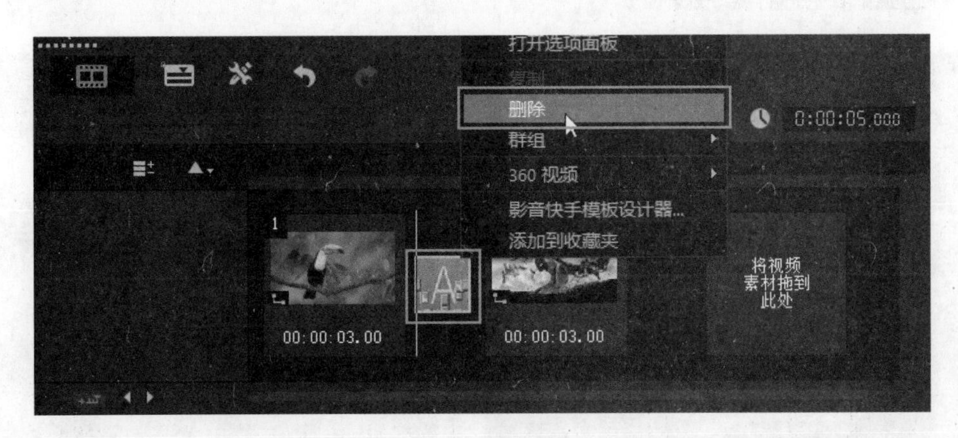

图 7-52

在会声会影 2019 中，还可以在【故事板视图】面板中选择要删除的转场效果，然后按 Delete 键，也可以删除添加的转场效果。

Section 7.5

常用转场效果应用案例

手机扫描下方二维码，观看本节视频课程

在会声会影 2019 中，转场效果的种类繁多，使用不同种类的转场效果，可以制作出效果非凡的视觉特效。本节将详细介绍一些常用的转场效果案例，如制作对开门转场效果、制作相册转场效果、制作遮罩转场效果、制作顺时针清除转场效果和制作卷动转场效果等。

7.5.1 制作对开门转场效果

在【转场】面板中，【三维】转场提供了类似立体效果的转场效果，其中【对开门】转场可以使场景切换的过程中，出现双手推门后的艺术效果。下面详细介绍制作对开门转场效果的操作方法。

素材文件 第 7 章\素材文件\制作对开门转场素材.VSP

效果文件 第 7 章\效果文件\制作对开门转场效果.VSP

step 1 打开素材项目文件“制作对开门转场素材.VSP”，可以看到已经插入了两个图像素材，如图 7-53 所示。

step 2 打开【选项】面板，① 选择【转场】选项，② 在【画廊】下拉列表框中，选择【三维】选项，③ 选择准备制作对开门效果的转场选项，如【对开门】，如图 7-54 所示。

图 7-53

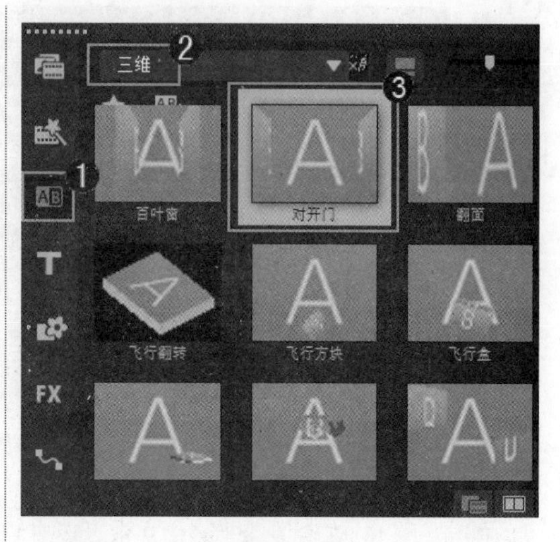

图 7-54

step 3 按住鼠标左键，将选择的转场效果拖动至【故事板视图】面板中两个素材之间，然后释放鼠标左键，如图 7-55 所示。

图 7-55

step 4 在【导览】面板中，单击【播放】按钮▶，即可预览转场效果。通过以上步骤即可完成制作对开门转场效果的操作，如图 7-56 所示。

图 7-56

7.5.2　制作相册转场效果

【相册】转场提供了类似相册翻动的场景切换效果，应用到静态图片组成的电子相册中更能显示出相册转场的独到之处。下面详细介绍制作相册转场效果的操作方法。

素材文件　第 7 章\素材文件\制作相册转场素材.VSP

效果文件　第 7 章\效果文件\制作相册转场效果.VSP

step 1 打开素材项目文件“制作相册转场素材.VSP”，可以看到已经插入了两个图像素材，如图 7-57 所示。

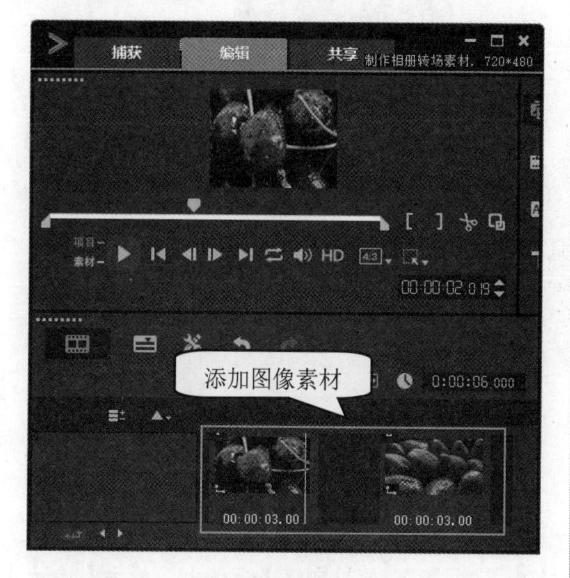

图 7-57

step 2 打开【选项】面板，① 选择【转场】选项，② 在【画廊】下拉列表框中，选择【相册】选项，③ 选择准备制作相册效果的转场选项，如【翻转】，④ 单击【对视频轨应用当前效果】按钮，如图 7-58 所示。

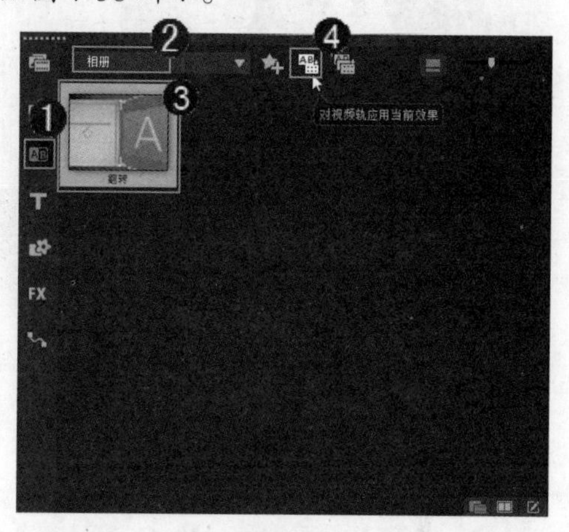

图 7-58

step 3 在【故事板视图】面板中，选中添加的转场效果，然后打开【转场】选项面板，单击【自定义】按钮，如图 7-59 所示。

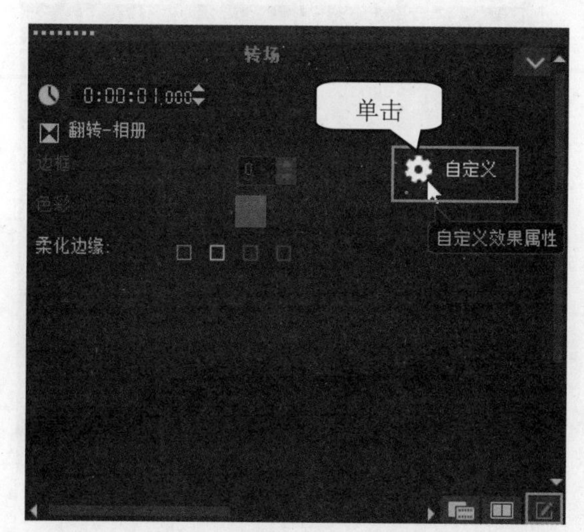

图 7-59

step 4 弹出【翻转-相册】对话框，① 在【布局】选项组中，选择第 2 种类型，② 选择【相册】选项卡，③ 在【相册封面模板】中选择第 4 种类型，如图 7-60 所示。

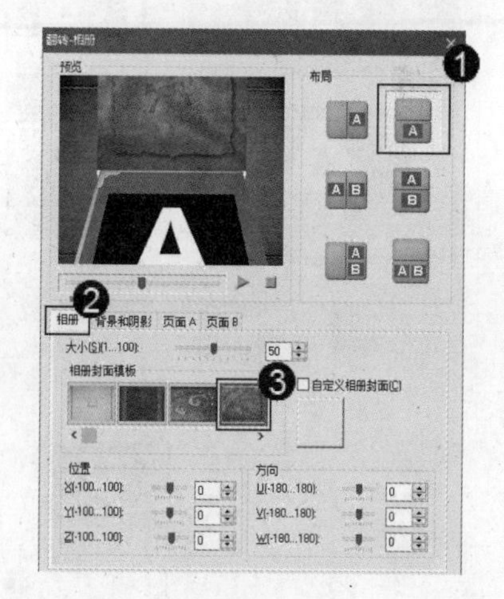

图 7-60

step 5 在【翻转-相册】对话框中，① 选择【背景和阴影】选项卡，② 在【背景模板】中，选择第 4 个模板，如图 7-61 所示。

step 6 在【翻转-相册】对话框中，① 选择【页面 A】选项卡，② 在【相册页面模板】中，选择第 3 个模板，如图 7-62 所示。

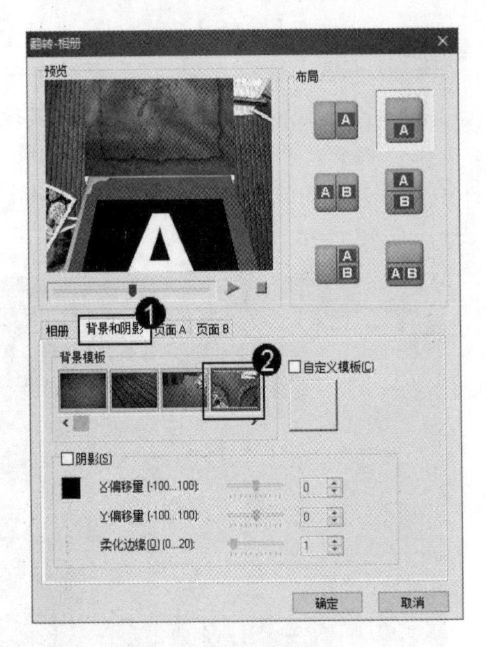

图 7-61

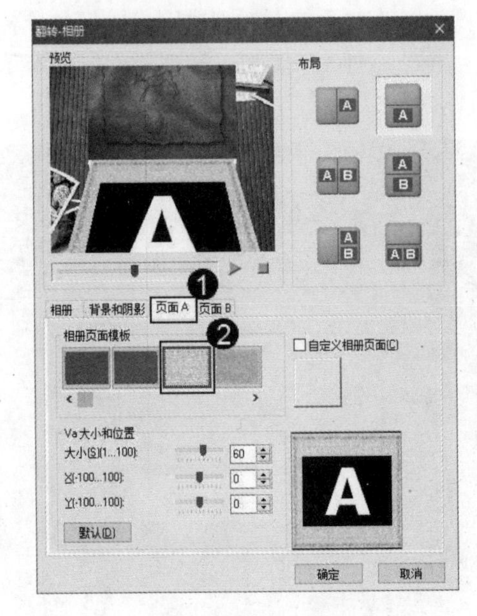

图 7-62

step 7 在【翻转-相册】对话框中，① 选择【页面 B】选项卡，② 在【相册页面模板】中，选择第 4 个模板，③ 单击【确定】按钮，如图 7-63 所示。

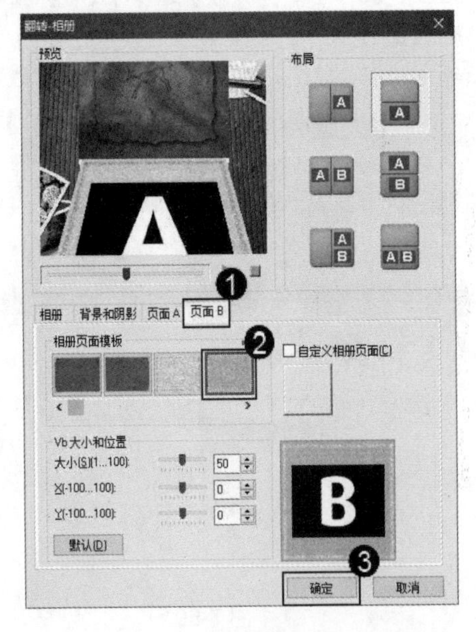

图 7-63

step 8 在【导览】面板中，单击【播放】按钮▶，即可预览转场效果。通过以上步骤即可完成制作相册转场效果的操作，如图 7-64 所示。

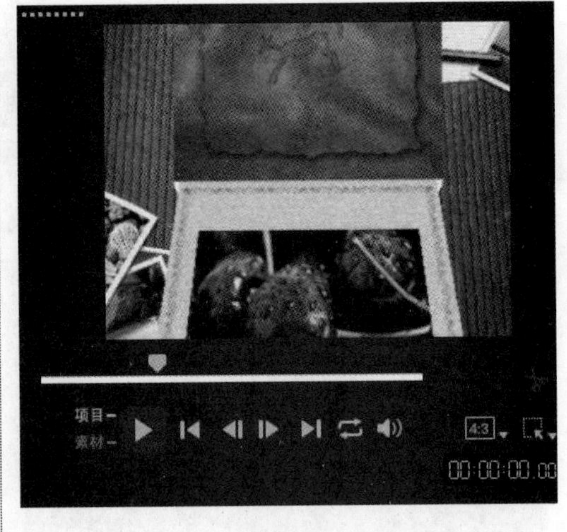

图 7-64

7.5.3 制作遮罩转场效果

在【过滤】转场中，【遮罩】转场是一个独特的类型，它可以将不同的图案或对象作为过滤透空的模板应用到场景中。下面详细介绍制作遮罩转场效果的操作方法。

素材文件	第 7 章\素材文件\制作遮罩转场素材.VSP
效果文件	第 7 章\效果文件\制作遮罩转场效果.VSP

step 1 打开素材项目文件“制作遮罩转场素材.VSP”，可以看到已经插入了两个图像素材，如图 7-65 所示。

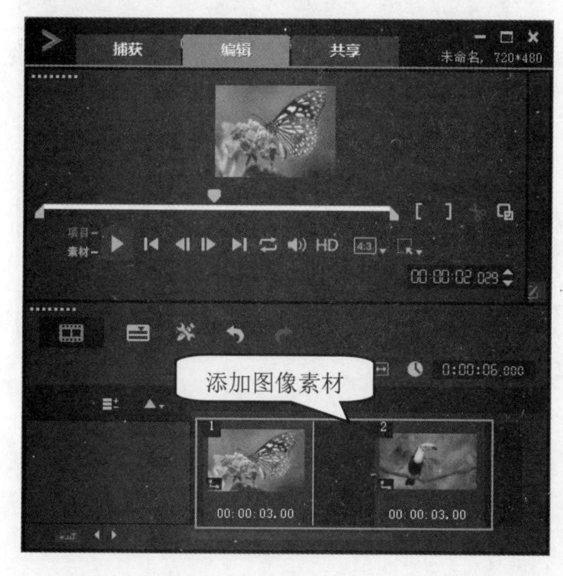

图 7-65

step 2 打开【选项】面板，① 选择【转场】选项，② 在【画廊】下拉列表框中，选择【过滤】选项，③ 选择【遮罩】转场效果，如图 7-66 所示。

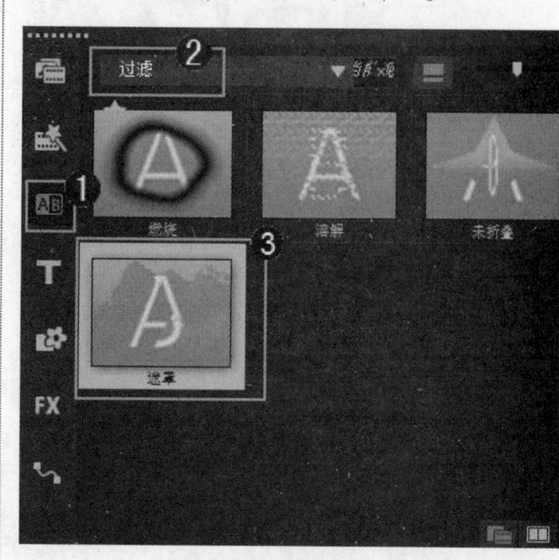

图 7-66

step 3 按住鼠标左键，将选择的转场效果拖动至【故事板视图】面板中两个素材之间，然后释放鼠标左键，如图 7-67 所示。

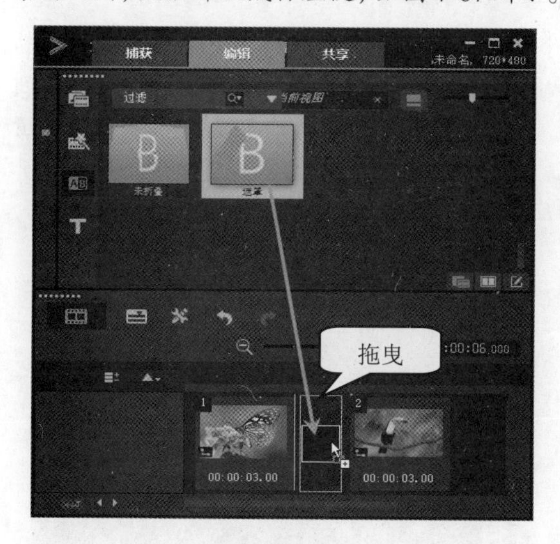

图 7-67

step 4 在【故事板视图】面板中，选择该转场效果，然后单击【显示选项面板】按钮，在弹出的【转场】选项面板中，单击【打开遮罩】按钮，如图 7-68 所示。

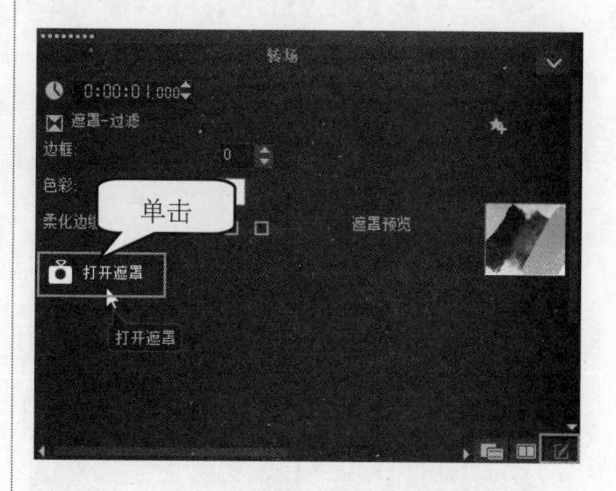

图 7-68

step 5 弹出【打开】对话框，① 找到默认的安装路径(安装软件所在的盘符\Corel\CorelVideoStudio 2019 \Samples\Image)，② 选择一种遮罩效果，③ 单击【打开】按钮，如图 7-69 所示。

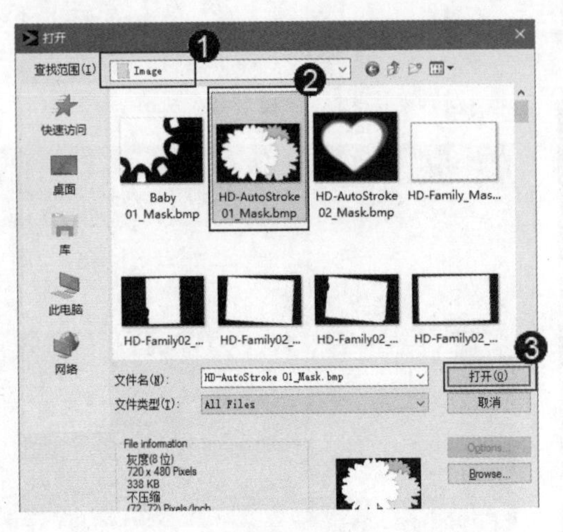

图 7-69

step 6 在【导览】面板中，单击【播放】按钮，即可预览转场效果。通过以上步骤即可完成制作遮罩转场效果的操作，如图 7-70 所示。

图 7-70

7.5.4 制作顺时针清除转场效果

在【转场】面板中，【清除】转场可以将两个场景之间的转换，按照顺时针或逆时针来进行清除。下面详细介绍制作顺时针清除转场效果的操作方法。

素材文件 第 7 章\素材文件\制作顺时针清除转场素材.VSP

效果文件 第 7 章\效果文件\制作顺时针清除转场效果.VSP

step 1 打开素材项目文件“制作顺时针清除转场素材.VSP”，可以看到已经插入了两个图像素材，如图 7-71 所示。

图 7-71

step 2 打开【选项】面板，① 选择【转场】选项，② 在【画廊】下拉列表框中，选择【时钟】选项，③ 选择【清除】转场效果，如图 7-72 所示。

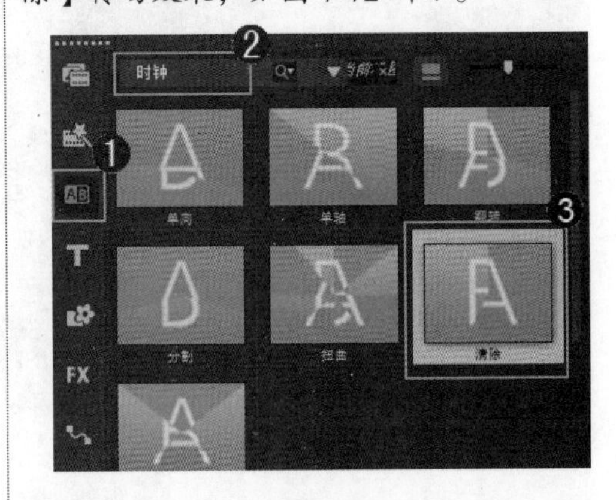

图 7-72

step 3 按住鼠标左键，将选择的转场效果拖动至【故事板视图】面板中两个素材之间，然后释放鼠标左键，如图 7-73 所示。

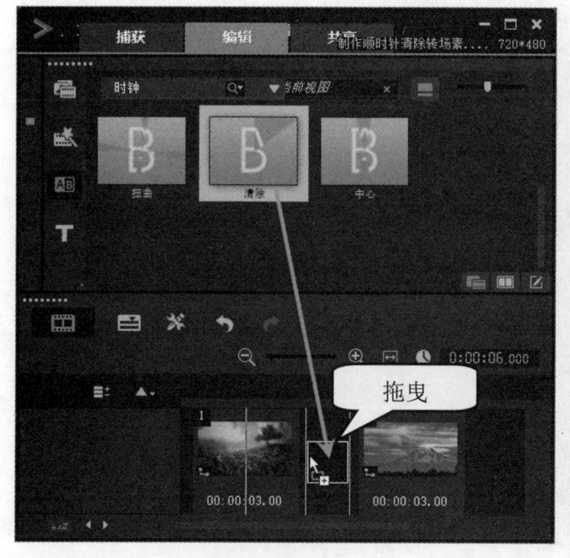

图 7-73

step 4 在【故事板视图】面板中，选择该转场效果，然后单击【显示选项面板】按钮，在弹出的【转场】选项面板中，单击【顺时针】按钮，如图 7-74 所示。

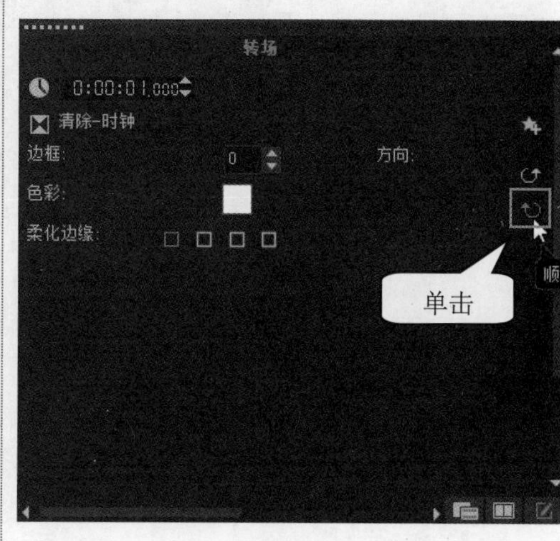

图 7-74

step 5 在【导览】面板中，单击【播放】按钮，即可预览转场效果。通过以上步骤即可完成制作顺时针清除转场效果的操作，如图 7-75 所示。

图 7-75

7.5.5 制作卷动转场效果

在【转场】面板中，【卷动】转场是使用色彩填充翻卷的部分，使场景转换时出现卷动画面的效果。下面详细介绍制作卷动转场效果的操作方法。

素材文件	第 7 章\素材文件\制作卷动转场素材.VSP
效果文件	第 7 章\效果文件\制作卷动转场效果.VSP

step 1 打开素材项目文件“制作卷动转场素材.VSP”，可以看到已经插入了两个图像素材，如图 7-76 所示。

图 7-76

step 2 打开【选项】面板，① 选择【转场】选项，② 在【画廊】下拉列表框中，选择【卷动】选项，③ 选择准备制作卷动转场效果的转场选项，如【单向】，如图 7-77 所示。

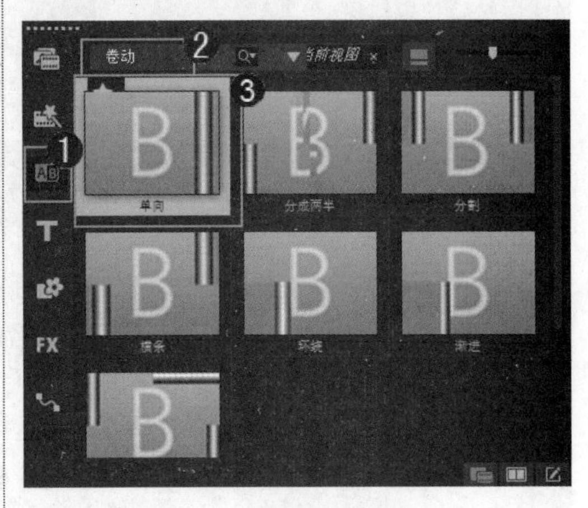

图 7-77

step 3 按住鼠标左键，将选择的转场效果拖动至【故事板视图】面板中两个素材之间，然后释放鼠标左键，如图 7-78 所示。

图 7-78

step 4 在【故事板视图】面板中，选择该转场效果，然后单击【显示选项面板】按钮，① 在弹出的【转场】选项面板中，设置【区间】时间，② 单击【色彩】颜色块，在弹出的调色板中选择白色，如图 7-79 所示。

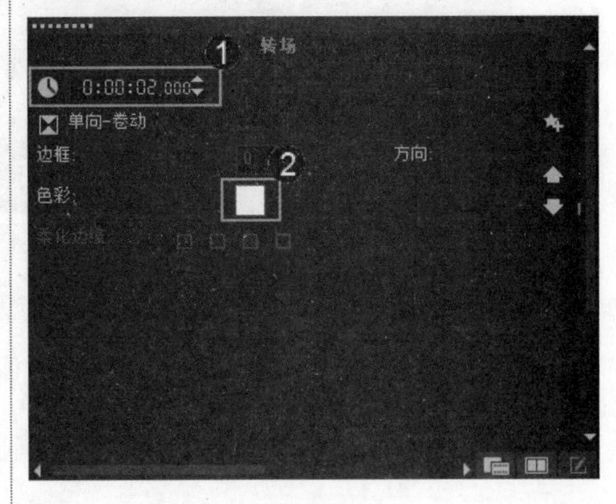

图 7-79

step 5 在【导览】面板中，单击【播放】按钮，即可预览转场效果。通过以上步骤即可完成制作卷动转场效果的操作，如图 7-80 所示。

图 7-80

若当前项目中已经应用了转场效果，单击【对视频轨应用随机效果】按钮时，将弹出信息提示框，单击【否】按钮，将保留原先的转场效果，并在其他素材之间应用随机的转场效果；单击【是】按钮，将用随机的转场效果替换原先的转场效果。

Section 7.6 范例应用与上机操作

手机扫描下方二维码，观看本节视频课程

通过本章的学习，读者基本可以掌握应用转场制作视频特效的基本知识以及一些常见的操作方法，本节将通过一些范例应用，如制作漩涡转场效果、制作滑动转场效果、制作闪光转场效果，练习上机操作，以达到巩固学习、拓展提高的目的。

7.6.1 制作漩涡转场效果

在 3D 转场中，【漩涡】转场具有特别的参数设置，在素材之间应用【漩涡】转场后，素材 A 将爆炸碎裂，然后融合到素材 B 中。下面详细介绍制作漩涡转场效果的方法。

素材文件 第 7 章\素材文件\制作漩涡转场素材.VSP

效果文件 第 7 章\效果文件\制作漩涡转场效果.VSP

step 1 打开素材项目文件“制作漩涡转场素材.VSP”，可以看到已经插入了两个图像素材，如图 7-81 所示。

step 2 打开【选项】面板，① 选择【转场】选项，② 在【画廊】下拉列表框中，选择【三维】选项，③ 选择【漩涡】转场效果，如图 7-82 所示。

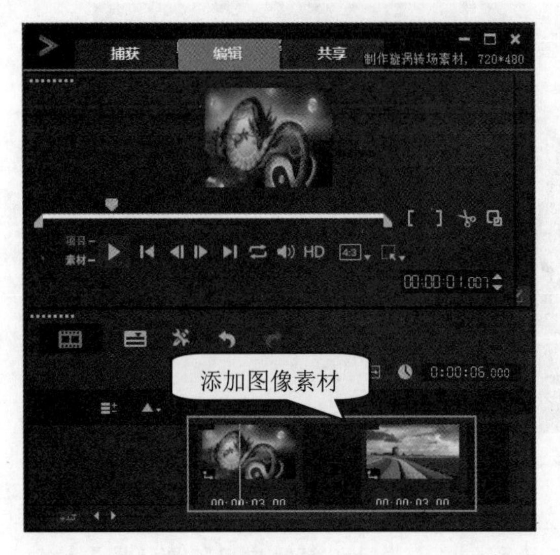

图 7-81

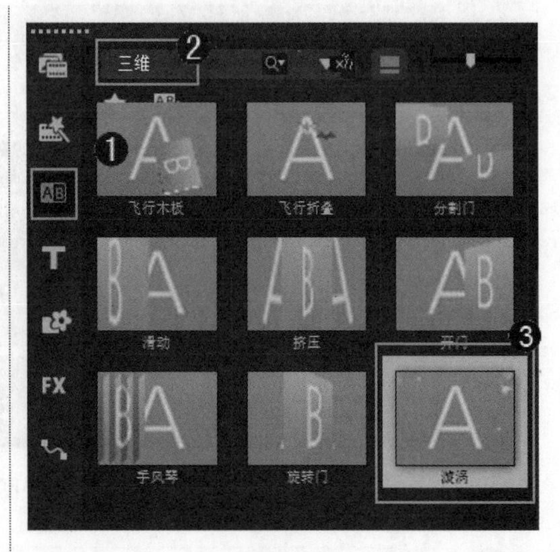

图 7-82

step 3 按住鼠标左键，将选择的转场效果拖动至【故事板视图】面板中两个素材之间，然后释放鼠标左键，如图 7-83 所示。

图 7-83

step 4 选中该转场效果，然后单击【显示选项面板】按钮，在弹出的【选项】面板中，单击【自定义】按钮，如图 7-84 所示。

图 7-84

step 5 弹出【漩涡-三维】对话框，① 在【动画】下拉列表框中，选择【扭曲】选项，② 在【形状】下拉列表框中，选择【球形】选项，③ 单击【确定】按钮，如图 7-85 所示。

step 6 在【导览】面板中，单击【播放】按钮，即可预览转场效果。通过以上步骤即可完成制作漩涡转场效果的操作，如图 7-86 所示。

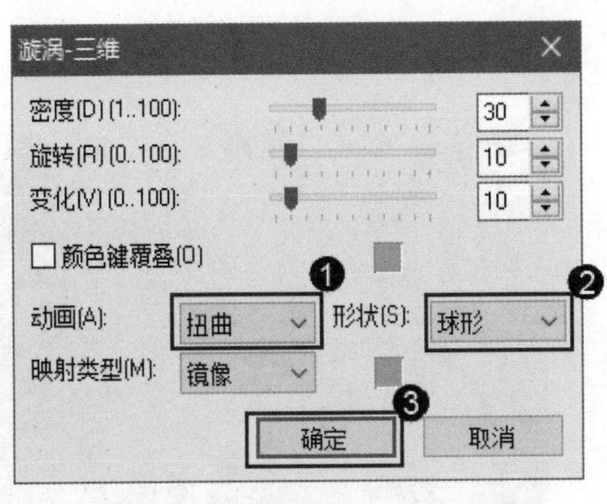

图 7-85

图 7-86

7.6.2 制作滑动转场效果

在【滑动】转场中，包括开门、横条和交叉等 7 种转场类型，这种转场是素材 A 以滑行运动的方式被素材 B 取代。下面详细介绍制作滑动转场效果的操作方法。

素材文件 第 7 章\素材文件\制作滑动转场素材.VSP

效果文件 第 7 章\效果文件\制作滑动转场效果.VSP

step 1 打开素材项目文件“制作滑动转场素材.VSP”，可以看到已经插入了两个图像素材，如图 7-87 所示。

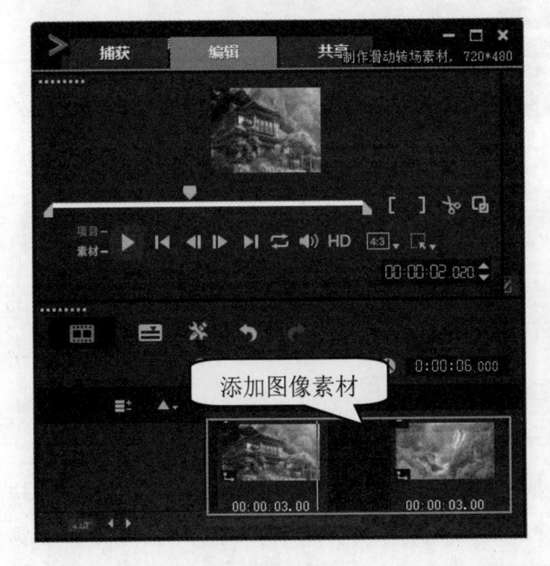

图 7-87

step 2 打开【选项】面板，① 选择【转场】选项，② 在【画廊】下拉列表框中，选择【滑动】选项，③ 选择【单向】转场效果，如图 7-88 所示。

图 7-88

step 3 按住鼠标左键，将选择的转场效果拖动至【故事板视图】面板中两个素材之间，然后释放鼠标左键，如图 7-89 所示。

step 4 打开【转场】面板，① 将【区间】更改为 3s，② 单击【由上到下】按钮，如图 7-90 所示。

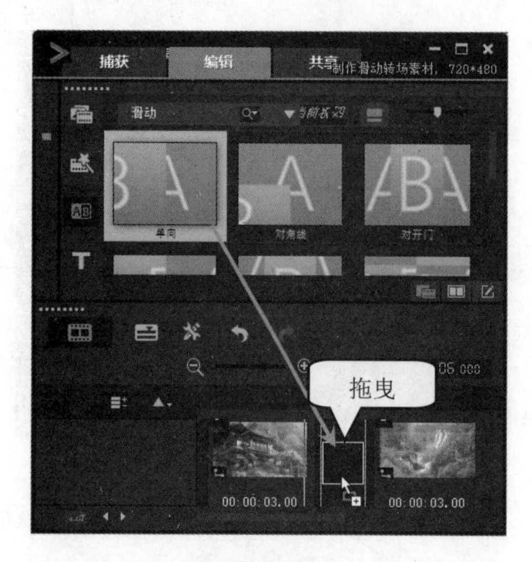

图 7-89

图 7-90

在【导览】面板中，单击【播放】按钮▶，即可预览转场效果。通过以上步骤即可完成制作滑动转场效果的操作，如图 7-91 所示。

图 7-91

7.6.3　制作闪光转场效果

【闪光】转场是一种重要的转场类型，它可以添加融合到场景中的灯光，创建梦幻般的画面效果。下面详细介绍制作闪光转场效果的操作方法。

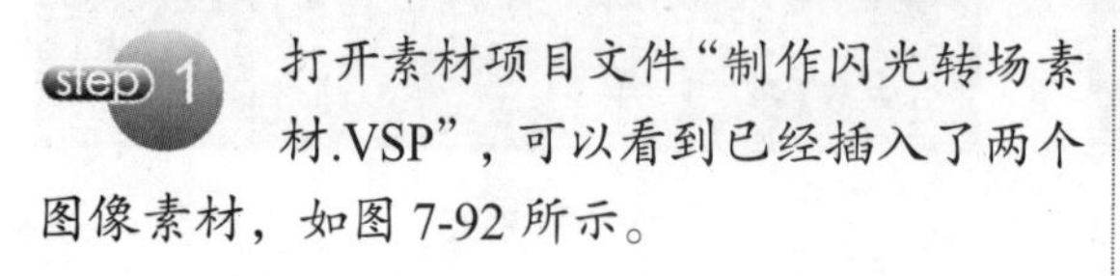

素材文件　第 7 章\素材文件\制作闪光转场素材.VSP

效果文件　第 7 章\效果文件\制作闪光转场效果.VSP

step 1　打开素材项目文件“制作闪光转场素材.VSP”，可以看到已经插入了两个图像素材，如图 7-92 所示。

step 2　打开【选项】面板，① 选择【转场】选项，② 在【画廊】下拉列表框中，选择【闪光】选项，③ 选择【闪光】转场效果，如图 7-93 所示。

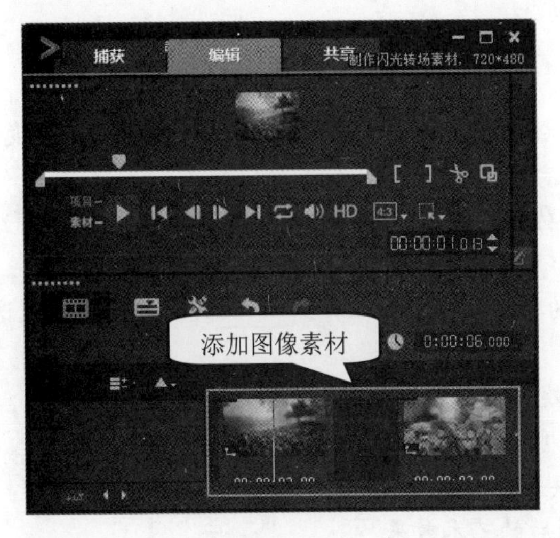

图 7-92

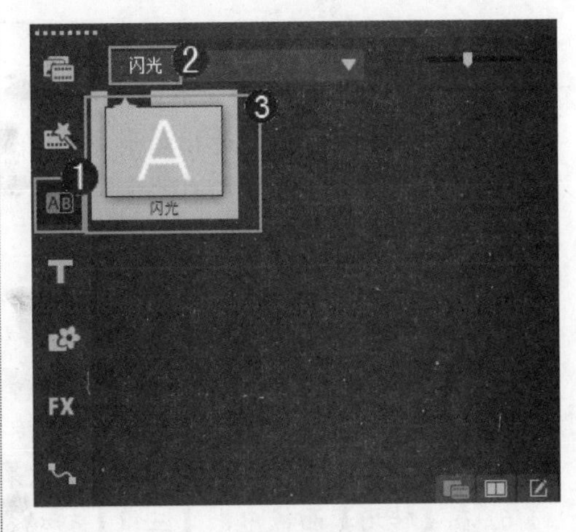

图 7-93

step 3 按住鼠标左键，将选择的转场效果拖动至【故事板视图】面板中两个素材之间，然后释放鼠标左键，如图 7-94 所示。

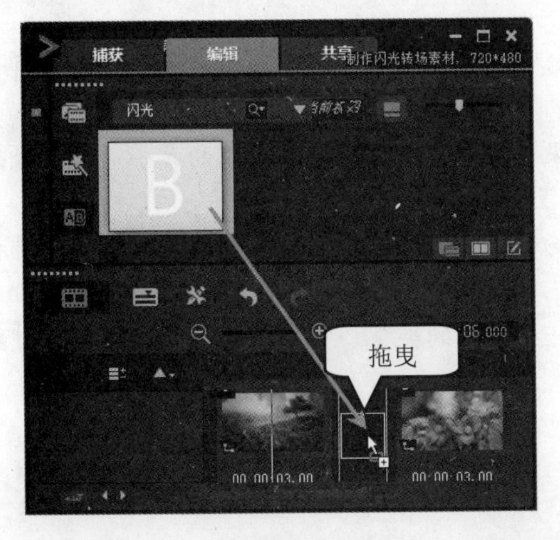

图 7-94

step 4 在【导览】面板中，单击【播放】按钮▶，即可预览转场效果。通过以上步骤即可完成制作闪光转场效果的操作，如图 7-95 所示。

图 7-95

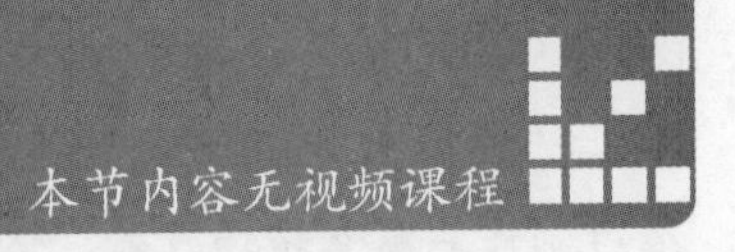

Section 7.7 本章小结与课后练习

本节内容无视频课程

在会声会影 2019 中，从某种角度来说，转场就是一种特殊的滤镜效果，它可以在两个图像或视频素材之间创建某种过渡效果，使视频更具有吸引力。通过本章的学习，读者基本可以掌握应用转场制作视频特效的知识以及一些常见的操作方法，下面通过练习几道习题，达到巩固与提高的目的。

一、填空题

1. 简单地说，______是指两个场景(即两段素材)之间，采用一定的技巧，如划像、叠变、卷页等，实现场景或情节之间的平滑过渡，或达到丰富画面吸引观众的效果。

2. 在会声会影2019中，使用__________功能，用户可以将当前选中的转场效果应用到当前项目的素材之间。

3. 用户可以从不同类别中收集自己喜欢的转场，将它们保存到_____文件夹中。通过这种方式，可以很方便地找到常用的转场效果。

4. ________过渡，是一种特殊的视频转场效果，起到划分视频片段、间歇过渡的作用。

5. ________效果是一种常用的转场效果，能让场景之间的转换变得自然、平稳。

6. 在【转场】面板中，【三维】转场提供了类似____效果的转场效果，其中【对开门】转场可以使场景切换的过程中，出现双手推门后的艺术效果。

二、判断题

1. 在会声会影2019中，用户可以随机应用【转场】素材库中的转场效果，以便制作出意想不到的艺术效果。 (   )

2. 如果收藏夹中的转场效果过多，查看起来杂乱，用户也可以从收藏夹中删除不再使用的转场效果。 (   )

3. 如果在视频素材中添加了多个转场效果，用户可以调整转场效果的大小，从而修改制作影片的效果。 (   )

4. 【相册】转场提供了类似相册翻动的场景切换效果。应用到静态图片组成的电子相册中更能显示出相册转场的独到之处。 (   )

5. 在【过滤】转场中，【闪光】转场是一个独特的类型，它可以将不同的图案或对象作为过滤透空的模板，应用到场景中。 (   )

三、思考题

1. 如何自动添加转场效果？

2. 如何对素材应用随机效果？

四、上机操作

1. 通过本章的学习，读者基本可以掌握应用转场制作视频特效方面的知识，下面通过练习制作马赛克转场效果，达到巩固与提高的目的。

2. 通过本章的学习，读者基本可以掌握应用转场制作视频特效方面的知识，下面通过练习制作伸展转场效果，达到巩固与提高的目的。

第 8 章

应用滤镜制作视频特效

本章主要介绍添加、删除与替换滤镜，设置滤镜效果，调整视频的亮度和对比度，调整视频色彩方面的知识与技巧，同时还讲解了视频滤镜应用案例。通过本章的学习，读者可以掌握应用滤镜制作视频特效基础操作方面的知识，为深入学习会声会影 2019 中文版知识奠定基础。

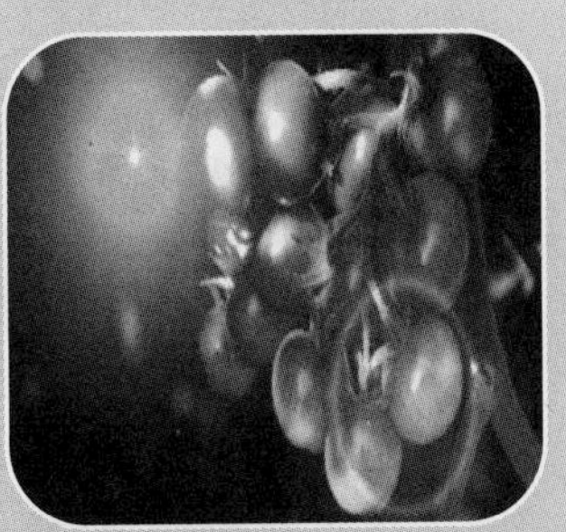

本章要点

1. 添加、删除与替换滤镜
2. 设置滤镜效果
3. 调整视频的亮度和对比度
4. 调整视频色彩
5. 视频滤镜应用案例

Section 8.1 添加、删除与替换滤镜

手机扫描下方二维码，观看本节视频课程

视频滤镜是指可以应用在素材上的效果，它可以改变素材的外观和样式，用户可以通过运用这些视频滤镜，对素材进行美化，制作出精美的视频作品。滤镜可套用在素材的每一个画面上，并设定开始和结束值。本节将详细介绍添加、删除与替换滤镜的相关知识及操作方法。

8.1.1 添加单个滤镜效果

将素材文件添加到时间轴后，用户即可对导入的素材文件进行添加视频滤镜的操作。下面详细介绍添加单个滤镜效果的操作方法。

素材文件 第7章\素材文件\花丛.VSP

效果文件 第7章\效果文件\添加单个滤镜效果.VSP

step 1 打开素材项目文件“花丛.VSP”，在【故事板视图】面板中，插入1个本例图像素材，如图8-1所示。

图 8-1

step 2 在【选项】面板中，① 选择【滤镜】选项，切换至【滤镜】素材库，② 在【画廊】下拉列表框中，选择准备应用的视频滤镜类型，③ 选择准备应用的滤镜，如图8-2所示。

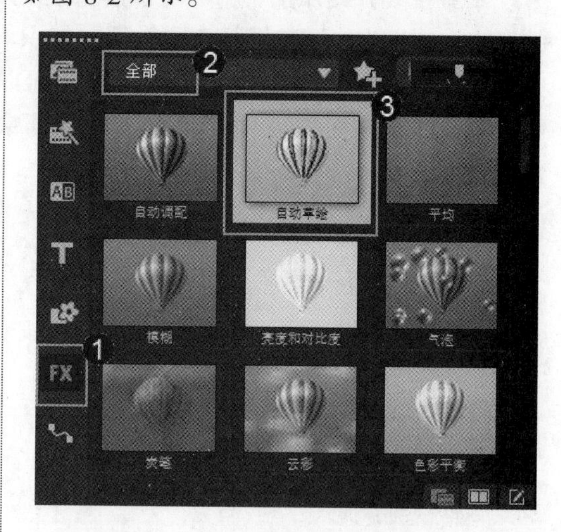

图 8-2

step 3 按住鼠标左键并将选择的滤镜效果拖曳至【故事板视图】面板中的图像素材上，素材上出现FX标志，表示已

step 4 在【导览】面板中，单击【播放】按钮▶，即可预览滤镜效果。通过以上步骤即可完成添加单个视频滤镜的操

经添加了滤镜在【故事板视图】面板中，如图 8-3 所示。

图 8-3

作，如图 8-4 所示。

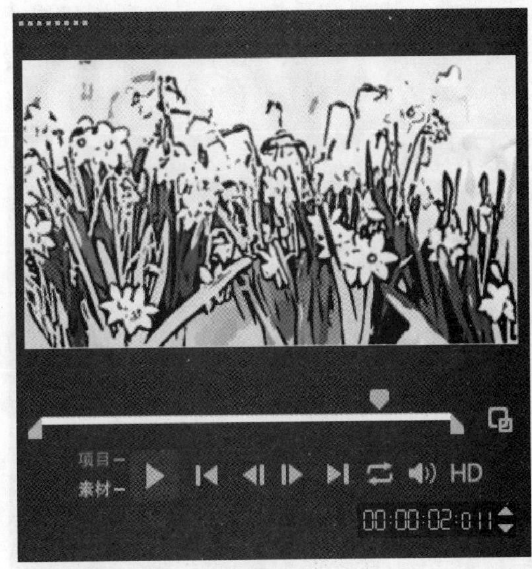

图 8-4

8.1.2　添加多个滤镜效果

用户还可以在视频素材上添加多个滤镜效果，以便制作出丰富多彩的视频特效。下面详细介绍添加多个滤镜效果的操作方法。

素材文件　第 7 章\素材文件\小清新.VSP

效果文件　第 7 章\效果文件\添加多个滤镜效果.VSP

step 1　打开素材项目文件“小清新.VSP”，在【故事板视图】面板中，插入 1 个图像素材，如图 8-5 所示。

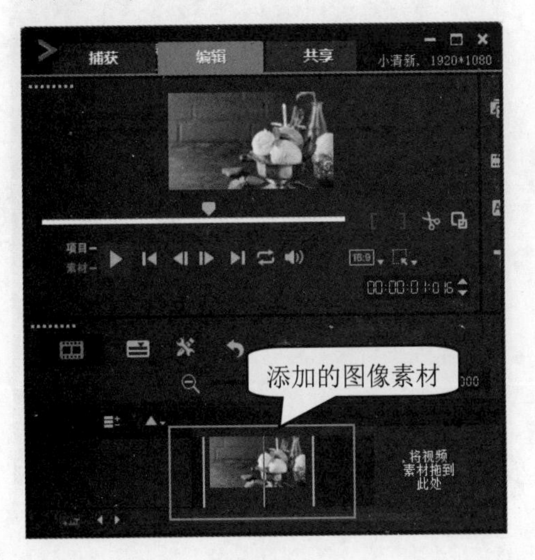

图 8-5

step 2　在【选项】面板中，① 选择【滤镜】选项，切换至【滤镜】素材库，② 在【画廊】下拉列表框中，选择准备应用的视频滤镜类型，③ 选择准备应用的第 1 个滤镜效果，如图 8-6 所示。

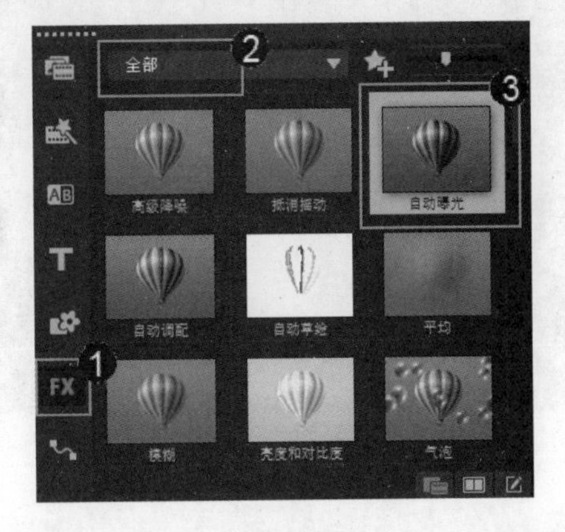

图 8-6

step 3 按住鼠标左键并将选择的第 1 个滤镜效果拖曳至【故事板视图】面板中的图像素材上，素材上出现 FX 标志，表示已经添加了滤镜在【故事板视图】面板中，如图 8-7 所示。

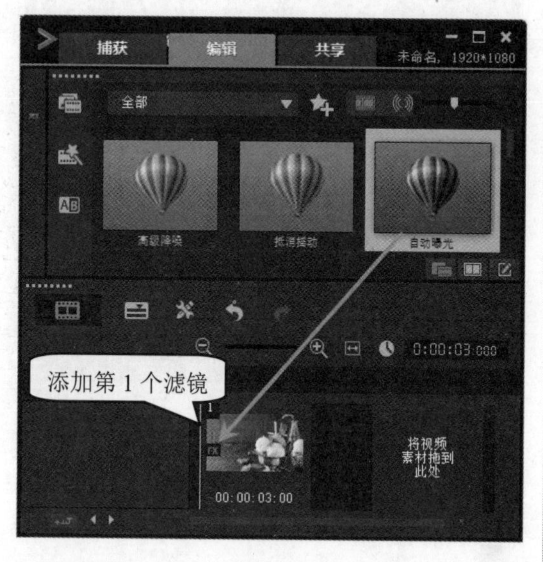

图 8-7

step 4 选中视频轨道上的素材效果，然后单击【显示选项面板】按钮 ，打开【效果】选项面板，取消勾选【替换上一个滤镜】复选框，如图 8-8 所示。

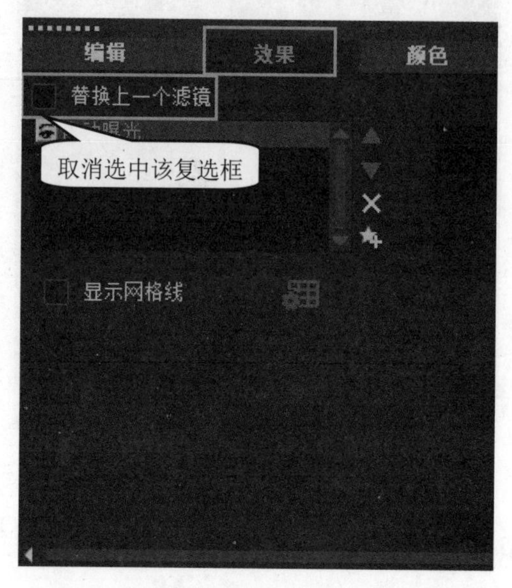

图 8-8

step 5 在【选项】面板中，① 选择【滤镜】选项，切换至【滤镜】素材库，② 在【画廊】下拉列表框中，选择准备应用的视频滤镜类型，③ 选择准备应用的第 2 个滤镜，如图 8-9 所示。

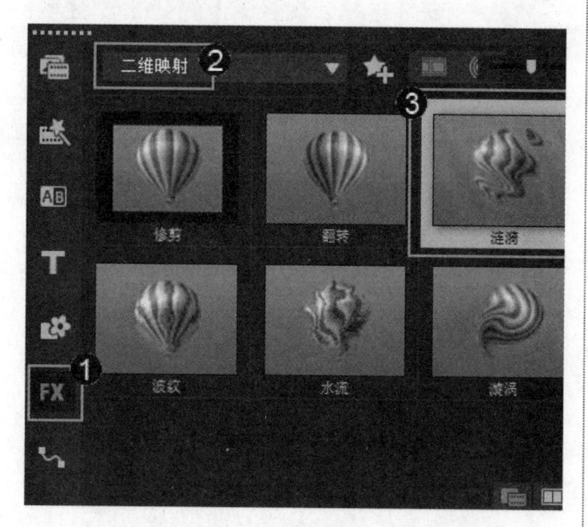

图 8-9

step 6 按住鼠标左键并将选择的第 2 个滤镜效果拖曳至【故事板视图】面板中的图像素材上，素材上出现 FX 标志，表示已经添加了滤镜在【故事板视图】面板中，如图 8-10 所示。

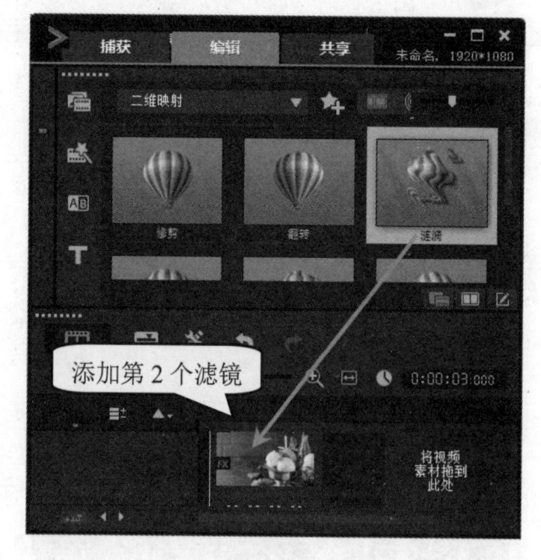

图 8-10

step 7 运用上述方法，继续将其他多种滤镜效果拖曳至视频素材上，可以在【效果】选项面板中，查看添加的多个滤镜效果，如图 8-11 所示。

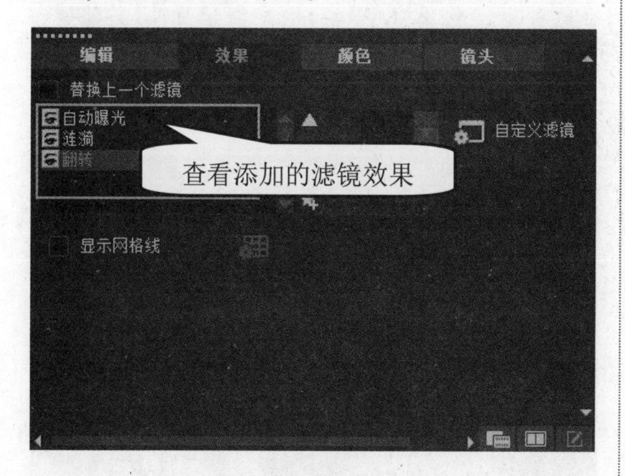

图 8-11

step 8 在【导览】面板中，单击【播放】按钮▶，即可预览滤镜效果。通过以上步骤即可完成添加多个视频滤镜的操作，如图 8-12 所示。

图 8-12

知识精讲

在会声会影 2019 中，应注意的是，在进行添加多个滤镜效果时，最多允许在一个素材上应用 5 个视频滤镜。

8.1.3 删除滤镜效果

如果添加的滤镜不符合编辑影片的要求，还可以将其删除。下面详细介绍删除滤镜效果的操作方法。

在视频素材上应用滤镜后，选中视频素材，进入【效果】选项面板中，在【添加的滤镜】列表框中，选择准备删除的滤镜效果，然后在其右侧，单击【删除滤镜】按钮×，即可完成删除滤镜效果的操作，如图 8-13 所示。

图 8-13

8.1.4 替换滤镜效果

在为素材添加滤镜后，若发现产生的效果并不是自己想要的，还可以选择其他视频滤镜来替换现有的视频滤镜。下面详细介绍替换滤镜的操作方法。

素材文件 第 7 章\素材文件\添加单个滤镜效果.VSP
效果文件 第 7 章\效果文件\替换滤镜效果.VSP

step 1 打开素材项目文件“添加单个滤镜效果.VSP”，在【故事板视图】面板中，插入了 1 个图像素材并添加了滤镜效果，选中该素材，如图 8-14 所示。

图 8-14

step 2 单击【显示选项面板】按钮，打开【效果】选项面板，勾选【替换上一个滤镜】复选框，如图 8-15 所示。

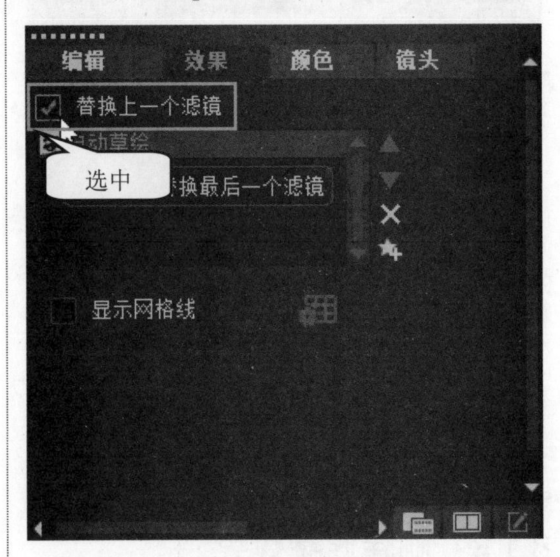

图 8-15

step 3 在【滤镜】面板中，① 在【画廊】下拉列表框中，选择准备应用的视频滤镜类型，② 选择准备应用替换的滤镜效果，如图 8-16 所示。

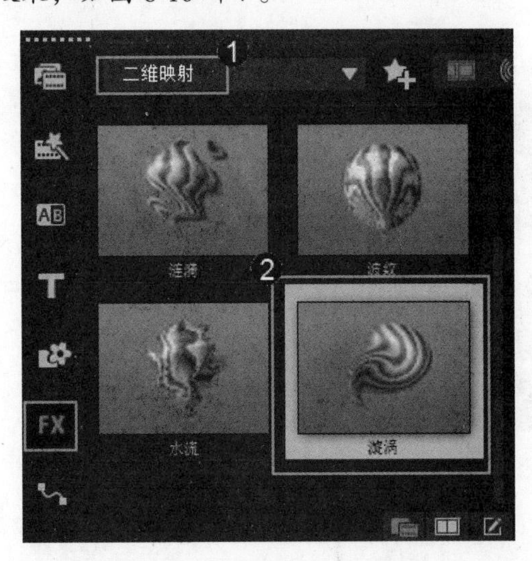

图 8-16

step 4 按住鼠标左键并将选择的滤镜效果拖曳至【故事板视图】面板中的图像素材上，如图 8-17 所示。

图 8-17

step 5 还可以在【选项】面板中，查看所替换的滤镜效果，如图 8-18 所示。

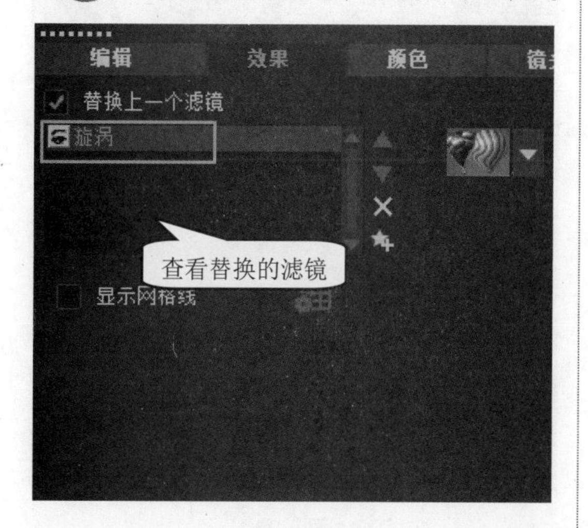

图 8-18

step 6 在【导览】面板中，单击【播放】按钮▶，即可预览滤镜效果。通过以上步骤即可完成替换滤镜效果的操作，如图 8-19 所示。

图 8-19

Section 8.2 设置滤镜效果

手机扫描下方二维码，观看本节视频课程

在素材上添加滤镜后，系统会自动为所添加的滤镜效果指定一种预设模式，当使用系统所指定的滤镜预设模式制作出的画面效果不能达到所需要的要求时，可以重新为所使用的滤镜效果指定预设模式或自定义滤镜效果，从而制作出更加精彩的画面效果。本节介绍设置滤镜效果的相关知识及方法。

8.2.1 指定滤镜预设模式

为素材添加视频滤镜后，系统会自动为所添加的视频滤镜效果提供多个预设的滤镜模式。如果对程序所指定的滤镜预设模式不满意，可以重新选择预设的视频滤镜模式。下面详细介绍选择预设的视频滤镜的操作方法。

素材文件 第 7 章\素材文件\旋涡效果.VSP
效果文件 第 7 章\效果文件\指定滤镜预设模式.VSP

step 1 打开素材项目文件“旋涡效果.VSP”，在【故事板视图】面板中，插入了 1 个本例图像素材并添加了滤镜效果，① 选中该素材，② 单击【显示选项面板】按钮，如图 8-20 所示。

step 2 打开【效果】选项面板，① 单击【自定义滤镜】左侧的下三角按钮，② 在【预设】下拉列表框中，选择准备应用的预设视频滤镜，如图 8-21 所示。

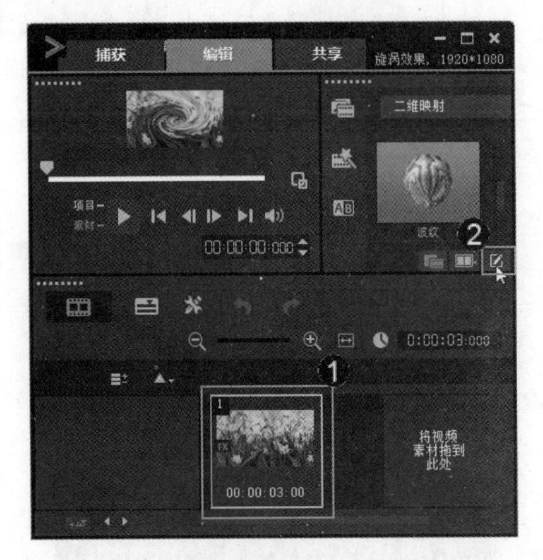

图 8-20

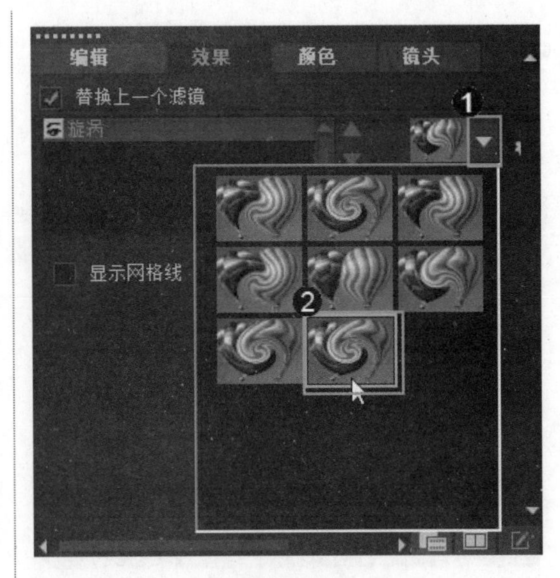

图 8-21

step 3 在【导览】面板中，单击【播放】按钮▶，即可预览指定预设后的滤镜效果。通过以上步骤即可完成指定滤镜预设模式的操作，如图 8-22 所示。

图 8-22

知识精讲

使用会声会影，在选择预设的视频滤镜的过程中，应注意的是，不是所有的视频滤镜都有预设的视频滤镜模式。

8.2.2 自定义视频滤镜

为了使制作的视频滤镜效果更加丰富，可以自定义视频滤镜，通过设置视频滤镜效果的某些参数，从而制作出精美的画面效果。下面详细介绍自定义视频滤镜的操作方法。

素材文件 第 7 章\素材文件\西红柿.VSP

效果文件 第 7 章\效果文件\自定义视频滤镜.VSP

step 1 打开素材项目文件“西红柿.VSP”，可以看到在【故事板视图】面板中，插入了 1 个图像素材，如图 8-23 所示。

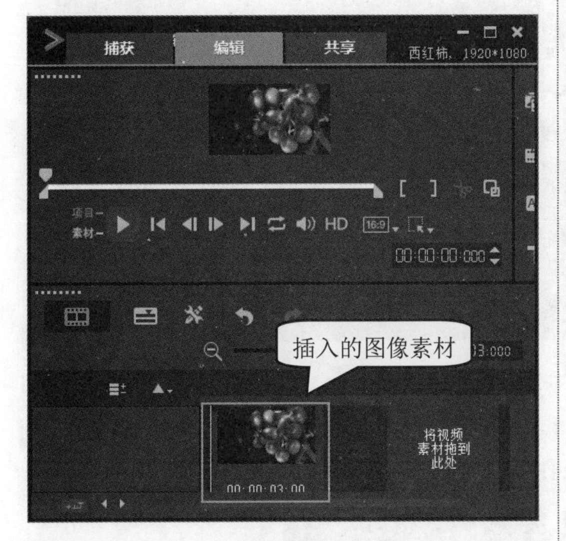

图 8-23

step 2 在【选项】面板中，① 选择【滤镜】选项，切换至【滤镜】素材库，② 在【画廊】下拉列表框中，选择【相机镜头】滤镜类型，③ 选择【镜头闪光】滤镜，如图 8-24 所示。

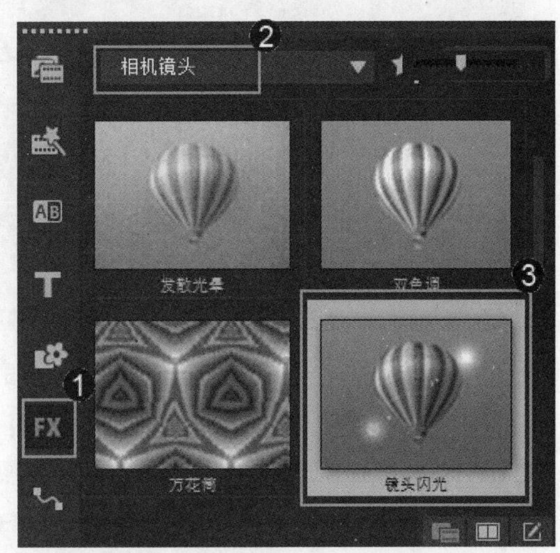

图 8-24

step 3 按住鼠标左键并将选择的滤镜效果拖曳至【故事板视图】面板中的图像素材上，如图 8-25 所示。

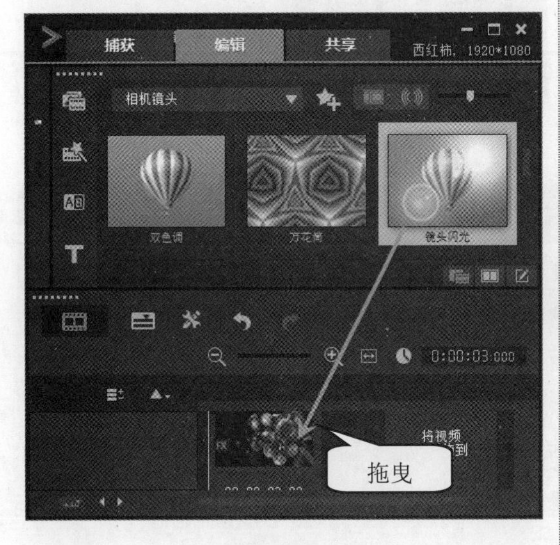

图 8-25

step 4 选中该图像素材，单击【显示选项面板】按钮，打开【效果】选项面板，单击【自定义滤镜】按钮 自定义滤镜，如图 8-26 所示。

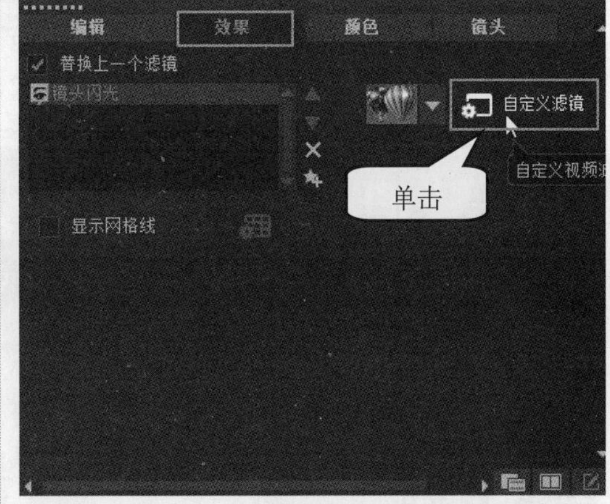

图 8-26

step 5 弹出【镜头闪光】对话框，① 在【原图】区域中，拖曳十字标记图形改变光晕的方向，② 拖动滑块至准备调整关键帧的位置，③ 单击【添加关键帧】按钮，④ 单击【确定】按钮，如图 8-27 所示。

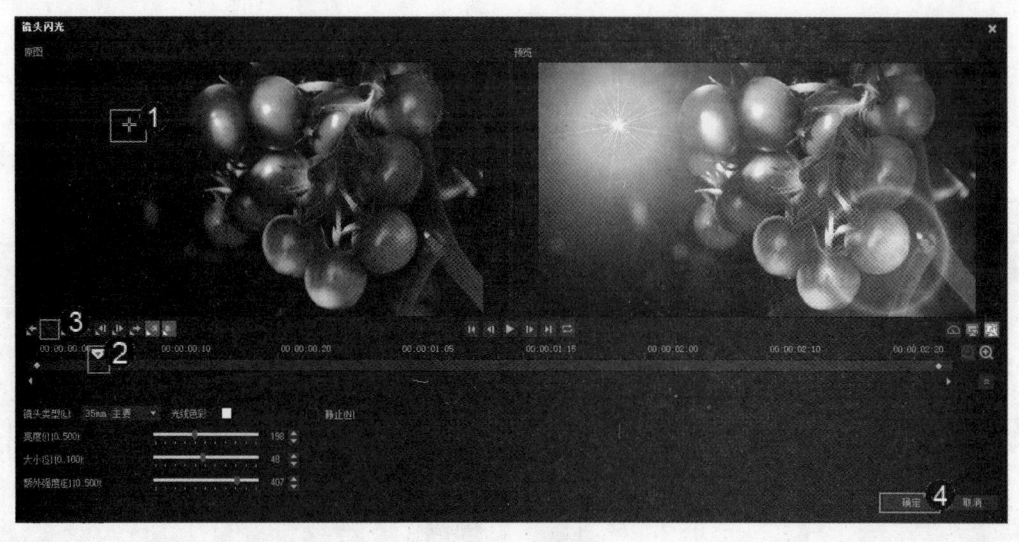

图 8-27

在【导览】面板中，单击【播放】按钮▶，即可预览自定义滤镜效果。通过以上步骤即可完成自定义视频滤镜的操作，最终效果如图 8-28 所示。

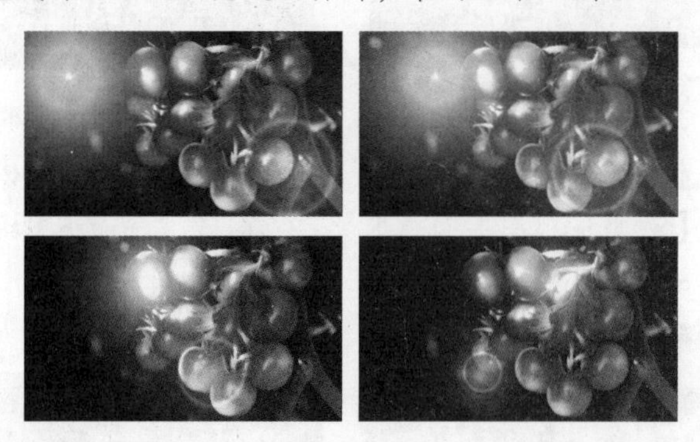

图 8-28

Section 8.3 调整视频的亮度和对比度

手机扫描下方二维码，观看本节视频课程

拍摄的素材视频常有曝光不足或者曝光过度的情况，非常影响影片的观看，使用自动曝光滤镜与亮度和对比度滤镜等功能，可以调整影片的亮度和对比度，改善视频曝光不足或过度的问题。本节将详细介绍调整视频的亮度和对比度的方法。

8.3.1 自动曝光滤镜

【自动曝光】滤镜只有一种滤镜预设模式，它可以自动分析并调整画面的亮度和对比度，改善视频素材的明暗对比。下面详细介绍自动曝光滤镜的操作方法。

素材文件 第7章\素材文件\枫叶.VSP

效果文件 第7章\效果文件\自动曝光滤镜.VSP

step 1 打开素材项目文件“枫叶.VSP”，可以看到在【故事板视图】面板中，插入了1例图像素材，如图8-29所示。

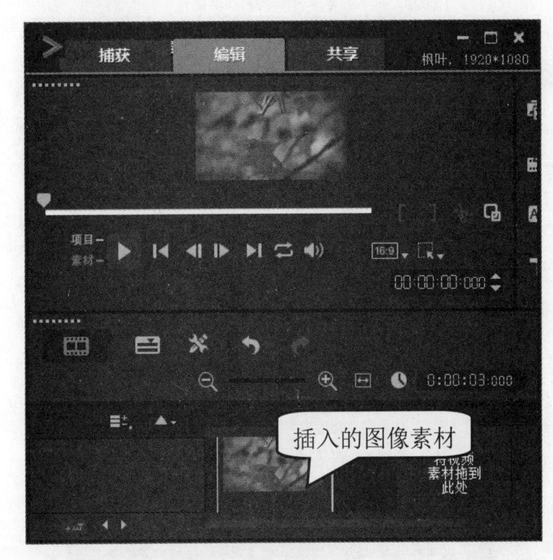

图 8-29

step 2 在【选项】面板中，① 选择【滤镜】选项，切换至【滤镜】素材库，② 在【画廊】下拉列表框中，选择【暗房】滤镜类型，③ 选择【自动曝光】滤镜，如图8-30所示。

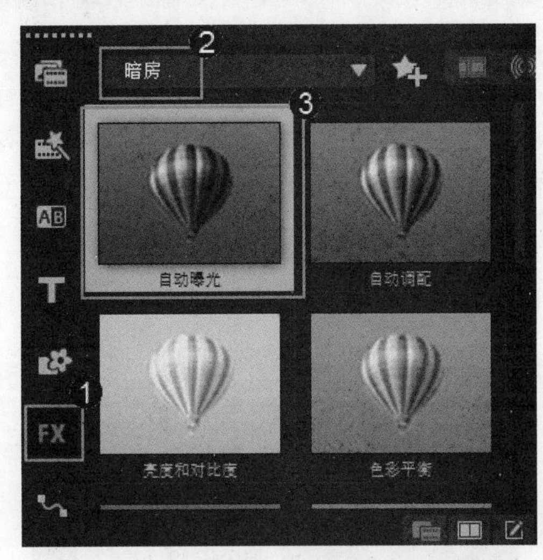

图 8-30

step 3 按住鼠标左键并将选择的滤镜效果拖曳至【故事板视图】面板中的图像素材上，如图8-31所示。

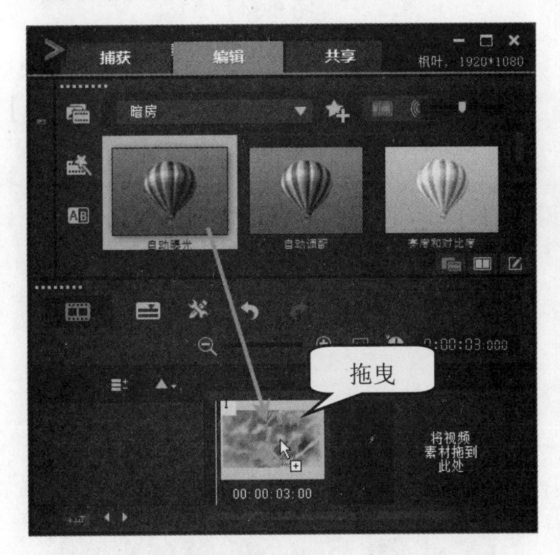

图 8-31

step 4 在【导览】面板中，单击【播放】按钮▶，即可预览效果。通过以上步骤即可完成自动曝光滤镜的操作，如图8-32所示。

图 8-32

8.3.2 亮度和对比度滤镜

在其他显示设备播放出来的画面和在计算机屏幕中的亮度和对比度会有些不同，因此可以根据需要使用【亮度和对比度】滤镜来调整画面。下面详细介绍使用亮度和对比度滤镜的操作方法。

素材文件 第7章\素材文件\苹果.VSP
效果文件 第7章\效果文件\亮度和对比度滤镜.VSP

step 1 打开素材项目文件“苹果.VSP”，可以看到在【故事板视图】面板中，插入了1个本例图像素材，如图8-33所示。

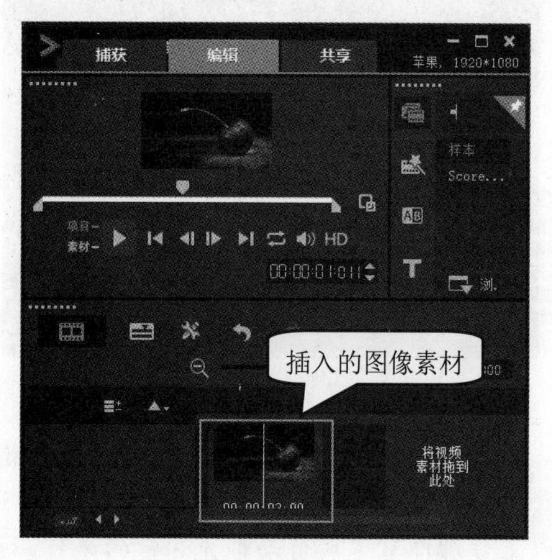

图 8-33

step 2 在【选项】面板中，① 选择【滤镜】选项，切换至【滤镜】素材库，② 在【画廊】下拉列表框中，选择【暗房】滤镜类型，③ 选择【亮度和对比度】滤镜，如图8-34所示。

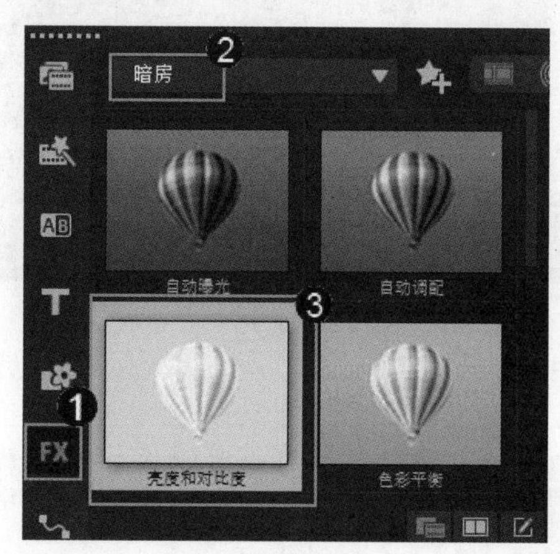

图 8-34

step 3 按住鼠标左键并将选择的滤镜效果拖曳至【故事板视图】面板中的图像素材上，如图8-35所示。

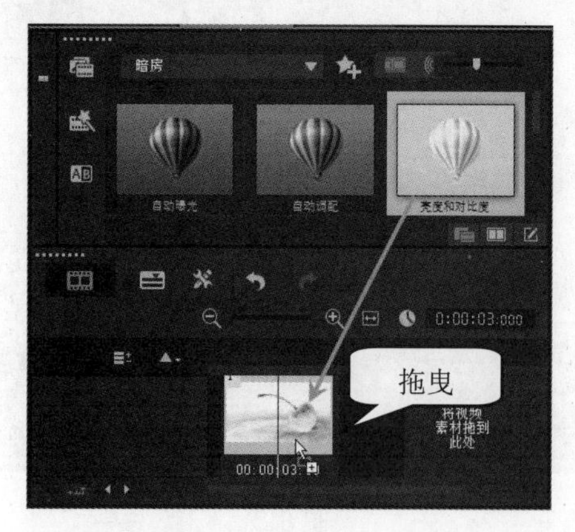

图 8-35

step 4 选中该图像素材，单击【显示选项面板】按钮，打开【效果】选项面板，单击【自定义滤镜】按钮，如图8-36所示。

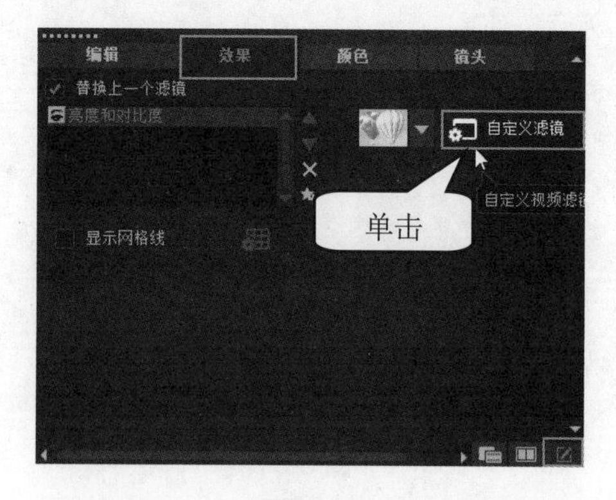

图 8-36

弹出【亮度和对比度】对话框，① 设置亮度、对比度、Gamma 的详细参数，② 单击【确定】按钮，如图 8-37 所示。

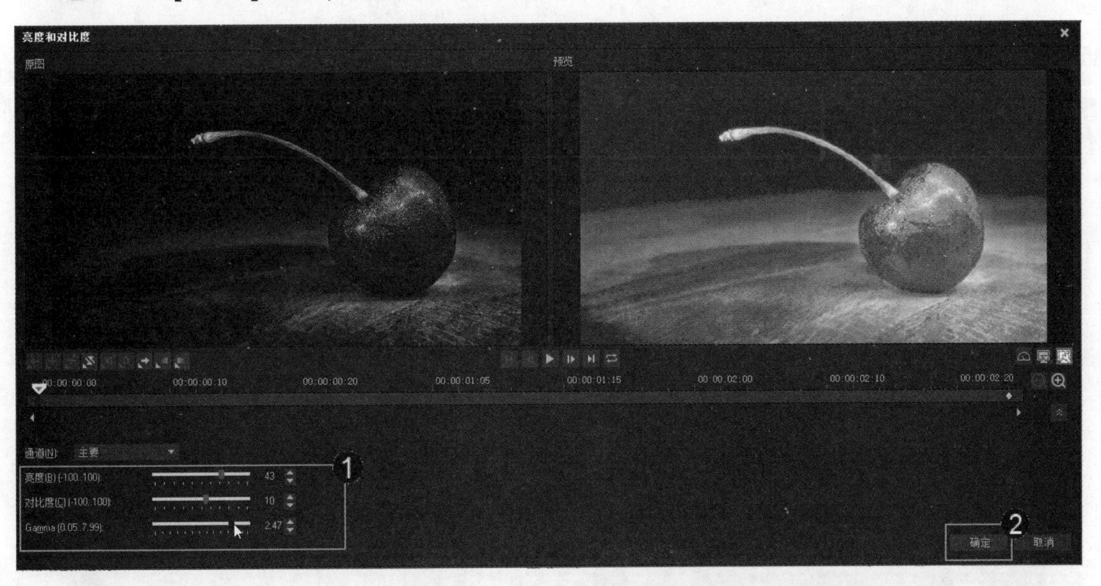

图 8-37

在【导览】面板中，单击【播放】按钮▶，即可预览滤镜效果。通过以上步骤即可完成使用亮度和对比度滤镜的操作，最终效果如图 8-38 所示。

 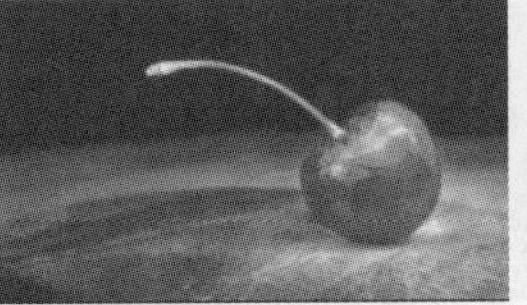  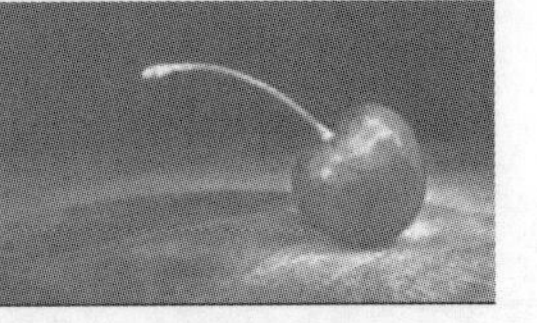

图 8-38

知识精讲

用户还可以将滤镜标记为收藏夹内容。具体方法为：切换到【滤镜】面板，在素材库中显示的略图中选择要标记为收藏夹内容的视频滤镜，然后单击【添加到收藏夹】按钮，即可将滤镜添加至收藏夹类别。

Section 8.4 调整视频色彩

手机扫描下方二维码，观看本节视频课程

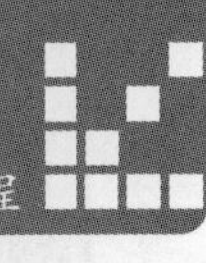

如果平衡设置不当，或者现场情况比较复杂，拍摄出来的片子就会出现整段或者部分偏色的现象，使用会声会影中的【色彩平衡】滤镜就可以有效地解决这种偏色问题。本节将详细介绍调整视频色彩的相关知识及操作方法。

8.4.1 色彩平衡滤镜效果

应用【色彩平衡】滤镜可以改变画面中颜色混合的情况，使所有的色彩趋向于平衡。下面详细介绍使用色彩平衡滤镜的操作方法。

素材文件 第7章\素材文件\蘑菇.VSP

效果文件 第7章\效果文件\色彩平衡滤镜效果.VSP

step 1 打开素材项目文件“蘑菇.VSP”，可以看到在【故事板视图】面板中，插入了1个图像素材，如图8-39所示。

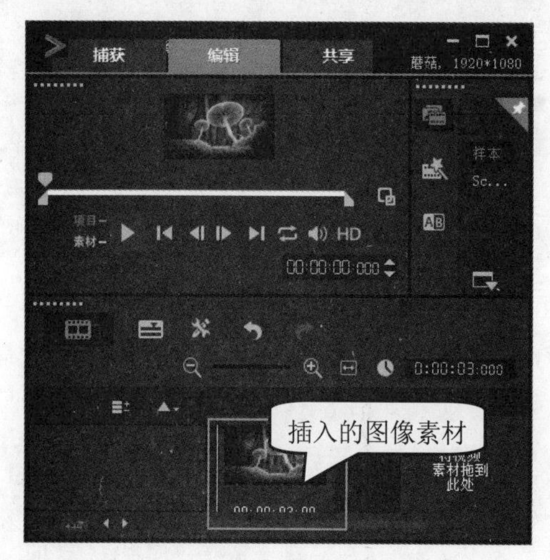

图 8-39

step 2 在【选项】面板中，① 选择【滤镜】选项，切换至【滤镜】素材库，② 在【画廊】下拉列表框中，选择【暗房】滤镜类型，③ 选择【色彩平衡】滤镜，如图8-40所示。

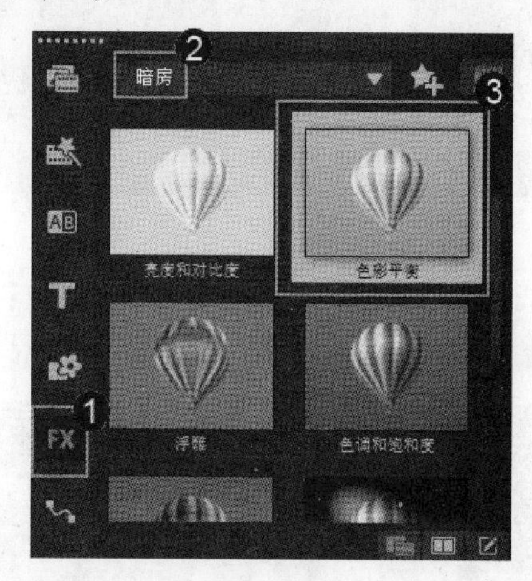

图 8-40

step 3 按住鼠标左键并将选择的滤镜效果拖曳至【故事板视图】面板中的图像素材上，如图8-41所示。

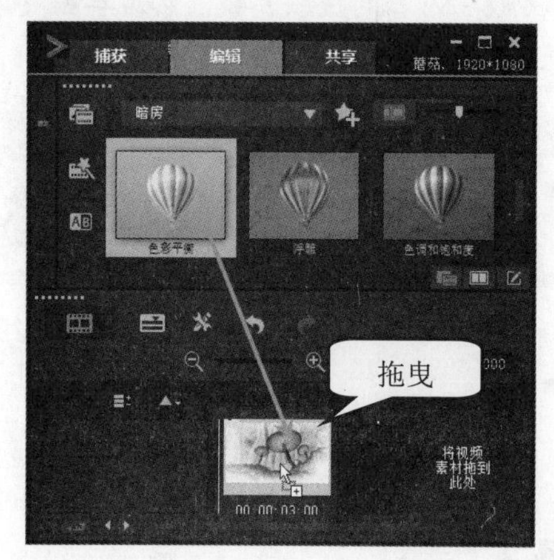

图 8-41

step 4 选中该图像素材，单击【显示选项面板】按钮，打开【效果】选项面板，单击【自定义滤镜】按钮，如图8-42所示。

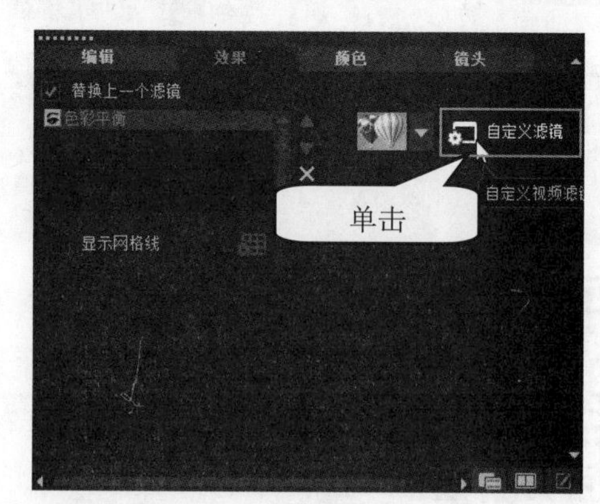

图 8-42

弹出【色彩平衡】对话框，① 设置【红】、【绿】和【蓝】的详细参数，② 单击【确定】按钮，如图 8-43 所示。

图 8-43

在【导览】面板中，单击【播放】按钮▶，即可预览滤镜效果。通过以上步骤即可完成使用色彩平衡滤镜的操作，最终效果如图 8-44 所示。

图 8-44

8.4.2 添加关键帧消除视频偏色

如果应用【色彩平衡】滤镜后还存在偏色的问题，可以在视频中插入关键帧，以消除偏色。下面详细介绍添加关键帧消除偏色的操作方法。

应用【色彩平衡】滤镜后，选中视频素材，单击【显示选项面板】按钮，打开【效果】选项面板，单击【自定义滤镜】按钮，如图 8-45 所示。

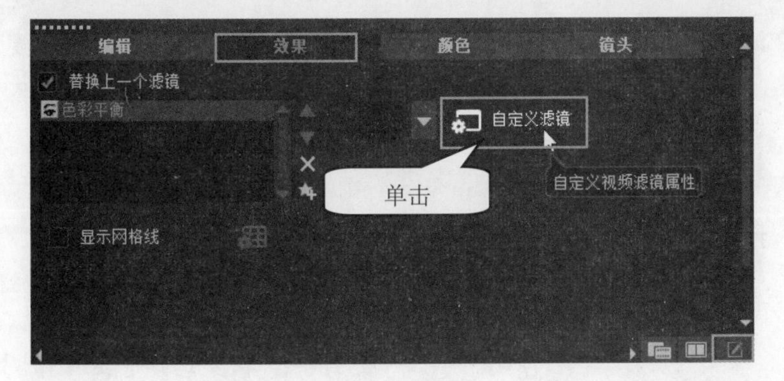

图 8-45

step 2 弹出【色彩平衡】对话框，① 拖动飞梭栏滑块调整关键帧至需要调整的位置，② 单击【添加关键帧】按钮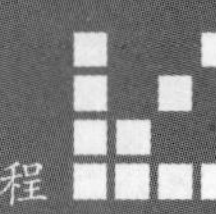，插入关键帧，③ 拖动【红】、【绿】和【蓝】滑块，调整关键帧画面的偏色，④ 单击【确定】按钮，即可完成添加关键帧消除视频偏色的操作，如图 8-46 所示。

图 8-46

Section 8.5 视频滤镜应用案例

手机扫描下方二维码，观看本节视频课程

使用会声会影 2019 将视频滤镜效果融合到实际应用中，加深对滤镜效果的了解与掌握，从而使用户能够熟练地应用这些了解效果。本节将详细介绍一些视频滤镜的应用案例，如应用模糊滤镜效果、应用闪电滤镜效果、应用老电影滤镜效果、应用彩色笔滤镜效果、应用气泡滤镜效果等。

8.5.1 应用模糊滤镜效果

【模糊】滤镜是对画面边缘的相邻像素进行平面化，从而产生平滑的过渡效果，使得图像更加柔和。下面详细介绍应用模糊滤镜的方法。

素材文件 第 7 章\素材文件\葡萄.VSP

效果文件 第 7 章\效果文件\应用模糊滤镜效果.VSP

step 1 打开素材项目文件“葡萄.VSP”，可以看到在【故事板视图】面板中，插入了 1 个本例图像素材，如图 8-47 所示。

step 2 在【选项】面板中，① 选择【滤镜】选项，切换至【滤镜】素材库，② 在【画廊】下拉列表框中，选择【焦距】滤镜类型，③ 选择【模糊】滤镜，如图 8-48 所示。

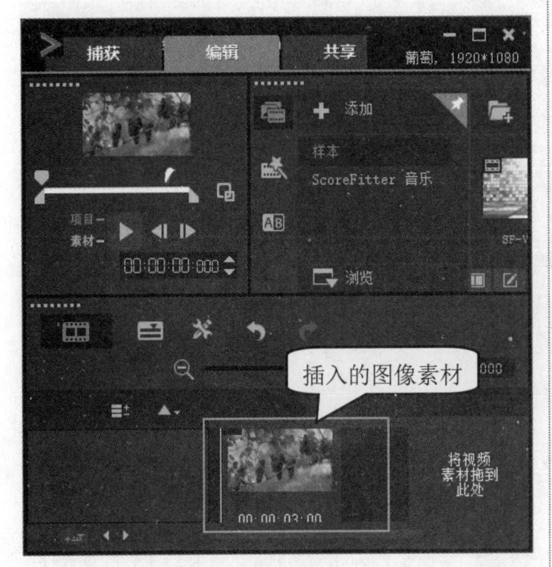

图 8-47

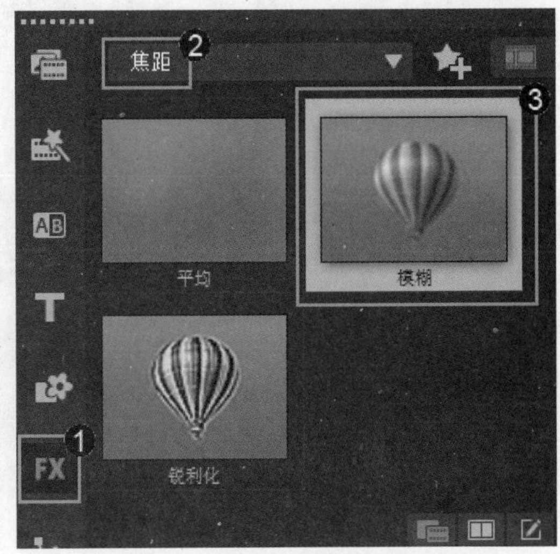

图 8-48

step 3 按住鼠标左键并将选择的滤镜效果拖曳至【故事板视图】面板中的图像素材上，如图 8-49 所示。

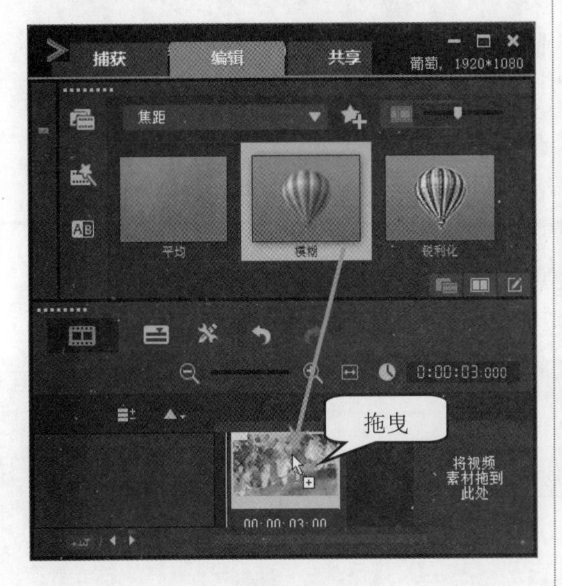

图 8-49

step 4 选中该图像素材，单击【显示选项面板】按钮，打开【效果】选项面板，单击【自定义滤镜】按钮，如图 8-50 所示。

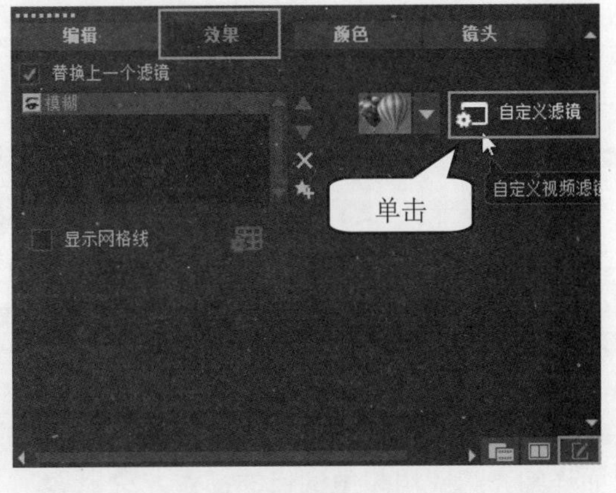

图 8-50

step 5 弹出【模糊】对话框，① 拖动【程度】滑块设置模糊程度，② 单击【确定】按钮，如图 8-51 所示。

图 8-51

在【导览】面板中，单击【播放】按钮▶，即可预览滤镜效果。通过以上步骤即可完成应用【模糊】滤镜效果的操作，最终效果如图 8-52 所示。

图 8-52

8.5.2 应用闪电滤镜效果

应用【闪电】滤镜可以为画面添加真实的闪电效果，从而模仿大自然中的闪电效果。下面详细介绍应用闪电滤镜的操作方法。

素材文件 第 7 章\素材文件\城市.VSP

效果文件 第 7 章\效果文件\应用闪电滤镜效果.VSP

step 1 打开素材项目文件“城市.VSP”，可以看到在【故事板视图】面板中，插入了 1 个图像素材，如图 8-53 所示。

step 2 在【选项】面板中，① 选择【滤镜】选项，切换至【滤镜】素材库，② 在【画廊】下拉列表框中，选择【特殊】滤镜类型，③ 选择【闪电】滤镜，如图 8-54 所示。

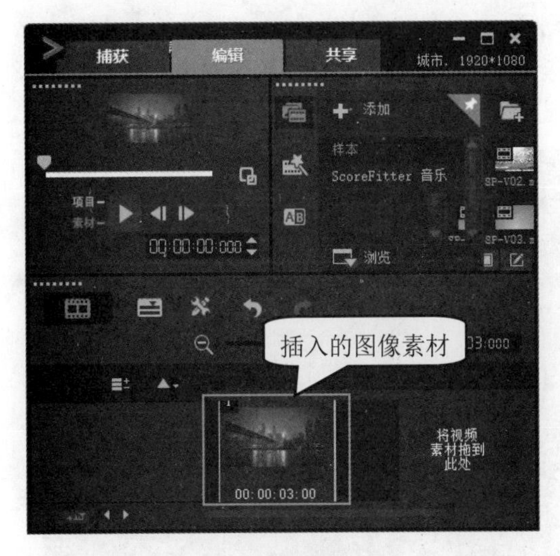

图 8-53

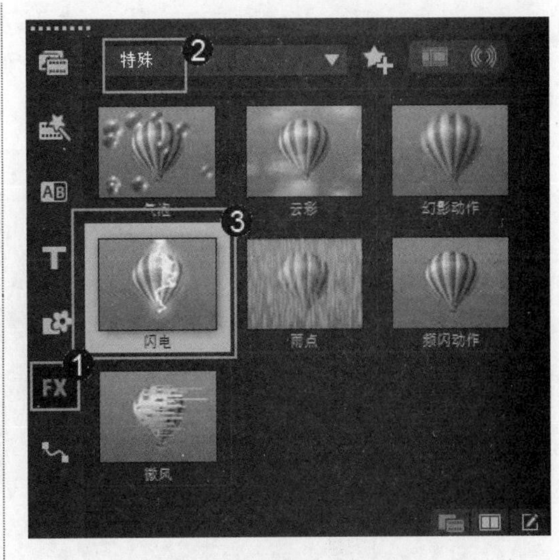

图 8-54

按住鼠标左键并将选择的【闪电】滤镜效果拖曳至【故事板视图】面板中的图像素材上，如图 8-55 所示。

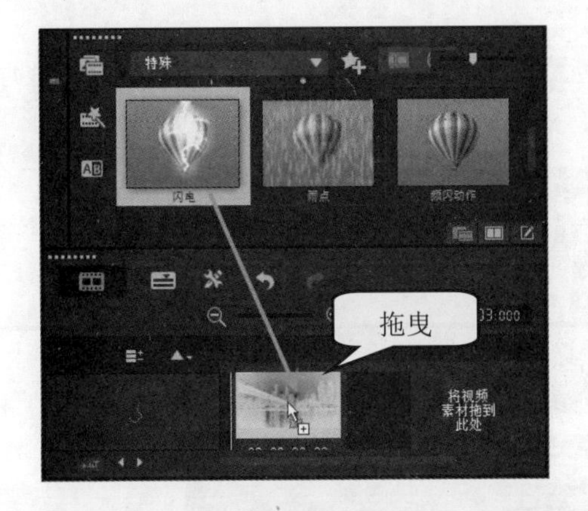

图 8-55

step 4　选中该图像素材，单击【显示选项面板】按钮，打开【效果】选项面板，单击【自定义滤镜】按钮，如图 8-56 所示。

图 8-56

step 5　弹出【闪电】对话框，在【原图】区域中拖曳十字标记来改变闪电聚焦中心点，如图 8-57 所示。

图 8-57

step 6 在【闪电】对话框中，① 单击【转到下一个关键帧】按钮，② 在【原图】区域中拖曳十字标记改变闪电聚焦中心点，③ 单击【确定】按钮，如图 8-58 所示。

图 8-58

在【导览】面板中，单击【播放】按钮，即可预览滤镜效果。通过以上步骤即可完成应用【闪电】滤镜效果的操作，最终效果如图 8-59 所示。

图 8-59

8.5.3 应用老电影滤镜效果

应用【老电影】滤镜可以让画面模仿老电影拍摄的效果，在播放时出现抖动、刮痕，光线变化也会忽暗忽明。下面详细介绍应用老电影滤镜的操作方法。

素材文件 第 8 章\素材文件\温馨一刻.VSP

效果文件 第 8 章\效果文件\应用老电影滤镜效果.VSP

step 1 打开素材项目文件“温馨一刻.VSP”，可以看到在【故事板视图】面板中，插入了1个图像素材，如图8-60所示。

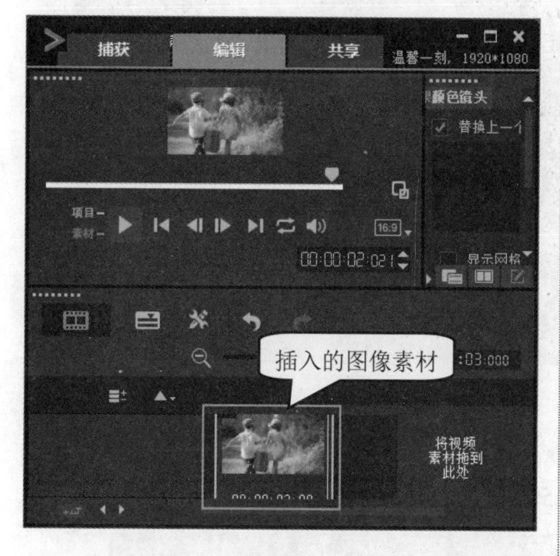

图 8-60

step 2 在【选项】面板中，① 选择【滤镜】选项，切换至【滤镜】素材库，② 在【画廊】下拉列表框中，选择【相机镜头】滤镜类型，③ 选择【老电影】滤镜，如图8-61所示。

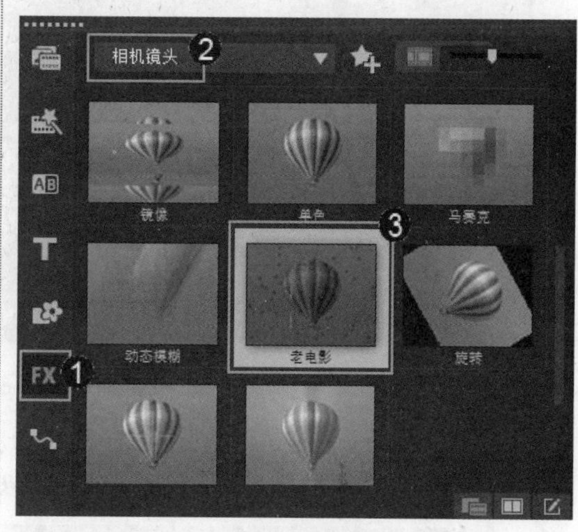

图 8-61

step 3 按住鼠标左键并将选择的【老电影】滤镜效果拖曳至【故事板视图】面板中的图像素材上，如图8-62所示。

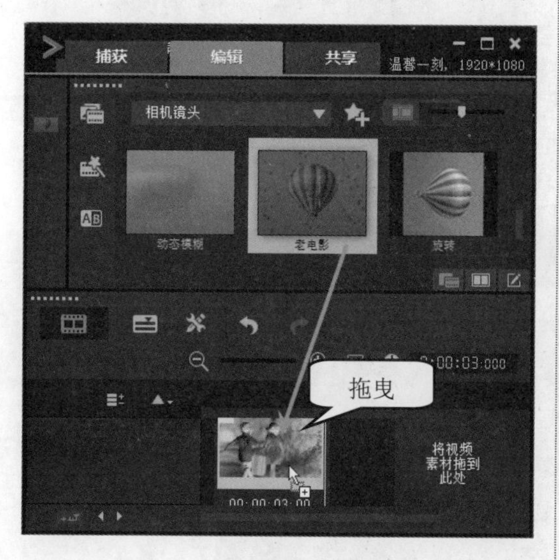

图 8-62

step 4 选中该图像素材，单击【显示选项面板】按钮，打开【效果】选项面板，单击【自定义滤镜】按钮，如图8-63所示。

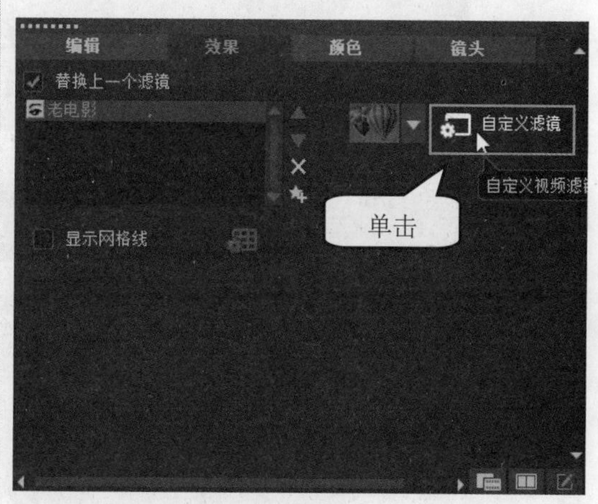

图 8-63

step 5 弹出【老电影】对话框，① 单击【替换颜色】右侧的颜色块，② 弹出【Corel色彩选取器】对话框，设置一种应用于画面的颜色，③ 单击【确定】按钮，如图8-64所示。

图 8-64

返回到【老电影】对话框中，可以看到已经将图像背景颜色改变成已选择的画面颜色，单击【确定】按钮，如图 8-65 所示。

图 8-65

在【导览】面板中，单击【播放】按钮▶，即可预览滤镜效果。通过以上步骤即可完成应用【老电影】滤镜效果的操作，如图 8-66 所示。

图 8-66

8.5.4 应用彩色笔滤镜效果

【彩色笔】滤镜主要用于模仿彩色笔的素描效果。下面详细介绍应用【彩色笔】滤镜的操作方法。

素材文件 第8章\素材文件\春意盎然.VSP

效果文件 第8章\效果文件\应用彩色笔滤镜效果.VSP

step 1 打开素材项目文件“春意盎然.VSP”，可以看到在【故事板视图】面板中，插入了1个图像素材，如图8-67所示。

图 8-67

step 2 在【选项】面板中，① 选择【滤镜】选项，切换至【滤镜】素材库，② 在【画廊】下拉列表框中，选择【自然绘图】滤镜类型，③ 选择【彩色笔】滤镜，如图8-68所示。

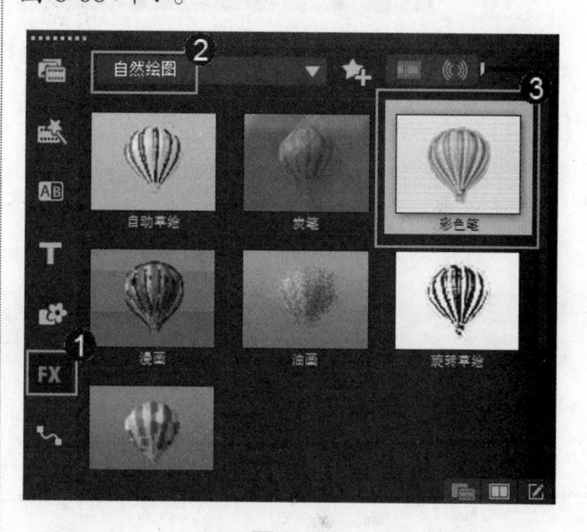

图 8-68

step 3 按住鼠标左键并将选择的【彩色笔】滤镜效果拖曳至【故事板视图】面板中的图像素材上，如图8-69所示。

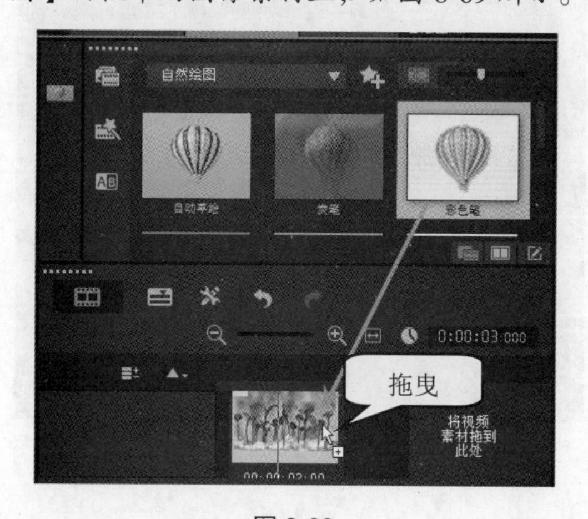

图 8-69

step 4 打开【效果】选项面板，① 单击【自定义滤镜】左侧的下三角按钮，② 选择准备应用的预设彩色笔滤镜效果，如图8-70所示。

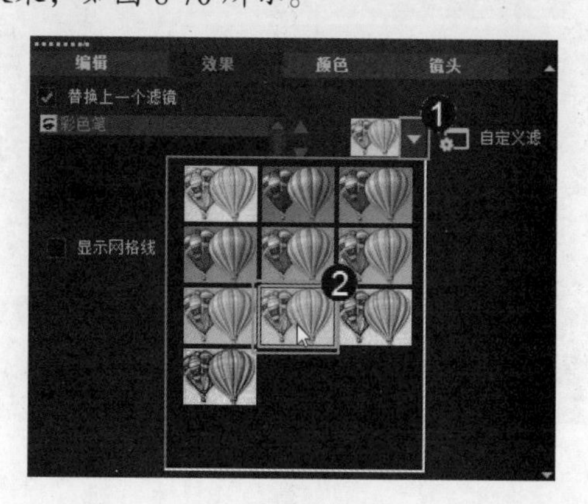

图 8-70

step 5 在【导览】面板中，单击【播放】按钮▶，即可预览滤镜效果。通过以上步骤即可完成应用彩色笔滤镜效果的操作，如图 8-71 所示。

图 8-71

8.5.5 应用气泡滤镜效果

应用【气泡】滤镜可以在画面中添加动态的气泡，使画面产生动态唯美的效果。下面详细介绍应用气泡滤镜的操作方法。

素材文件 第 8 章\素材文件\海洋天堂.VSP
效果文件 第 8 章\效果文件\应用气泡滤镜效果.VSP

step 1 打开素材项目文件“海洋天堂.VSP”，可以看到在【故事板视图】面板中，插入了 1 个图像素材，如图 8-72 所示。

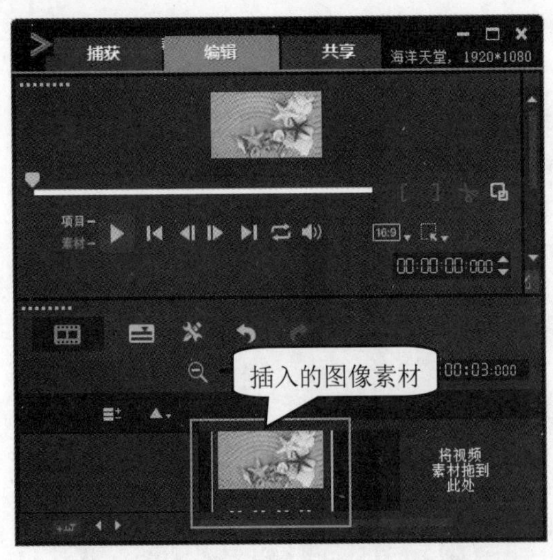

图 8-72

step 2 在【选项】面板中，① 选择【滤镜】选项，切换至【滤镜】素材库，② 在【画廊】下拉列表框中，选择【特殊】滤镜类型，③ 选择【气泡】滤镜，如图 8-73 所示。

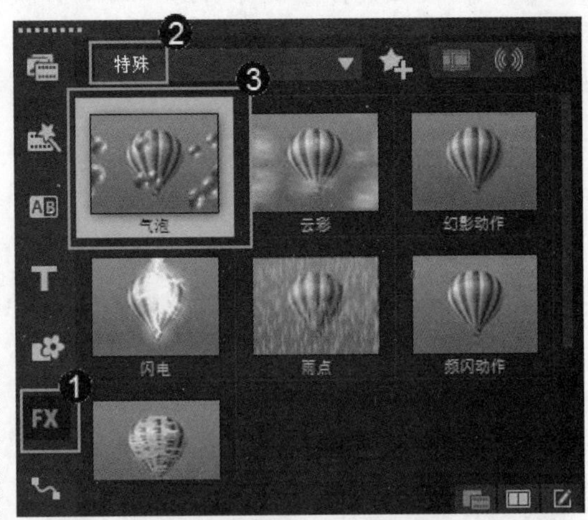

图 8-73

step 3 按住鼠标左键并将选择的【气泡】滤镜效果拖曳至【故事板视图】面板中的图像素材上，如图 8-74 所示。

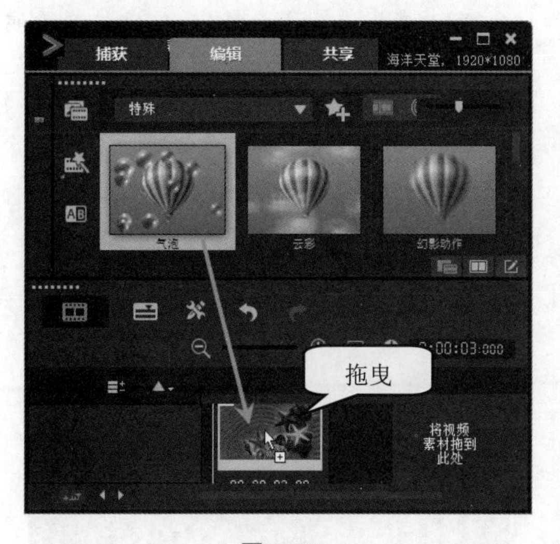

图 8-74

step 4 打开【效果】选项面板，① 单击【自定义滤镜】左侧的下三角按钮，② 选择准备应用的【气泡】预设滤镜效果，如图 8-75 所示。

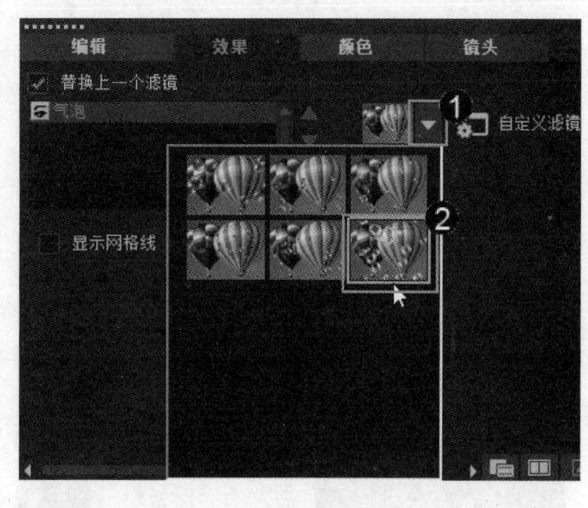

图 8-75

step 5 在【导览】面板中，单击【播放】按钮，即可预览滤镜效果。通过以上步骤即可完成应用【气泡】滤镜效果的操作，效果如图 8-76 所示。

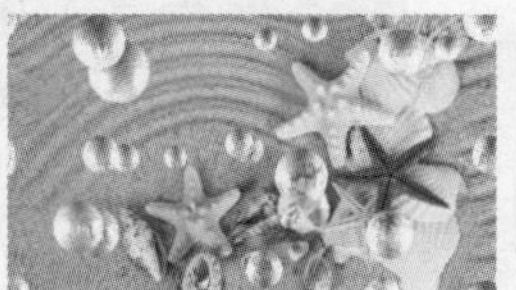
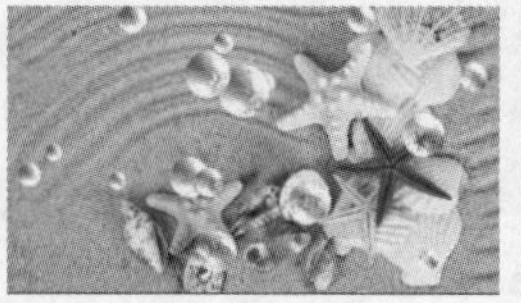

图 8-76

Section 8.6 范例应用与上机操作

手机扫描下方二维码，观看本节视频课程

通过本章的学习，读者基本可以掌握应用滤镜制作视频特效的基本知识以及一些常见的操作方法，本节将通过一些范例应用，如应用雨点滤镜制作下雨的森林效果、应用漫画滤镜制作惬意时光效果，练习上机操作，以达到巩固学习、拓展提高的目的。

8.6.1 应用雨点滤镜制作下雨的森林效果

应用【雨点】滤镜可以在画面上添加雨点，从而模仿大自然中下雨的效果。下面详细介绍应用雨点滤镜制作下雨的森林特效的操作方法。

素材文件 第 8 章\素材文件\森林.VSP

效果文件 第 8 章\效果文件\下雨的森林效果.VSP

step 1 打开素材项目文件“森林.VSP”，可以看到在【故事板视图】面板中，插入了 1 个图像素材，如图 8-77 所示。

图 8-77

step 2 在【选项】面板中，① 选择【滤镜】选项，切换至【滤镜】素材库，② 在【画廊】下拉列表框中，选择【特殊】滤镜类型，③ 选择【雨点】滤镜，如图 8-78 所示。

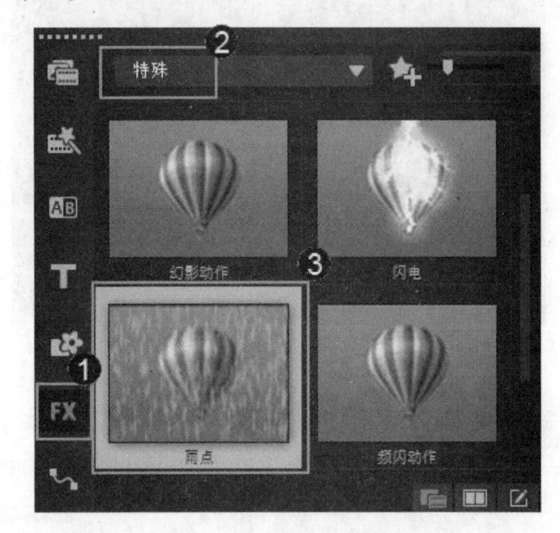

图 8-78

step 3 按住鼠标左键并将选择的【雨点】滤镜效果拖曳至【故事板视图】面板中的图像素材上，如图 8-79 所示。

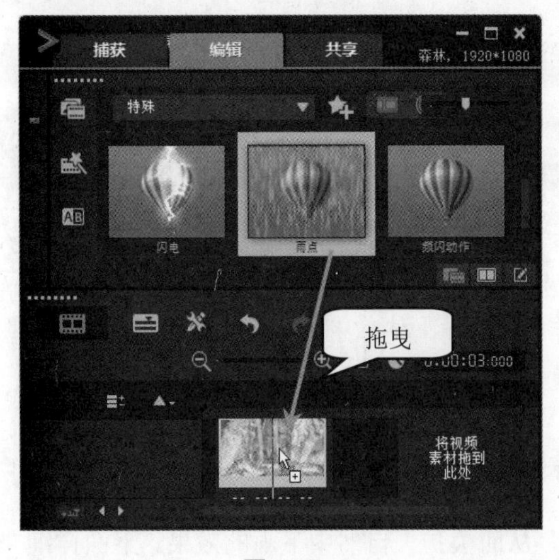

图 8-79

step 4 选中该图像素材，单击【显示选项面板】按钮，打开【效果】选项面板，单击【自定义滤镜】按钮，如图 8-80 所示。

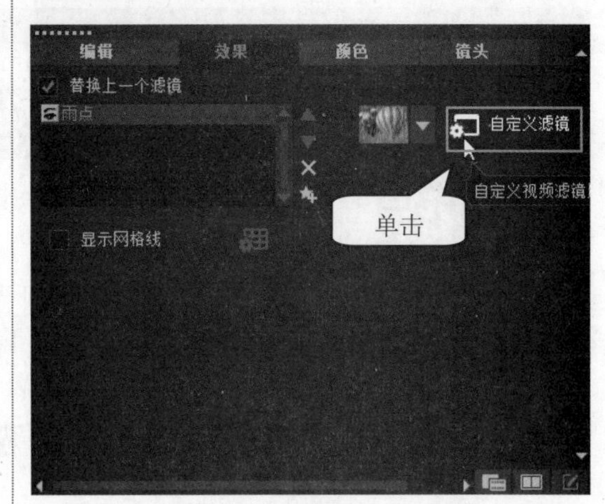

图 8-80

step 5 弹出【雨点】对话框，① 设置雨点的密度、长度、宽度、背景模糊等参数，② 单击【确定】按钮，如图 8-81 所示。

图 8-81

step 6 在【导览】面板中，单击【播放】按钮▶，即可预览效果。通过以上步骤即可完成应用【雨点】滤镜制作下雨的森林效果的操作，如图 8-82 所示。

图 8-82

8.6.2 应用漫画滤镜制作惬意时光效果

【漫画】滤镜能够使画面呈现出漫画风格的效果。下面详细介绍使用漫画滤镜制作惬意时光效果的操作方法。

素材文件 第 8 章\素材文件\惬意时光.VSP

效果文件 第 8 章\效果文件\制作惬意时光效果.VSP

step 1 打开素材项目文件“惬意时光.VSP”，可以看到在【故事板视图】面板中，插入了 1 个图像素材，如图 8-83 所示。

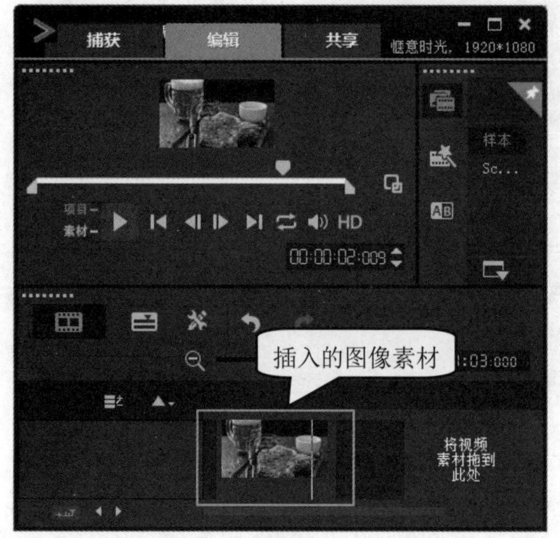

图 8-83

step 2 在【选项】面板中，① 选择【滤镜】选项，切换至【滤镜】素材库，② 在【画廊】下拉列表框中，选择【自然绘图】滤镜类型，③ 选择【漫画】滤镜，如图 8-84 所示。

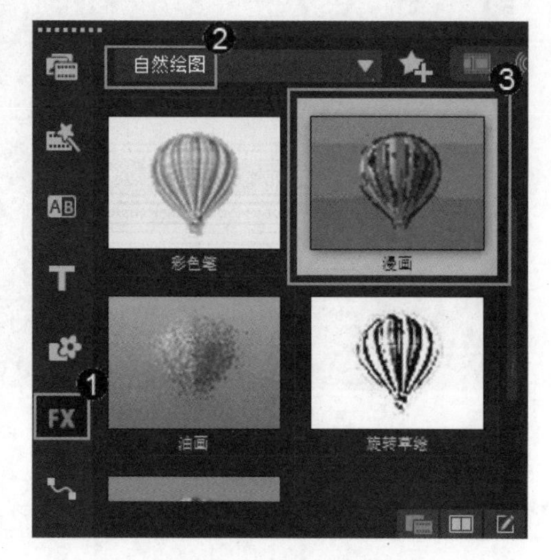

图 8-84

step 3 按住鼠标左键并将选择的【漫画】滤镜效果拖曳至【故事板视图】面板中的图像素材上，如图 8-85 所示。

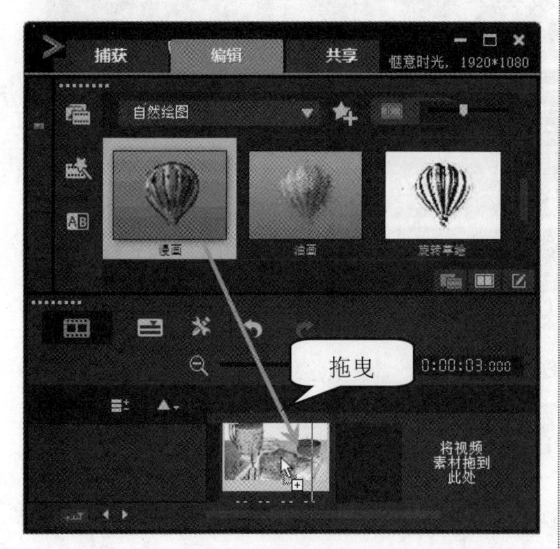

图 8-85

step 4 选中该图像素材，单击【显示选项面板】按钮，打开【效果】选项面板，在【预设】下拉列表框中，选择准备应用的【漫画】预设滤镜效果，如图 8-86 所示。

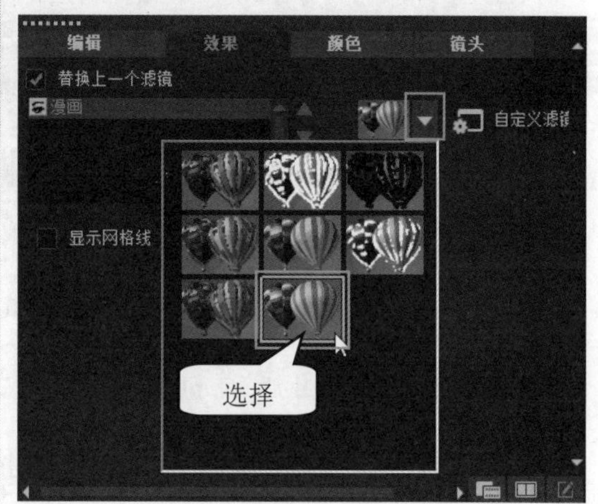

图 8-86

step 5 在【选项】面板中，单击【自定义滤镜】按钮，弹出【漫画】对话框，① 在【样式】下拉列表框中选择【平坦】选项，② 单击【确定】按钮，如图 8-87 所示。

图 8-87

step 6 在【导览】面板中，单击【播放】按钮▶，即可预览效果。通过以上步骤即可完成应用漫画滤镜制作惬意时光效果的操作，如图 8-88 所示。

图 8-88

Section 8.7 本章小结与课后练习

本节内容无视频课程 

会声会影 2019 为用户提供了多种滤镜效果，对视频素材进行编辑时，可以将它应用到视频素材上。通过视频滤镜不仅可以掩饰视频素材的瑕疵，还可以令视频产生绚丽的视觉效果，使制作出来的视频更具表现力。通过本章的学习，读者基本可以掌握应用滤镜制作视频特效的基本知识以及一些常见的操作方法。下面通过练习几道习题，达到巩固与提高的目的。

一、填空题

1. 为了使制作的视频滤镜效果更加丰富，可以______视频滤镜，通过设置视频滤镜效果的某些参数，从而制作出精美的画面效果。

2. 在其他显示设备播放出来的画面和在计算机屏幕中的亮度和对比度会有些不同，因此用户可以根据需要使用__________滤镜来调整画面。

3. 应用______滤镜可以改变画面中颜色混合的情况，使所有的色彩趋向于平衡。

4. ______滤镜是对画面边缘的相邻像素进行平面化，从而产生平滑的过渡效果，使得图像更加柔和。

5. 应用______滤镜可以为画面添加真实的闪电效果，从而模仿大自然中的闪电效果。

二、判断题

1. 在为素材添加滤镜后，若发现产生的效果并不是自己想要的，还可以选择其他视频滤镜来替换现有的视频滤镜。 (　　)

2. 为素材添加视频滤镜后，系统不会自动为所添加的视频滤镜效果提供多个预设的滤镜模式。如果对程序所指定的滤镜预设模式不满意，可重新选择预设的视频滤镜模式。 (　　)

3. 【自动曝光】滤镜只有一种滤镜预设模式，它可以自动分析并调整画面的亮度和对比度，改善视频素材的明暗对比。 (　　)

4. 应用【彩色笔】滤镜可以让画面模仿老电影拍摄的效果，在播放时出现抖动、刮痕，光线变化也会忽暗忽明。 (　　)

5. 应用【气泡】滤镜可以在画面中添加动态的气泡，使画面产生动态唯美的效果。 (　　)

三、思考题

1. 如何添加多个滤镜效果？

2. 如何自定义视频滤镜？

四、上机操作

1. 通过本章的学习，读者基本可以掌握应用滤镜制作视频特效方面的知识，下面通过练习制作发散光晕特效，达到巩固与提高的目的。

2. 通过本章的学习，读者基本可以掌握应用滤镜制作视频特效方面的知识，下面通过练习制作雪花飘落特效，达到巩固与提高的目的。

第 9 章

运用覆叠与遮罩制作视频特效

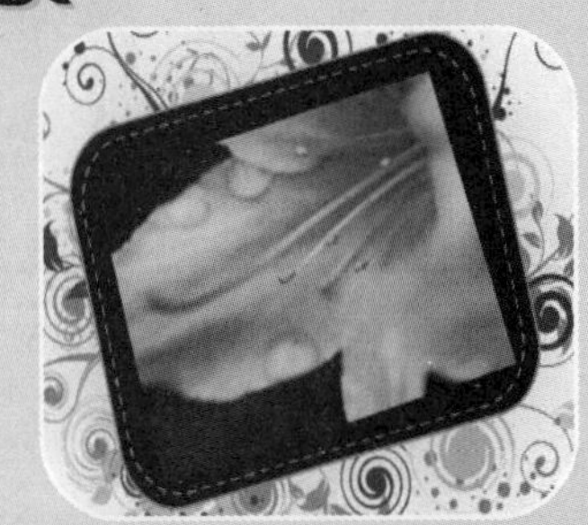

本章主要介绍覆叠的基础知识及操作、调整覆叠素材、应用遮罩效果、制作覆叠效果方面的知识与技巧，同时还讲解了如何制作路径运动效果。通过本章的学习，读者可以掌握运用覆叠与遮罩制作视频特效基础操作方面的知识，为深入学习会声会影 2019 中文版知识奠定基础。

本 章 要 点

1. 覆叠的基础知识及操作
2. 调整覆叠素材
3. 应用遮罩效果
4. 制作覆叠效果
5. 制作路径运动效果

Section 9.1 覆叠的基础知识及操作

手机扫描下方二维码，观看本节视频课程

所谓覆叠是会声会影 2019 提供的一种视频编辑方法，指画面叠加，在屏幕上同时展示出多个画面效果。在会声会影 2019 中，添加多个"覆叠轨"可以为影片带来更多创意。本节将详细介绍覆叠的基础知识及相关操作。

9.1.1 覆叠效果概述

覆叠效果是指在一个视频画面中，出现另外一个图片、动画或者视频的过程。简单地说，覆叠效果就是画中画的效果。使用会声会影 2019，用户可以在"覆叠轨"中，在正常的视频上叠加其他的视频、图片、动画、边框等素材，与视频轨上的视频合并起来，创建画中画的效果，打造更具专业化、更美观的视频作品，如图 9-1 所示。

图 9-1

知识精讲

在会声会影 2019 中，程序还允许用户对覆叠轨中的素材应用滤镜效果，使制作的视频作品更具观赏性。

9.1.2 添加覆叠素材

在会声会影 2019 中，用户可以将保存在硬盘上的视频素材、图像素材、色彩素材或 Flash 动画添加到覆叠轨中，也可以将对象和边框添加到覆叠轨中。下面详细介绍添加覆叠素材的操作方法。

素材文件 第 9 章\素材文件\巧克力豆.VSP

效果文件 第 9 章\效果文件\添加覆叠素材.VSP

step 1 打开素材项目文件“巧克力豆.VSP”，① 在【覆叠轨】区域中，使用鼠标右键单击，② 在弹出的快捷菜单中，选择【插入照片】菜单项，如图 9-2 所示。

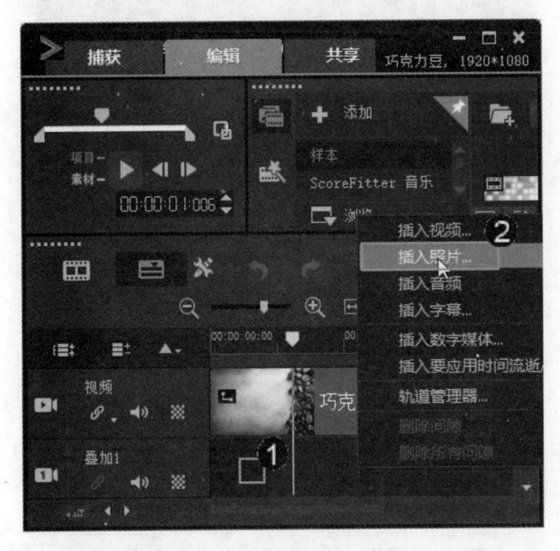

图 9-2

step 2 弹出【浏览照片】对话框，① 选择要插入的图片保存的位置，② 选择要插入的素材图片，③ 单击【打开】按钮，如图 9-3 所示。

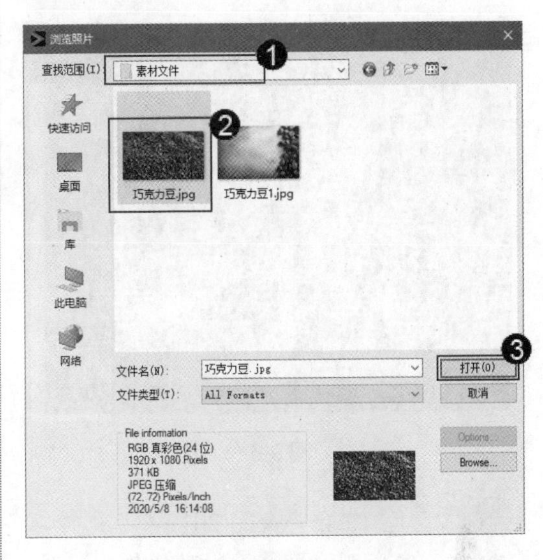

图 9-3

step 3 返回到【时间轴视图】面板中，可以看到在【覆叠轨】区域中已经插入了一张图片，如图 9-4 所示。

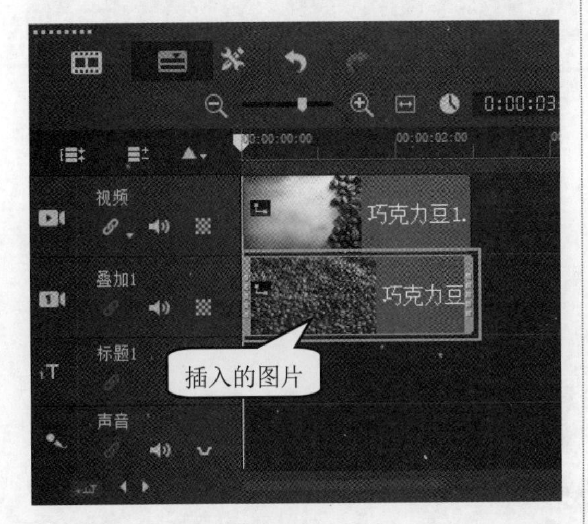

图 9-4

step 4 在【导览】面板中，单击【播放】按钮▶，即可预览效果。通过以上步骤即可完成添加覆叠素材的操作，如图 9-5 所示。

图 9-5

9.1.3 删除覆叠素材

用户还可以将不再准备使用的视频素材、图像素材、色彩素材或 Flash 动画快速从覆叠轨中删除。下面详细介绍删除覆叠素材的操作方法。

step 1 在【时间轴视图】面板中，在【覆叠轨】区域中，① 右键单击准备删除的覆叠素材，② 在弹出的快捷菜单中，选择【删除】菜单项，如图 9-6 所示。

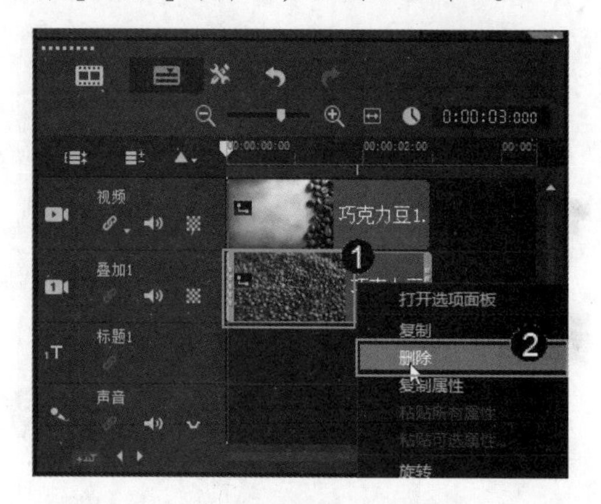

图 9-6

step 2 通过以上步骤即可完成删除覆叠素材的操作，如图 9-7 所示。

图 9-7

知识精讲

在会声会影 2019 中，选择准备删除的覆叠素材，然后按 Delete 键，也可以完成删除覆叠素材的操作。

Section 9.2 调整覆叠素材

手机扫描下方二维码，观看本节视频课程

在编辑视频时，添加覆叠素材可以让画面变得更加生动有趣。在添加覆叠素材后，还需要设置覆叠素材的相应属性，例如形状、对齐方式、大小与位置和区间等。本节将详细介绍调整覆叠素材的相关知识及操作方法。

9.2.1 调整覆叠素材的形状

会声会影允许用户调整任意倾斜或者扭曲素材，从而配合倾斜或者扭曲的覆叠画面，使视频的应用更加自由。下面详细介绍调整覆叠素材的形状的操作方法。

素材文件 第 9 章\素材文件\调整覆叠素材形状.VSP

效果文件 第 9 章\效果文件\调整覆叠素材形状效果.VSP

step 1 打开素材项目文件“调整覆叠素材形状.VSP”，可以看到在【视频轨】区域中，导入了图像素材，并在【覆叠轨】区域中，导入了覆叠素材，如图 9-8 所示。

step 2 在【导览】面板中，单击右下角的【扩大】按钮，将窗口放大显示，如图 9-9 所示。

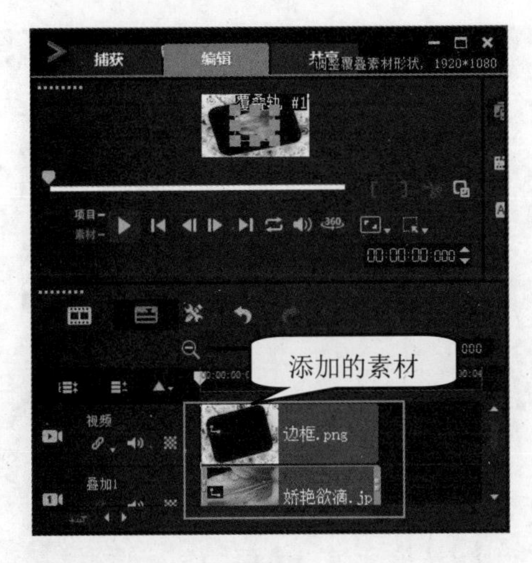

图 9-8

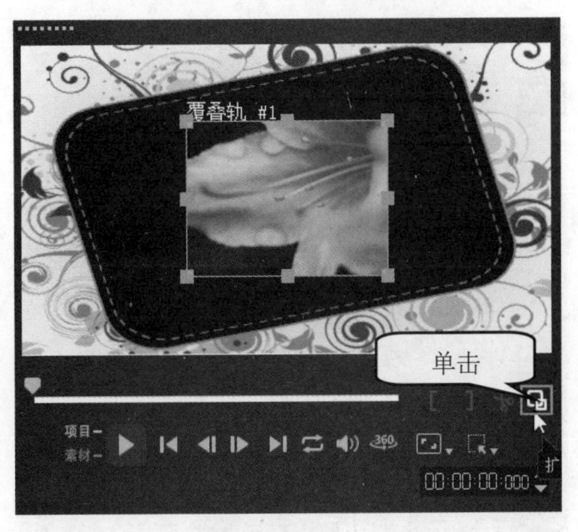

图 9-9

step 3 在【导览】面板中，使用鼠标左键拖动覆叠素材周围的绿色控制点，调整素材的形状，然后释放鼠标左键，如图 9-10 所示。

step 4 在【导览】面板中，单击【播放】按钮▶，即可预览效果。通过以上步骤即可完成调整覆叠素材形状的操作，如图 9-11 所示。

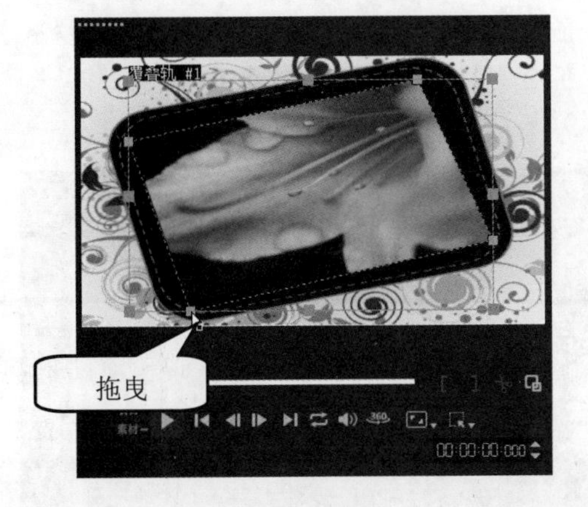

图 9-10

图 9-11

9.2.2 调整覆叠素材的对齐方式

在调整素材的对齐方式时，可以通过【效果】选项面板中的【对齐选项】按钮进行设置。下面详细介绍调整覆叠素材的对齐方式的操作方法。

素材文件 第 9 章\素材文件\雪路中的路标.VSP

效果文件 第 9 章\效果文件\调整覆叠素材的对齐方式.VSP

step 1 打开素材项目文件“雪路中的路标.VSP”，可以看到在【视频轨】区域中，导入了图像素材，并在【覆叠轨】区域中，导入了覆叠素材，如图 9-12 所示。

step 2 ① 选中【覆叠轨】中的覆叠素材，② 单击【显示选项面板】按钮，如图 9-13 所示。

图 9-12

图 9-13

step 3 打开选项面板，① 选择【效果】选项卡，② 单击【对齐选项】按钮，③ 在弹出的下拉菜单中，选择【停靠在底部】菜单项，④ 在弹出的子菜单中，选择【居左】菜单项，如图 9-14 所示。

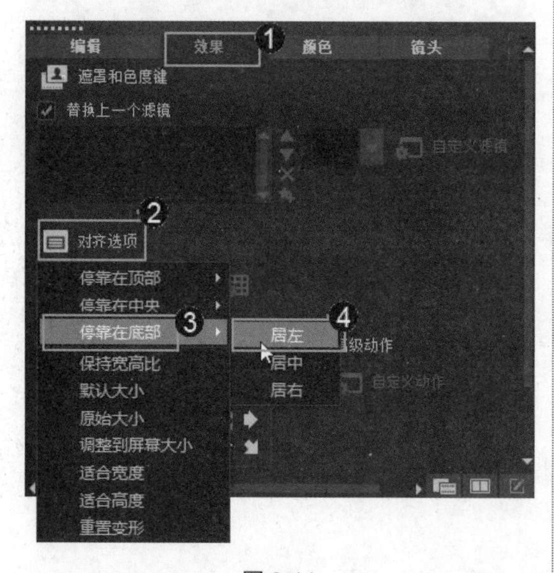

图 9-14

step 4 在【导览】面板中，单击【播放】按钮▶，即可预览调整后的效果，覆叠素材在底部居左显示。通过以上步骤即可完成调整覆叠素材对齐方式的操作，如图 9-15 所示。

图 9-15

9.2.3 调整覆叠素材的大小与位置

在预览窗口中可以通过使用鼠标自定义调整覆叠素材的位置与大小。下面详细介绍调整覆叠素材大小与位置的操作方法。

素材文件 第9章\素材文件\雪路中的路标.VSP
效果文件 第9章\效果文件\调整覆叠素材的大小与位置.VSP

step 1 打开素材项目文件“雪路中的路标.VSP”，在【导览】面板中，选择覆叠素材，并拖曳到适当的位置，如图 9-16 所示。

图 9-16

step 2 可以看到覆叠素材的位置发生变化，这样即可完成调整覆叠素材位置的操作，如图 9-17 所示。

图 9-17

step 3 在【导览】面板中，将鼠标指针移动到覆叠素材左上角的调节点上，指针呈双向箭头状，按住鼠标左键并向上拖曳，然后释放鼠标左键，如图 9-18 所示。

图 9-18

step 4 可以看到覆叠素材的大小发生变化，这样即可完成调整覆叠素材大小的操作，如图 9-19 所示。

图 9-19

在覆叠轨中，选择需要调整位置的图像，在预览窗口中的覆叠对象上单击鼠标右键，在弹出的快捷菜单中可以设置将对象停靠在顶部或停靠在底部等。

9.2.4 调整覆叠素材的区间

覆叠素材默认的时间为 3s，如果需要对素材的播放时间进行更改，可以通过拖曳黄色标记进行调整。下面详细介绍调整覆叠素材区间的操作方法。

step 1 在【覆叠轨】区域中，选中导入的覆叠素材后，按住鼠标左键拖动覆叠素材右侧的黄色标记至需要修正的位置，然后释放鼠标左键，如图 9-20 所示。

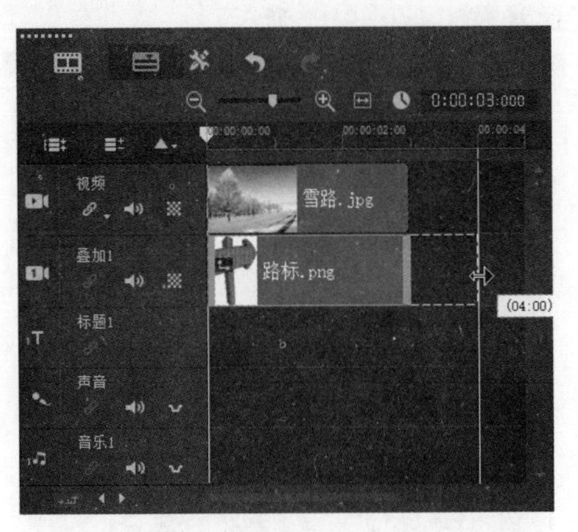

图 9-20

可以看到黄色标记已被移动到了新的位置，这样即可完成调整覆叠素材区间的操作，如图 9-21 所示。

图 9-21

9.2.5 调整覆叠素材的透明度

在会声会影 2019 中，还可以根据需要设置覆叠素材的透明度，将素材以半透明的形式进行重叠，显示出若隐若现的效果。下面详细介绍调整覆叠素材透明度的方法。

素材文件 第 9 章\素材文件\雪路中的路标.VSP

效果文件 第 9 章\效果文件\调整覆叠素材的透明度.VSP

step 1 打开素材项目文件“雪路中的路标.VSP”，① 选中【覆叠轨】中的覆叠素材，② 单击【显示选项面板】按钮，如图 9-22 所示。

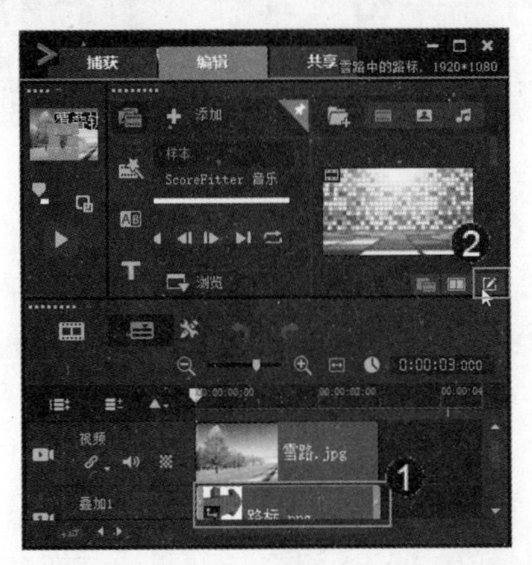

图 9-22

打开选项面板，① 选择【效果】选项卡，② 单击【遮罩和色度键】按钮，如图 9-23 所示。

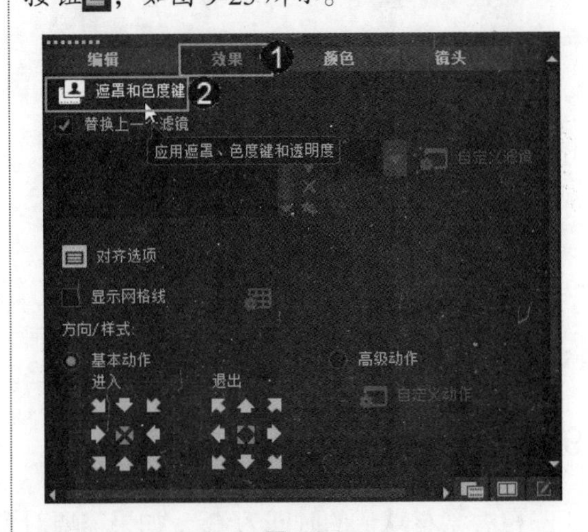

图 9-23

step 3 打开相应的选项面板，① 在【透明度】微调框中输入 60，② 勾选【应用覆叠选项】复选框，③ 设置【相似度】相关参数，如图 9-24 所示。

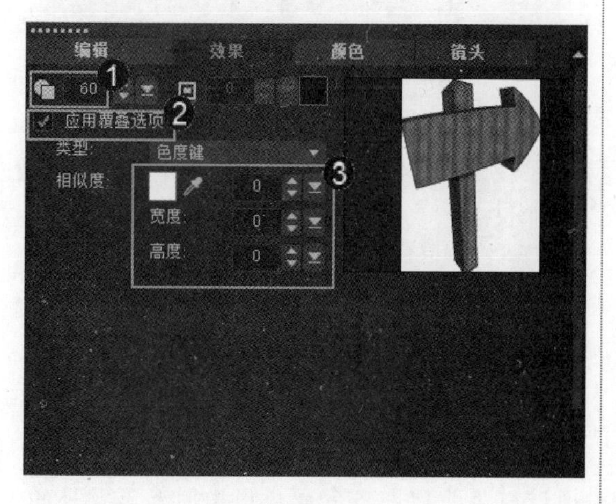

图 9-24

step 4 在【导览】面板中，单击【播放】按钮，即可预览调整后的效果。通过以上步骤即可完成调整覆叠素材的透明度，如图 9-25 所示。

图 9-25

Section 9.3

应用遮罩效果

手机扫描下方二维码，观看本节视频课程

在会声会影 2019 中，还可以根据需要在覆叠轨中设置覆叠对象的遮罩效果，使制作的视频作品更美观。会声会影 2019 提供了多种遮罩效果，本节将详细介绍常用的几种视频遮罩效果的相关知识及使用方法。

9.3.1 应用椭圆遮罩效果

在会声会影 2019 中，椭圆遮罩效果是指覆叠轨中的素材以椭圆的性质遮罩在视频轨中的素材上方。下面详细介绍应用椭圆遮罩效果的操作方法。

素材文件 第 9 章\素材文件\仓鼠.VSP
效果文件 第 9 章\效果文件\应用椭圆遮罩效果.VSP

step 1 打开素材项目文件“仓鼠.VSP”，① 选中【覆叠轨】中的覆叠素材，② 单击【显示选项面板】按钮，如图 9-26 所示。

step 2 打开选项面板，① 选择【效果】选项卡，② 单击【遮罩和色度键】按钮，如图 9-27 所示。

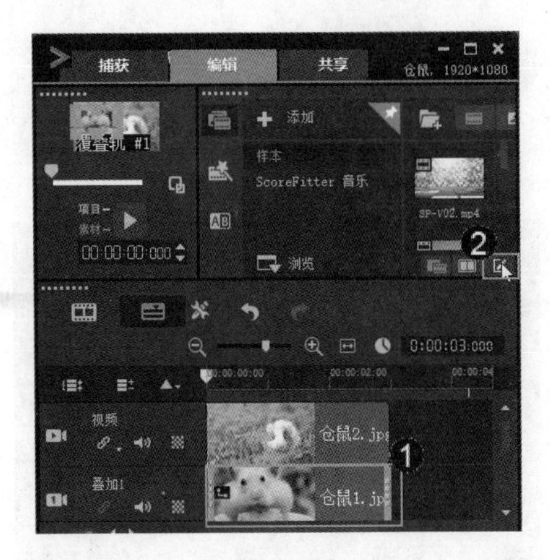

图 9-26

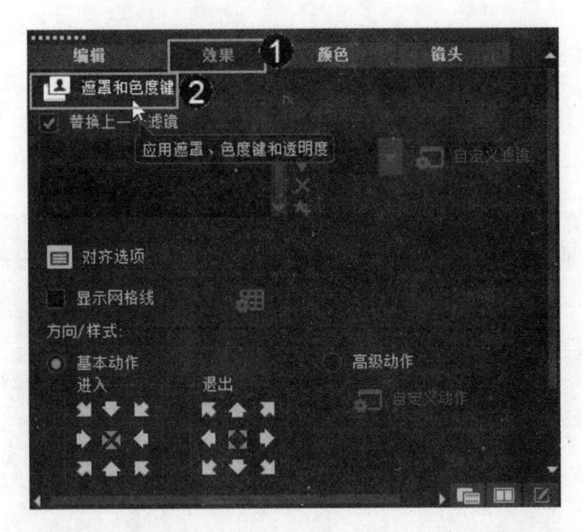

图 9-27

step 3 打开相应的选项面板，① 勾选【应用覆叠选项】复选框，② 在【类型】下拉列表框中选择【遮罩帧】选项，③ 在右侧选择【椭圆遮罩】样式，如图 9-28 所示。

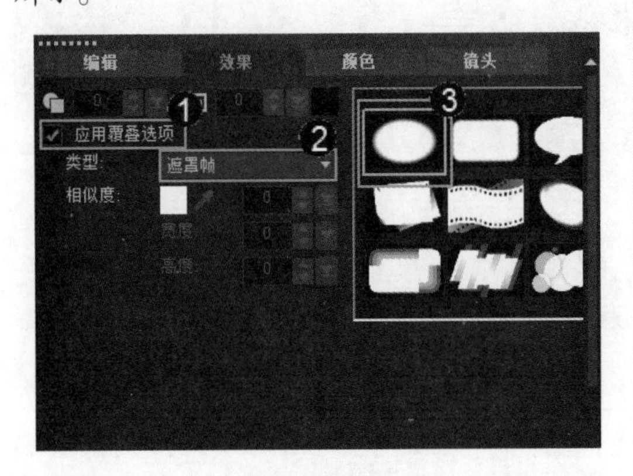

图 9-28

step 4 在【导览】面板中，单击【播放】按钮▶，即可预览应用后的效果。通过以上步骤即可完成应用椭圆遮罩效果的操作，如图 9-29 所示。

图 9-29

9.3.2 应用花瓣遮罩效果

在会声会影 2019 中，花瓣遮罩效果是指覆叠轨中的素材以花瓣的形状遮罩在视频轨中的素材上方。下面详细介绍应用花瓣遮罩效果的操作方法。

素材文件 第 9 章\素材文件\荷花.VSP

效果文件 第 9 章\效果文件\应用花瓣遮罩效果.VSP

step 1 打开素材项目文件“荷花.VSP”，① 选中【覆叠轨】中的覆叠素材，② 单击【显示选项面板】按钮，如图 9-30 所示。

step 2 打开选项面板，① 选择【效果】选项卡，② 单击【遮罩和色度键】按钮，如图 9-31 所示。

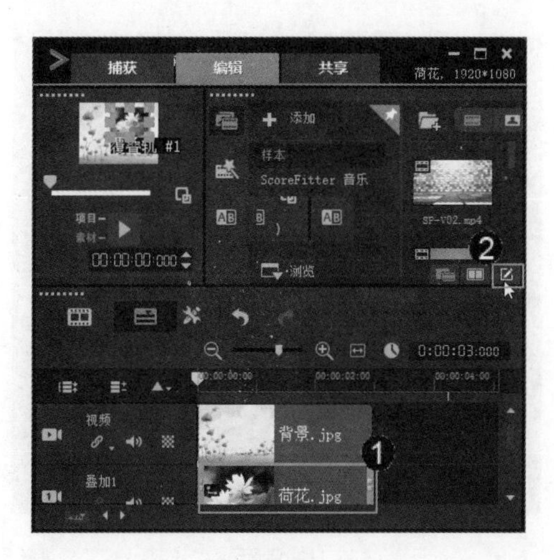

图 9-30

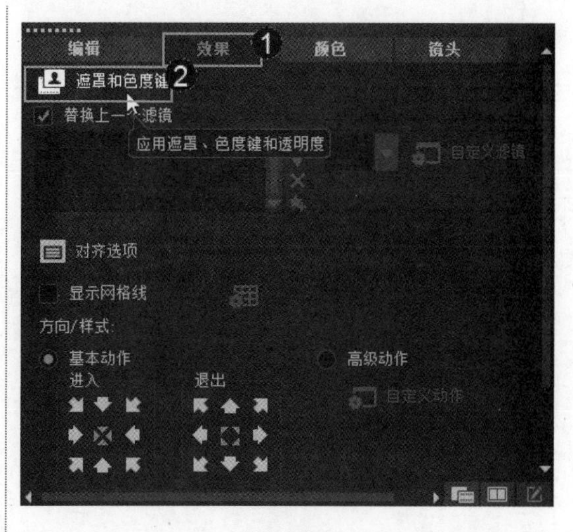

图 9-31

step 3 打开相应的选项面板，① 勾选【应用覆叠选项】复选框，② 在【类型】下拉列表框中选择【遮罩帧】选项，③ 在右侧选择【花瓣遮罩】样式，如图 9-32 所示。

step 4 在【导览】面板中，单击【播放】按钮，即可预览应用后的效果。通过以上步骤即可完成应用花瓣遮罩效果的操作，如图 9-33 所示。

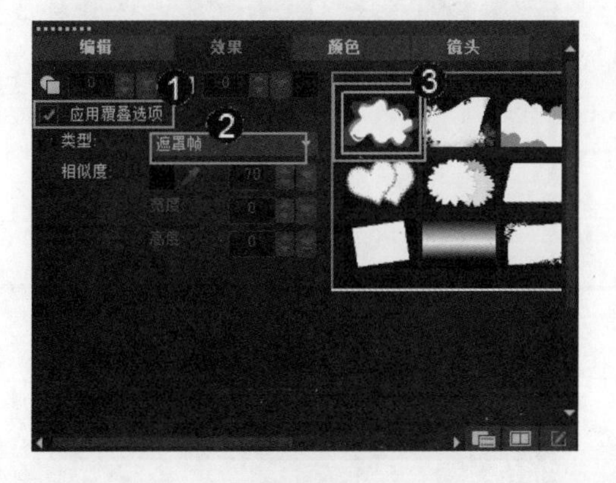

图 9-32

图 9-33

9.3.3 应用心形遮罩效果

在会声会影 2019 中，心形遮罩效果是指覆叠轨中的素材以心形遮罩在视频轨中的素材上方。下面详细介绍应用心形遮罩效果的操作方法。

素材文件 第 9 章\素材文件\爱情箴言.VSP

效果文件 第 9 章\效果文件\应用心形遮罩效果.VSP

step 1 打开素材项目文件“爱情箴言.VSP”，① 选中【覆叠轨】中的覆叠素材，② 单击【显示选项面板】按钮，如图 9-34 所示。

打开选项面板，① 选择【效果】选项卡，② 单击【遮罩和色度键】按钮，如图 9-35 所示。

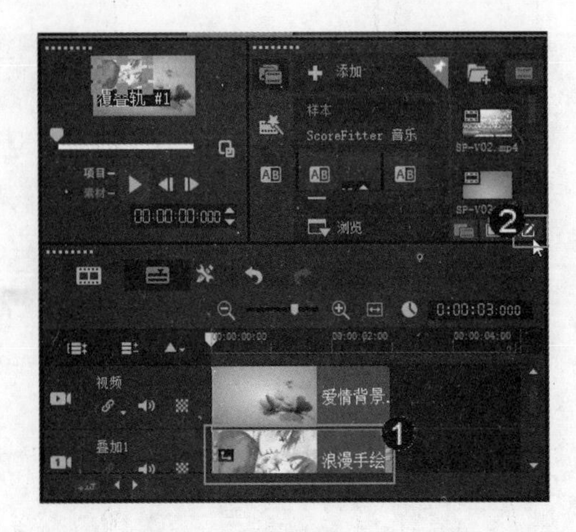

图 9-34

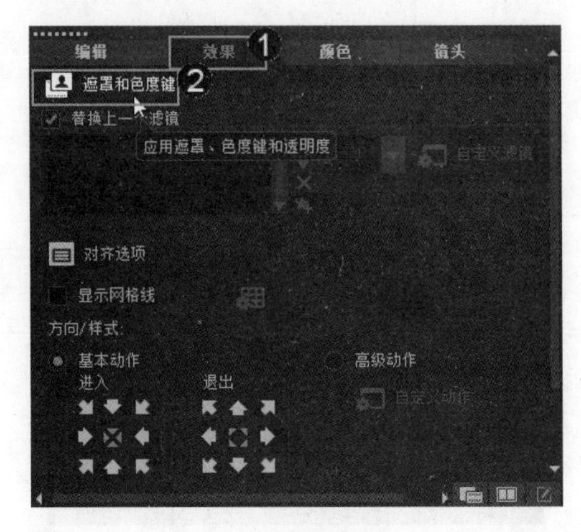

图 9-35

step 3 打开相应的选项面板，① 勾选【应用覆叠选项】复选框，② 在【类型】下拉列表框中选择【遮罩帧】选项，③ 在右侧选择【心形遮罩】样式，如图 9-36 所示。

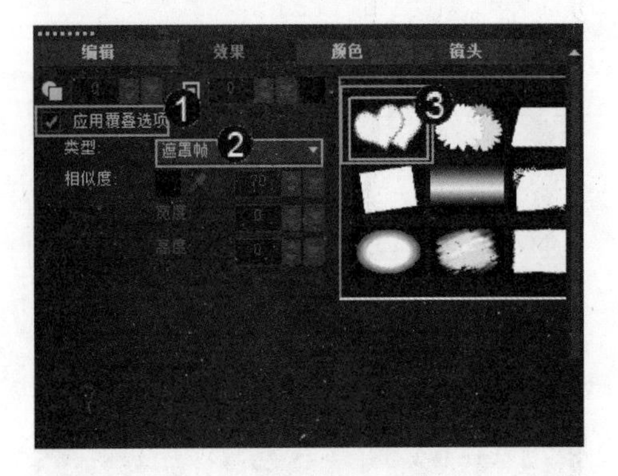

图 9-36

step 4 在【导览】面板中，单击【播放】按钮▶，即可预览应用后的效果。通过以上步骤即可完成应用心形遮罩效果的操作，如图 9-37 所示。

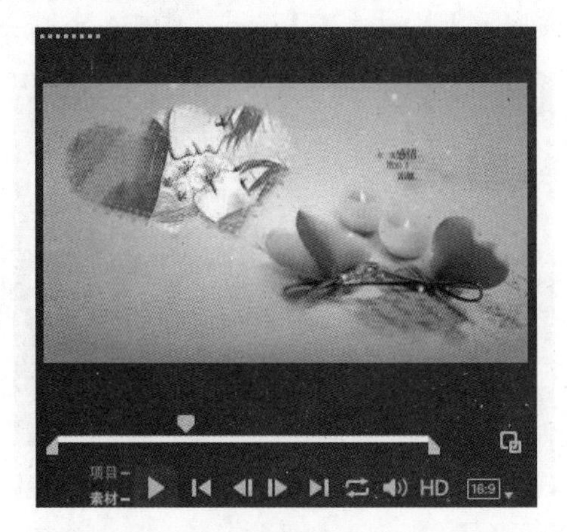

图 9-37

9.3.4 应用渐变遮罩效果

在会声会影 2019 中，渐变遮罩效果是指覆叠轨中的素材以渐变遮罩的方式附在视频轨中的素材上方。下面详细介绍应用渐变遮罩效果的方法。

素材文件 第 9 章\素材文件\小清新.VSP

效果文件 第 9 章\效果文件\应用渐变遮罩效果.VSP

step 1 打开素材项目文件“小清新.VSP”，① 选中【覆叠轨】中的覆叠素材，② 单击【显示选项面板】按钮，如图 9-38 所示。

step 2 打开选项面板，① 选择【效果】选项卡，② 单击【遮罩和色度键】按钮，如图 9-39 所示。

图 9-38

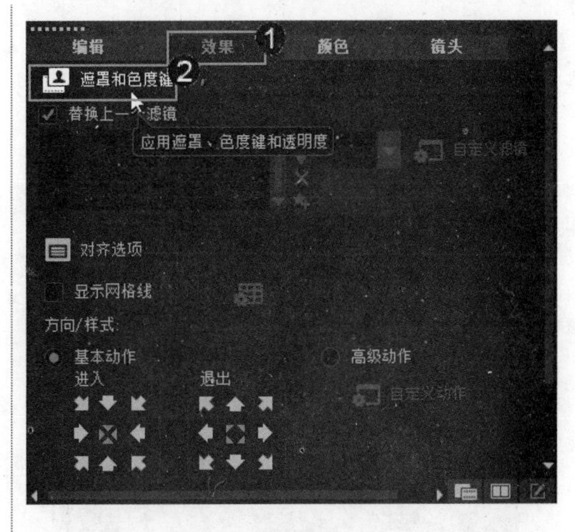

图 9-39

step 3 打开相应的选项面板，① 勾选【应用覆叠选项】复选框，② 在【类型】下拉列表框中选择【遮罩帧】选项，③ 在右侧选择【渐变遮罩】样式，如图 9-40 所示。

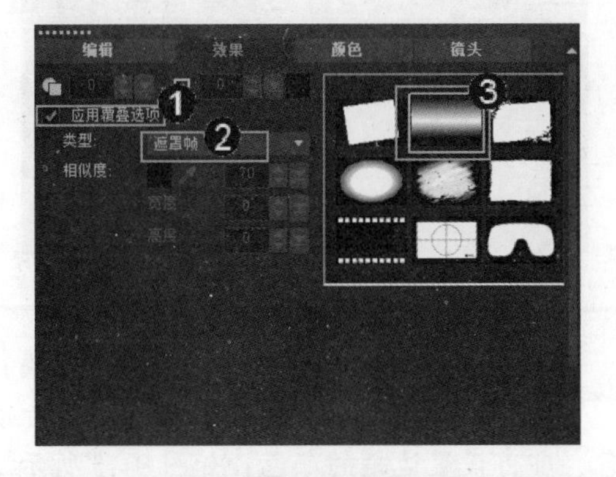

图 9-40

step 4 在【导览】面板中，单击【播放】按钮▶，即可预览应用后的效果，通过以上步骤即可完成应用渐变遮罩效果的操作，如图 9-41 所示。

图 9-41

Section 9.4 制作覆叠效果

手机扫描下方二维码，观看本节视频课程

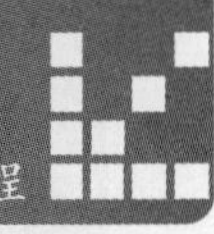

视频叠加是影片中常用的一种编辑方法。在会声会影中提供了很多种叠加方法，可以制作出多种不同样式的画中画特效，如制作覆叠边框效果、使用色度键抠图、制作多轨覆叠效果。本节将详细介绍制作覆叠效果的相关知识及操作方法。

9.4.1 制作覆叠边框效果

在覆叠素材上应用边框后，就可以使覆叠素材与背景更加清晰地区分开来。下面详细介绍制作覆叠边框效果的操作方法。

素材文件 第9章\素材文件\蝶恋花.VSP
效果文件 第9章\效果文件\制作覆叠边框效果.VSP

step 1 打开素材项目文件“蝶恋花.VSP”，① 选中【覆叠轨】中的覆叠素材，② 单击【显示选项面板】按钮，如图9-42所示。

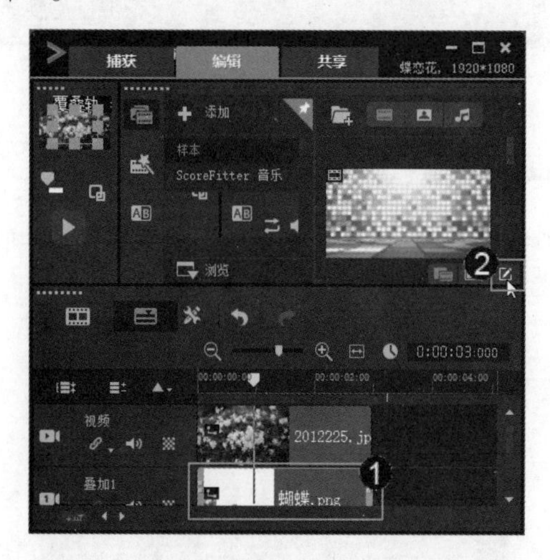

图9-42

step 2 打开选项面板，① 选择【效果】选项卡，② 单击【遮罩和色度键】按钮，如图9-43所示。

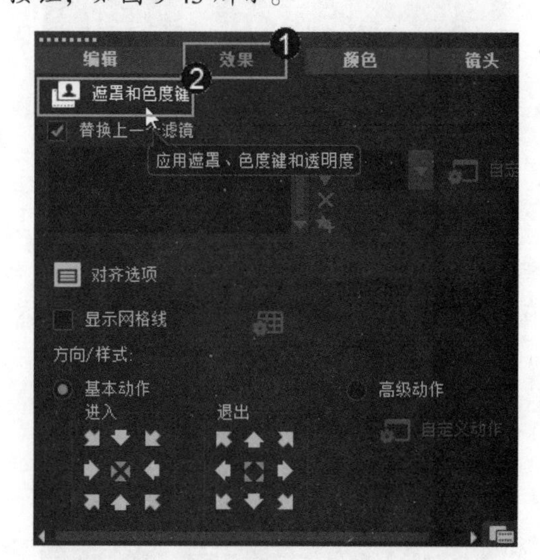

图9-43

step 3 打开相应的选项面板，单击【边框】选项右侧的三角按钮，拖动弹出的滑块或直接在数值框中输入数值，设置覆叠素材的边框宽度，如图9-44所示。

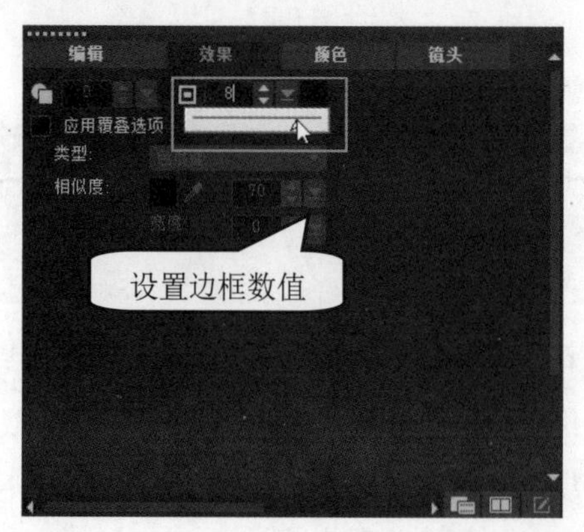

图9-44

step 4 单击【边框】选项右侧的颜色块，在弹出的调色板中选择合适的颜色，即可设置边框的颜色，如图9-45所示。

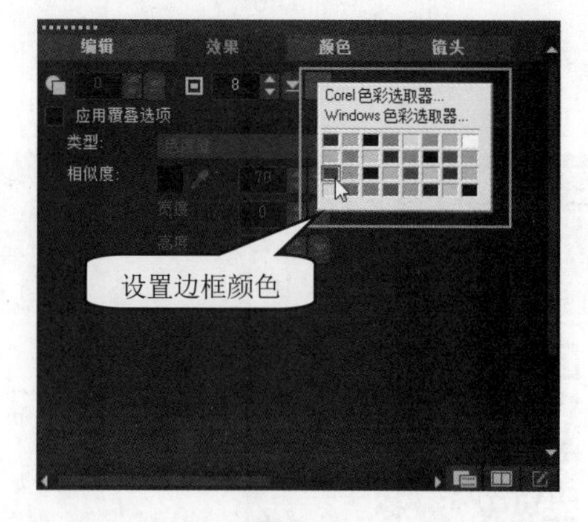

图9-45

step 5 在【导览】面板中，单击【播放】按钮▶，即可预览制作后的效果。通过以上步骤即可完成制作覆叠边框效果的操作，如图 9-46 所示。

图 9-46

9.4.2 使用色度键抠图

色度键功能是通常说的蓝屏、绿屏抠像功能，可以使用蓝屏、绿屏或者其他任何颜色来进行视频抠像。下面详细介绍使用色度键抠图的操作方法。

素材文件 第 9 章\素材文件\路灯与哈密瓜.VSP

效果文件 第 9 章\效果文件\使用色度键抠图.VSP

step 1 打开素材项目文件“路灯与哈密瓜.VSP”，① 选中【覆叠轨】中的覆叠素材，② 单击【显示选项面板】按钮，如图 9-47 所示。

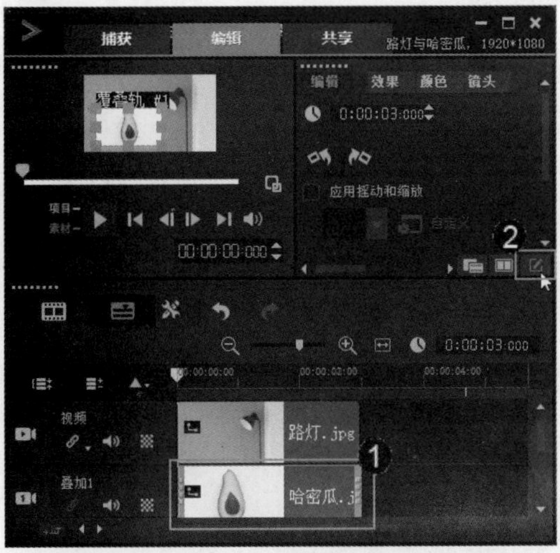

图 9-47

step 2 打开选项面板，① 选择【效果】选项卡，② 单击【遮罩和色度键】按钮，如图 9-48 所示。

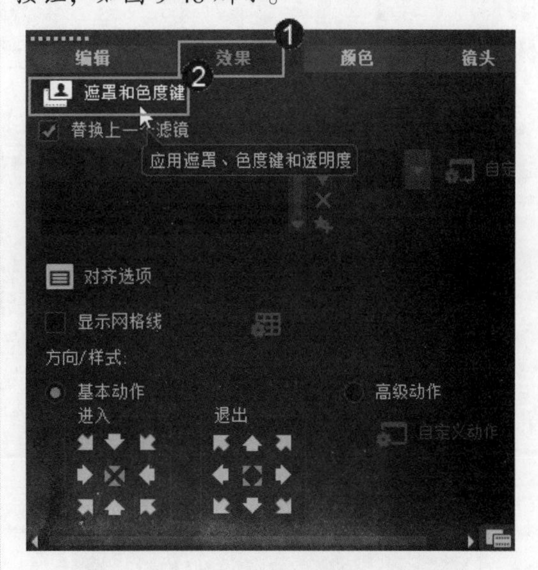

图 9-48

step 3 打开相应的选项面板，① 勾选【应用覆叠选项】复选框，② 在【类型】下拉列表框中，选中【色度键】选项，③ 单击【覆叠遮罩色彩】右侧的吸管，在右侧的预览窗口中选择准备进行抠除的颜色，④ 设置色彩【相似度】数值，如图 9-49 所示。

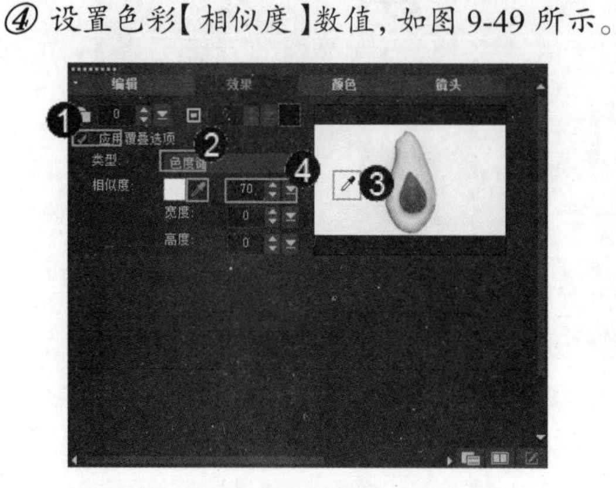

图 9-49

step 4 在【导览】面板中，单击【播放】按钮▶，即可预览抠图后的效果。通过以上步骤即可完成使用色度键抠图的操作，如图 9-50 所示。

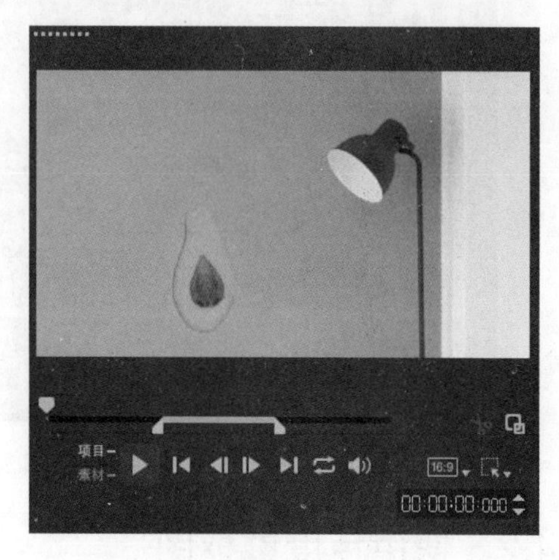

图 9-50

9.4.3 制作多轨覆叠效果

会声会影提供了一个视频轨和多个覆叠轨，增强了画面叠加与运动的方便性，使用覆叠轨管理器可以创建和管理多个覆叠轨，制作多轨叠加效果。下面详细介绍制作多轨覆叠效果的操作方法。

素材文件 第 9 章\素材文件\风景.VSP、路标.png

效果文件 第 9 章\效果文件\制作多轨覆叠效果.VSP

step 1 打开素材项目文件“风景.VSP”，① 在覆叠轨上单击鼠标右键，② 在弹出的快捷菜单中，选择【轨道管理器】菜单项，如图 9-51 所示。

图 9-51

step 2 弹出【轨道管理器】对话框，① 将【覆叠轨】选项设置为准备进行多轨覆叠的数值，② 单击【确定】按钮，如图 9-52 所示。

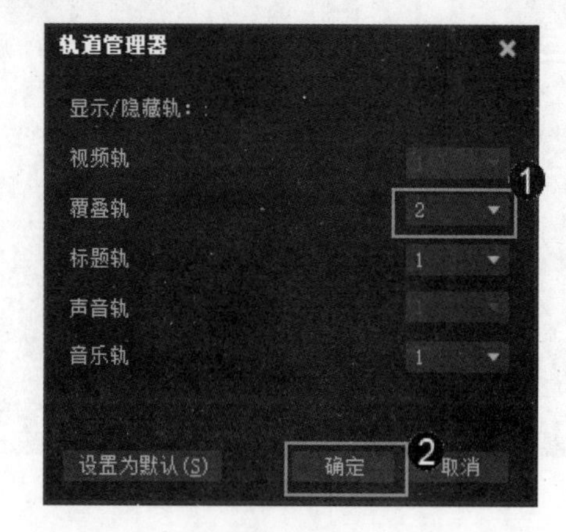

图 9-52

step 3 可以看到已经添加了多条覆叠轨道，① 在覆叠轨1上，右击，② 在弹出的快捷菜单中，选择【插入照片】菜单项，如图9-53所示。

图 9-53

step 5 返回到软件主界面中，① 在【导览】面板中，调整覆叠素材的大小和位置，② 单击【显示选项面板】按钮，如图9-55所示。

图 9-55

step 7 运用上面的方法，在覆叠轨2中插入第二个覆叠素材，并将素材文件拖曳到覆叠轨1素材结束帧的位置，如图9-57所示。

step 4 弹出【浏览照片】对话框，① 选择准备插入的素材文件，② 单击【打开】按钮，如图9-54所示。

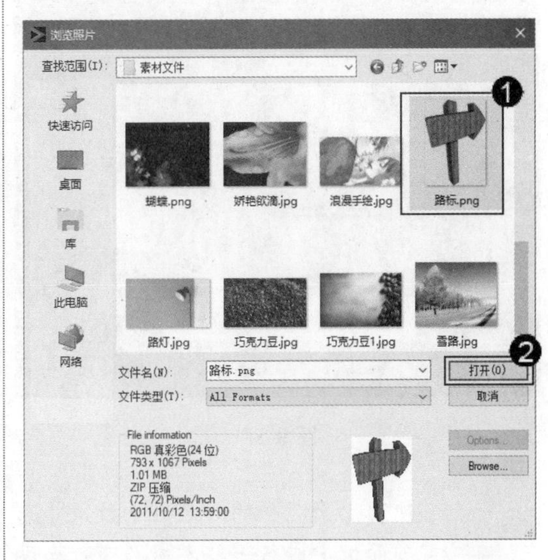

图 9-54

step 6 打开选项面板，① 选择【效果】选项卡，② 设置覆叠素材的进入方向，③ 设置覆叠素材的退出方向，即可完成设置覆叠轨1，如图9-56所示。

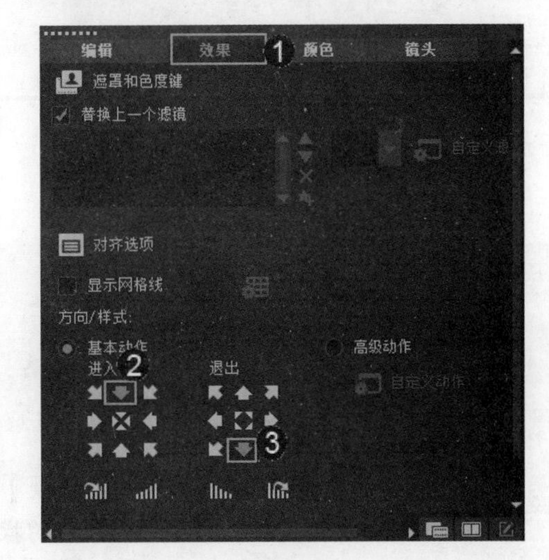

图 9-56

step 8 在【导览】面板中，调整覆叠素材的大小和位置，如图9-58所示。

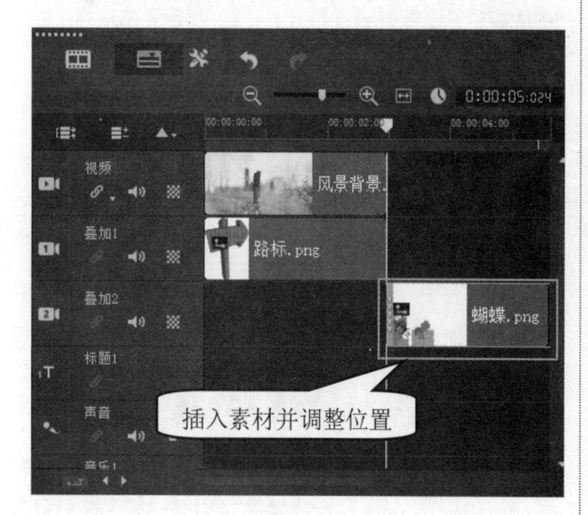

图 9-57

图 9-58

step 9 使用上面同样的方法在【效果】选项面板中进行一些参数设置，如设置进入和退出的基本动作，如图 9-59 所示。

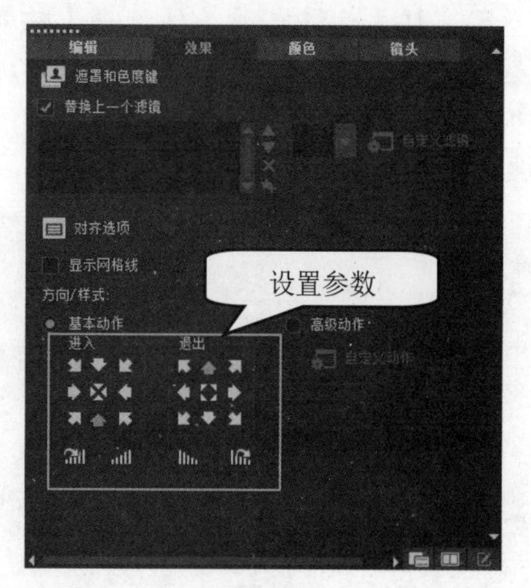

图 9-59

step 10 在【时间轴视图】面板中，拖曳视频轨上的素材，将其结束帧设置为与覆叠轨 2 中的素材结束帧一致，如图 9-60 所示。

图 9-60

step 11 在【导览】面板中，单击【播放】按钮▶，即可预览制作后的效果。通过以上步骤即可完成制作多轨覆叠效果的操作，如图 9-61 所示。

图 9-61

Section

9.5 制作路径运动效果

手机扫描下方二维码，观看本节视频课程

运用会声会影 2019 中提供的路径运动特效，可以定制图形、片名、物体和视频剪辑的移动特效。使用该功能创建具有画中画和其他专业品质效果的动态视频是一种很好的方式。本节将详细介绍制作路径运动效果的相关知识及操作方法。

9.5.1 添加路径效果

在会声会影 2019 界面中，单击【路径】按钮，即可切换至【路径】面板，其中显示了软件自带的多种路径运动特效。下面详细介绍添加路径效果的操作方法。

素材文件 第 9 章\素材文件\蝴蝶花香.VSP

效果文件 第 9 章\效果文件\添加路径效果.VSP

step 1 打开素材项目文件“蝴蝶花香.VSP”，可以看到在【视频轨】区域中，导入了图像素材，并在【覆叠轨】区域中，导入了覆叠素材，如图 9-62 所示。

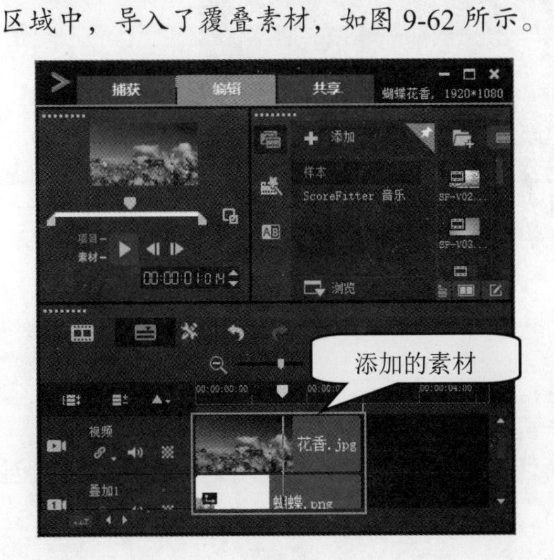

图 9-62

step 2 在【素材库】面板中，① 单击【路径】按钮，② 切换到【路径】面板中，选择准备应用的路径运动效果，如图 9-63 所示。

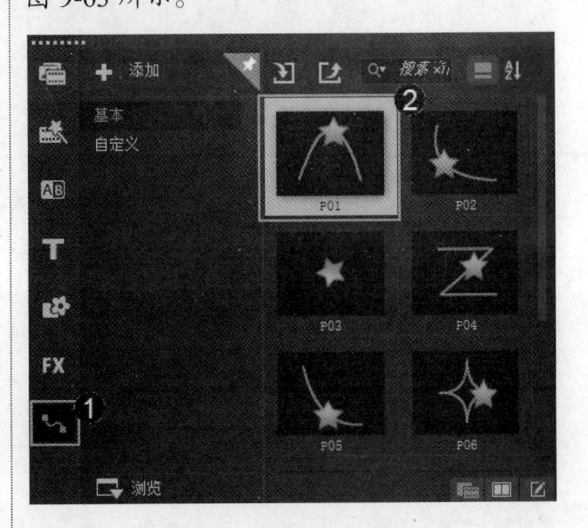

图 9-63

step 3 拖曳选中的路径运动效果到覆叠轨素材上，如图 9-64 所示。

step 4 在【导览】面板中，单击【播放】按钮，即可预览效果。通过以上步骤即可完成添加路径效果的操作，如图 9-65 所示。

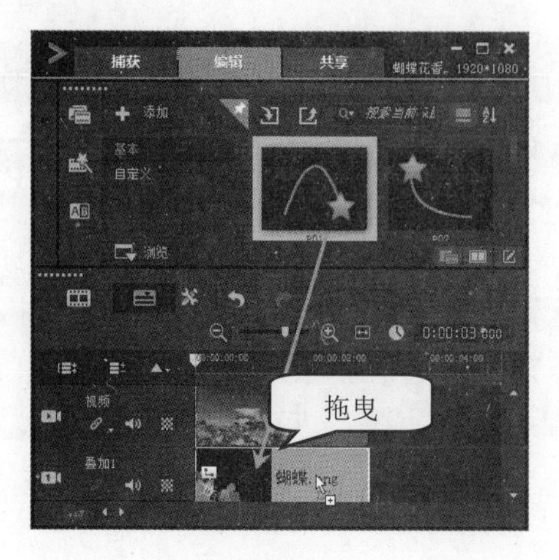

图 9-64

图 9-65

9.5.2 删除路径效果

添加了路径运动特效后，如果对所添加的路径不满意，可以删除其效果。在覆叠轨中，右击添加了路径效果的覆叠轨素材，在弹出的快捷菜单中，选择【运动】→【删除动作】菜单项，即可完成删除路径效果的操作，如图 9-66 所示。

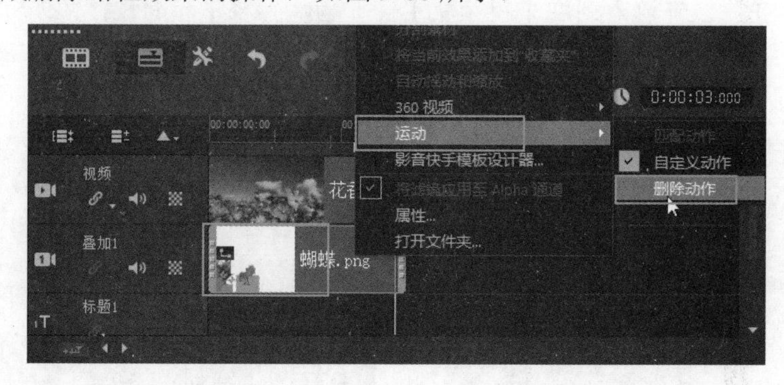

图 9-66

9.5.3 自定义路径效果

用户还可以自定义添加路径运动效果，从而让路径运动效果更加灵活地掌控在自己的创造力中。下面介绍自定义路径的操作方法。

素材文件 第 9 章\素材文件\海上日落.VSP

效果文件 第 9 章\效果文件\自定义路径效果.VSP

step 1 打开素材项目文件“海上日落.VSP”，可以看到在【视频轨】区域中，导入了图像素材，并在【覆叠轨】区域中，导入了覆叠素材，如图 9-67 所示。

step 2 在覆叠轨中，① 使用鼠标右键单击覆叠轨素材，② 在弹出的快捷菜单中，选择【运动】菜单项，③ 在弹出的子菜单中选择【自定义动作】菜单项，如图 9-68 所示。

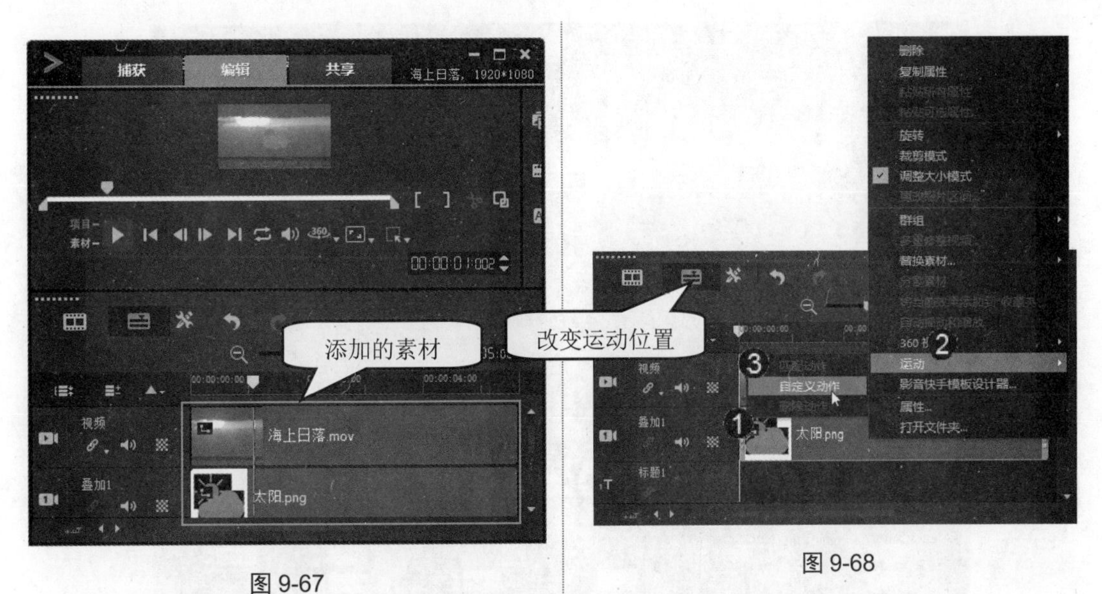

图 9-67

图 9-68

step 3 弹出【自定义动作】对话框，在预览窗口中，拖动素材文件或者路径端的调节点来改变运动位置，如图 9-69 所示。

图 9-69

step 4 在【自定义动作】对话框中，① 拖动时间线上的滑块到下一帧，② 单击【添加关键帧】按钮，如图 9-70 所示。

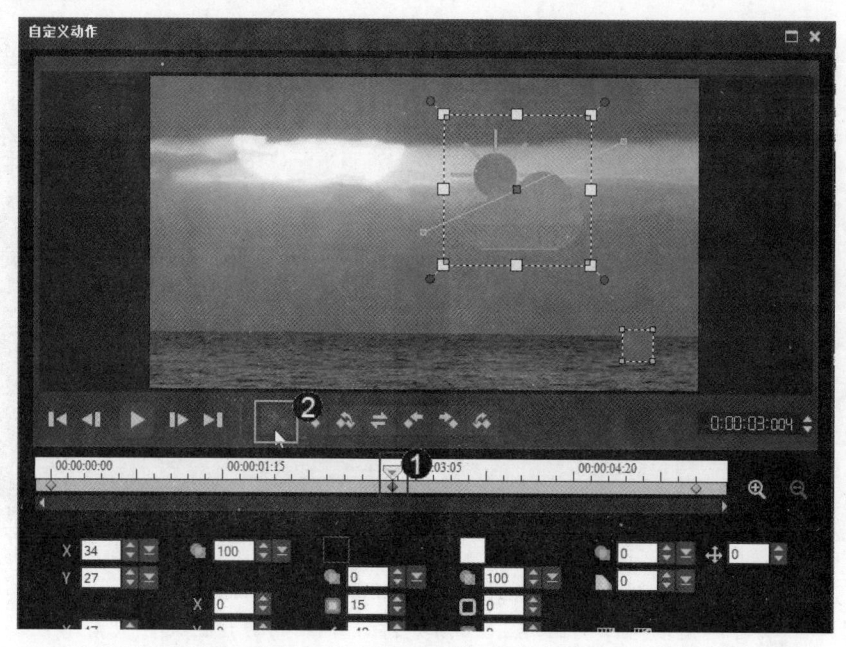

图 9-70

step 5 在【自定义动作】对话框中，① 改变素材的大小和位置，并拖动路径端的调节点来自定义路径运动的位置，② 单击【确定】按钮，如图 9-71 所示。

图 9-71

step 6 在【导览】面板中，单击【播放】按钮▶，即可预览制作后的效果。通过以上步骤即可完成制作自定义路径效果的操作，如图 9-72 所示。

图 9-72

Section 9.6 范例应用与上机操作

手机扫描下方二维码，观看本节视频课程

通过本章的学习，读者基本可以掌握运用覆叠与遮罩制作视频特效的操作方法，本节将通过一些范例应用，如应用 Flash 动画制作透空覆叠效果、制作特定遮罩效果、制作拼图画面效果等，练习上机操作，以达到巩固学习、拓展提高的目的。

9.6.1 应用 Flash 动画制作透空覆叠效果

在会声会影中，可以把透明方式储存的 Flash 对象添加到视频轨或覆叠轨上，使影片变得更加生动。下面详细介绍应用 Flash 动画制作透空覆叠效果的操作方法。

素材文件 第 9 章\素材文件\繁花似锦.VSP

效果文件 第 9 章\效果文件\制作透空覆叠效果.VSP

step 1 打开素材项目文件“繁花似锦.VSP”，可以看到在视频轨中插入了一个图像素材，效果如图 9-73 所示。

图 9-73

step 2 在【素材库】面板中，① 单击【图形】按钮，② 切换到【图形】素材库，在【画廊】下拉列表框中，选择【动画】选项，③ 选择准备应用的 Flash 动画，如图 9-74 所示。

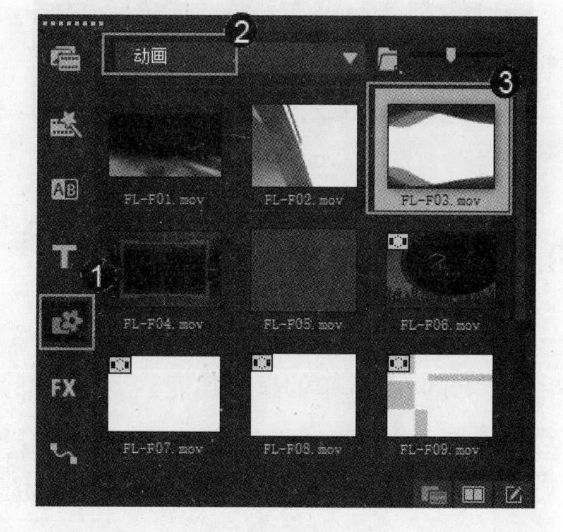

图 9-74

step 3 拖动选择的 Flash 动画至【覆叠轨】区域中，然后释放鼠标左键，如图 9-75 所示。

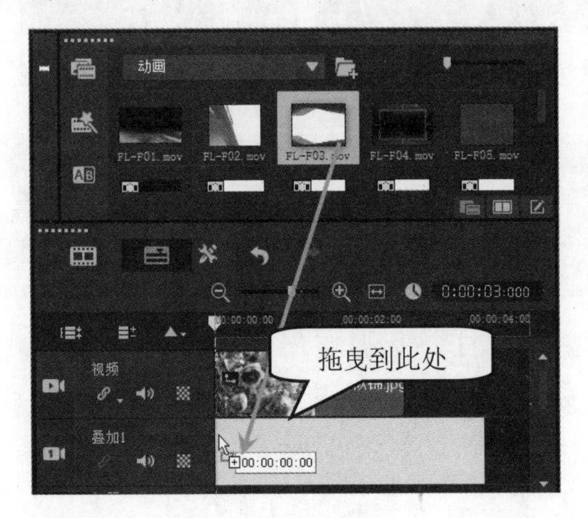

图 9-75

step 4 拖动覆叠动画右侧的黄色标记调整Flash动画的区间时长，如图 9-76 所示。

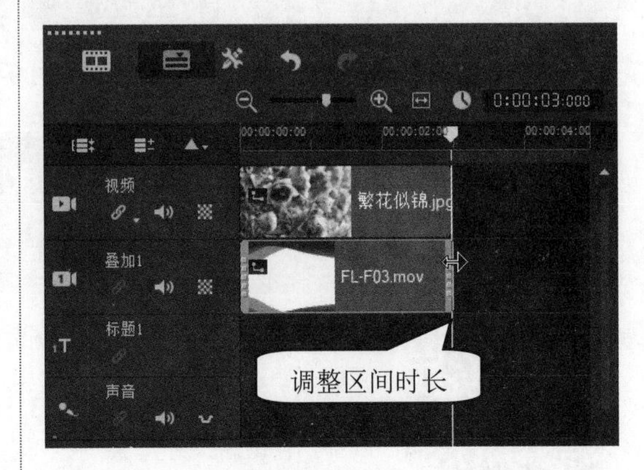

图 9-76

step 5 选中导入【覆叠轨】中的对象，在【导览】面板中，调整大小，使其更适合图像大小，如图 9-77 所示。

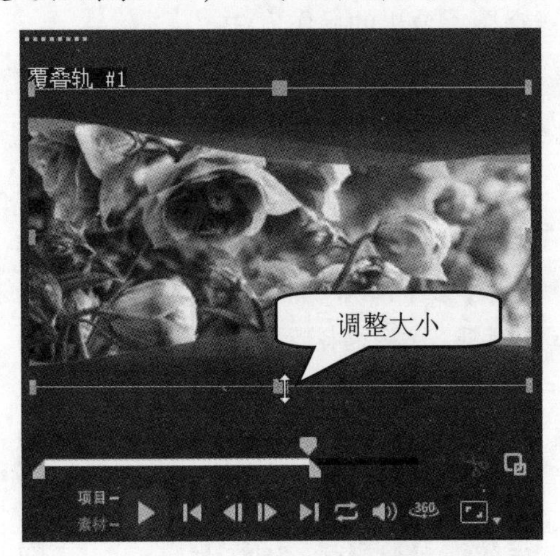

图 9-77

step 6 在【导览】面板中，单击【播放】按钮，即可预览效果。通过以上步骤即可完成应用 Flash 动画制作透空覆叠效果的操作，如图 9-78 所示。

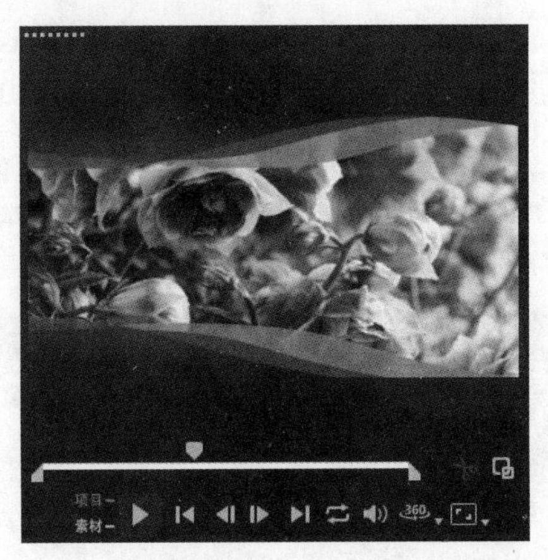

图 9-78

9.6.2 制作特定遮罩效果

在【遮罩创建器】对话框中，通过遮罩刷工具可以制作出特定画面或对象的遮罩效果，相当于 Photoshop 中的抠像功能。下面详细介绍制作特定遮罩效果的操作方法。

素材文件 第9章\素材文件\街道花朵.VSP

效果文件 第9章\效果文件\制作特定遮罩效果.VSP

step 1　打开素材项目文件“街道花朵.VSP”，可以看到在视频轨和覆叠轨中分别插入了一个图像素材，如图 9-79 所示。

图 9-79

step 2　在【时间轴视图】面板中，① 单击【自定义工具栏】按钮，② 在弹出的下拉列表框中勾选【遮罩创建器】复选框，如图 9-80 所示。

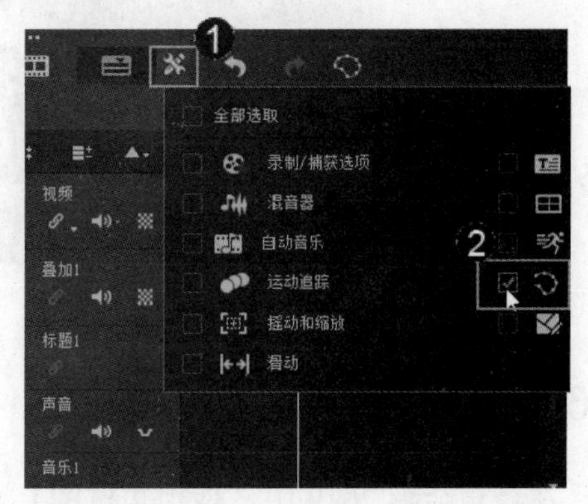

图 9-80

step 3　在【时间轴视图】面板中，① 选中插入的覆叠轨素材，② 单击【遮罩创建器】按钮，如图 9-81 所示。

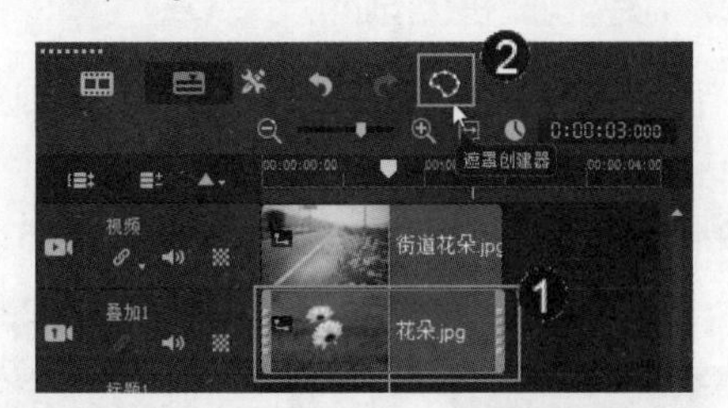

图 9-81

step 4　弹出【遮罩创建器】对话框，① 在右侧的【遮罩类型】选项组中选中【静止】单选按钮，② 在【遮罩工具】选项组中选择【椭圆】工具，③ 将鼠标指针移动至左侧预览窗口中，在需要抠取的视频画面上按住鼠标左键拖曳，创建遮罩区域，创建完成后释放鼠标左键，④ 单击【确定】按钮，如图 9-82 所示。

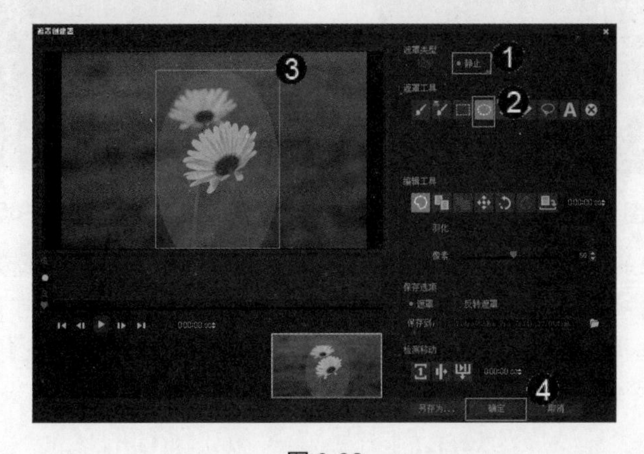

图 9-82

step 5 在【导览】面板中，可以调整抠取的画面大小和位置，单击【播放】按钮▶，即可预览效果。通过以上步骤即可完成制作特定遮罩效果的操作，如图 9-83 所示。

图 9-83

9.6.3 制作拼图画面效果

在会声会影 2019 中，使用【拼图】遮罩样式可以模拟视频画面的拼图效果。下面详细介绍制作拼图画面效果的操作方法。

素材文件 第 9 章\素材文件\向日葵.VSP

效果文件 第 9 章\效果文件\制作拼图画面效果.VSP

step 1 打开素材项目文件“向日葵.VSP”，① 选中【覆叠轨】中的覆叠素材，② 单击【显示选项面板】按钮，如图 9-84 所示。

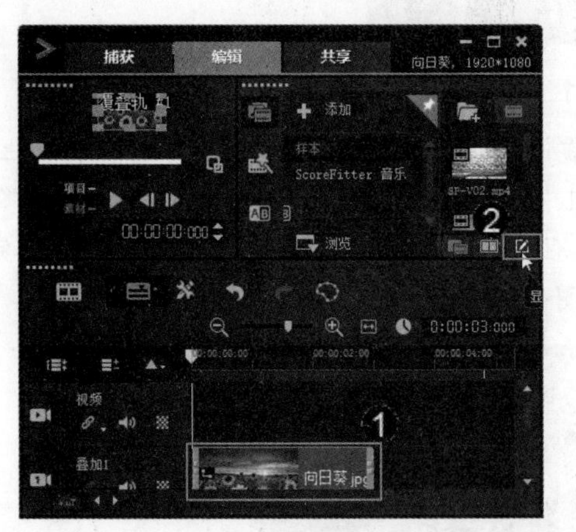

图 9-84

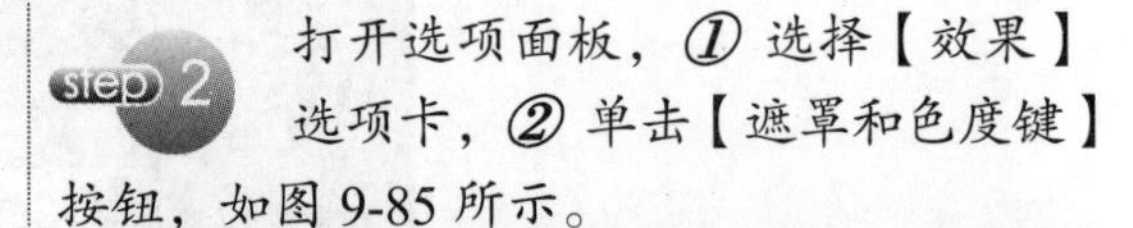

step 2 打开选项面板，① 选择【效果】选项卡，② 单击【遮罩和色度键】按钮，如图 9-85 所示。

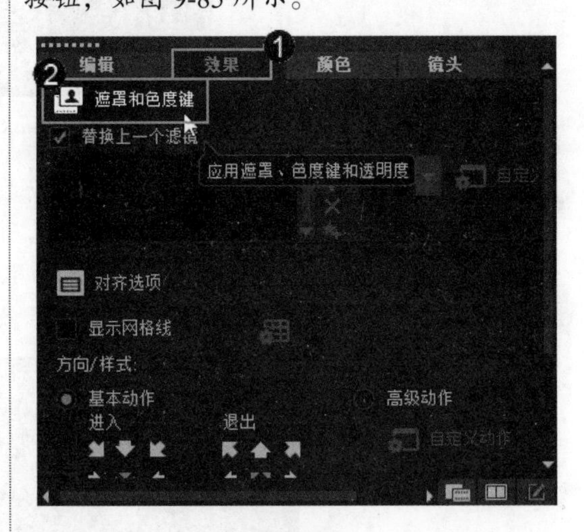

图 9-85

step 3 打开相应的选项面板，① 勾选【应用覆叠选项】复选框，② 在【类型】下拉列表框中选择【遮罩帧】选项，③ 在右侧选择【拼图】样式，如图 9-86 所示。

step 4 在【导览】面板中，单击【播放】按钮▶，即可预览应用后的效果。通过以上步骤即可完成制作拼图画面效果的操作，如图 9-87 所示。

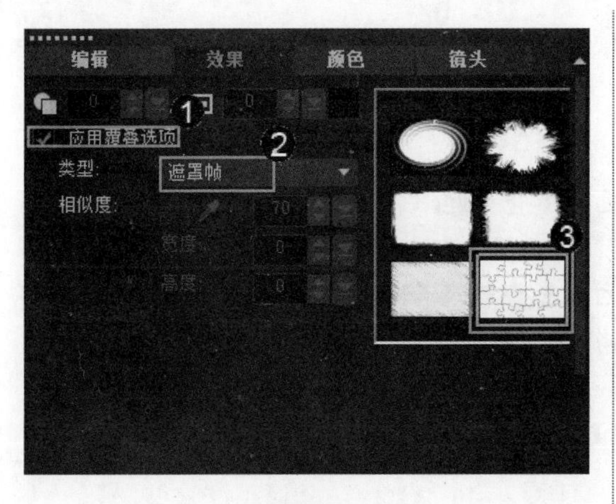

图 9-86

图 9-87

Section 9.7 本章小结与课后练习

本节内容无视频课程

在会声会影 2019 中，在覆叠轨中可以添加图像或视频等素材，覆叠功能可以使视频轨上的视频图像相互交织，组合成各种各样的视觉效果。通过本章的学习，读者基本可以掌握运用覆叠与遮罩制作视频特效的基本知识以及一些常见的操作方法，下面通过练习几道习题，达到巩固与提高的目的。

一、填空题

1. 覆叠效果是指在一个视频画面中，出现另外一个图片、动画或者视频的过程。简单地说，覆叠效果就是________的效果。

2. 在覆叠素材上应用________后，就可以使覆叠素材与背景更加清晰地区分开来。

二、判断题

1. 在会声会影 2019 中，可以将保存在硬盘上的视频素材、图像素材、色彩素材或 Flash 动画添加到覆叠轨中，也可以将对象和边框添加到覆叠轨中。 （ ）

2. 会声会影允许用户调整任意倾斜或者扭曲的素材，从而配合倾斜或者扭曲的覆叠画面，使视频的应用更加自由。 （ ）

3. 覆叠素材默认的时间为 5s，如果需要对素材的播放时间进行更改，可以通过拖曳黄色标记进行调整。 （ ）

三、思考题

1. 如何添加覆叠素材？

2. 如何调整覆叠素材的透明度？

四、上机操作

1. 通过本章的学习，读者基本可以掌握运用覆叠与遮罩制作视频特效方面的知识，下面通过练习制作相框画面效果，达到巩固与提高的目的。

2. 通过本章的学习，读者基本可以掌握运用覆叠与遮罩制作视频特效方面的知识，下面通过练习设置覆叠素材的运动，达到巩固与提高的目的。

第 10 章

运用字幕制作视频特效

本章主要介绍创建字幕、设置字幕样式、编辑标题字幕属性、制作动态字幕效果方面的知识与技巧，同时还讲解了如何使用字幕编辑器。通过本章的学习，读者可以掌握运用字幕制作视频特效方面的知识，为深入学习会声会影 2019 中文版知识奠定基础。

1. 创建字幕
2. 设置字幕样式
3. 编辑标题字幕属性
4. 制作动态字幕效果
5. 字幕编辑器

Section 10.1 创建字幕

手机扫描二维码，观看本节视频课程

在影片的后期处理中，经常需要在画面中加入一些字幕，说明性文字有助于对影片的理解，在适当的时间和适当的地方出现字幕也可以增加影片的吸引力和感染力。本节将详细介绍创建字幕的相关知识及操作方法。

10.1.1 添加预设字幕

会声会影提供了丰富的预设标题，用户可以轻松地在几分钟内就创建出带特殊效果的具有专业化外观的标题。下面详细介绍添加预设字幕的操作方法。

素材文件 第10章\素材文件\动感水果.VSP
效果文件 第10章\效果文件\添加预设字幕.VSP

step 1 打开素材项目文件“动感水果.VSP”，可以看到在【视频轨】区域中，导入了图像素材，如图 10-1 所示。

图 10-1

step 2 在【素材库】面板中，① 单击【标题】按钮，切换到【标题】素材库中，② 选择准备应用的标题模板，如图 10-2 所示。

图 10-2

step 3 将选择的标题模板拖曳到标题轨上，如图 10-3 所示。

step 4 在【时间轴视图】面板中，可以看到在【标题轨】中已经添加了一个标题素材，双击该素材，如图 10-4 所示。

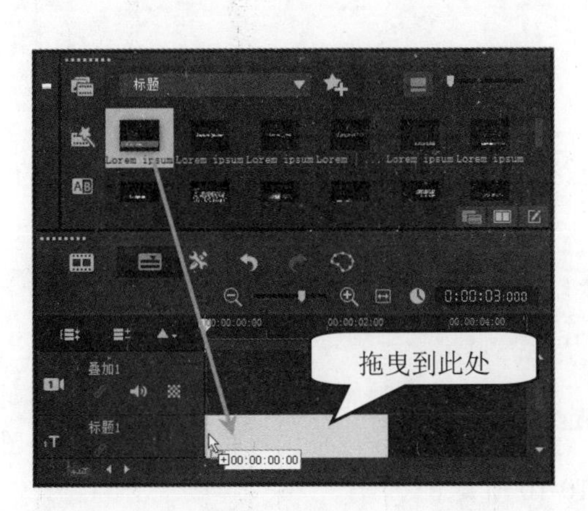

图 10-3

此时，在【导览】面板中可以看到显示的字幕，双击该字幕，如图 10-5 所示。

图 10-5

在文本框中删除标题文本，输入需要的文本内容，如图 10-7 所示。

图 10-7

图 10-4

可以看到该字幕处于可编辑状态，如图 10-6 所示。

图 10-6

step 8 设置完成后，在【导览】面板中，单击【播放】按钮▶，即可预览效果。通过以上步骤即可完成添加预设字幕的操作，如图 10-8 所示。

图 10-8

10.1.2 添加标题字幕

标题字幕设计与书写是视频编辑的艺术手法之一，好的标题字幕可以起到美化视频的作用。下面详细介绍添加标题字幕的操作方法。

素材文件 第10章\素材文件\延绵道路.VSP

效果文件 第10章\效果文件\添加标题字幕.VSP

step 1 打开素材项目文件“延绵道路.VSP”，可以看到在【视频轨】区域中，导入了图像素材，如图10-9所示。

图 10-9

step 2 在【时间轴视图】面板中的【标题轨】区域中，双击鼠标左键，如图10-10所示。

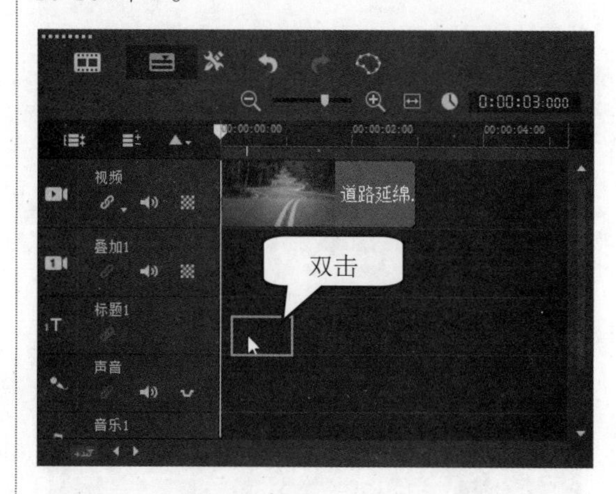

图 10-10

step 3 在【导览】面板中，在【预览窗口】区域中，可以查看到“双击这里可以添加标题”字样，双击鼠标左键，如图10-11所示。

图 10-11

step 4 在【导览】面板中，在【预览窗口】区域中，可以看到出现文本光标，如图10-12所示。

图 10-12

在其中输入文本内容，如“延绵道路”，如图 10-13 所示。

图 10-13

选中创建的文字并双击，在【编辑】选项面板中，① 在【字体】下拉列表框中，② 选中准备应用的字体，如图 10-14 所示。

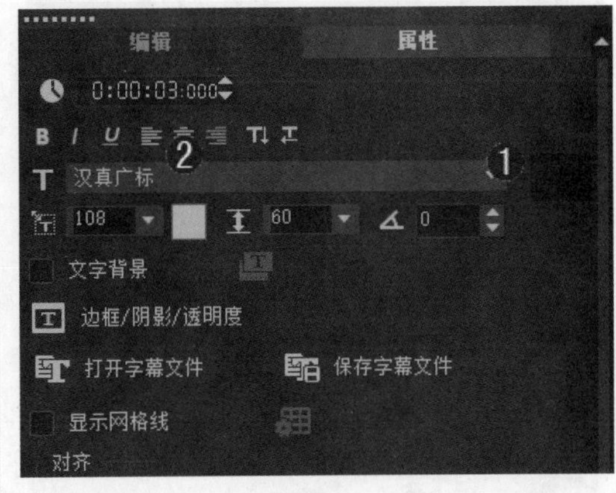

图 10-14

在【导览】面板中，单击【播放】按钮，即可预览效果。通过以上步骤即可完成添加标题字幕的操作，如图 10-15 所示。

图 10-15

10.1.3 删除标题字幕

可以按照下述步骤，删除标题字幕。

在【时间轴视图】面板的【标题轨】区域中，① 右击标题素材，② 在弹出的快捷菜单中，选择【删除】菜单项，如图 10-16 所示。

可以看到时间轴面板中字幕文件已经被删除。通过以上步骤即可完成删除标题字幕的操作，如图 10-17 所示。

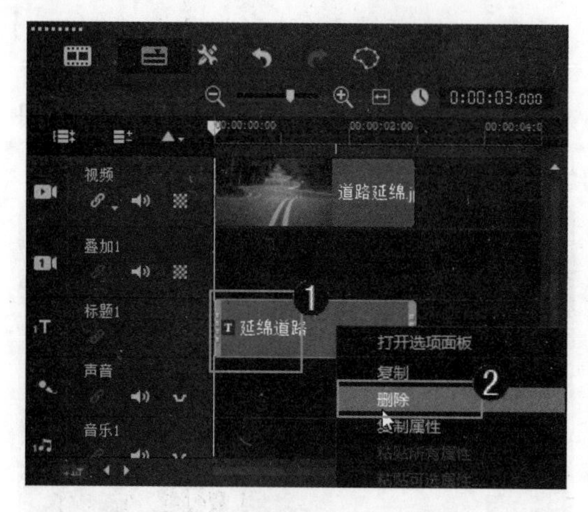

图 10-16

图 10-17

知识精讲

除了使用上述方法删除标题字幕以外，还可以在时间轴中的标题轨中选中标题字幕，直接按 Delete 键，也可以快速删除标题字幕。

Section 10.2 设置字幕样式

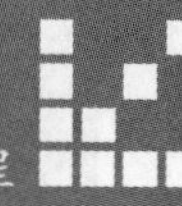

手机扫描二维码，观看本节视频课程

使用会声会影创建完字幕后，还可以设置字幕的样式，从而对字幕对象进行编辑和美化，如设置对齐样式、更改文本显示方向。本节将详细介绍设置字幕样式的相关知识及操作方法。

10.2.1 设置对齐样式

在会声会影中，可以通过【编辑】选项面板中的【对齐方式】选项组调整对齐样式。下面详细介绍设置对齐样式的操作方法。

素材文件 第 10 章\素材文件\静物写真.VSP

效果文件 第 10 章\效果文件\设置对齐样式.VSP

step 1 打开素材项目文件“静物写真.VSP”，可以看到在【视频轨】和【标题轨】区域中，分别添加了素材，如图 10-18 所示。

step 2 在【导览】面板中，使用鼠标左键单击标题素材，如图 10-19 所示。

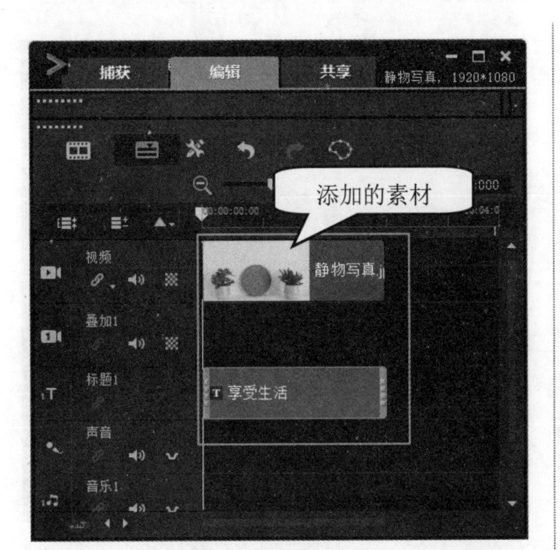

图 10-18

图 10-19

在【编辑】选项面板中，单击【左对齐】按钮，如图 10-20 所示。

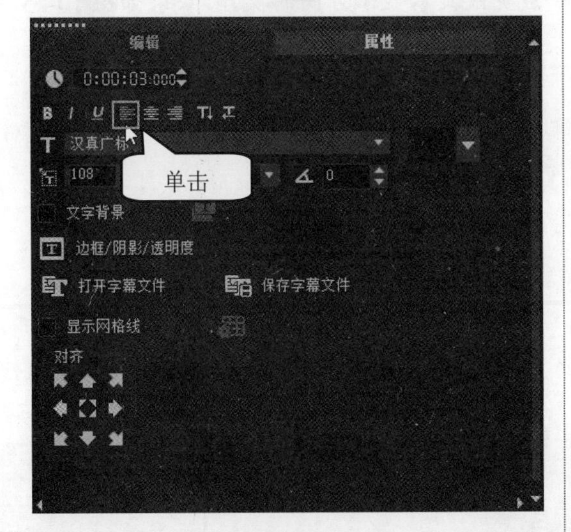

图 10-20

在【导览】面板中，可以看到标题已经按照左对齐显示，这样即可完成设置对齐样式的操作，如图 10-21 所示。

图 10-21

10.2.2 更改文本显示方向

在会声会影中，还可以通过【编辑】选项面板，对文本的显示方向进行更改。下面详细介绍更改文本显示方向的操作方法。

素材文件 第 10 章\素材文件\静物写真.VSP

效果文件 第 10 章\效果文件\更改文本显示方向.VSP

打开素材项目文件“静物写真.VSP”，可以看到在【视频轨】

在【导览】面板中，单击标题素材，如图 10-23 所示。

和【标题轨】区域中，分别添加了素材，如图 10-22 所示。

图 10-22

图 10-23

step 3 在【编辑】选项面板中，单击【将方向更改为垂直】按钮，如图 10-24 所示。

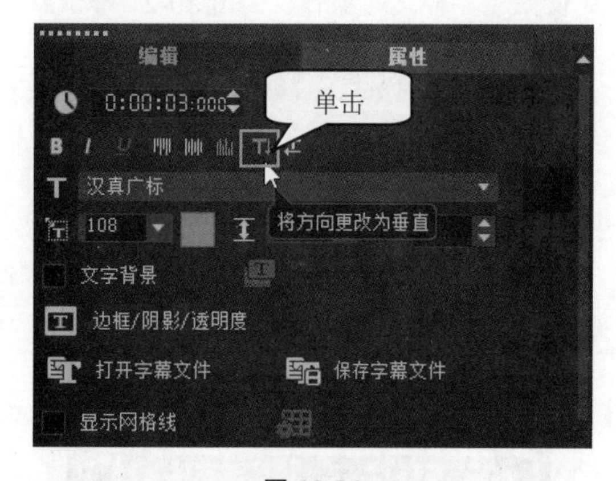

图 10-24

step 4 在【导览】面板中，可以看到标题已经按垂直方向显示，这样即可完成更改文本显示方向的操作，效果如图 10-25 所示。

图 10-25

Section 10.3 编辑标题字幕属性

手机扫描二维码，观看本节视频课程

在会声会影 2019 中，可以对标题字幕的字体、大小、颜色，以及标题的区间与位置等属性进行设置，还可以设置字幕边框、文字背景和字幕阴影等属性，来更好地设计标题。本节将详细介绍编辑标题字幕属性的相关知识及操作方法。

10.3.1 设置标题字幕区间与位置

将字幕添加到标题轨上后，标题的播放时间与视频上对应位置的素材长度是对应的关系，也就是说，标题将在视频上对应的素材播放时出现。因此，可以调整添加到标题轨中的标题的位置和播放时间。下面详细介绍设置标题字幕区间与位置的操作方法。

1. 设置标题字幕区间

在标题轨中添加标题后，可以调整标题的长度，从而控制标题文字的播放时间。下面详细介绍设置标题区间的操作方法。

step 1 在时间轴视图中，选中添加到标题轨中的标题，将鼠标指针放在当前选中标题的一端，当指针呈双向箭头⟺时，按住鼠标左键并拖曳到合适的位置，如图 10-26 所示。

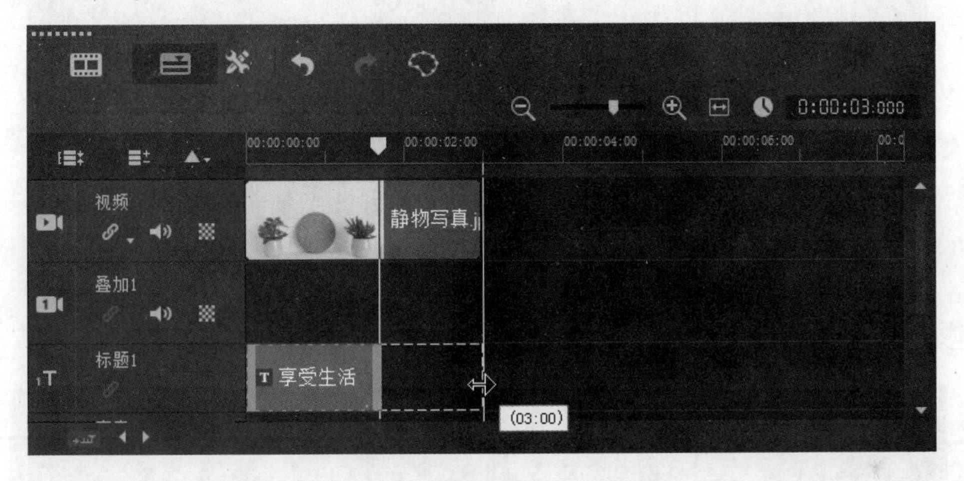

图 10-26

step 2 释放鼠标左键，即可改变标题的持续时间，这样即可完成设置标题字幕区间的操作，如图 10-27 所示。

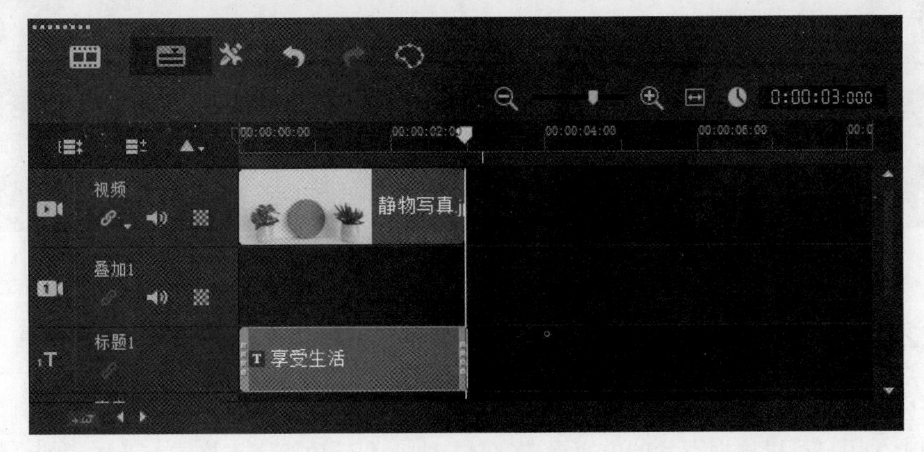

图 10-27

2. 设置标题字幕的位置

在会声会影的标题轨中，可以移动标题的位置，从而在想要出现字幕的位置显示字幕。下面详细介绍设置标题字幕位置的操作方法。

step 1 在【时间轴视图】面板中，选中需要移动的标题，将鼠标指针放在标题的上方，当鼠标指针呈四方箭头形状时，按住鼠标左键并拖曳到合适的位置，如图 10-28 所示。

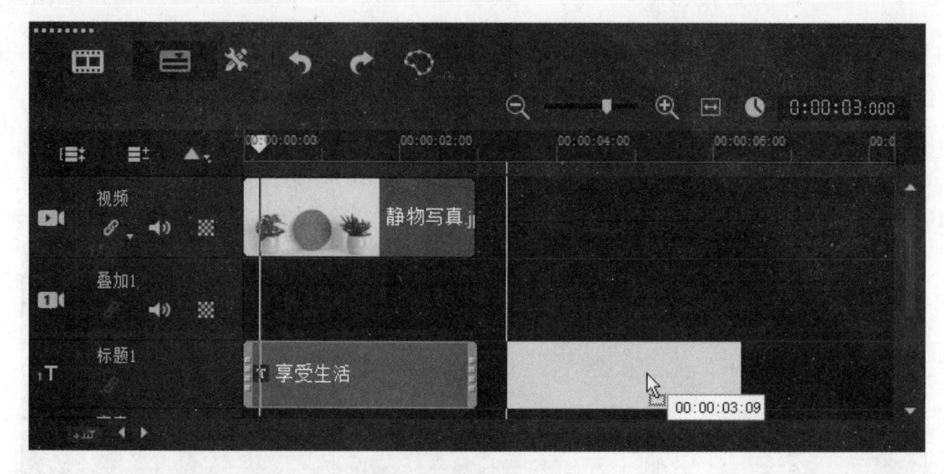

图 10-28

step 2 释放鼠标左键，即可改变标题字幕的位置，这样即可完成设置标题字幕的位置的操作，如图 10-29 所示。

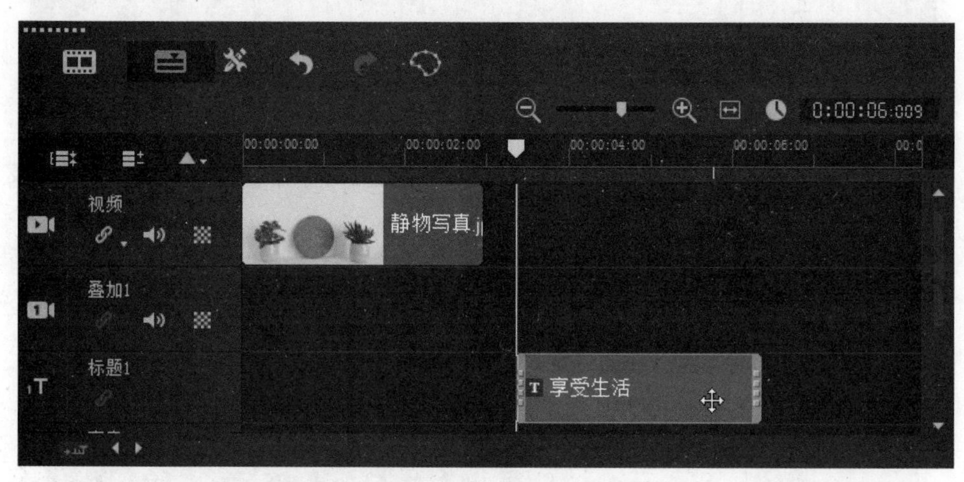

图 10-29

10.3.2 设置标题字幕的字体、大小和颜色

在会声会影中，输入标题内容后，程序会将用户上一次为标题设置的格式应用到新添加的标题上，用户可以根据影片的内容设置字体、大小和颜色等文本格式。下面详细介绍其相关操作方法。

素材文件　第10章\素材文件\知识海洋.VSP

效果文件　第10章\效果文件\设置字体、大小和颜色.VSP

step 1　打开素材项目文件“知识海洋.VSP”，在【导览】面板中，单击标题素材，使其变为可编辑状态，如图10-30所示。

图 10-30

step 2　在打开的【编辑】选项面板中，单击【字体】右侧的下拉按钮▼，在弹出的列表框中选择准备应用的字体，如图10-31所示。

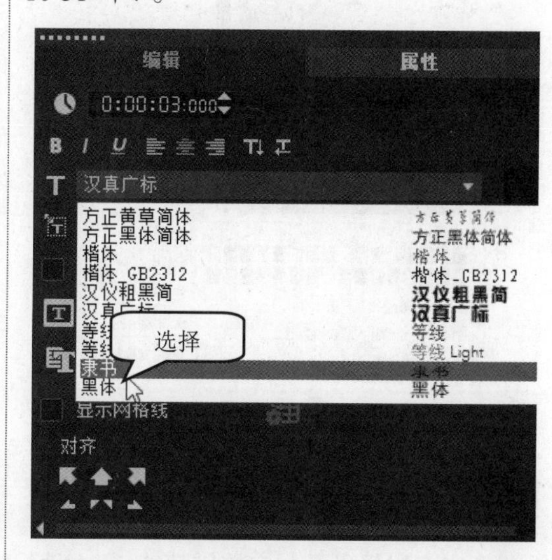

图 10-31

step 3　在【编辑】选项面板中，单击【字体大小】右侧的下拉按钮▼，在弹出的列表框中选择准备应用的字体大小，如图10-32所示。

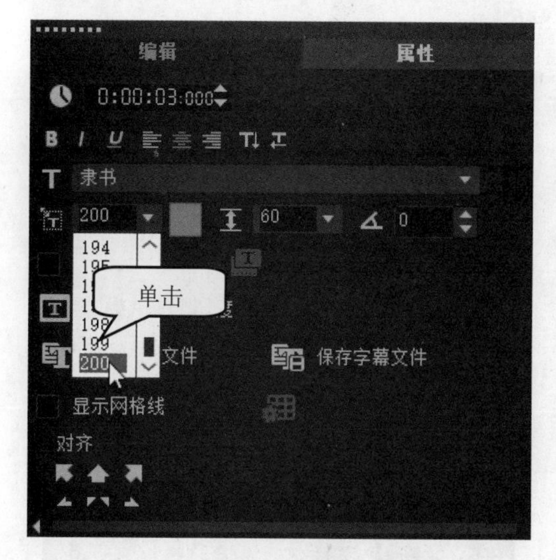

图 10-32

step 4　在【编辑】选项面板中，单击【颜色】颜色块，然后在弹出的调色板中选择【Corel色彩选取器】选项，如图10-33所示。

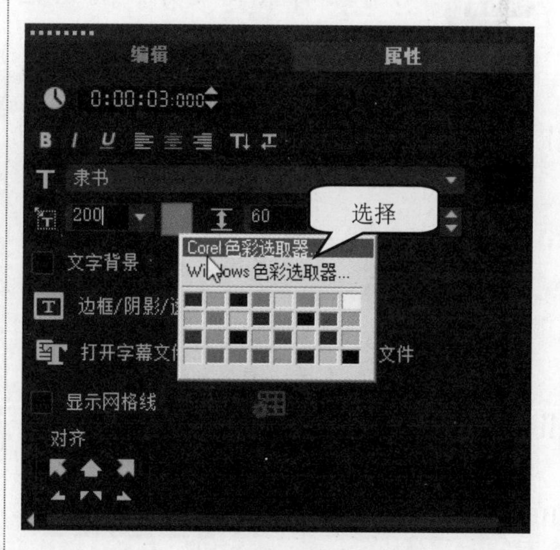

图 10-33

step 5 弹出【Corel 色彩选取器】对话框，① 选择准备应用的颜色，② 单击【确定】按钮，如图 10-34 所示。

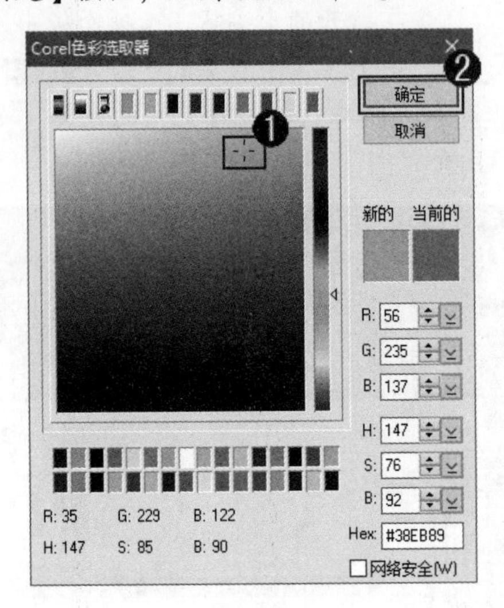

图 10-34

step 6 在【导览】面板中，可以看到标题已经按照所设置的格式显示，这样即可完成设置标题字幕的字体、大小和颜色的操作，如图 10-35 所示。

图 10-35

10.3.3 设置旋转角度

会声会影提供了文字旋转功能，极大地提高了影片的编辑空间，使得影片更具有趣味性。下面详细介绍设置旋转角度的操作方法。

素材文件 第 10 章\素材文件\时光荏苒.VSP
效果文件 第 10 章\效果文件\设置旋转角度.VSP

step 1 打开素材项目文件“时光荏苒.VSP”，在【导览】面板中，使用鼠标左键单击标题素材，使其变为可编辑状态，如图 10-36 所示。

图 10-36

step 2 在【编辑】选项面板中，在【按角度旋转】微调框中，输入准备旋转的角度数值，如图 10-37 所示。

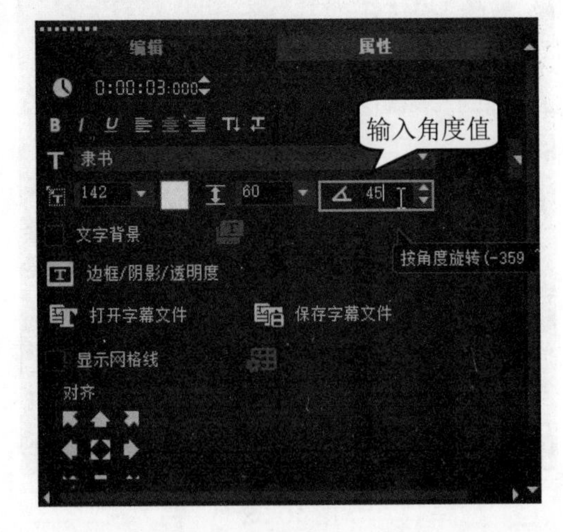

图 10-37

step 3 在【导览】面板中，单击【播放】按钮▶，即可预览效果。通过以上步骤即可完成设置旋转角度的操作，如图 10-38 所示。

图 10-38

智慧锦囊

在【导览】面板中，选中创建的标题，使标题处于可编辑状态，将鼠标指针移至控制框的紫色控制点上，当鼠标指针变为形状时，按住鼠标左键进行旋转移动，这样同样可以进行旋转标题的操作。

考考您

请您根据上述方法设置旋转角度，测试一下您的学习效果。

10.3.4 设置字幕边框和阴影

使用【标题】选项面板上的【边框/阴影/透明度】按钮，可以快速为标题添加边框、改变透明度、改变柔和度或者添加阴影等。下面详细介绍设置字幕边框和阴影的操作方法。

素材文件 第 10 章\素材文件\晚霞余晖.VSP

效果文件 第 10 章\效果文件\设置字幕边框和阴影.VSP

step 1 打开素材项目文件“晚霞余晖.VSP”，在【导览】面板中，单击标题素材，使其变为可编辑状态，如图 10-39 所示。

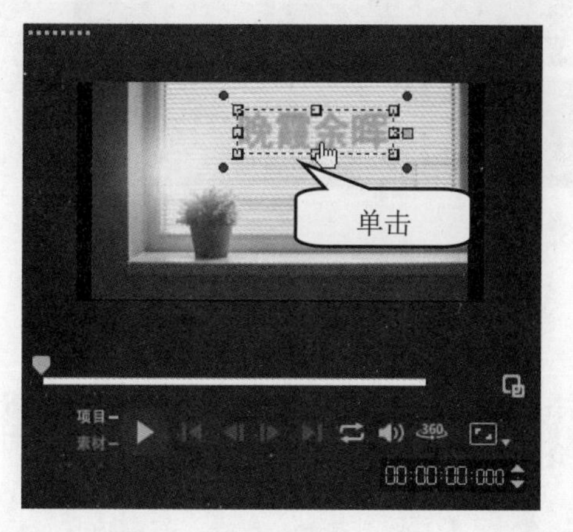

图 10-39

step 2 在【编辑】选项面板中，单击【边框/阴影/透明度】按钮，如图 10-40 所示。

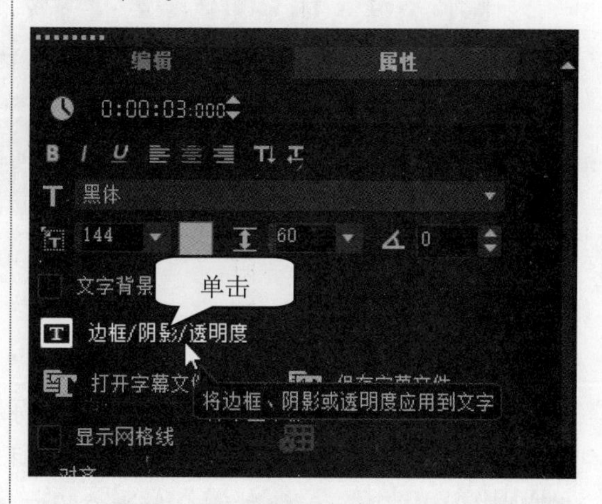

图 10-40

step 3 弹出【边框/阴影/透明度】对话框，① 在【边框宽度】微调框中，设置边框宽度的数值，② 在【线条色彩】框中，选择准备应用的颜色，③ 在【文字透明度】微调框中，设置文字的透明度数值，如图 10-41 所示。

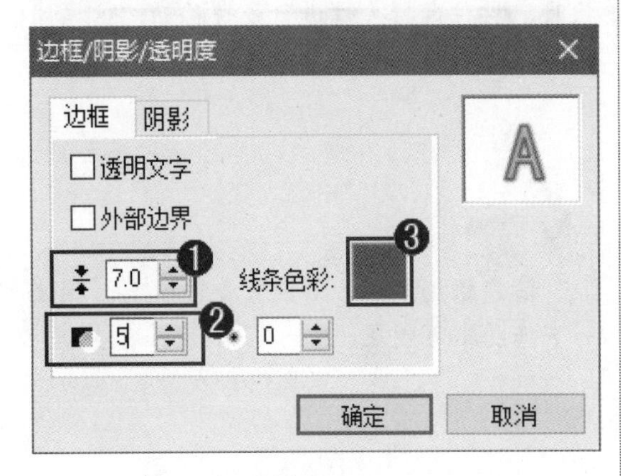

图 10-41

step 4 在【边框/阴影/透明度】对话框中，① 选择【阴影】选项卡，② 单击准备应用的阴影按钮，如【凸起阴影】按钮，③ 在【光晕阴影色彩】颜色块中，选择准备应用的颜色，④ 单击【确定】按钮，如图 10-42 所示。

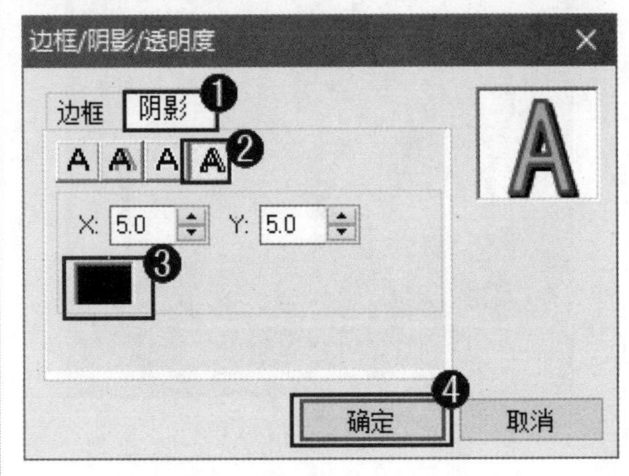

图 10-42

step 5 在【导览】面板中，可以看到标题已经按照所设置的效果显示，这样即可完成设置字幕边框和阴影的操作，如图 10-43 所示。

图 10-43

10.3.5 设置文本背景颜色

如果想更好地对标题予以强调，可以为标题添加背景衬托。在会声会影中，文字背景可以是单色、渐变，并能调整其透明度。下面详细介绍设置文字背景颜色的操作方法。

素材文件 第 10 章\素材文件\美好时光.VSP
效果文件 第 10 章\效果文件\设置文本背景颜色.VSP

step 1 打开素材项目文件“美好时光.VSP”，在【导览】面板中，使用鼠标左键单击标题素材，使其变为可编辑状态，如图10-44所示。

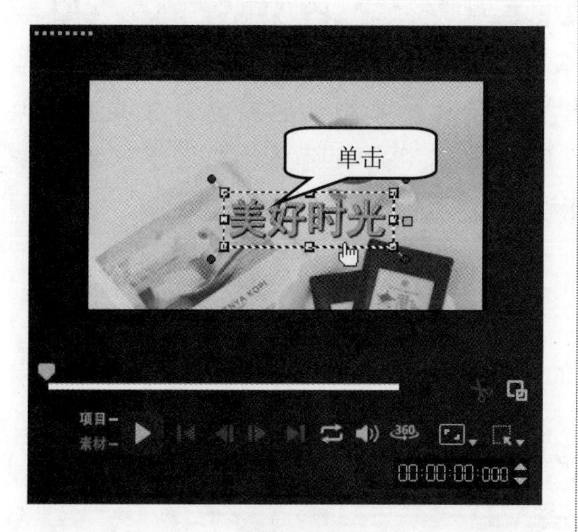

图 10-44

step 2 在【编辑】选项面板中，① 勾选【文字背景】复选框，② 单击【自定义文字背景的属性】按钮，如图10-45所示。

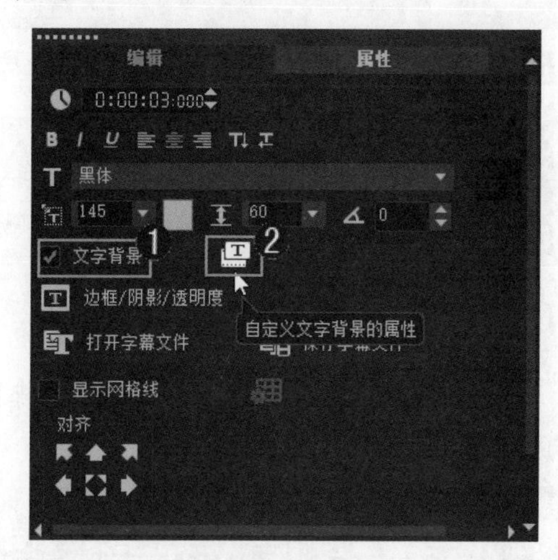

图 10-45

step 3 弹出【文字背景】对话框，① 在【背景类型】选项组中，选中【与文本相符】单选按钮，② 在【与文本相符】下拉列表框中，选择【曲边矩形】选项，③ 在【色彩设置】选项组中选中【单色】单选按钮，④ 在【色彩】选取框中，选择准备应用的背景颜色，⑤ 单击【确定】按钮，如图10-46所示。

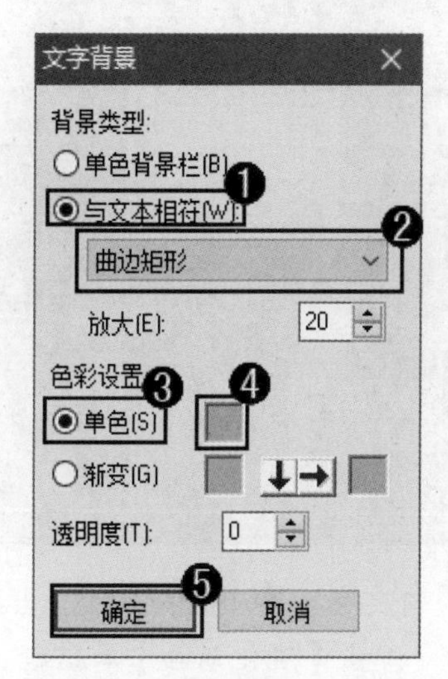

图 10-46

step 4 在【导览】面板中，可以看到标题字幕已经添加了背景，这样即可完成设置文字背景颜色的操作，如图10-47所示。

图 10-47

Section 10.4 制作动态字幕效果

手机扫描二维码，观看本节视频课程

除了改变文字的字体、大小和角度等属性外，还可以为字幕添加动画效果。会声会影提供了 8 种类型的字幕动画效果，每种类型还有很多预设，这样用户就不用进行烦琐的设置了。本节将详细介绍制作动态字幕效果的相关知识及操作方法。

10.4.1 制作淡化字幕效果

使用淡化效果可以使文字产生淡入、淡出的动画效果，下面详细介绍制作淡化字幕效果的操作方法。

素材文件 第 10 章\素材文件\清新淡雅.VSP

效果文件 第 10 章\效果文件\制作淡化效果.VSP

step 1 打开素材项目文件“清新淡雅.VSP”，在【导览】面板中，单击标题素材，使其变为可编辑状态，如图 10-48 所示。

图 10-48

step 2 在【选项】面板中，① 选择【属性】选项卡，② 选中【动画】单选按钮，③ 勾选【应用】复选框，④ 单击【选取动画类型】右侧的下拉按钮，在弹出的下拉列表框中选择【淡化】选项，如图 10-49 所示。

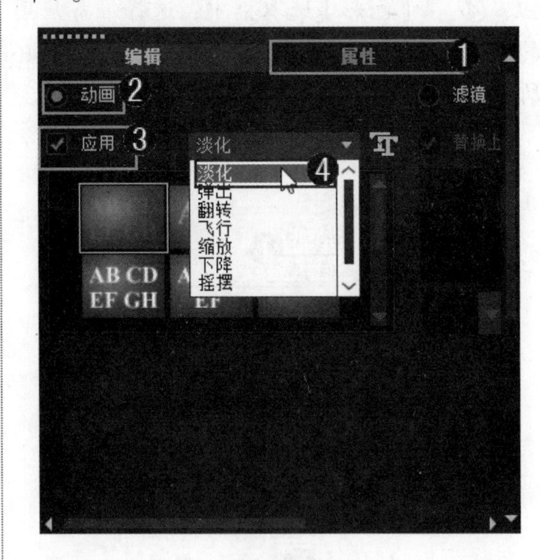

图 10-49

step 3 单击【自定义动画属性】按钮，如图 10-50 所示。

step 4 弹出【淡化动画】对话框，① 选中【交叉淡化】单选按钮，② 单击【确定】按钮，如图 10-51 所示。

图 10-50

淡化动画
单位(U): 文本
暂停(P): 中等
淡化样式
淡入(I)
淡出(O)
交叉淡化(C)
确定
取消

图 10-51

在【导览】面板中，单击【播放】按钮▶，即可预览效果。通过以上步骤即可完成制作淡化字幕效果的操作，如图 10-52 所示。

图 10-52

10.4.2 制作弹出字幕效果

【弹出】功能可以使文字产生由画面上的某个分界线弹出显示的动画效果，下面详细介绍制作弹出字幕效果的操作方法。

素材文件 第 10 章\素材文件\和风细雨.VSP

效果文件 第 10 章\效果文件\制作弹出效果.VSP

step 1 打开素材项目文件“和风细雨.VSP”，在【导览】面板中，单击标题素材，使其变为可编辑状态，如图 10-53 所示。

step 2 在【选项】面板中，① 选择【属性】选项卡，② 选中【动画】单选按钮，③ 勾选【应用】复选框，④ 单击【选取动画类型】右侧的下拉按钮，在弹出的下拉列表框中选择【弹出】选项，⑤ 在预设的动画中选择一种类型，如图 10-54 所示。

图 10-53

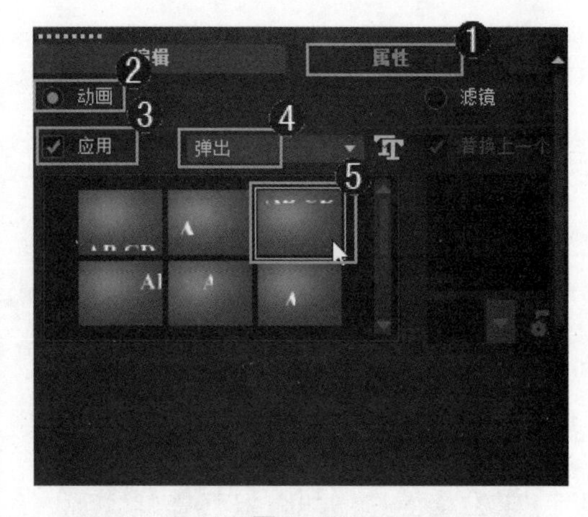

图 10-54

 在【导览】面板中，单击【播放】按钮▶，即可预览效果。通过以上步骤即可完成制作弹出字幕效果的操作，如图 10-55 所示。

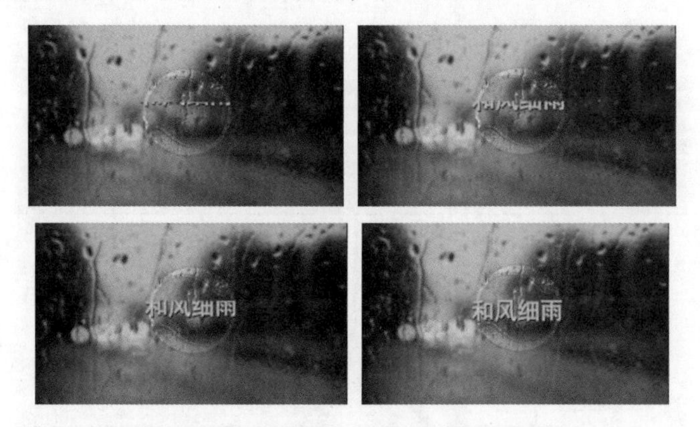

图 10-55

10.4.3 制作缩放字幕效果

使用缩放效果可以使文字在运动过程中产生放大或缩小的变化，下面详细介绍制作缩放字幕效果的操作方法。

素材文件 第 10 章\素材文件\古灵精怪.VSP

效果文件 第 10 章\效果文件\制作缩放效果.VSP

step 1 打开素材项目文件“古灵精怪.VSP”，在【标题轨】区域中，双击准备进行制作缩放效果的标题素材，如图 10-56 所示。

step 2 在【选项】面板中，① 选择【属性】选项卡，② 选中【动画】单选按钮，③ 勾选【应用】复选框，④ 单击【选取动画类型】右侧的下拉按钮，在弹出的下拉列表框中选择【缩放】选项，⑤ 单击【自定义动画属性】按钮，如图 10-57 所示。

图 10-56

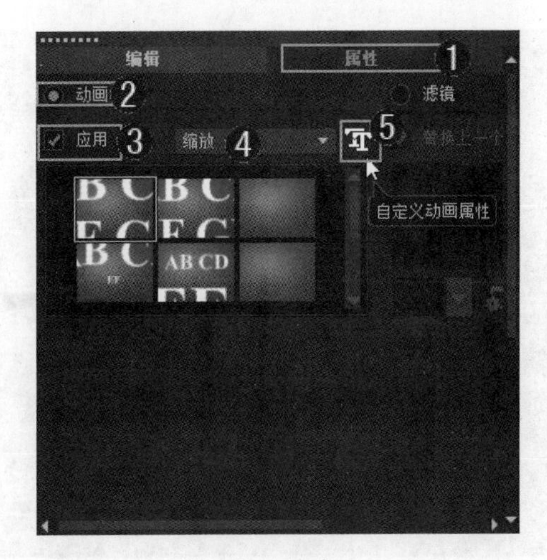

图 10-57

step 3 弹出【缩放动画】对话框，① 设置文字运动的方式，② 单击【确定】按钮，如图 10-58 所示。

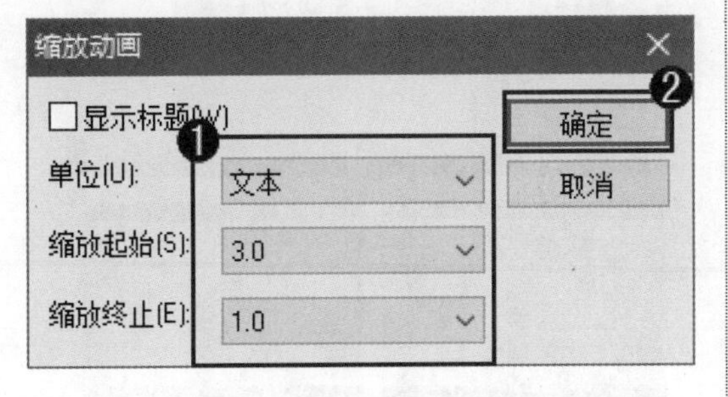

图 10-58

step 4 在【导览】面板中，单击【播放】按钮，即可预览效果。通过以上步骤即可完成制作缩放字幕效果的操作，如图 10-59 所示。

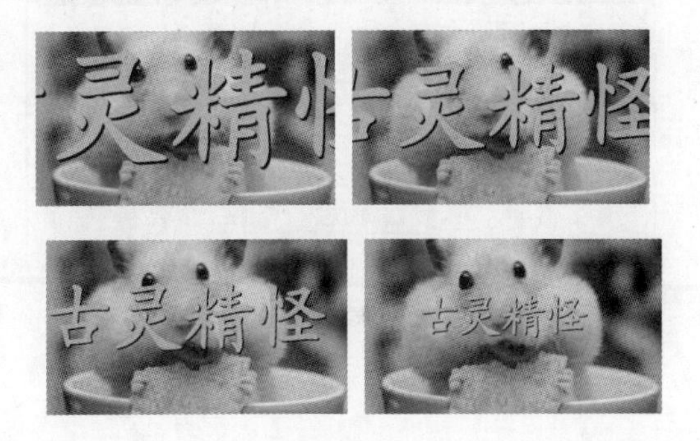

图 10-59

10.4.4 制作下降字幕效果

使用下降效果可以使文字在运动的过程中由大到小逐渐变化。下面详细介绍制作下降字幕效果的操作方法。

素材文件	第10章\素材文件\仰望沉思.VSP
效果文件	第10章\效果文件\制作下降字幕效果.VSP

step 1 打开素材项目文件“仰望沉思.VSP”，在【标题轨】区域中，双击准备进行制作下降字幕效果的标题素材，如图 10-60 所示。

step 2 在【选项】面板中，① 选择【属性】选项卡，② 选中【动画】单选按钮，③ 勾选【应用】复选框，④ 单击【选取动画类型】右侧的下拉按钮，在弹出的

图 10-60

step 3 弹出【下降动画】对话框，① 设置文字运动的方式，② 单击【确定】按钮，如图 10-62 所示。

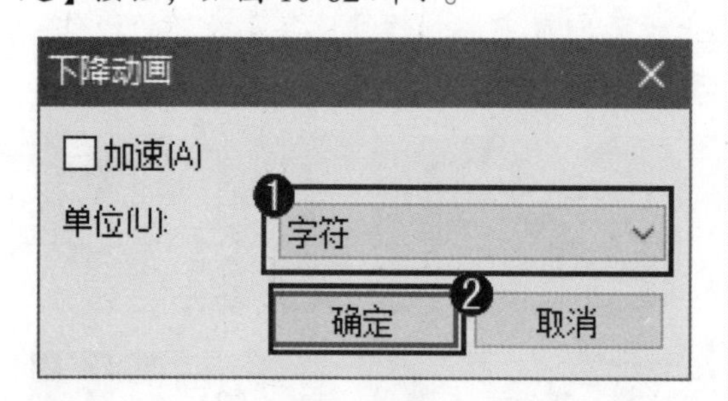

图 10-62

下拉列表框中选择【下降】选项，⑤ 单击【自定义动画属性】按钮，如图 10-61 所示。

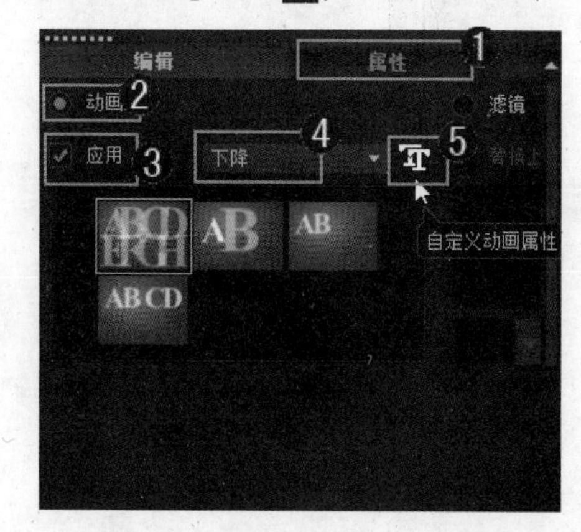

图 10-61

step 4 在【导览】面板中，单击【播放】按钮，即可预览效果。通过以上步骤即可完成制作下降字幕效果的操作，如图 10-63 所示。

图 10-63

10.4.5 制作移动路径字幕效果

“移动路径”可以使文字沿着指定的路径运动。“移动路径”没有可调整的参数，用户直接选择应用列表中的预设效果，就能产生各种各样的路径变化。下面详细介绍制作移动路径字幕效果的操作方法。

素材文件 第10章\素材文件\悠悠岁月.VSP

效果文件 第10章\效果文件\制作移动路径字幕效果.VSP

step 1 打开素材项目文件“悠悠岁月.VSP”，在【标题轨】区域中，双击准备进行制作移动路径字幕效果的标题素材，如图 10-64 所示。

step 2 在【选项】面板中，① 选择【属性】选项卡，② 选中【动画】单选按钮，③ 勾选【应用】复选框，④ 单击【选取动画类型】右侧的下拉按钮，在弹出的下

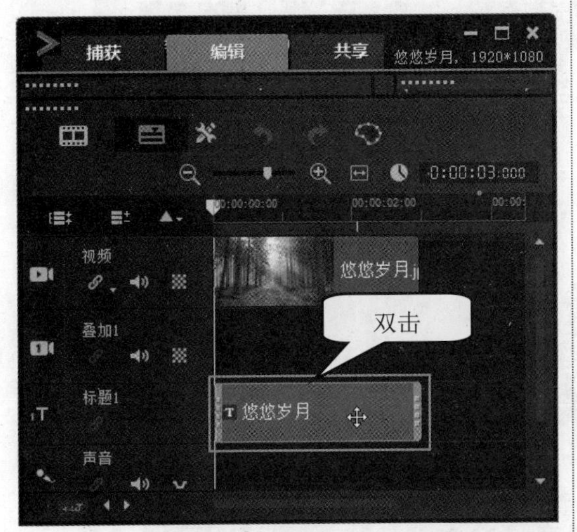

图 10-64

拉列表框中选择【移动路径】选项，⑤ 在预设的动画中选择一种类型，如图 10-65 所示。

图 10-65

在【导览】面板中，单击【播放】按钮▶，即可预览效果。通过以上步骤即可完成制作移动路径字幕效果的操作，如图 10-66 所示。

图 10-66

Section 10.5 字幕编辑器

手机扫描二维码，观看本节视频课程

通过字幕编辑器，可以为视频或音频素材轻松添加标题，为幻灯片轻松添加屏幕画外音，或为音乐视频轻松添加歌词。本节详细介绍字幕编辑器的相关基础知识以及使用字幕编辑器的方法。

10.5.1 认识字幕编辑器

在【时间轴视图】面板中，选择视频或音频素材，然后单击【字幕编辑器】按钮，即可弹出【字幕编辑器】对话框，如图 10-67 所示。

- 【波形视图】按钮：单击该按钮，即可显示视频素材的音频波形。该按钮可帮助确定具有重要音频级别的区域。
- 【开始标记】按钮：定义每个字幕的开始区间。
- 【结束标记】按钮：定义每个字幕的结束区间。

图 10-67

- 【拆分】按钮：单击该按钮，可以拆分已定义区间中的视频或音频段落。
- 【语音检测】区域：在【录音质量】和【敏感度】下拉列表中选择与视频中音频质量特性相对应的设置。
- 【扫描】按钮：单击该按钮，程序将根据音频级别自动检测字幕片段。
- 【播放选择的字幕部分】按钮：单击该按钮，进行播放所选择的字幕片段。
- 【添加新字幕】按钮：单击该按钮，将添加新的字幕。
- 【删除所选字幕】按钮：删除所选字幕片段。
- 【合并字幕】按钮：合并两个或多个所选字幕。
- 【时间偏移】按钮：在进入和退出字幕片段时引入时间偏移。
- 【导出字幕文件】按钮：单击该按钮，查找要保存字幕文件的路径，完成保存字幕文件的操作。
- 【文本选项】按钮：单击该按钮，将打开相应对话框，在该对话框中可自定义字体属性、样式和字幕位置。

10.5.2 使用字幕编辑器

使用字幕编辑器手动添加字幕时，可以使用时间码以精确匹配字幕和素材。下面详细介绍使用字幕编辑器的操作方法。

素材文件 第10章\素材文件\海上日落.VSP

效果文件 第10章\效果文件\使用字幕编辑器.VSP

打开素材项目文件“海上日落.VSP”，在【时间轴视图】面板中，① 选择视频素材文件后，② 单击【字幕编辑器】按钮，如图 10-68 所示。

图 10-68

弹出【字幕编辑器】对话框，① 将滑轨拖动至要添加标题的开始部分，② 单击【开始标记】按钮 [，如图 10-69 所示。

图 10-69

在弹出的【字幕编辑器】对话框中，① 将滑轨拖动至要添加标题的结束部分，② 单击【结束标记】按钮] ，如图 10-70 所示。

图 10-70

此时，可以看到手动添加的字幕片段将出现在字幕列表中，单击默认文本以激活文本框，如图 10-71 所示。

图 10-71

激活文本框后，输入准备添加的字幕文本，然后在文本框外单击，如图 10-72 所示。

图 10-72

① 使用上面的方法添加该视频所有的字幕片段，② 单击右下角处的【确定】按钮，如图 10-73 所示。

图 10-73

返回到【时间轴视图】面板中的【标题轨】区域中，可以看到所添加的字幕标题，如图 10-74 所示。

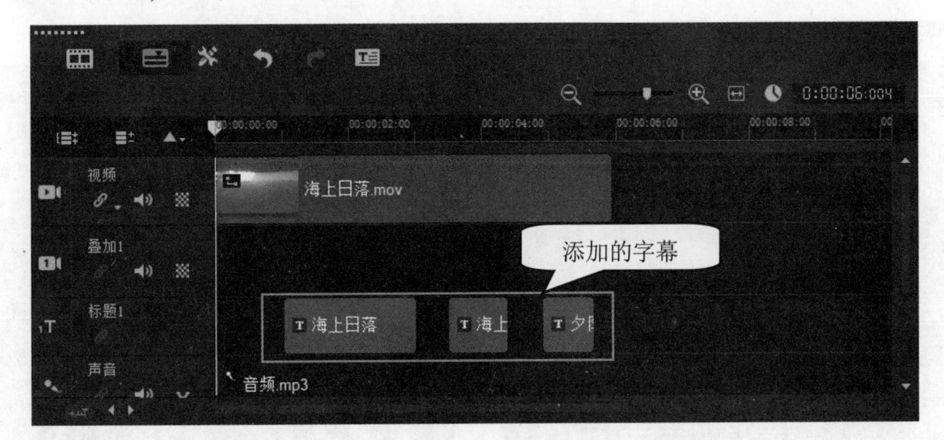

图 10-74

step 8 在【导览】面板中，单击【播放】按钮▶，即可预览效果。通过以上步骤即可完成使用字幕编辑器的操作，效果如图 10-75 所示。

图 10-75

Section 10.6 范例应用与上机操作

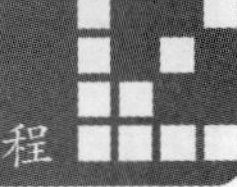

手机扫描二维码，观看本节视频课程

通过本章的学习，读者基本可以掌握运用字幕制作视频特效的基本知识以及一些常见的操作方法，本节将通过一些范例应用，如制作字幕扭曲变形效果、制作跑马灯字幕效果，练习上机操作，以达到巩固学习、拓展提高的目的。

10.6.1 制作字幕扭曲变形效果

在会声会影 2019 中，可以为字幕文件添加【往内挤压】滤镜，从而使字幕文件获得变形动画效果。下面详细介绍制作字幕扭曲变形效果的方法。

素材文件 第 10 章\素材文件\出淤泥而不染.VSP

效果文件 第 10 章\效果文件\制作字幕扭曲变形效果.VSP

打开素材项目文件“出淤泥而不染.VSP”，可以看到在视频轨和

在【选项】面板中，① 选择【滤镜】选项，切换至【滤镜】素材

【标题轨】区域中，分别添加的图像素材，如图 10-76 所示。

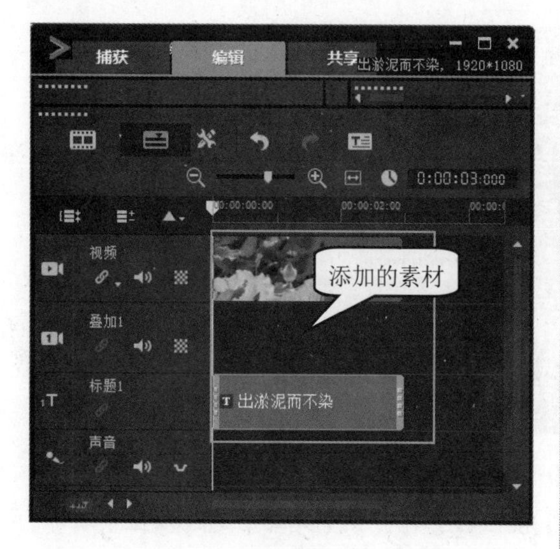

图 10-76

库，② 在【画廊】下拉列表框中，选择【三维纹理映射】滤镜类型，③ 选择【往内挤压】滤镜，如图 10-77 所示。

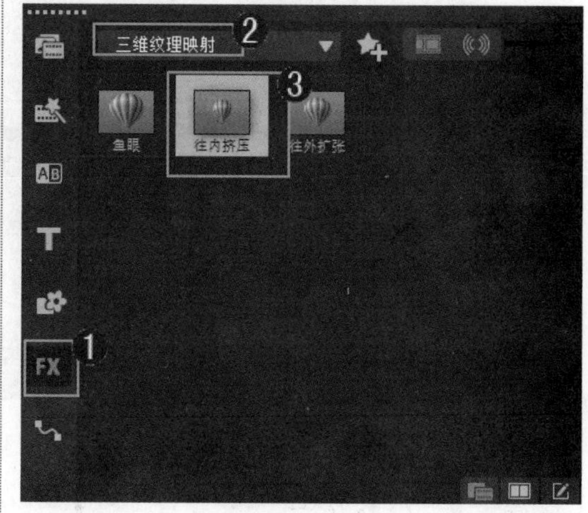

图 10-77

step 3 按住鼠标左键并拖曳滤镜至标题轨中的字幕上，可以看到字幕素材上出现 FX 标志，表示已经添加了滤镜，如图 10-78 所示。

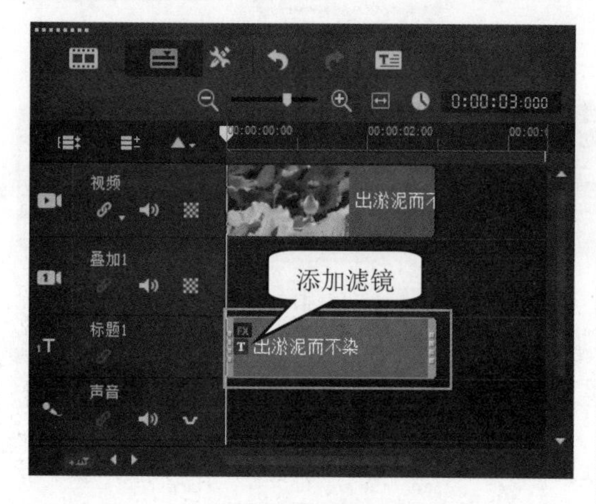

图 10-78

step 4 在【导览】面板中，单击【播放】按钮▶，即可预览效果。通过以上步骤即可完成制作字幕扭曲变形效果的操作，如图 10-79 所示。

图 10-79

10.6.2 制作跑马灯字幕效果

跑马灯字幕是电影中常见的文字运动效果，文字从字幕的一端向另一端滚动播放。下面详细介绍制作跑马灯字幕效果的操作方法。

素材文件 第 10 章\素材文件\享受阳光.VSP

效果文件 第 10 章\效果文件\制作跑马灯字幕效果.VSP

step 1 打开素材项目文件“享受阳光.VSP”，在【标题轨】区域中，双击准备进行制作跑马灯字幕效果的标题素材，如图 10-80 所示。

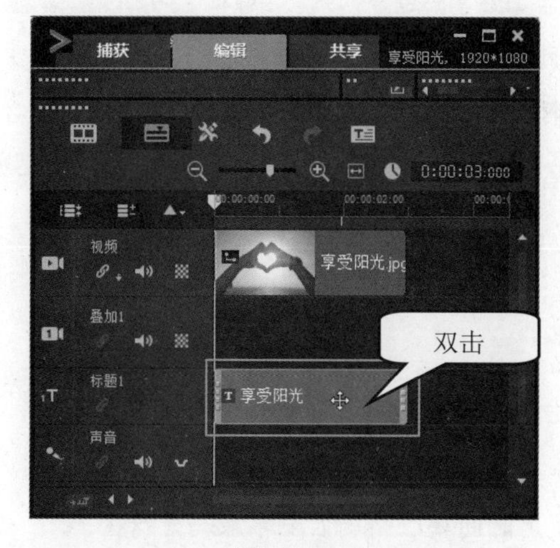

图 10-80

step 2 在【选项】面板中，① 选择【属性】选项卡，② 选中【动画】单选按钮，③ 勾选【应用】复选框，④ 单击【选取动画类型】右侧的下拉按钮，在弹出的下拉列表框中选择【飞行】选项，⑤ 单击【自定义动画属性】按钮，如图 10-81 所示。

图 10-81

step 3 弹出【飞行动画】对话框，① 设置文字运动的方式，② 单击【确定】按钮，如图 10-82 所示。

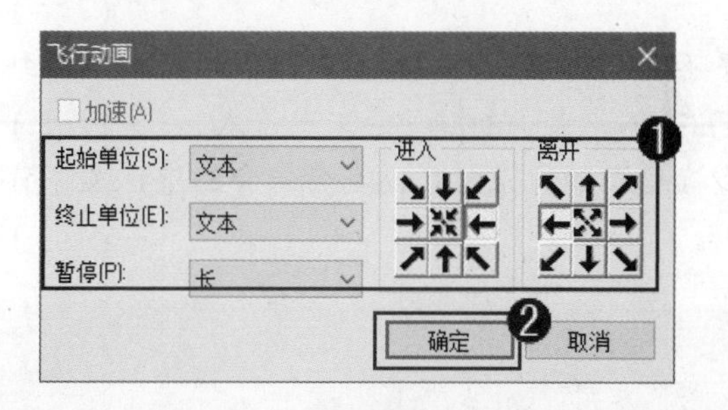

图 10-82

step 4 在【导览】面板中，单击【播放】按钮，即可预览效果。通过以上步骤即可完成制作跑马灯字幕效果的操作，如图 10-83 所示。

图 10-83

对于一些动画效果，可以在【导览】面板中的【播放器】区域中，拖动出现的暂停区间拖柄，以指定文字在进入屏幕之后和退出屏幕之前停留的时间长度。

Section 10.7 本章小结与课后练习

本节内容无视频课程

在会声会影2019中，标题字幕在视频编辑中是不可缺少的，它是影片的重要组成部分。在影片中加入一些说明性文本，能够有效地帮助观众理解影片的含义。通过本章的学习，读者可以掌握运用字幕制作视频特效的基本知识以及一些常见的操作方法，下面通过练习几道习题，达到巩固与提高的目的。

一、填空题

1. 使用【标题】选项面板上的____________按钮，可以快速为标题添加边框、改变透明度、改变柔和度或者添加阴影等。

2. 使用________效果可以使文字在运动的过程中由大到小逐渐变化。

3. 使用__________手动添加字幕时，可以使用时间码以精确匹配字幕和素材。

二、判断题

1. 将字幕添加到标题轨上后，标题的播放时间与视频上对应位置的素材长度是对应的关系，也就是说，标题将在视频上对应的素材播放时出现。因此，可以调整添加到标题轨中的标题的位置和播放时间。（ ）

2. 在会声会影中，输入标题内容后，程序不会将用户上一次为标题设置的格式应用到新添加的标题上，用户可以根据影片的内容设置字体、大小和颜色等文本格式。（ ）

3. 如果想更好地对标题予以强调，可以为标题添加背景衬托。在会声会影中，文字背景可以是单色、渐变，并能调整其透明度。（ ）

三、思考题

1. 如何添加预设字幕？

2. 如何设置字幕边框和阴影？

四、上机操作

1. 通过本章的学习，读者基本可以掌握运用字幕制作视频特效方面的知识，下面通过练习制作摇摆字幕，达到巩固与提高的目的。

2. 通过本章的学习，读者基本可以掌握运用字幕制作视频特效方面的知识，下面通过练习翻转效果，达到巩固与提高的目的。

第 11 章

制作视频背景音乐特效

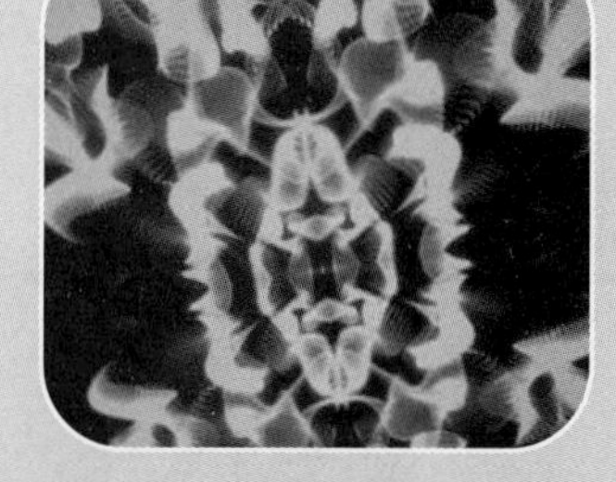

本章主要介绍应用音频素材的基本操作、调整音频素材、使用混音器方面的知识与技巧，同时还讲解了使用音频滤镜制作音频特效相关操作。通过本章的学习，读者可以掌握制作视频背景音乐特效方面的知识，为深入学习会声会影 2019 中文版知识奠定基础。

本章要点

1. 应用音频素材的基本操作
2. 调整音频素材
3. 使用混音器
4. 使用音频滤镜制作音频特效

Section 11.1 应用音频素材的基本操作

手机扫描二维码，观看本节视频课程

影视作品是一门声画艺术，音频是决定视频作品是否成功的重要因素之一，音频也是一部影片的灵魂，掌握音频的一些基本操作，可以为影片增光添彩。本节将详细介绍应用音频素材的一些基本操作方法。

11.1.1 添加音频素材

会声会影提供了多种方法向影片中添加音乐和声音文件，下面介绍从各种不同的来源为影片添加音频的操作方法。

1. 从素材库中添加音频素材

使用会声会影，可以将其他音频文件添加到素材库中，以便以后能够快速地调用该音频。下面详细介绍从素材库中添加音频素材的操作方法。

step 1 在【视频轨】区域中，导入素材后，在【素材库】面板中，① 单击【媒体】按钮，② 单击【显示音频文件】按钮，③ 单击【导入媒体文件】按钮，如图 11-1 所示。

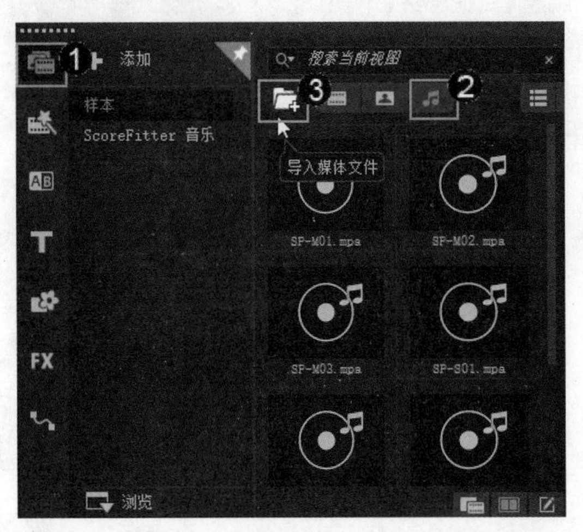

图 11-1

step 2 在弹出的【浏览媒体文件】对话框中，① 选择准备导入的音频所在的路径，② 选择准备导入的音频文件，③ 单击【打开】按钮，如图 11-2 所示。

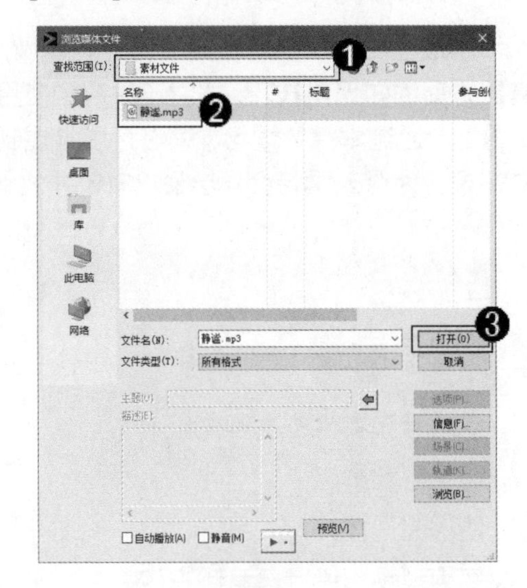

图 11-2

step 3 返回到【素材库】面板中，可以看到选择的音频文件已被导入素材库，如图 11-3 所示。

step 4 选中素材库中导入的音频文件，将其拖曳到声音轨上，然后释放鼠标左键，即可完成从素材库中添加音乐的操作，如图 11-4 所示。

图 11-3

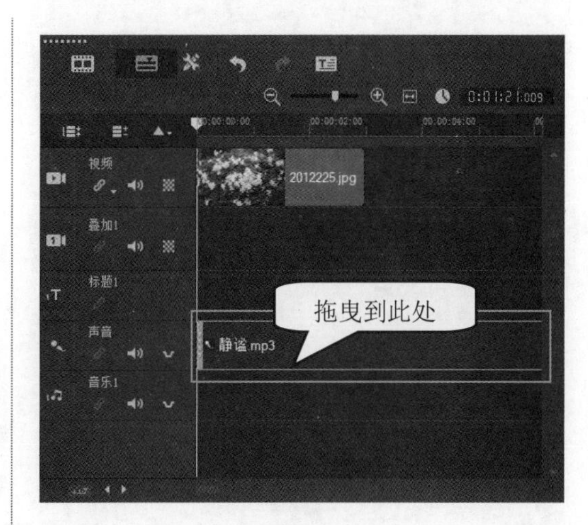

图 11-4

2. 从文件中添加音频素材

在电脑中收藏的很多好听的音乐、歌曲，只要是常见的音频格式文件，会声会影都能将其添加到声音轨或者音乐轨上，为音频进行配音。下面详细介绍从文件中添加音频素材的操作方法。

step 1 在会声会影编辑器中的菜单栏中，选择【文件】→【将媒体文件插入到时间轴】→【插入音频】→【到声音轨】菜单项，如图 11-5 所示。

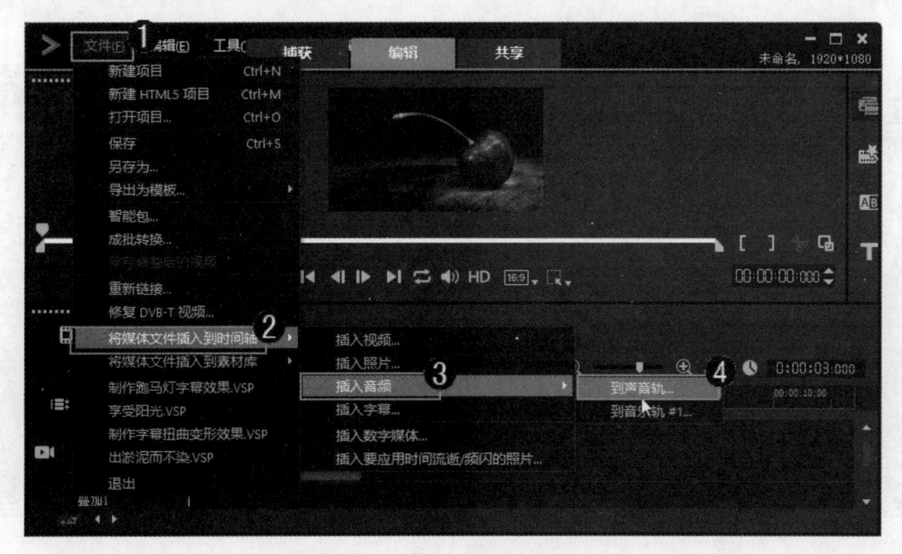

图 11-5

step 2 弹出【打开音频文件】对话框，① 在【查找范围】下拉列表框中，选择音频素材存放的位置，② 选择准备添加的音频素材，③ 单击【打开】按钮，如图 11-6 所示。

step 3 可以看到选择的音频文件已被插入到声音轨中，这样即可完成从文件中添加音频的操作，如图 11-7 所示。

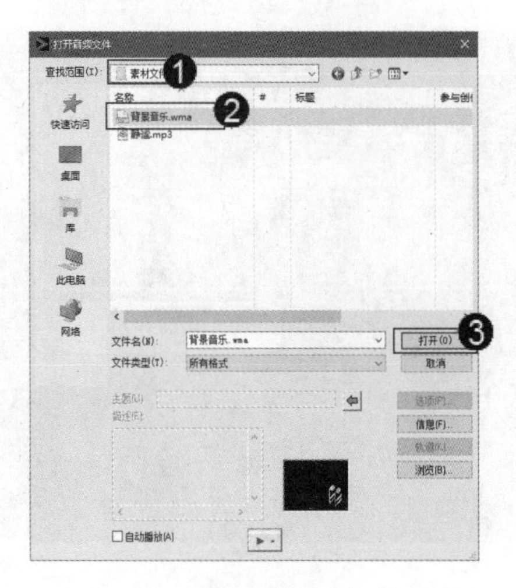

图 11-6

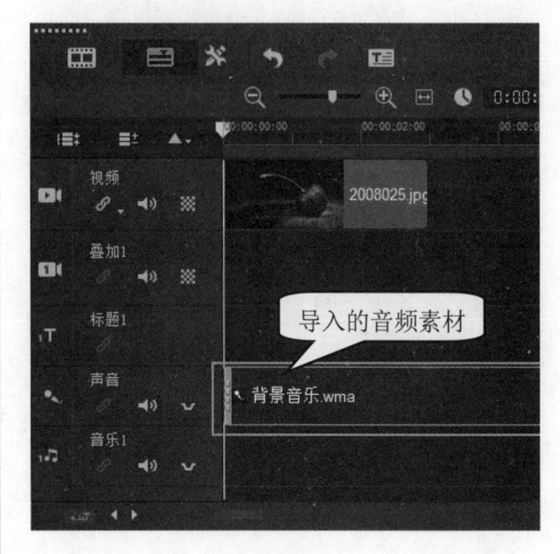

图 11-7

11.1.2 添加自动音乐

会声会影中的自动音乐功能使用户能够基于 ScoreFitter 无版税音乐库轻松创作高质量声轨。歌曲有不同变化，可帮助用户为视频作品设定正确的感受。下面详细介绍添加自动音乐的操作方法。

step 1 在会声会影编辑器中，导入【视频轨】中的素材文件后，单击工具栏上的【自动音乐】按钮，如图 11-8 所示。

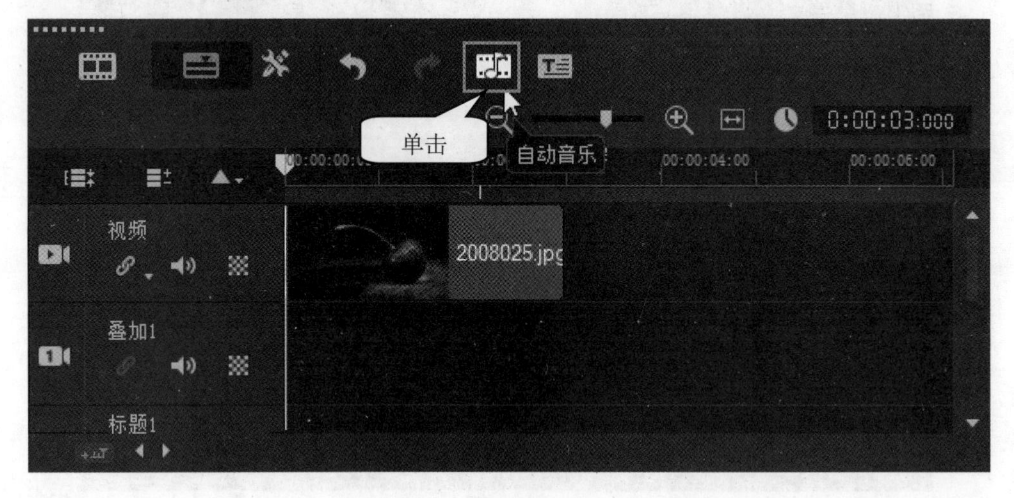

图 11-8

step 2 打开【自动音乐】面板，① 在【类别】列表中选择想要的音乐类型，② 在【歌曲】列表中选择一首歌，③ 在【版本】列表中选择歌曲版本，④ 可以单击【播放选定歌曲】按钮来聆听选择的歌曲，⑤ 找到想要的歌曲后，单击【添加到时间轴】按钮，如图 11-9 所示。

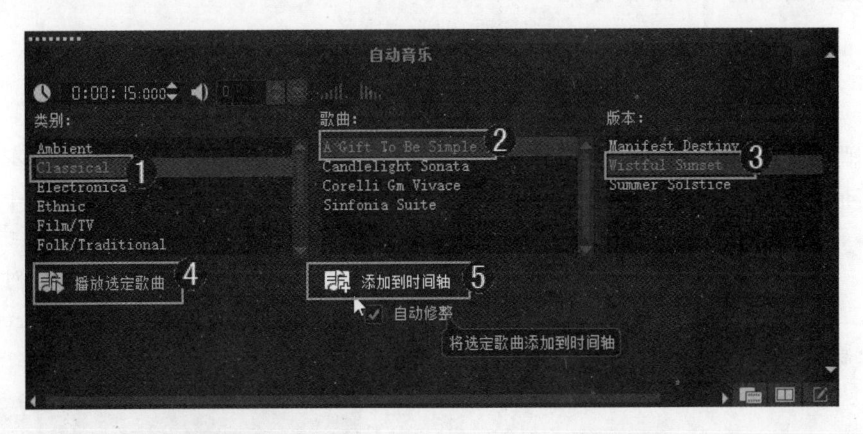

图 11-9

在【时间轴视图】面板中，可以看到选择的自动音乐已被插入音频轨中，这样即可完成添加自动音乐的操作，如图 11-10 所示。

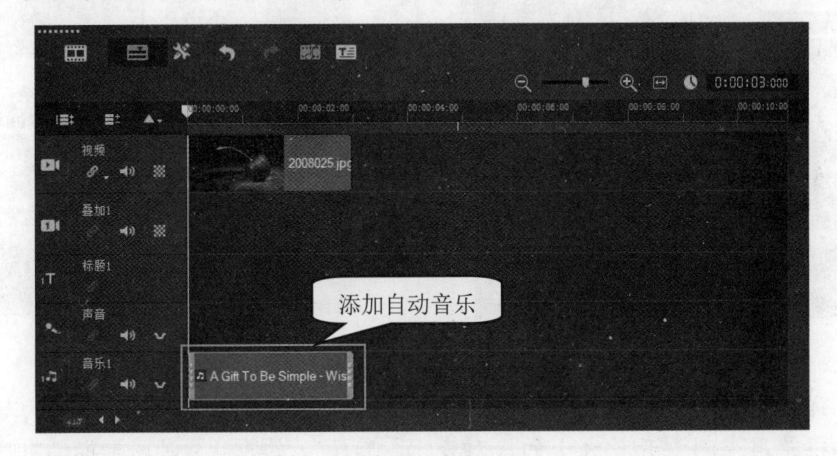

图 11-10

11.1.3 删除音频素材

插入音频素材后，如果发现不是自己想要的音频素材，可以将其删除。在会声会影中删除音频素材的方法很简单，只需右击想要删除的音频素材，然后在弹出的快捷菜单中，选择【删除】菜单项(见图 11-11)，即可完成删除音频素材的操作。

图 11-11

11.1.4 录制画外音素材

录制画外音的方法有很多，可以利用数码设备的录音功能录制语音，然后输入电脑作为音频文件插入，也可以在会声会影中直接用麦克风录制。下面详细介绍录制画外音的操作方法。

step 1 在会声会影编辑器中，导入【视频轨】中的素材文件后，单击工具栏上的【录制/捕获选项】按钮，如图 11-12 所示。

图 11-12

弹出【录制/捕获选项】对话框，单击【画外音】按钮，如图 11-13 所示。

图 11-13

step 3 弹出【调整音量】对话框，该对话框是用来测量音量大小的，对麦克风进行说话，指示格的变化将反映出音量的大小，越往两边音量越大。试音无误后，单击【开始】按钮，即可进行录制声音，如图 11-14 所示。

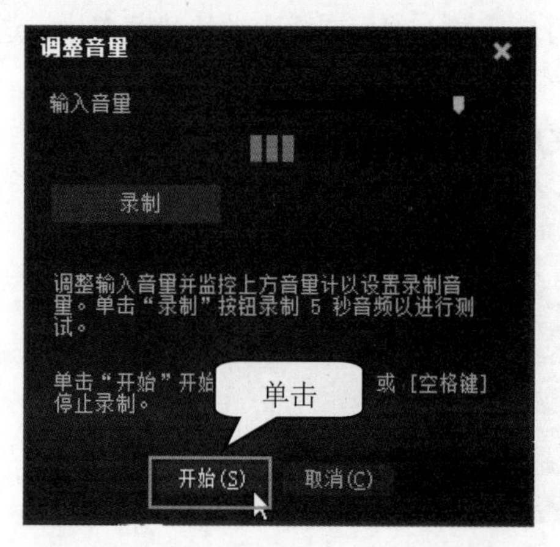

图 11-14

step 4 录制的同时用户还可以听到录制的声音，时间轴标记同时移动，显示当前录制的声音所对应的画面位置，如图 11-15 所示。

图 11-15

step 5 当音频录制到所需要的地方后，按 Esc 键或者 Space 键即可停止录制，这时，录制的声音将出现在声音轨上。通过以上步骤即可完成录制画外音素材的操作，如图 11-16 所示。

图 11-16

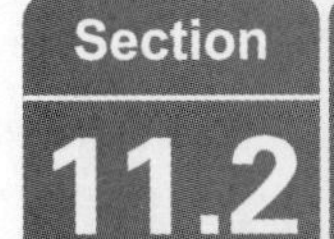

Section 11.2 调整音频素材

手机扫描二维码，观看本节视频课程

在会声会影 2019 中，如果对添加的音频素材不满意，就需要对该音频进行一些调整，如设置淡入淡出效果、调节音频音量、使用音量调节线控制音量、重置音频音量、调整音频素材的播放速度等。本节将详细介绍调整音频素材的相关知识及操作方法。

11.2.1 设置淡入淡出效果

淡入淡出是一种在视频编辑中常用的音频编辑效果，使用这种效果，就可以避免音乐的突然出现和消失，从而使音乐能够自然地过渡。下面详细介绍设置淡入淡出效果的方法。

素材文件 第 11 章\素材文件\静谧雪山.VSP
效果文件 第 11 章\效果文件\设置淡入淡出效果.VSP

step 1 打开素材项目文件“静谧雪山.VSP”，在【音频轨】上，选择需要调整的音频素材并使用鼠标左键双击，如图 11-17 所示。

在【音乐和声音】选项面板中，① 单击【淡入】按钮，② 单击【淡出】按钮，如图 11-18 所示。

图 11-17

图 11-18

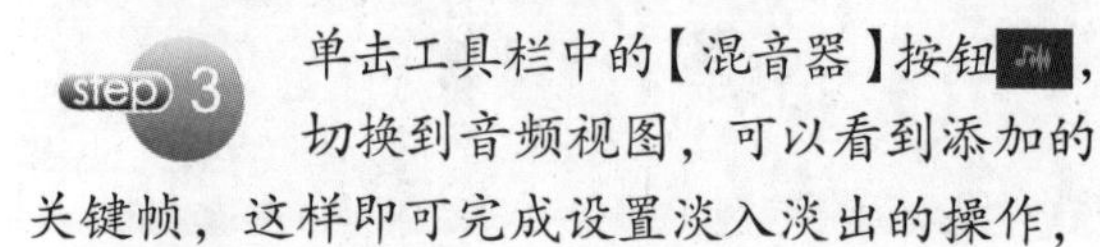

单击工具栏中的【混音器】按钮，切换到音频视图，可以看到添加的关键帧，这样即可完成设置淡入淡出的操作，如图 11-19 所示。

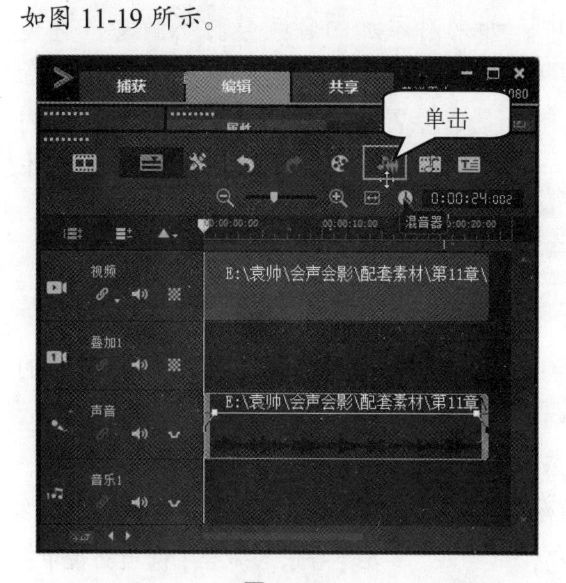

图 11-19

智慧锦囊

在会声会影 2019 中，也可以使用鼠标右键单击混音器视图中的音频素材，在弹出的快捷菜单中选择【淡入音频】或【淡出音频】菜单项，即可为音频快速添加淡入与淡出的效果。

考考您

请您根据上述方法设置淡入淡出效果，测试一下您的学习效果。

11.2.2 调节音频音量

调节音频素材的音量，可以分别选择时间轴中的各个轨，然后在选项面板中进行音量的调节。下面详细介绍调节音频音量的操作方法。

step 1 打开会声会影编辑器，在【音频轨】上，选择需要调节音量的音频素材并双击，如图 11-20 所示。

图 11-20

step 2 在【音乐和声音】选项面板中，单击【音量】右侧的下三角形按钮，在弹出的音量调节器中拖曳滑块调整音量的大小，同时，左侧将显示对应的数值，这样即可完成调节音频音量的操作，如图 11-21 所示。

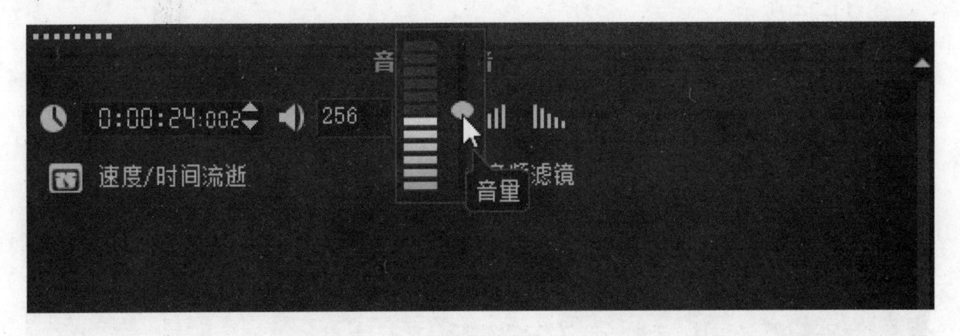

图 11-21

11.2.3 使用音量调节线控制音量

除了使用音频混合器控制声音的音量变化外，还可以直接在相应的音频轨上使用音量调节线控制不同位置的音量。下面详细介绍使用音量调节线控制音量的操作方法。

step 1 在【音频轨】上，选择需要调节音量的音频素材，单击工具栏中的【混音器】按钮，切换到音频视图，如图 11-22 所示。

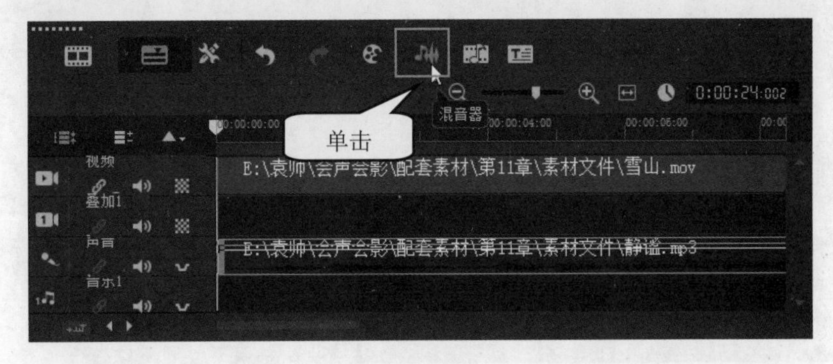

图 11-22

切换到音频视图后，将鼠标指针置于音量调节线处，此时的鼠标指针会变为 形状，如图 11-23 所示。

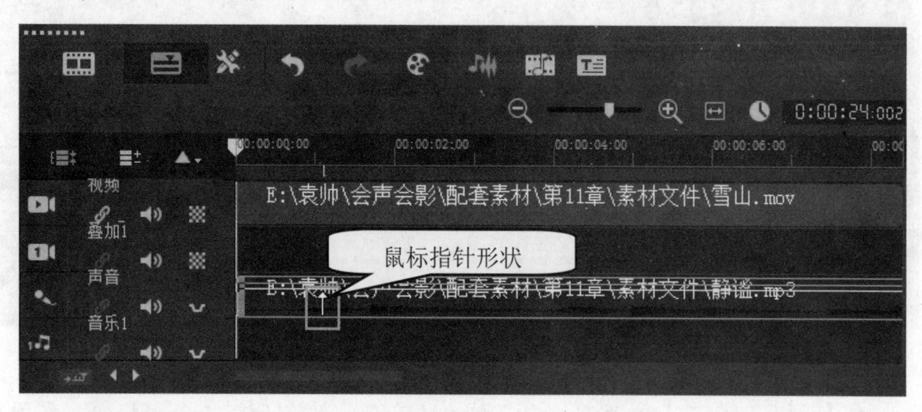

图 11-23

在音频视图中，当鼠标指针改变形状时，单击鼠标，即可添加一个关键帧，如图 11-24 所示。

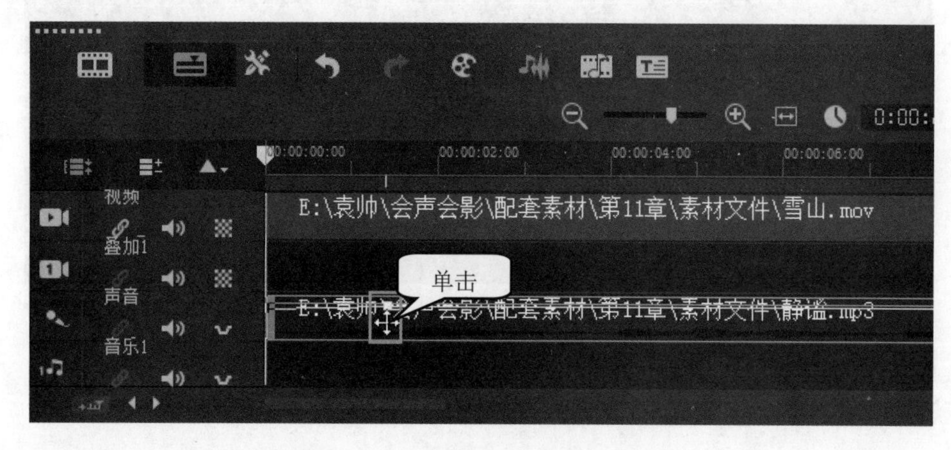

图 11-24

向上拖曳添加的关键帧，可以增大素材在当前位置上的音量，向下拖曳则会减小音量，如图 11-25 所示。

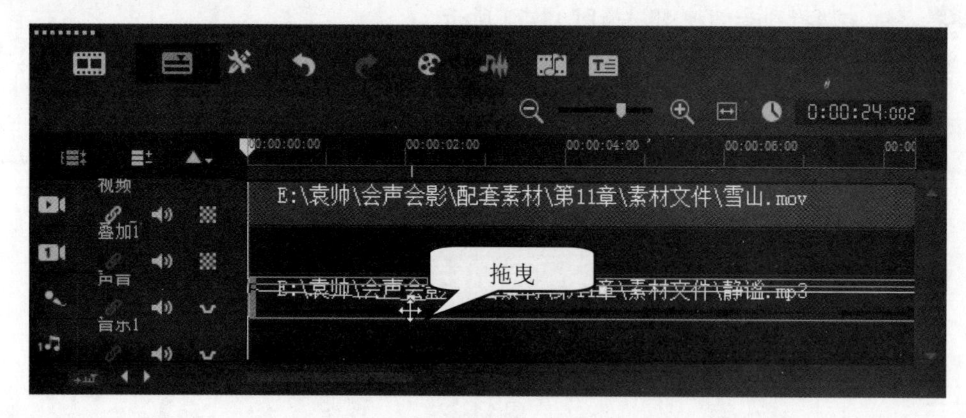

图 11-25

重复上面的操作步骤，即可将更多的关键帧添加到调节线并调整音量，这样即可完成使用音量调节线控制音量的操作，如图 11-26 所示。

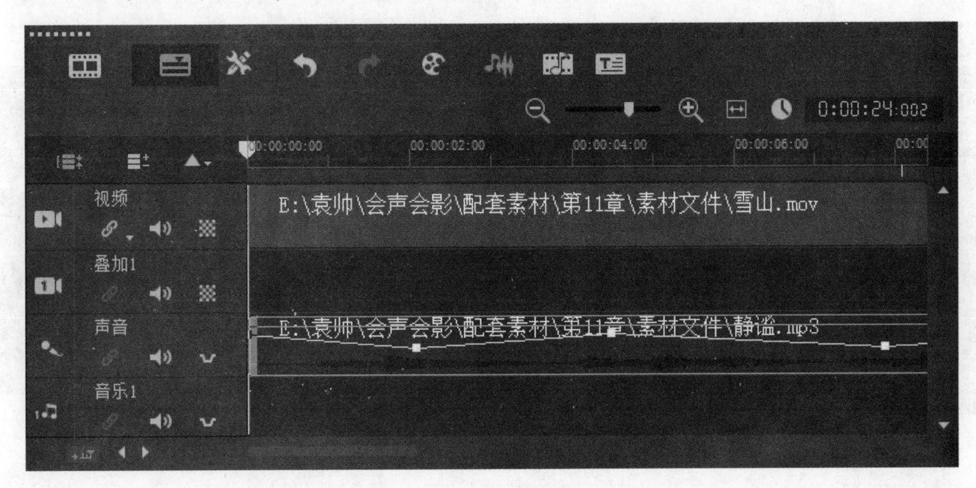

图 11-26

11.2.4 重置音频音量

使用音量调节线调节完声音后，如果对当前设置不满意，还可以将音量调节线恢复到初始状态。下面详细介绍重置音频音量的操作方法。

step 1 在【音频轨】上，① 右击需要重置音量的音频素材，② 在弹出的快捷菜单中，选择【重置音量】菜单项，如图 11-27 所示。

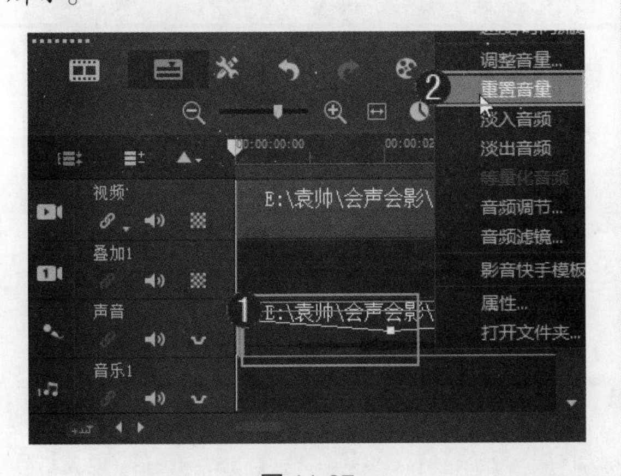

图 11-27

step 2 在【音频轨】上，可以看到音量调节线恢复到原始状态，这样即可完成重置音量的操作，如图 11-28 所示。

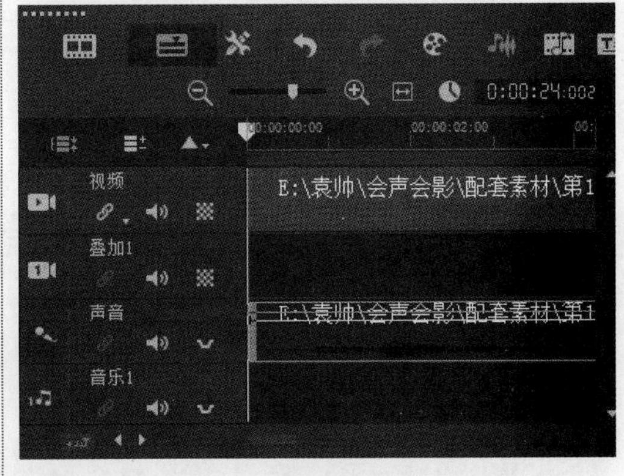

图 11-28

11.2.5 调整音频素材的播放速度

在进行视频编辑时，可以改变音频的回放速度，使它与影片能够更好地融合。下面详细介绍调整音频素材播放速度的操作方法。

在【音频轨】上，双击需要调整播放速度的音频素材，如图 11-29 所示。

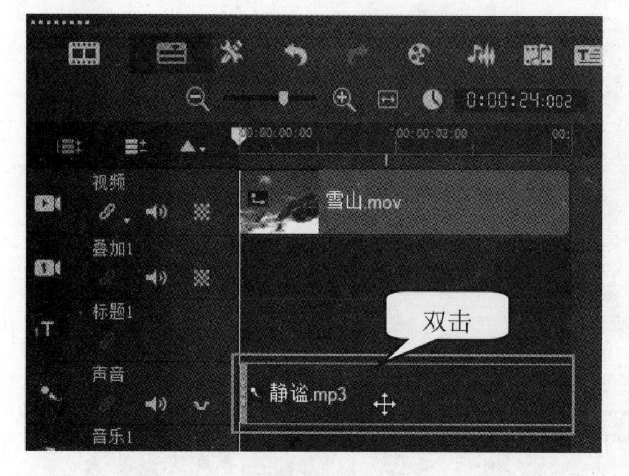

图 11-29

在【音乐和声音】选项面板中，单击【速度/时间流逝】按钮，如图 11-30 所示。

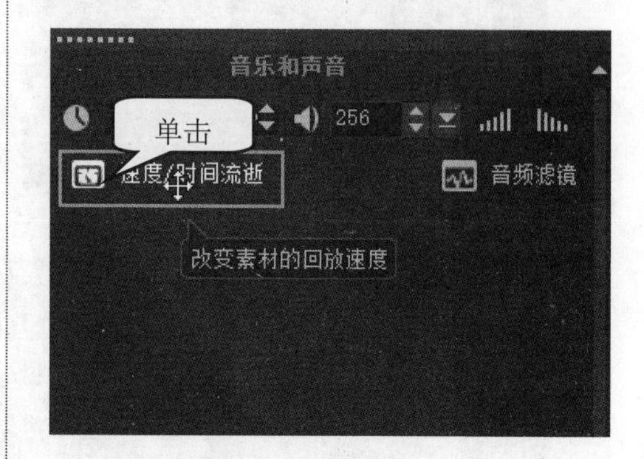

图 11-30

step 3

弹出【速度/时间流逝】对话框，① 在【速度】微调框中输入所需要的数值，或者拖动滑块也可以调整音频的速度，② 单击【确定】按钮，如图 11-31 所示。

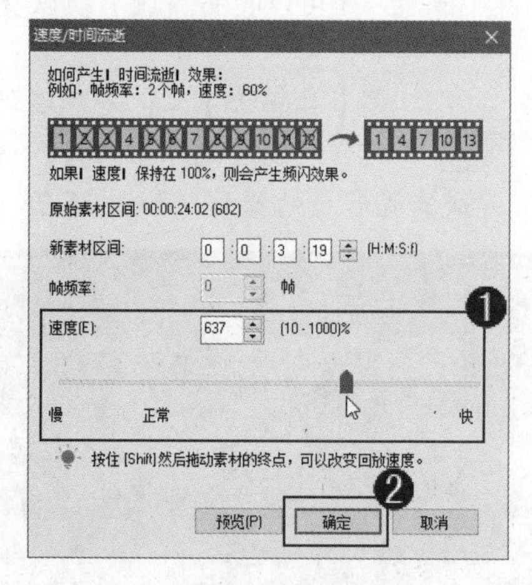

图 11-31

step 4

返回到【时间轴视图】面板中，可以看到音频的速度已经调整完成。通过以上步骤即可完成调整音频素材的播放速度的操作，如图 11-32 所示。

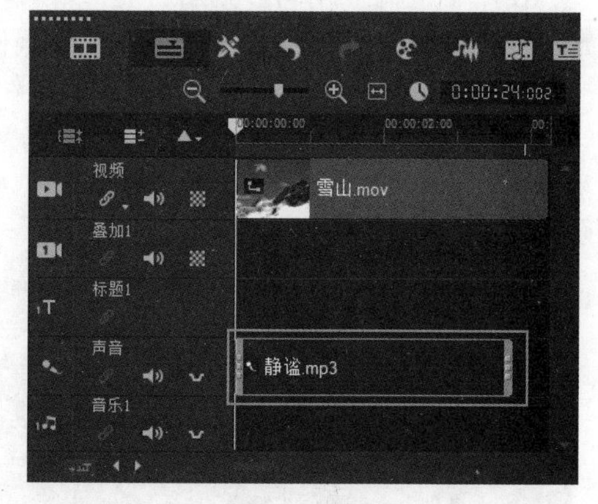

图 11-32

Section 11.3 使用混音器

手机扫描二维码，观看本节视频课程

在会声会影 2019 中，使用混音器可以动态调整音量调节线，它允许在播放影片项目的同时，实时调整某个轨道素材任意一点的音量，非常方便实用。本节将详细介绍几种使用混音器的相关知识及技巧。

11.3.1 使用混音器选择音频轨道

在会声会影 2019 中使用混音器调节音量前，首先需要选择要调节音量的音轨。下面详细介绍选择音频轨道的操作方法。

step 1 在【时间轴视图】面板中单击【混音器】按钮，即可打开混音器视图，如图 11-33 所示。

图 11-33

step 2 在【环绕混音】选项面板中单击【语音轨】按钮，即可选中要调节的音频轨道，如图 11-34 所示。

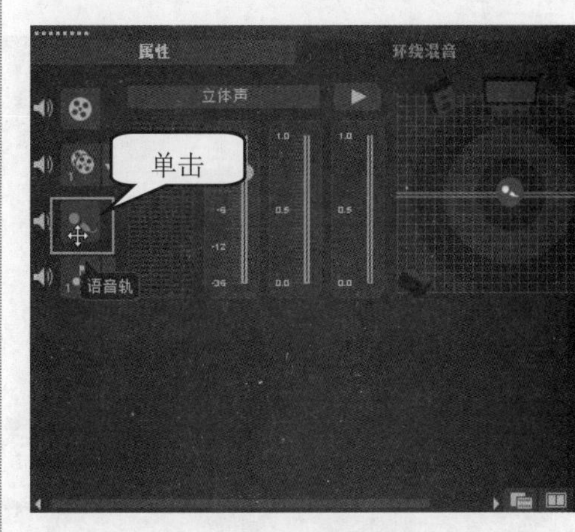

图 11-34

11.3.2 使用混音器播放并实时调节音量

在会声会影 2019 的混音器视图中，播放音频文件时，可以对某个轨道上的音频进行音量的调节。下面详细介绍使用混音器播放并实时调节音量的方法。

step 1 在【环绕混音】选项面板中，① 单击【播放】按钮，开始试听音频效果，② 单击【音量】按钮，并向下拖曳至-9.0 的位置，如图 11-35 所示。

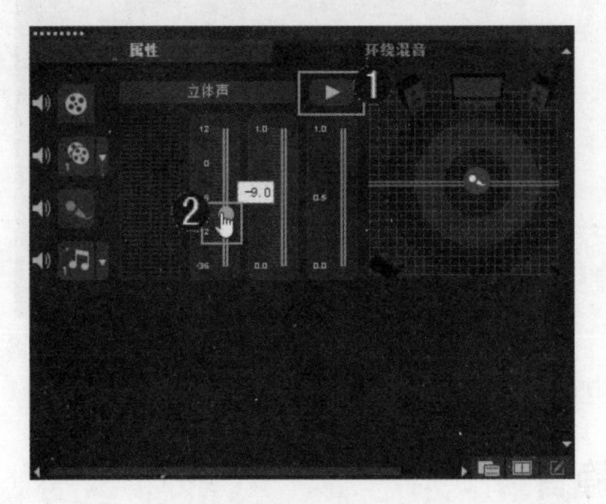

图 11-35

step 2 通过以上步骤即可完成使用混音器播放并实时调节音量的操作，在声音轨中可查看音频调节效果，如图 11-36 所示。

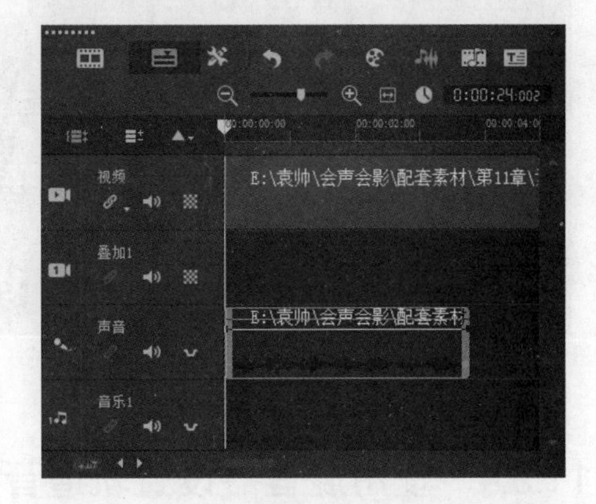

图 11-36

11.3.3 使用混音器调节左右声道大小

在混音器中，还可以根据需要调整音频左右声道的大小，调整音量后播放试听会有所变化。下面详细介绍使用混音器调节左右声道大小的操作方法。

step 1 在【时间轴视图】面板中单击【混音器】按钮，即可打开混音器视图，如图 11-37 所示。

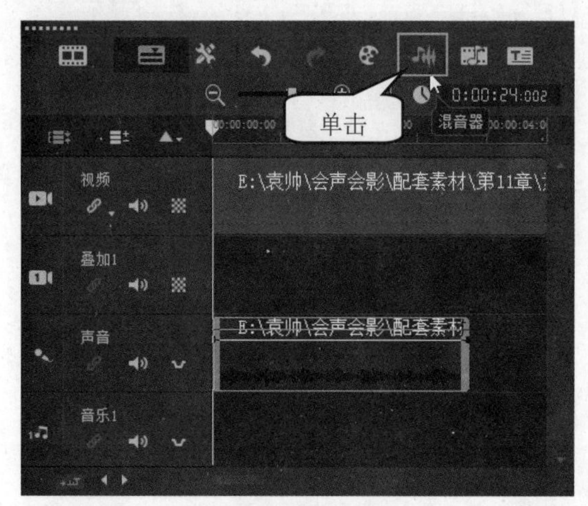

图 11-37

step 2 在【环绕混音】选项面板中，① 单击【播放】按钮，即可试听音频，② 按住右侧窗口中的滑块并向右拖曳，如图 11-38 所示。

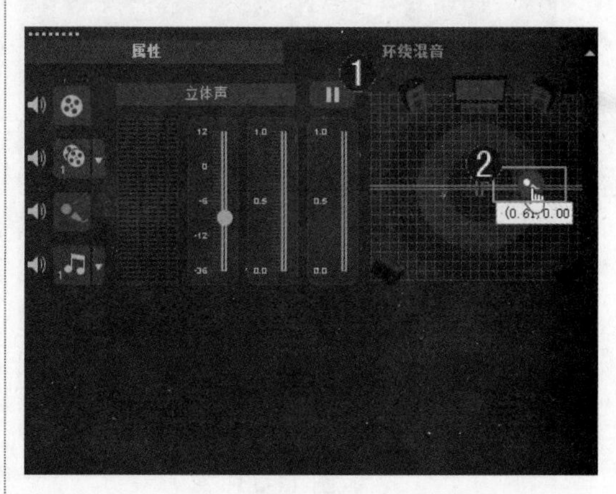

图 11-38

step 3 在【环绕混音】选项面板中，① 单击【播放】按钮，② 按住右侧窗口中的滑块并向左拖曳，如图 11-39 所示。

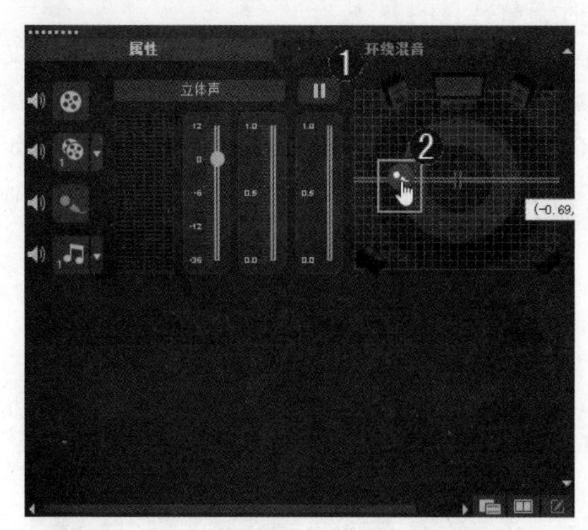

图 11-39

step 4 通过以上步骤即可完成使用混音器调节声道音量大小的操作，在时间轴面板中可查看调整后的效果，如图 11-40 所示。

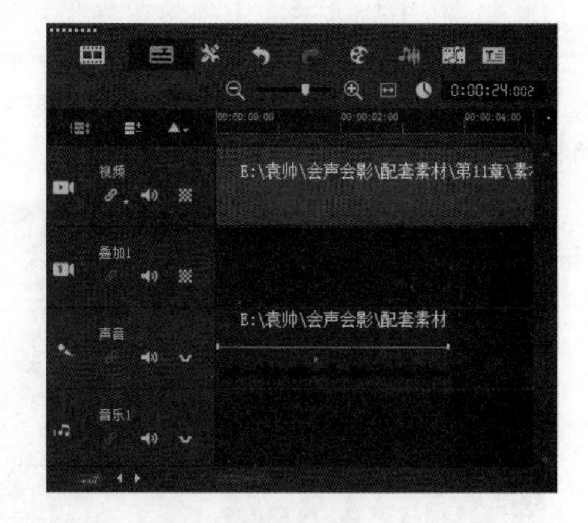

图 11-40

11.3.4 使用混音器设置轨道音频静音

在会声会影 2019 中进行视频编辑时，有时为了在混音时听清楚某个轨道素材的声音，

可以将其他轨道的素材声音调为静音模式。下面介绍使用混音器设置轨道音频静音的方法。

step 1 在【时间轴视图】面板中单击【混音器】按钮，即可打开混音器视图，如图 11-41 所示。

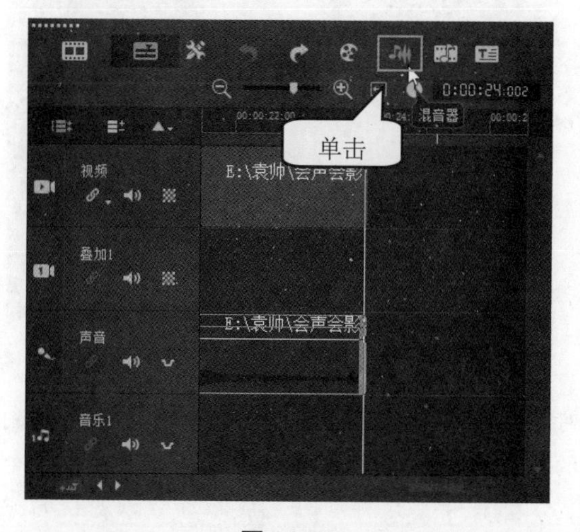

图 11-41

step 2 在【环绕混音】选项面板中，单击【声音轨】按钮左侧的声音图标，即可设置轨道音频静音，如图 11-42 所示。

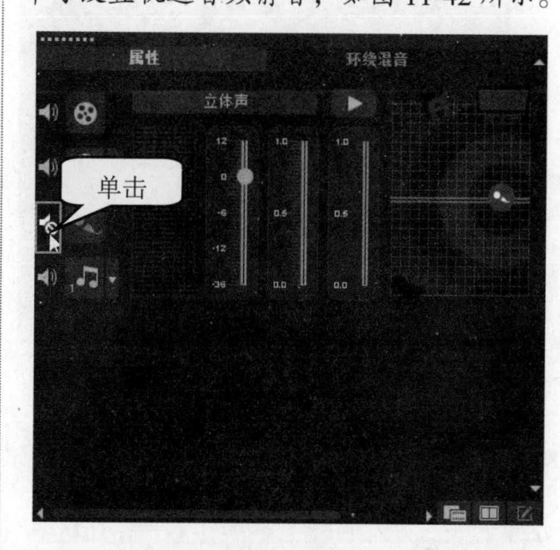

图 11-42

Section 11.4 使用音频滤镜制作音频特效

手机扫描二维码，观看本节视频课程

在会声会影 2019 中，可以将音频滤镜添加到声音轨或音乐轨的音频素材上，如长回声、去除噪声等，从而制作出具有更多风格的音频特效。本节将详细介绍使用音频滤镜制作音频特效的相关知识及操作方法。

11.4.1 添加音频滤镜

会声会影允许用户为音乐和声音轨中的音频素材应用滤镜，以丰富声音效果。下面详细介绍添加音频滤镜的操作方法。

素材文件	第 11 章\素材文件\城市.VSP
效果文件	第 11 章\效果文件\添加音频滤镜.VSP

step 1 打开素材项目文件"城市.VSP"，在【音频轨】上，选择需要添加音频滤镜的音频素材并双击，如图 11-43 所示。

step 2 在【音乐和声音】选项面板中，单击【音频滤镜】按钮，如图 11-44 所示。

图 11-43

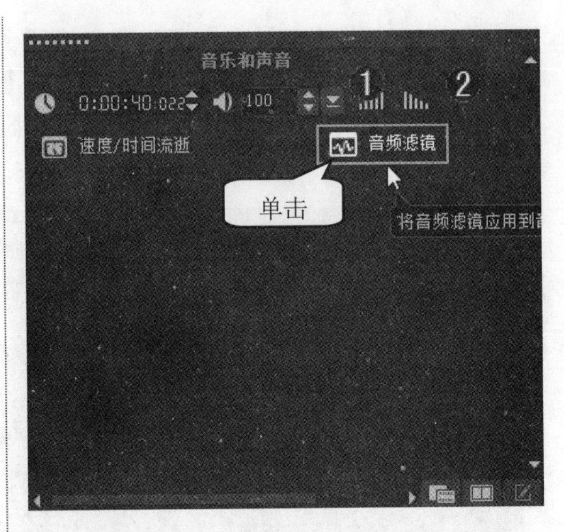

图 11-44

step 3 弹出【音频滤镜】对话框，① 在【可用滤镜】列表框中，选择准备应用的音频滤镜，② 单击【添加】按钮，③ 在【已用滤镜】列表框中，可以看到已经选择的音频滤镜，单击【确定】按钮，如图 11-45 所示。

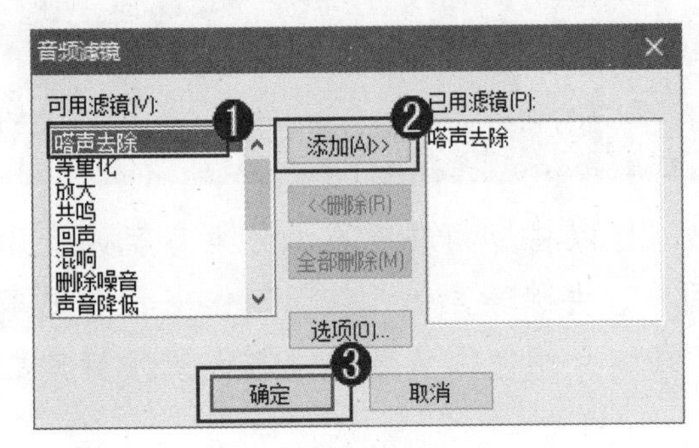

图 11-45

step 4 返回到【音频轨】上，可以看到选择的音频素材上，多出了一个FX符号，这样即可完成添加音频滤镜的操作，如图 11-46 所示。

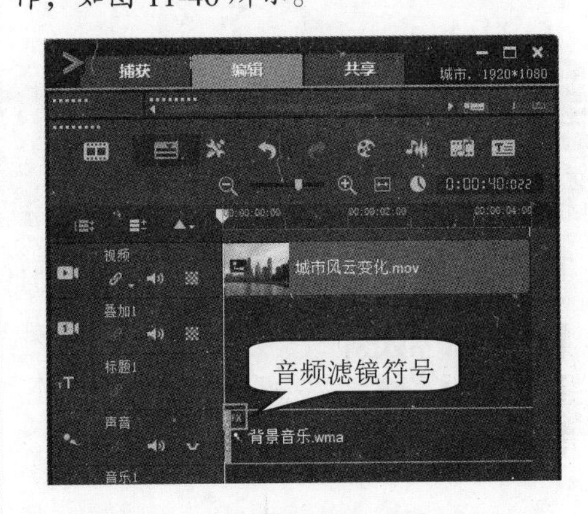

图 11-46

11.4.2 删除音频滤镜

如果对添加的音频滤镜不满意，可以将其删除。下面详细介绍删除音频滤镜的操作方法。

素材文件 第 11 章\素材文件\添加音频滤镜.VSP

效果文件 第 11 章\效果文件\删除音频滤镜.VSP

step 1 打开素材项目文件“添加音频滤镜.VSP”，在【音频轨】上，选择需要删除音频滤镜的音频素材并双击，如图 11-47 所示。

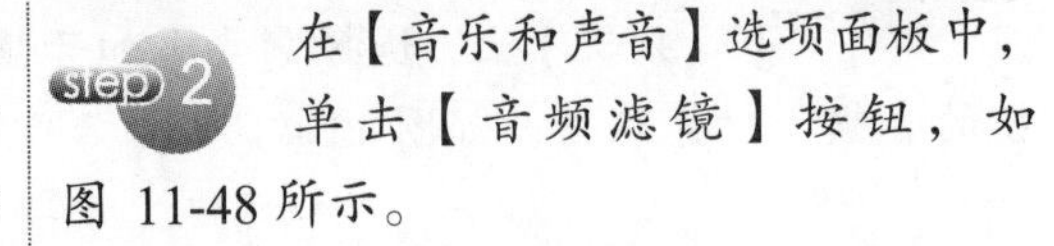

step 2 在【音乐和声音】选项面板中，单击【音频滤镜】按钮，如图 11-48 所示。

图 11-47

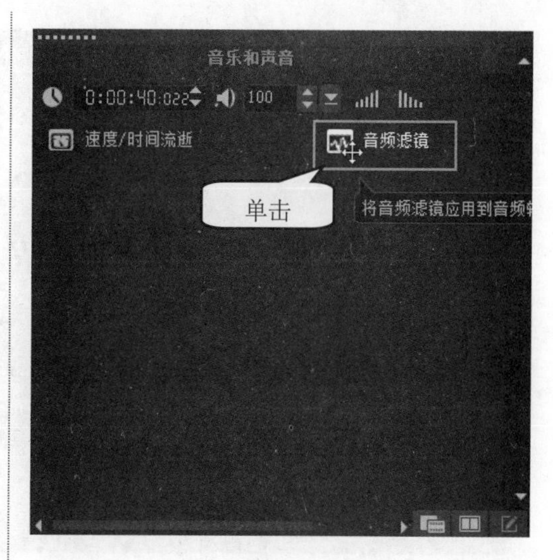

图 11-48

step 3 在弹出的【音频滤镜】对话框中，① 在【已用滤镜】列表框中，选择准备删除的音频滤镜，② 单击【删除】按钮，③ 单击【确定】按钮，如图 11-49 所示。

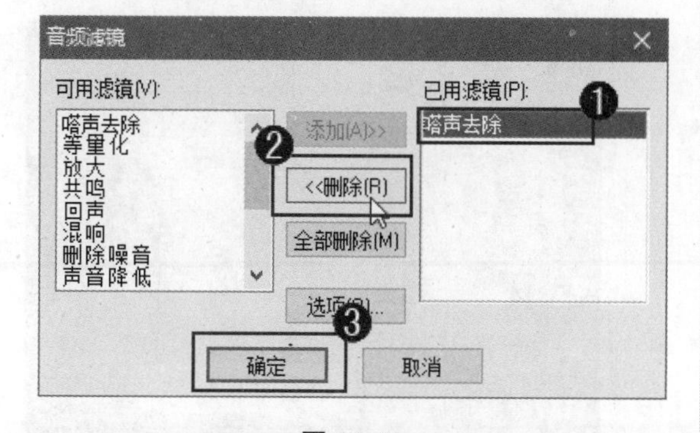

图 11-49

step 4 返回到【音频轨】上，可以看到选择的音频素材上的FX符号消失了，这样即可完成删除音频滤镜的操作，如图 11-50 所示。

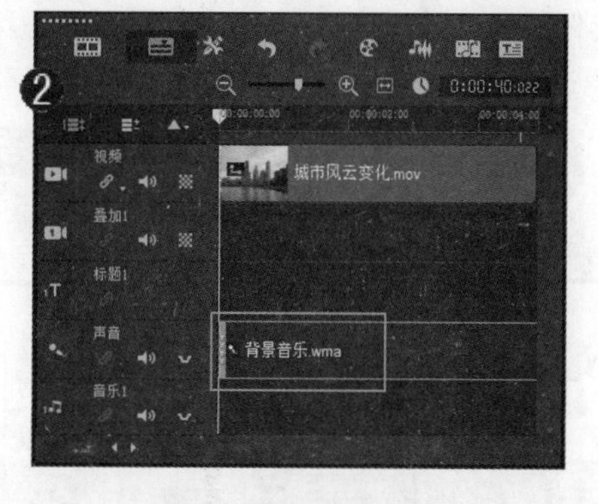

图 11-50

11.4.3 使用音频滤镜制作长回声效果

使用【长回声】滤镜可以为音频素材添加长回声效果，下面详细介绍制作长回声效果的操作方法。

素材文件 第 11 章\素材文件\制作长回声素材.VSP

效果文件 第 11 章\效果文件\制作长回声效果.VSP

step 1 打开素材项目文件“制作长回音素材.VSP”，在【音频轨】上，选择需要制作长回声的音频素材并双击，如图 11-51 所示。

step 2 在【音乐和声音】选项面板中，单击【音频滤镜】按钮，如图 11-52 所示。

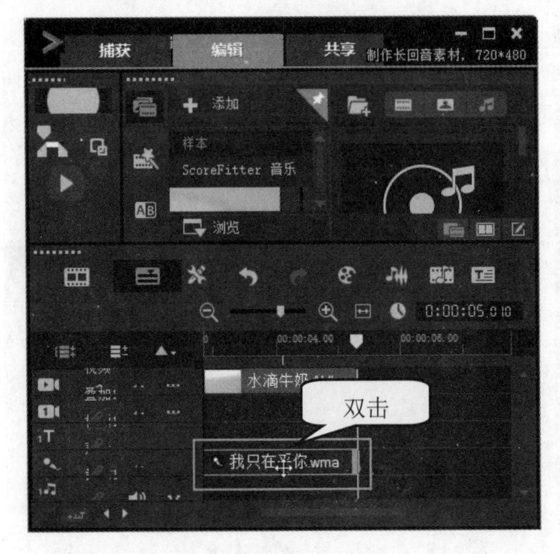

图 11-51

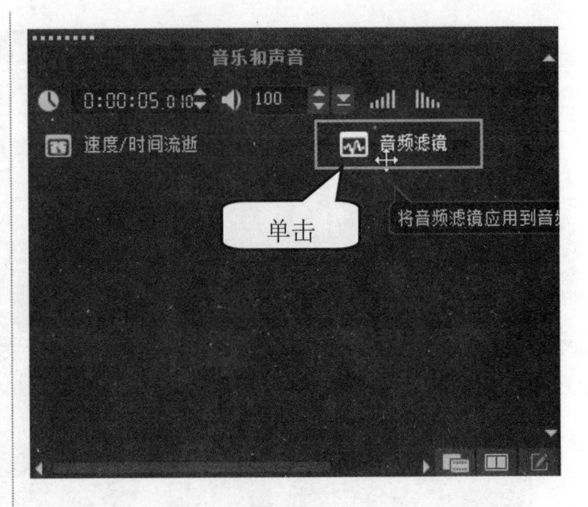

图 11-52

step 3 弹出【音频滤镜】对话框，① 在【可用滤镜】列表框中，选择【长回声】音频滤镜，② 单击【添加】按钮，③ 在【已用滤镜】列表框中，可以看到已经选择的音频滤镜，单击【确定】按钮，如图 11-53 所示。

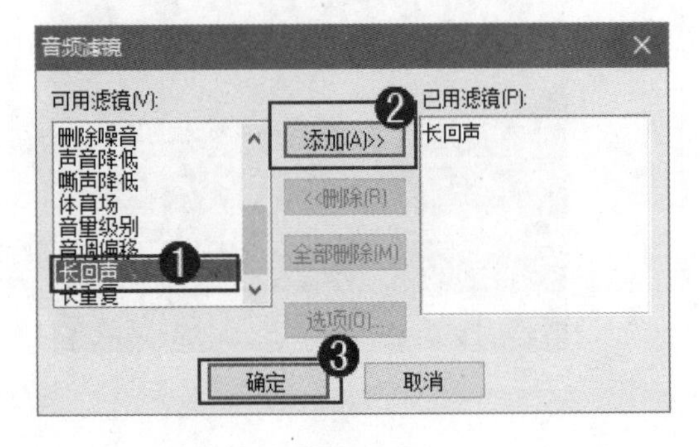

图 11-53

step 4 返回到【音频轨】上，可以看到选择的音频素材上，多出了一个FX符号，这样即可完成制作长回声效果的操作，如图 11-54 所示。

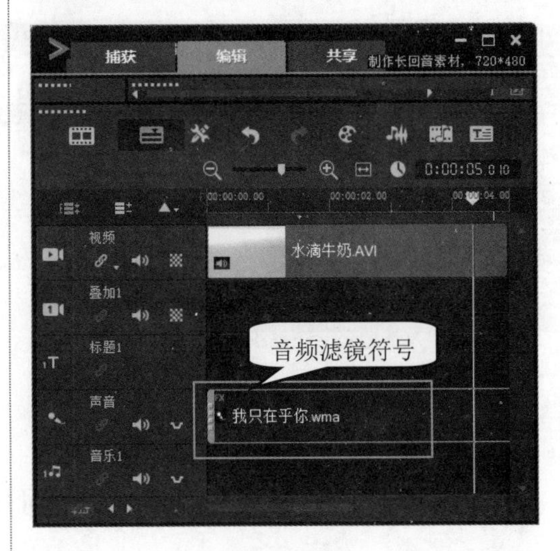

图 11-54

11.4.4 使用滤镜去除背景音中的噪声

在会声会影 2019 中，可以使用音频滤镜来去除背景声音中的噪声。下面详细介绍去除背景音中的噪声的方法。

素材文件 第 11 章\素材文件\背景音.VSP

效果文件 第 11 章\效果文件\去除背景音中的噪声.VSP

打开素材项目文件“背景音.VSP”，选择需要去除噪声的音频素材，如图 11-55 所示。

图 11-55

在库面板中，① 选择【滤镜】选项，② 单击【显示音频滤镜】按钮，③ 选择【删除噪音】滤镜，如图 11-56 所示。

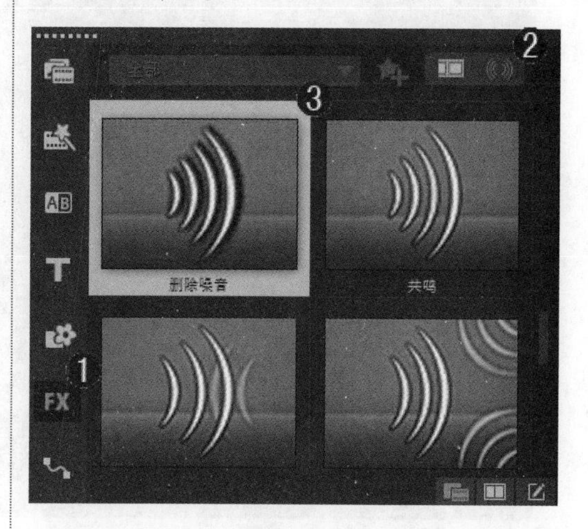

图 11-56

按住鼠标左键并拖曳滤镜至视频轨中的视频素材中，释放鼠标左键，即可为视频添加音频滤镜，如图 11-57 所示。

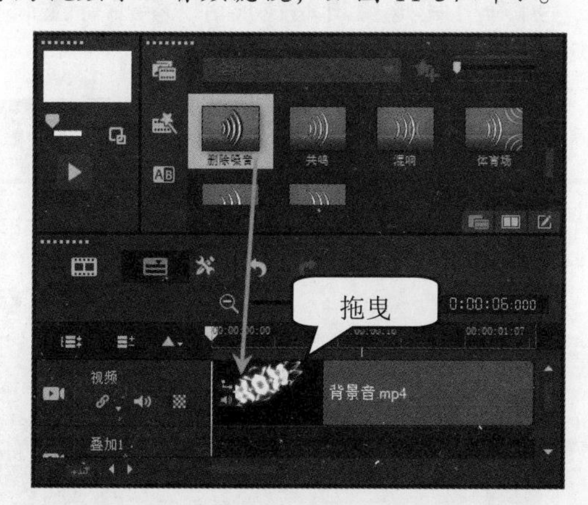

图 11-57

在预览窗口中单击【播放】按钮▶，试听添加的音频效果，如图 11-58 所示。

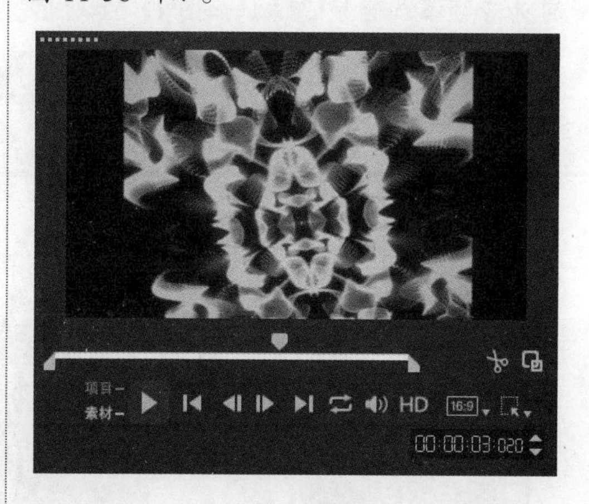

图 11-58

11.4.5 使用滤镜使背景声音等量化

在会声会影 2019 中，等量化音频可自动平衡一组所选音频和视频素材的音量级别，无论音频的音量过大或过小，等量化音频可确保所有素材之间的音量范围保持一致。下面详细介绍设置背景声音等量化的方法。

素材文件 第 11 章\素材文件\天空.VSP

效果文件 第 11 章\效果文件\背景声音等量化.VSP

step 1 打开素材项目文件“天空.VSP”，选择准备让背景声音等量化的音频素材，如图11-59所示。

图 11-59

step 2 在库面板中，① 选择【滤镜】选项，② 单击【显示音频滤镜】按钮，③ 选择【等量化】滤镜，如图11-60所示。

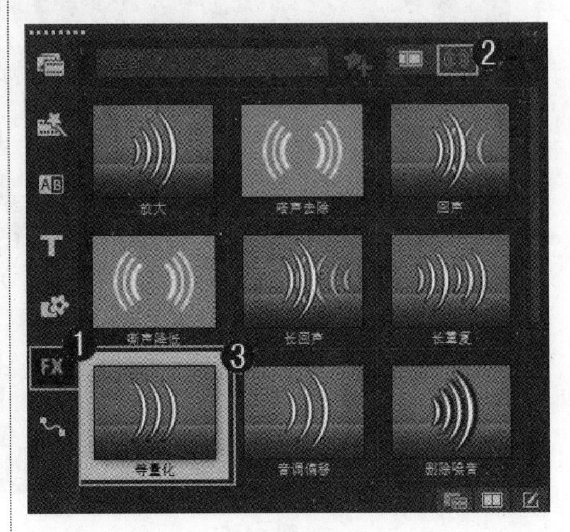

图 11-60

step 3 按住鼠标左键并拖曳滤镜至声音轨中的音频素材中，释放鼠标左键，即可为音频添加音频滤镜，如图11-61所示。

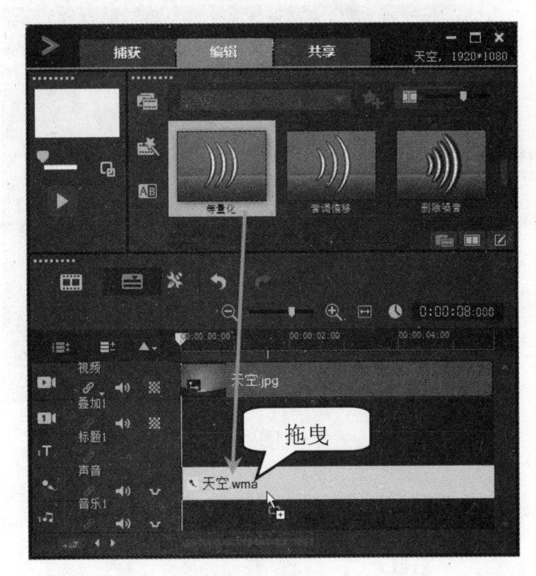

图 11-61

step 4 在预览窗口中单击【播放】按钮，试听添加的音频效果，这样即可完成使用滤镜使背景声音等量化的操作，如图11-62所示。

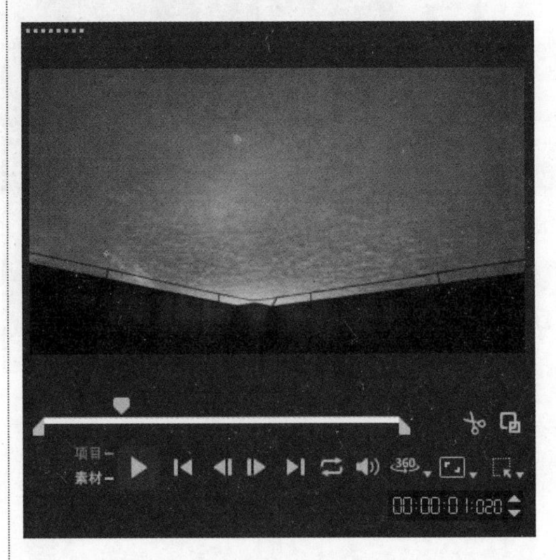

图 11-62

Section 11.5 范例应用与上机操作

手机扫描二维码，观看本节视频课程

通过本章的学习，读者基本可以掌握制作视频背景音乐特效的基本知识以及一些常见的操作方法，本节将通过一些范例应用，如制作【体育场】音频特效、制作【放大】音频特效，练习上机操作，以达到巩固学习、拓展提高的目的。

11.5.1 制作【体育场】音频特效

【体育场】音频滤镜主要用于模拟体育场环境空旷回音的效果，下面详细介绍应用【体育场】音频滤镜制作【体育场】音频特效的操作方法。

素材文件 第11章\素材文件\劲爆体育.VSP

效果文件 第11章\效果文件\制作【体育场】音频特效.VSP

step 1 打开素材项目文件“劲爆体育.VSP”，在【音频轨】上，选择需要制作体育场音频特效的音频素材并使用鼠标左键双击，如图 11-63 所示。

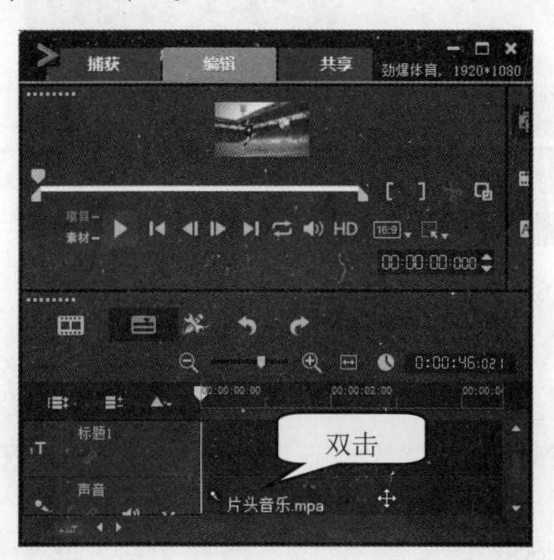

图 11-63

step 2 在【音乐和声音】选项面板中，单击【音频滤镜】按钮，如图 11-64 所示。

图 11-64

step 3 弹出【音频滤镜】对话框，① 在【可用滤镜】列表框中，选择【体育场】音频滤镜，② 单击【添加】按钮，③ 在【已用滤镜】列表框中，可以看到已经选择的音频滤镜，单击【确定】按钮，如图 11-65 所示。

step 4 返回到【音频轨】上，可以看到选择的音频素材上，多出了一个FX符号，如图 11-66 所示。

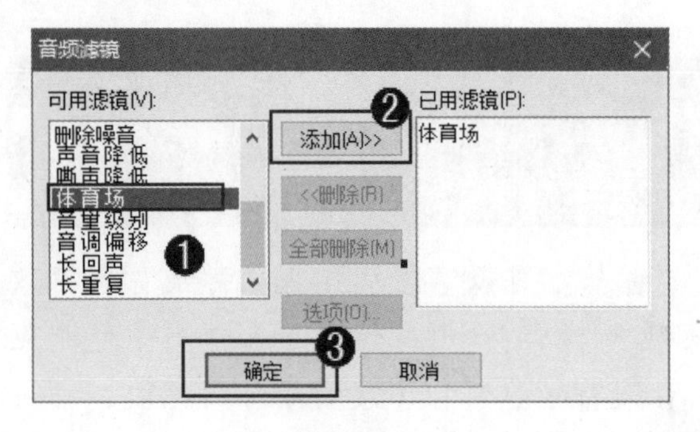

图 11-65

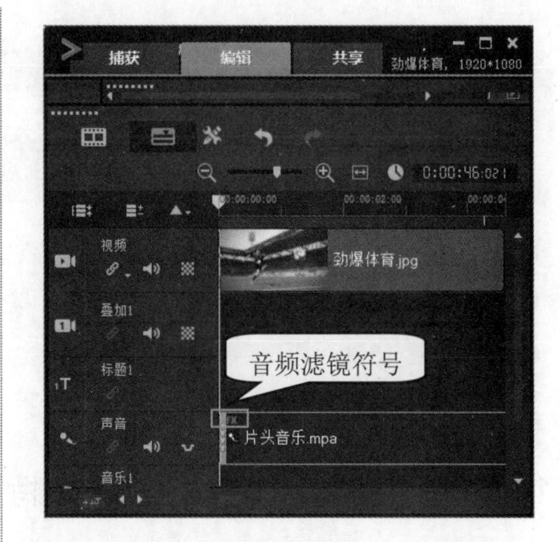

图 11-66

step 5 在【导览】面板中，单击【播放】按钮▶，即可预览效果。通过以上步骤即可完成应用【体育场】音频滤镜的操作，如图 11-67 所示。

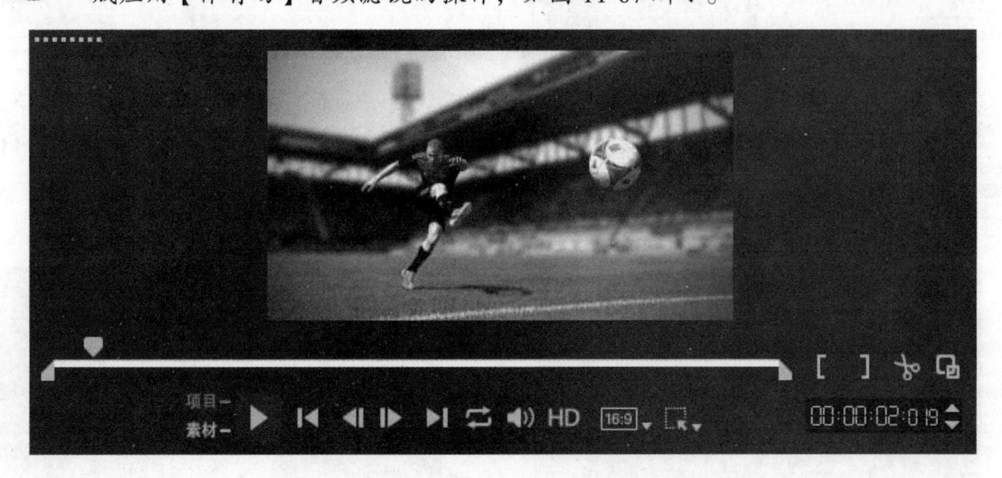

图 11-67

11.5.2 制作【放大】音频特效

【放大】音频滤镜主要用于对音频素材的音量进行放大处理，下面详细介绍应用【放大】音频滤镜制作【放大】音频特效的操作方法。

素材文件 第 11 章\素材文件\美好阳光.VSP
效果文件 第 11 章\效果文件\制作【放大】音频特效.VSP

step 1 打开素材项目文件“美好阳光.VSP”，选择准备制作【放大】音频特效的音频素材，如图 11-68 所示。

step 2 在库面板中，① 选择【滤镜】选项，② 单击【显示音频滤镜】按钮，③ 选择【放大】滤镜，如图 11-69 所示。

图 11-68

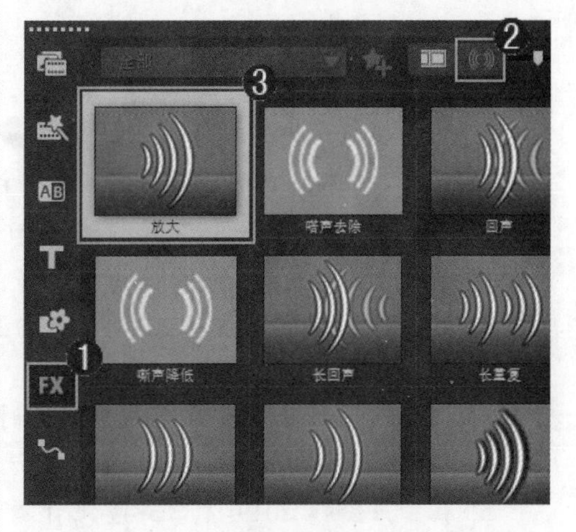

图 11-69

step 3 按住鼠标左键并拖曳滤镜至声音轨中的音频素材中，释放鼠标左键，即可为音频添加音频滤镜，如图 11-70 所示。

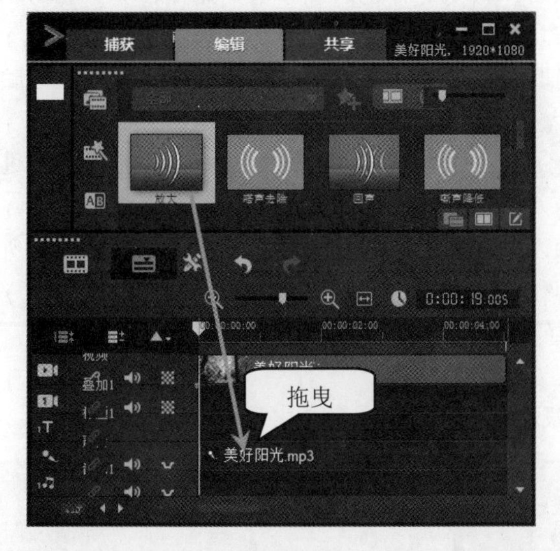

图 11-70

step 4 在预览窗口中单击【播放】按钮▶，试听添加的音频效果。这样即可完成应用【放大】音频滤镜制作【放大】音频特效的操作，如图 11-71 所示。

图 11-71

Section 11.6 本章小结与课后练习

本节内容无视频课程

在后期制作中，音频的处理相当重要，如果声音运用恰到好处，往往给观众带来耳目一新的感觉。通过本章的学习，读者基本可以掌握制作视频背景音乐特效的基本知识以及一些常见的操作方法，下面通过练习几道习题，达到巩固与提高的目的。

一、填空题

1. 会声会影中的________功能使用户能够基于ScoreFitter无版税音乐库轻松创作高质量声轨。歌曲有不同变化，可帮助用户为视频作品设定正确的感受。

2. ____________是一种在视频编辑中常用的音频编辑效果，使用这种效果，就可以避免音乐的突然出现和消失，从而使音乐能够自然地过渡。

3. 除了使用音频混合器控制声音的音量变化外，还可以直接在相应的音频轨上使用__________控制不同位置的音量。

4. 在会声会影2019中进行视频编辑时，有时为了在混音时听清楚某个轨道素材的声音，可以将其他轨道的素材声音调为____________。

5. 在会声会影2019中，等量化音频可_______一组所选音频和视频素材的音量级别，无论音频的音量过大或过小，等量化音频可确保所有素材之间的音量范围保持一致。

二、判断题

1. 在电脑中收藏的很多好听的音乐、歌曲，只要是常见的音频格式文件，会声会影都能将其添加到声音轨或者音乐轨上，为音频进行配音。 (　　)

2. 录制画外音的方法有很多，可以利用数码设备的录音功能录制语音，然后输入电脑作为音频文件插入，也可以在会声会影中直接用麦克风录制。 (　　)

3. 在会声会影2019的混音器视图中，播放音频文件时，不可以对某个轨道上的音频进行音量的调节。 (　　)

4. 在混音器中，可以根据需要调整音频左右声道的大小，调整音量后播放试听会有所变化。 (　　)

5. 会声会影允许用户为音乐和声音轨中的音频素材应用滤镜，以丰富声音效果。 (　　)

6. 在会声会影2019中，不可以使用音频滤镜来去除背景声音中的噪声。 (　　)

三、思考题

1. 如何添加自动音乐？
2. 如何添加音频滤镜？

四、上机操作

1. 通过本章的学习，读者基本可以掌握制作视频背景音乐特效方面的知识，下面通过练习制作变音声音效果，达到巩固与提高的目的。

2. 通过本章的学习，读者基本可以掌握制作视频背景音乐特效方面的知识，下面通过练习应用【混响】音频滤镜，达到巩固与提高的目的。

第12章

输出与共享视频文件

本章主要介绍输出设置、创建并保存视频文件、输出部分视频文件方面的知识与技巧，同时还讲解了如何输出到其他设备分享。通过本章的学习，读者可以掌握输出与共享视频文件基础操作方面的知识，为深入学习会声会影2019中文版知识奠定基础。

1. 输出设置
2. 创建并保存视频文件
3. 输出部分视频文件
4. 输出到其他设备分享

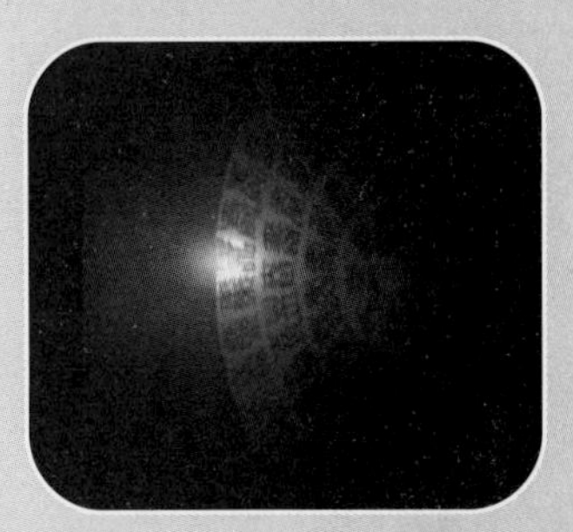

Section 12.1 输出设置

手机扫描二维码，观看本节视频课程

影片项目制作完成后，接下来就是进行输出和共享的操作了，在进行这些操作前，首先需要对输出进行一些设置，从而让后面的工作有序地进行。本节将详细介绍输出设置的相关知识及操作方法。

12.1.1 认识共享选项面板

在会声会影 2019 中，在项目文件中添加视频、图像、音频素材以及转场效果后，单击【步骤】选项中的【共享】标签，即可在【共享】选项面板中渲染项目，并完成输出影片的操作。下面详细介绍【共享】选项面板方面的知识，如图 12-1 所示。

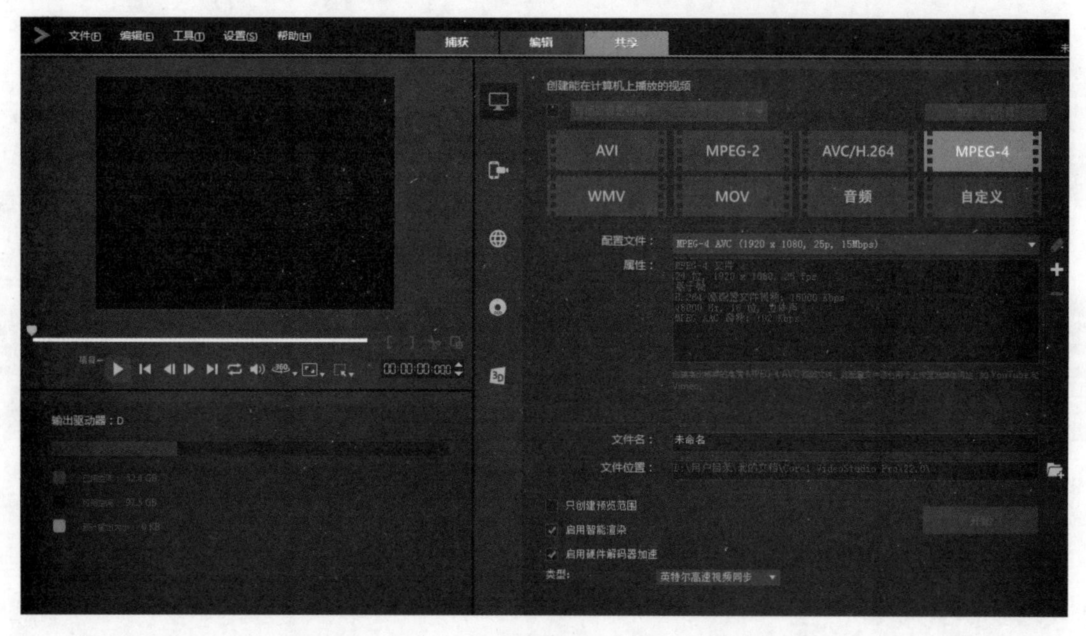

图 12-1

- 【计算机】按钮：将影片保存为可在计算机上播放的文件格式。也可以使用此选项，将视频声轨保存为音频文件。
- 【设备】按钮：将影片保存为可在移动设备、游戏机或相机上播放的文件格式。
- 【网络】按钮：将影片直接上传至 YouTube、Facebook、Flickr 或 Vimeo。影片以用户所选网站的最佳格式保存。
- 【光盘】按钮：保存影片，并刻录到光盘或 SD 卡。
- 【3D 影片】按钮：将影片保存为 3D 回放格式。

12.1.2 选择渲染种类

视频制作完成之后，想要与朋友们共享，那就要渲染出来。会声会影 2019 渲染的种类很多，要想渲染首先要单击软件上方的【共享】标签，然后在下方的左侧选项中有计算机、设备、网络、光盘、3D 影片 5 种方式。

1. 计算机

【计算机】选项使渲染出的视频可以在计算机上播放，主要是：AVI/MP4/MOV/WMV/音频/自定义等形式，里面画质最好的当属 AVI，但是渲染之后文件太大；MOV 渲染之后的文件最小，但是画质相对比较弱；而 MPEG-4 则比较居中。一般建议使用自定义设置，可以自行选择格式，单击右侧的【齿轮】按钮，可以设置分辨率。如果只渲染音乐，直接选择音频或 WMV 就可以，如图 12-2 所示。

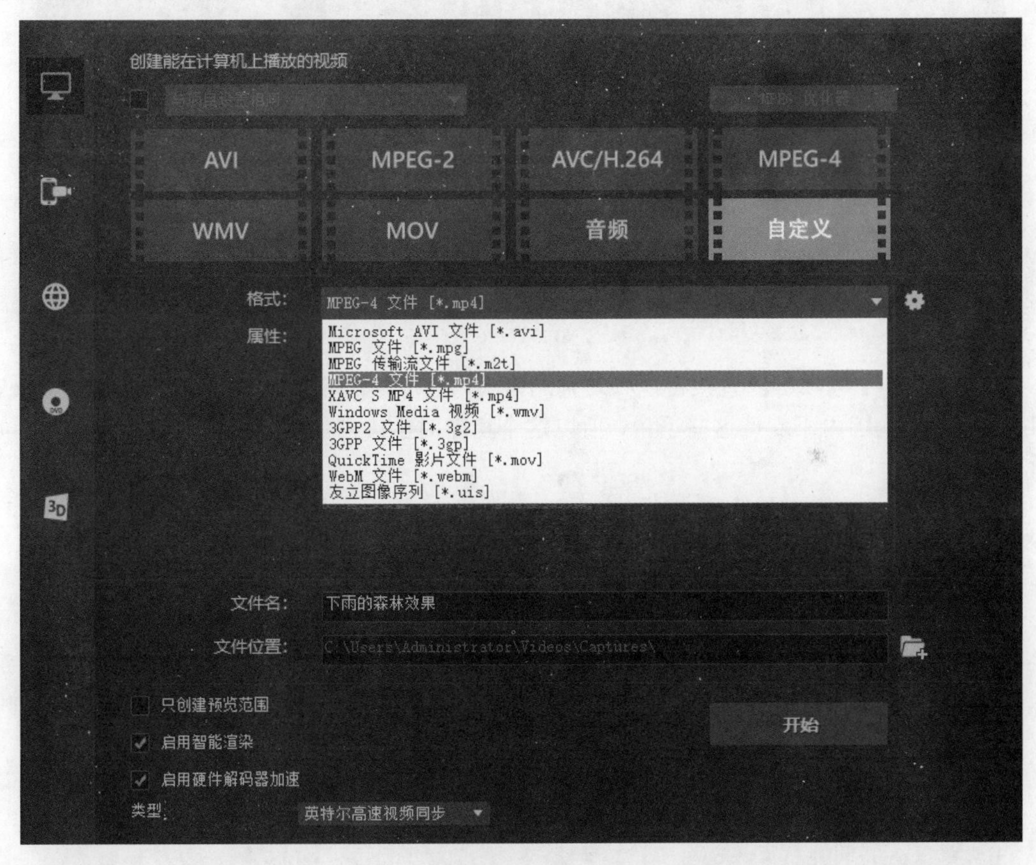

图 12-2

2. 设备

设备的渲染主要是在移动设备如手机，或者摄像机上播放，主要有 DV、HDV、移动设备和游戏主机四种样式，这个根据自己的设备选择即可，如图 12-3 所示。

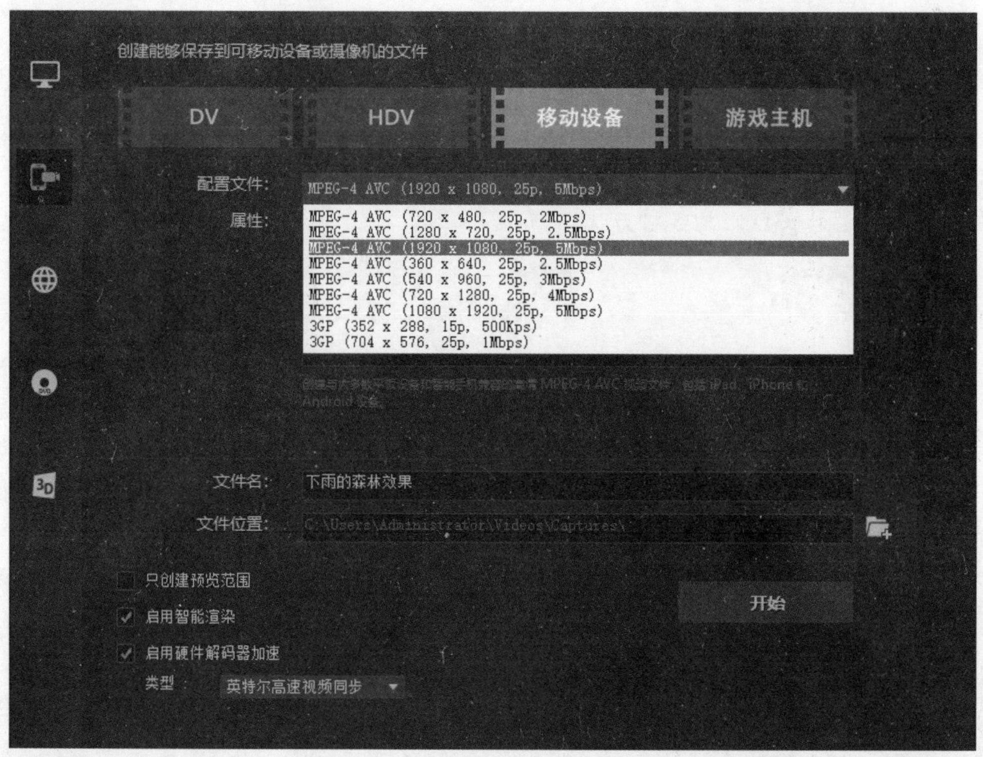

图 12-3

3. 网络

使用【网络】选项可以直接将视频发到网络上，但是默认的在线平台是 YouTube、Flickr 和 Vimeo，因为国内不支持这些平台，所以这个功能对于国内的用户来说并没有什么用，如图 12-4 所示。

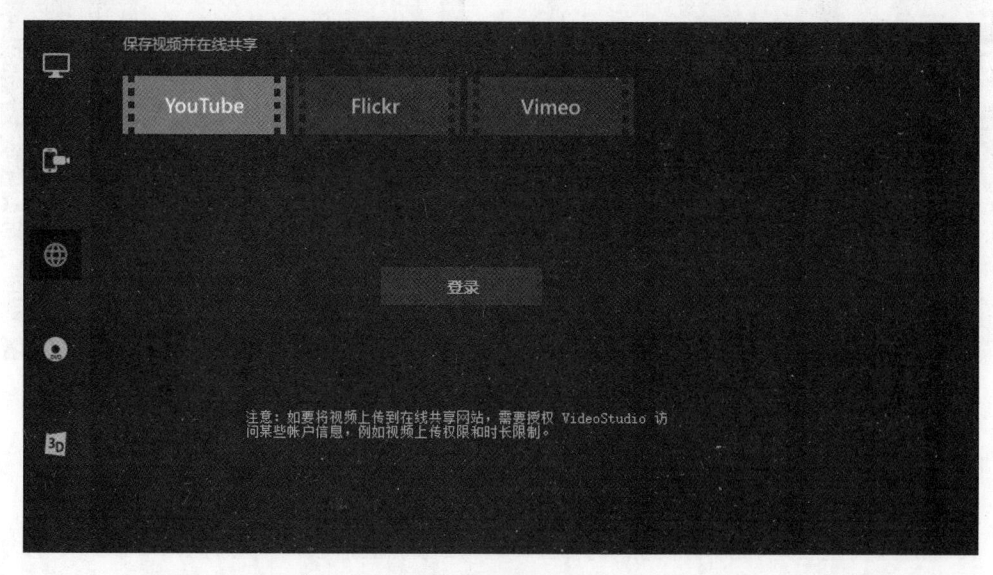

图 12-4

4. 光盘

【光盘】这个选项主要是用来将视频刻录到光盘中的，主要有四种方式：DVD、AVCHD、Blu-ray 和 SD 卡，如图 12-5 所示。

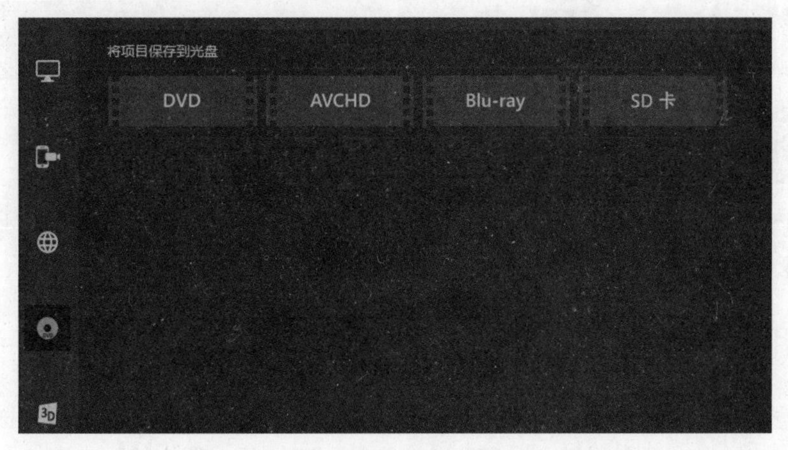

图 12-5

5. 3D 影片

使用【3D 影片】选项主要是渲染出具有 3D 效果的视频，前面制作的是 3D 效果的视频就可以选择这样的渲染方式，主要有 MPEG-2、AVC/H.264、WMV，效果是立体和双重迭影视频文件，可以选择【红蓝】或者【并排】右侧的深度进行调整，如图 12-6 所示。

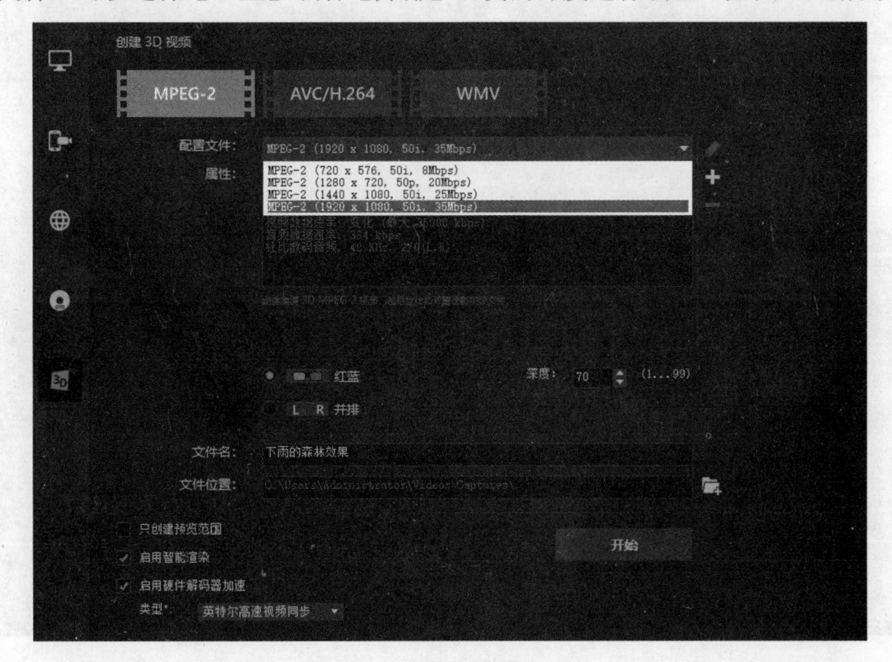

图 12-6

当以上的设置都完成之后，除了网络和 DVD，其他的方式需要设置文件名和保存的位置，然后单击【开始】按钮，文件就会开始渲染。

Section 12.2 创建并保存视频文件

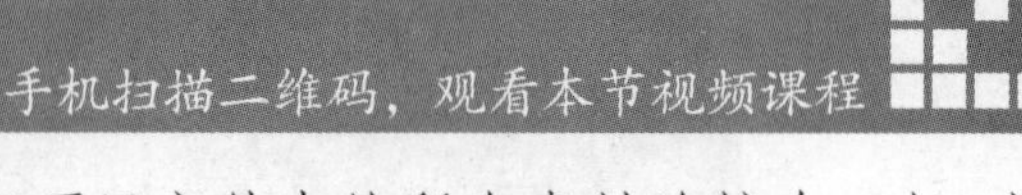

创建视频文件用于把项目文件中的所有素材连接在一起，将制作完成的影片保存到硬盘中。在保存影片的过程中，需要使用指定的渲染方式来将影片保存为指定的格式。本节将详细介绍创建并保存视频文件的相关知识及操作方法。

12.2.1 用整个项目创建视频文件

在编辑影片的过程中，项目文件中可能包含视频、声音、标题和动画等素材。将所有种类素材连接在一起的过程被称为“渲染”，渲染是创建视频文件的重要步骤。下面详细介绍用整个项目创建视频文件的操作方法。

step 1 编辑影片完成后，在【步骤】面板中，① 单击【共享】标签，打开【共享】选项面板，② 单击【计算机】按钮，③ 选择准备导出的视频格式，④ 选择视频的配置文件，⑤ 在【文件名】文本框中，输入文件名，⑥ 在【文件位置】文本框中，指定要保存此文件的位置，⑦ 单击【开始】按钮，如图 12-7 所示。

图 12-7

弹出一个对话框，提示用户正在渲染，并显示渲染进度，用户需要在线等待一段时间，如图 12-8 所示。

图 12-8

step 3 弹出 Corel VideoStudio 对话框，提示“已成功渲染该文件”，单击【确定】按钮，即可完成用整个项目创建视频文件的操作，如图 12-9 所示。

图 12-9

12.2.2 创建预览范围的视频文件

对于任何共享类别，可以使用预览窗口下方的修整标记，并勾选【只创建预览范围】复选框，从项目的某部分，而非整个项目，创建视频。下面详细介绍创建预览范围的视频文件的操作方法。

step 1 在【步骤】面板中，单击【共享】标签，打开【共享】选项面板，在左侧的【预览】面板中，将橙色修整标记拖动至想要的开始和结束点，从而选择范围，如图 12-10 所示。

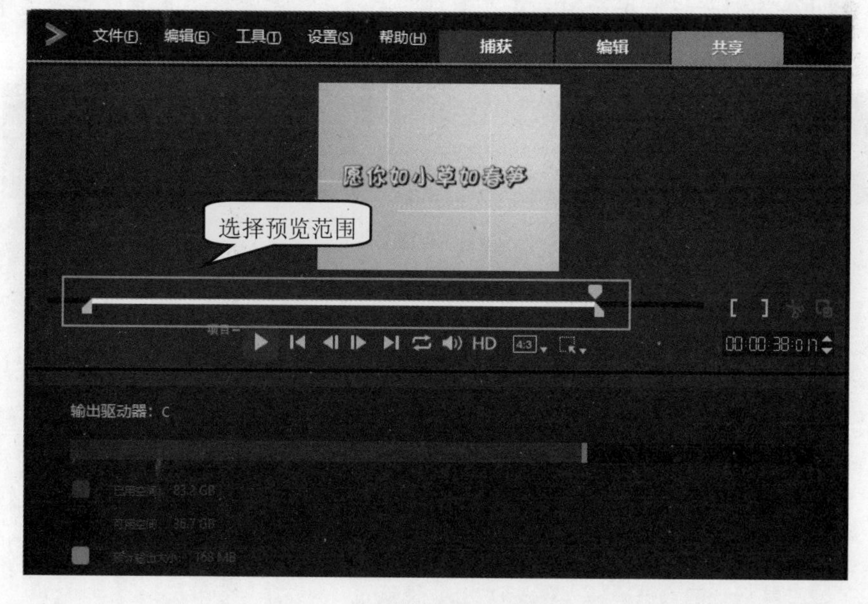

图 12-10

step 2 在【共享】选项面板中，① 单击【计算机】按钮，② 选择准备导出的视频格式，③ 选择视频的配置文件，④ 在【文件名】文本框中，输入文件名，⑤ 在【文件位置】文本框中，指定要保存此文件的位置，⑥ 勾选【只创建预览范围】复选框，⑦ 单击【开始】按钮，如图 12-11 所示。

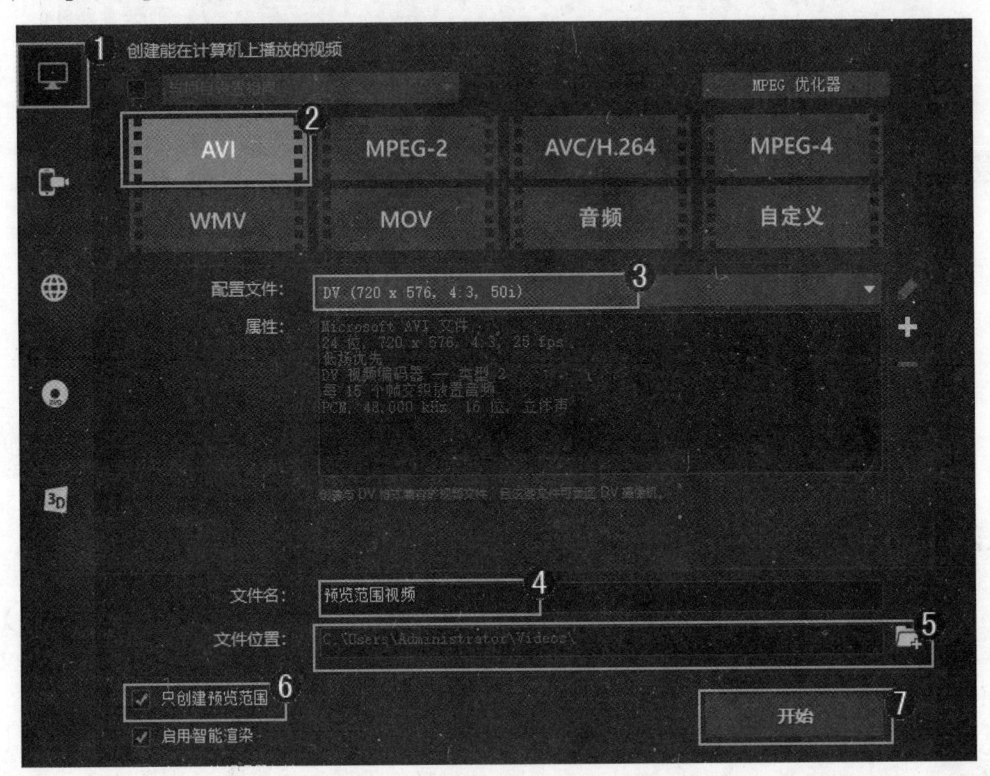

图 12-11

step 3 弹出一个对话框，提示用户正在渲染，并显示渲染进度，用户需要在线等待一段时间，如图 12-12 所示。

图 12-12

step 4 弹出 Corel VideoStudio 对话框，提示“已成功渲染该文件”，单击【确定】按钮，即可完成创建预览范围的视频文件的操作，如图 12-13 所示。

图 12-13

Section
12.3 输出部分视频文件

手机扫描二维码，观看本节视频课程

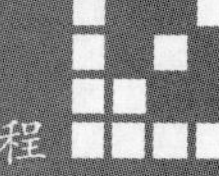

在会声会影 2019 中，可以从已有视频文件中输出声音文件或者独立的视频文件。如果要将同一个声轨应用到另一组图像上，或要将现场表演的音频转换成声音文件，此功能尤其有用。本节将详细介绍输出部分影片的相关知识及操作方法。

12.3.1 输出独立的视频文件

输出独立的视频，可以将整个项目中的视频部分进行单独保存，以便在其他作品中进一步进行处理。下面详细介绍输出独立视频的操作方法。

step 1 在【步骤】面板中，单击【共享】标签，打开【共享】选项面板后，单击【创建自定义配置文件】按钮 +，如图 12-14 所示。

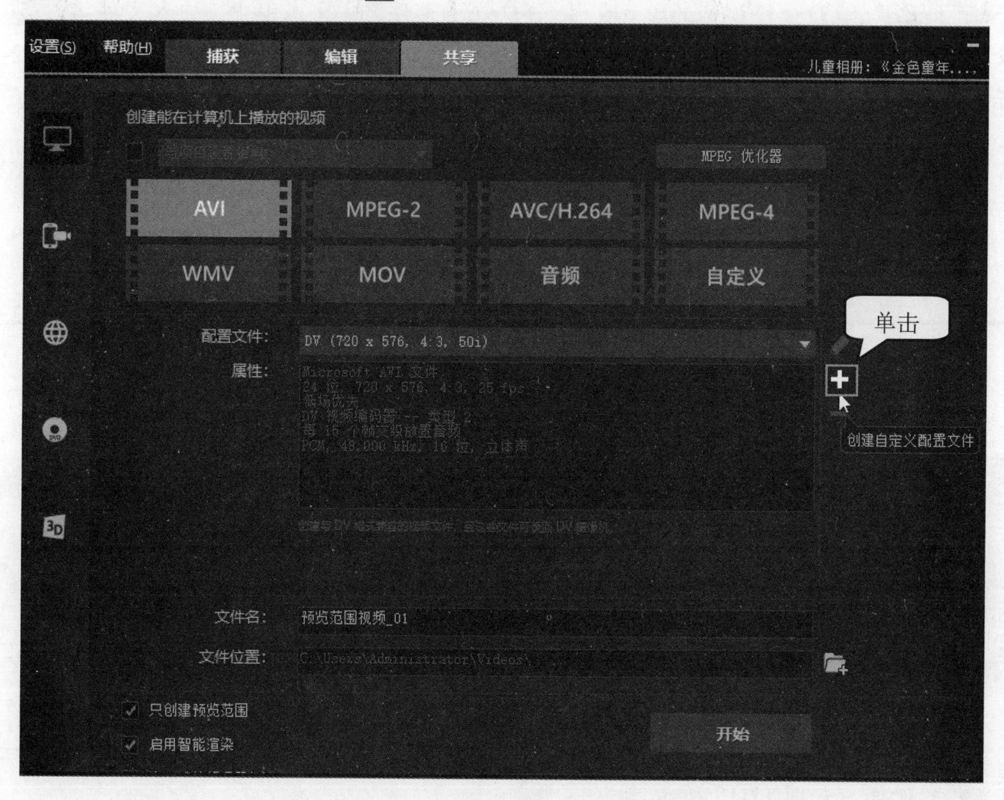

图 12-14

step 2 弹出【新建配置文件选项】对话框，① 选择【常规】选项卡，② 在【数据轨】下拉列表框中选择【仅视频】选项，③ 单击【确定】按钮，如图 12-15 所示。

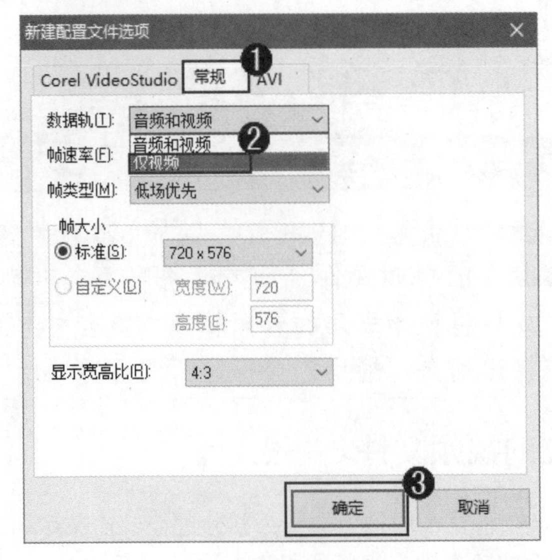

图 12-15

返回到【共享】选项面板，① 单击【计算机】按钮，② 选择准备导出的视频格式，③ 选择视频的配置文件，④ 在【文件名】文本框中，输入文件名，⑤ 在【文件位置】文本框中，指定要保存此文件的位置，⑥ 单击【开始】按钮，如图 12-16 所示。

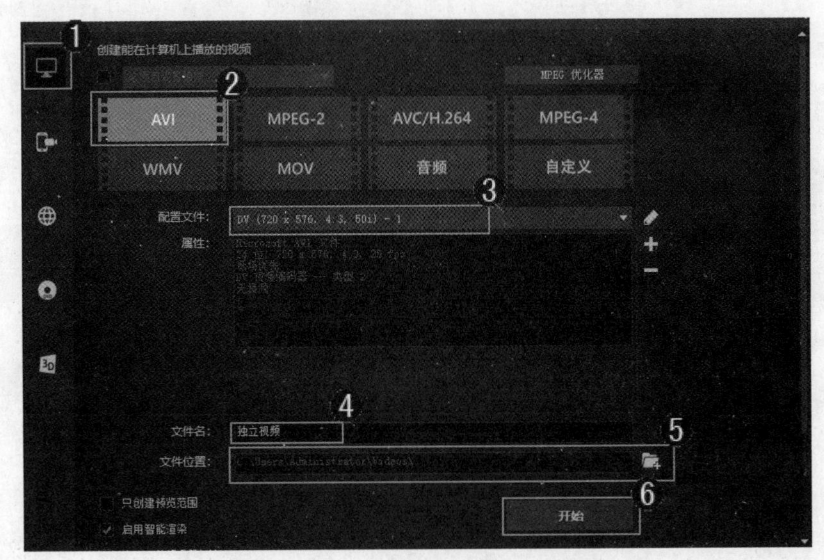

图 12-16

step 3 弹出一个对话框，提示用户正在渲染，并显示渲染进度，用户需要在线等待一段时间，如图 12-17 所示。

图 12-17

弹出 Corel VideoStudio 对话框，提示“已成功渲染该文件”，单击【确定】按钮，即可完成输出独立视频文件的操作，如图 12-18 所示。

图 12-18

知识精讲

在会声会影 2019 中，需要注意的是，输出独立的视频文件，是指输出没有背景声音的画面视频。

12.3.2 输出独立的音频文件

单独输出影片中的音频素材可以将整个项目的音频部分单独保存，以便在声音编辑软件中进一步处理声音，或者将其应用到其他影片中。下面详细介绍输出独立音频的方法。

step 1 打开【共享】选项面板后，① 单击【计算机】按钮，② 单击【音频】按钮，③ 选择要输出的音频格式，④ 在【文件名】文本框中，输入文件名，⑤ 在【文件位置】文本框中，指定要保存此文件的位置，⑥ 单击【开始】按钮，如图 12-19 所示。

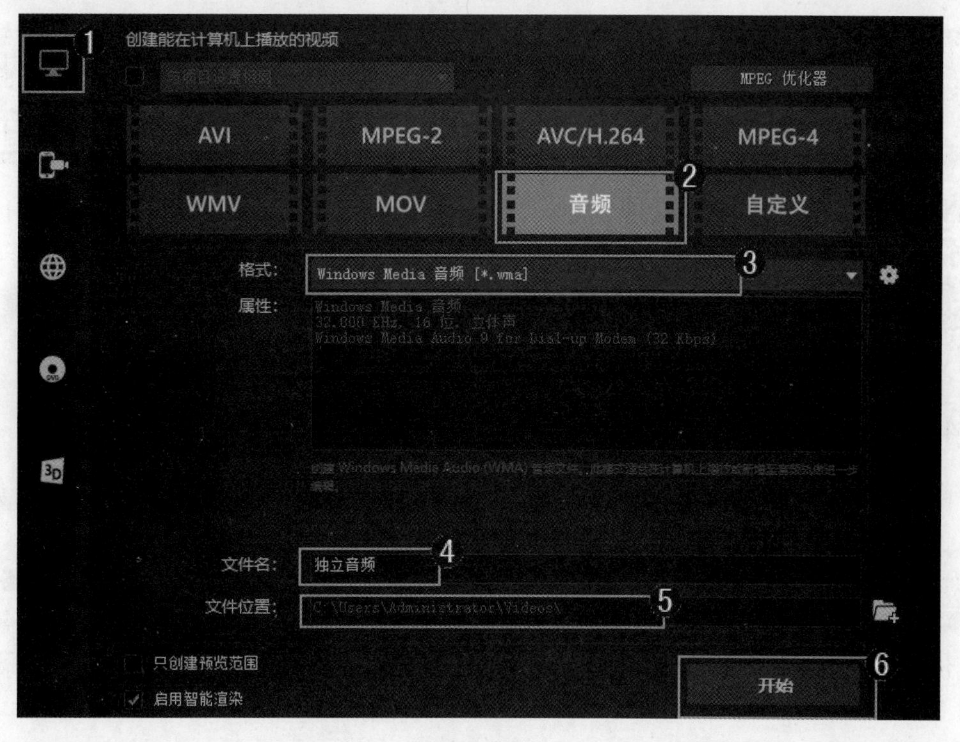

图 12-19

step 2 弹出一个对话框，提示用户正在渲染，并显示渲染进度，用户需要在线等待一段时间，如图 12-20 所示。

图 12-20

step 3 弹出 Corel VideoStudio 对话框，提示“已成功渲染该文件”，单击【确定】按钮，即可完成输出独立音频文件的操作，如图 12-21 所示。

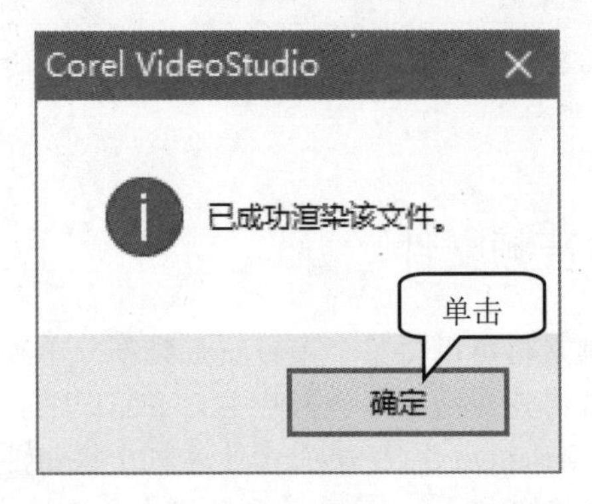

图 12-21

Section 12.4 输出到其他设备分享

手机扫描二维码，观看本节视频课程

使用会声会影 2019 还可以将制作好的项目文件输入到其他设备上，如输出到移动设备、输出到光盘和创建 3D 影片等，同时也可以分享到新浪微博等社交工具中。本节将详细介绍输出到其他设备进行分享的相关知识及操作方法。

12.4.1 输出到移动设备

可以将视频项目保存为可在各种移动设备(如智能手机、平板电脑和游戏机)上回放的文件格式。下面详细介绍输出到移动设备的操作方法。

step 1 打开【共享】选项面板后，① 单击【设备】按钮，② 选择准备输入的设备，如单击【移动设备】按钮，③ 选择配置文件格式，④ 在【文件名】文本框中，输入文件名，⑤ 在【文件位置】文本框中，指定要保存此文件的位置，⑥ 单击【开始】按钮，如图 12-22 所示。

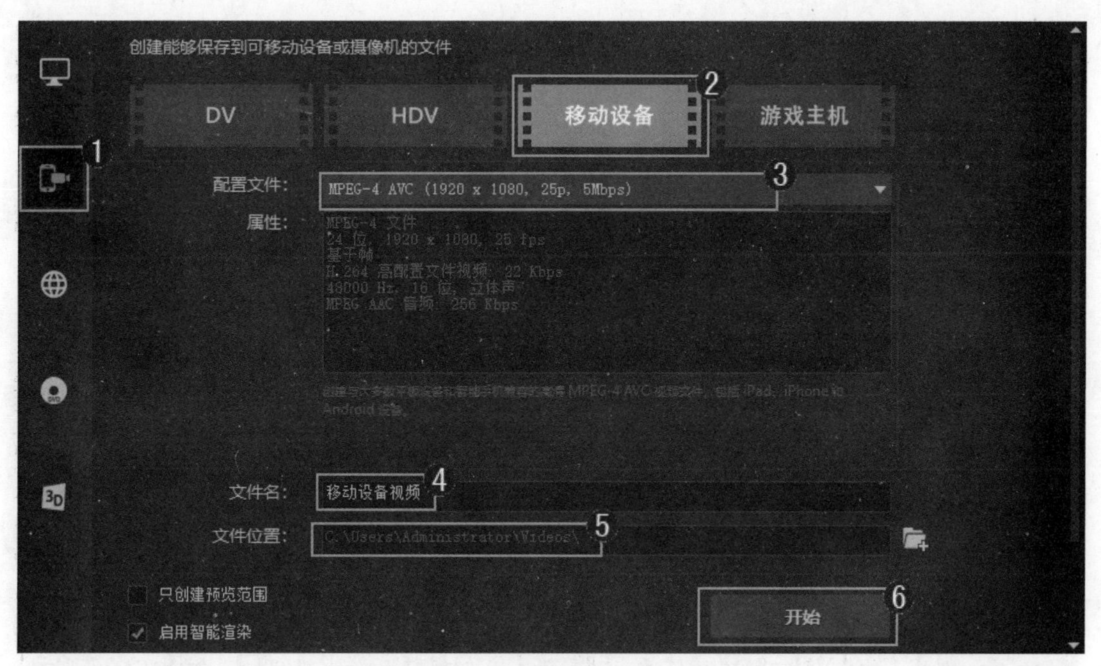

图 12-22

step 2 弹出一个对话框，提示用户正在渲染，并显示渲染进度，用户需要在线等待一段时间，如图 12-23 所示。

图 12-23

弹出 Corel VideoStudio 对话框，提示“已成功渲染该文件”，单击【确定】按钮，即可完成输出到移动设备的操作，如图 12-24 所示。

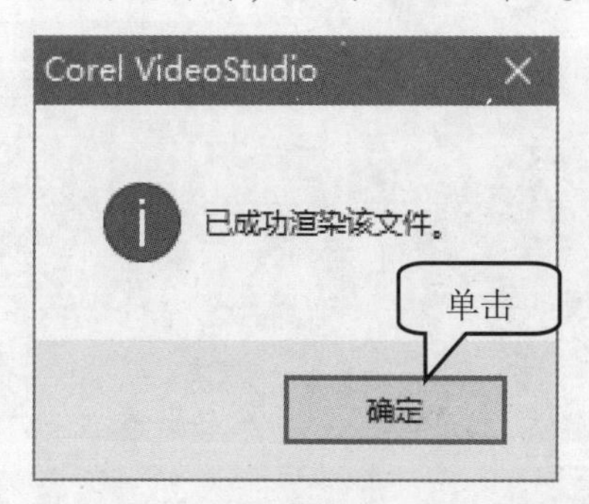

图 12-24

12.4.2 输出到光盘

会声会影 2019 可以将制作好的项目刻录到 DVD、AVCHD 或 Blu-ray 光盘等，下面详细介绍输出到光盘的操作方法。

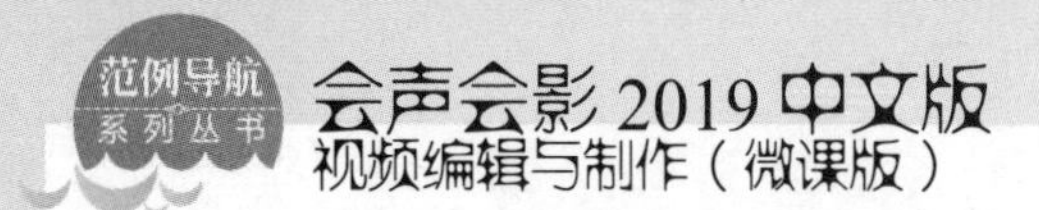

step 1 打开【共享】选项面板后，① 单击【光盘】按钮，② 选择准备保存到光盘的类型，如单击DVD按钮，如图12-25所示。

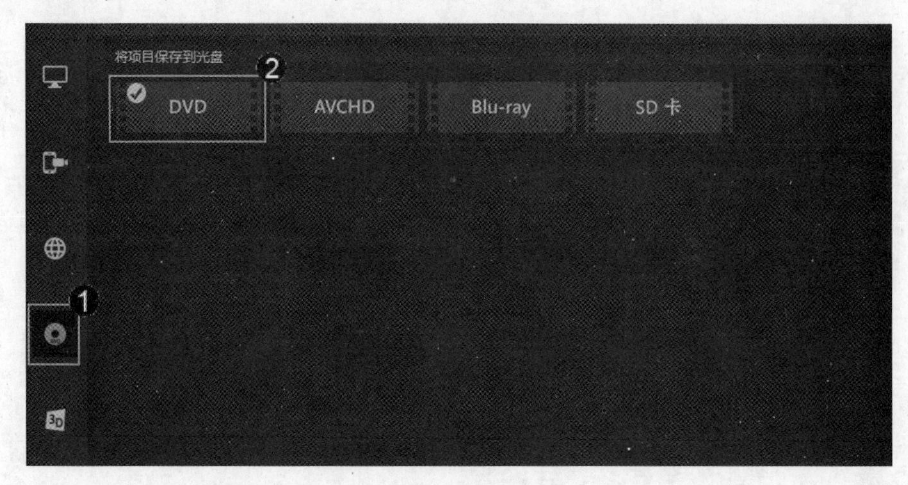

图12-25

step 2 弹出Corel VideoStudio对话框，单击【添加视频文件】按钮，如图12-26所示。

图12-26

step 3 弹出【打开视频文件】对话框，① 在【查找范围】下拉列表框中，选择视频文件存放的磁盘位置，② 选择准备打开的视频文件，③ 单击【打开】按钮，如图12-27所示。

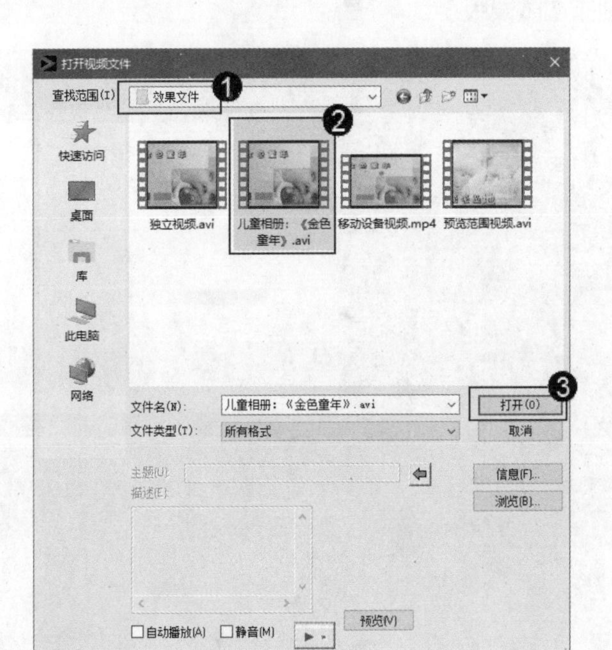

图 12-27

step 4 返回到 Corel VideoStudio 对话框中，① 选择准备添加章节的视频素材，② 在【编辑媒体】选项组中，单击【添加/编辑章节】按钮，如图 12-28 所示。

图 12-28

step 5 弹出【添加/编辑章节】对话框，① 在【当前选取的素材】下拉列表框中，选择要添加章节的视频素材，② 在【预览窗口】中，显示选择的视频素材，拖动【飞梭栏】上的滑块至要设置为章节的场景，③ 单击【添加章节】按钮，如图 12-29 所示。

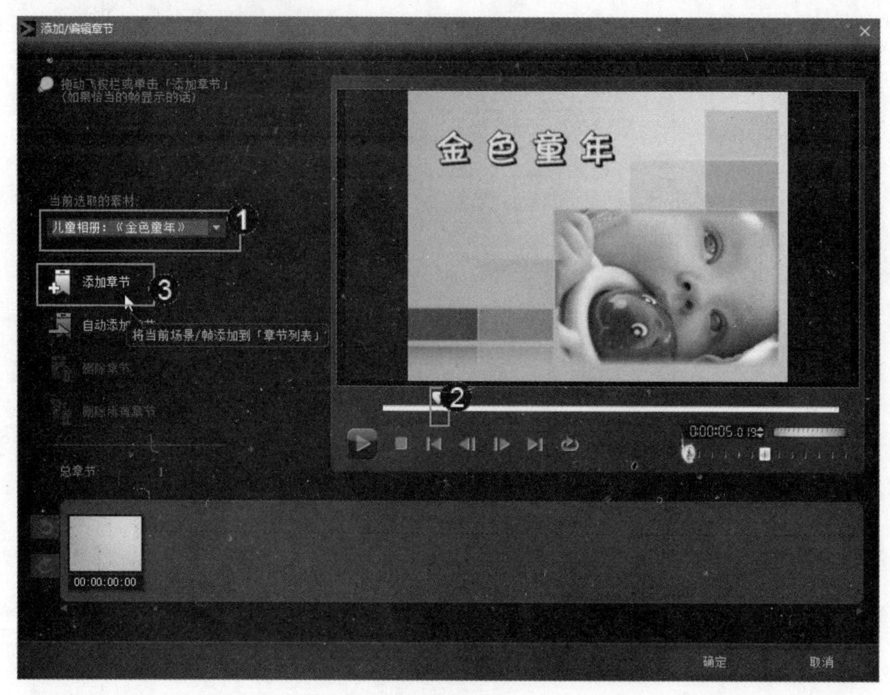

图 12-29

step 6 此时，在界面下方可以看到章节已经被添加，单击【确定】按钮，如图 12-30 所示。

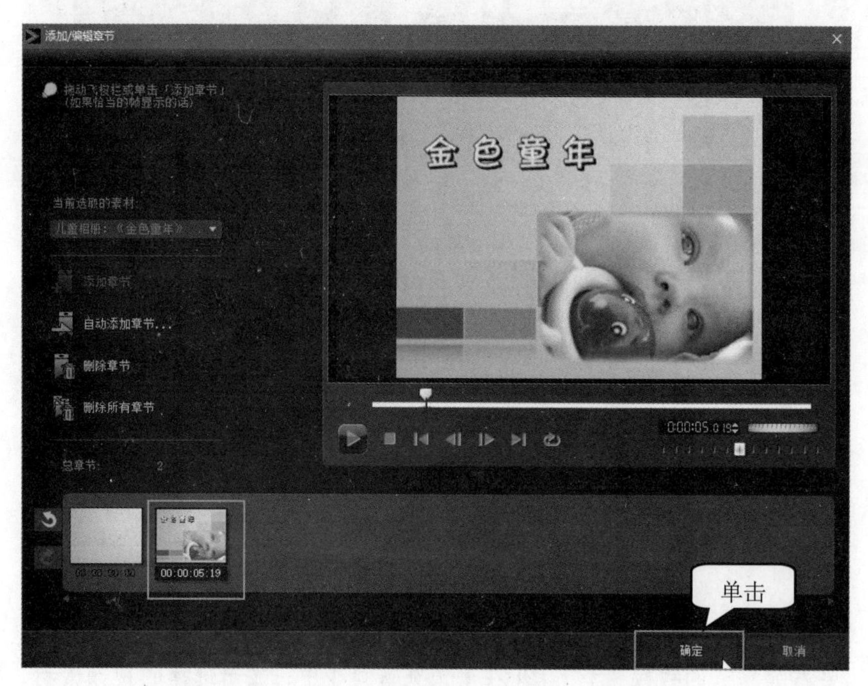

图 12-30

返回到 Corel VideoStudio 对话框中，单击【下一步】按钮，如图 12-31 所示。

图 12-31

step 8 打开【菜单编辑】界面，① 选择【画廊】选项卡，② 在【菜单模板类别】下拉列表框中，选择【全部】菜单项，③ 单击准备应用的菜单模板，④ 在【预览窗口】中，双击准备修改信息的标注，在弹出的文本框中，输入影片名称等文本内容，如图 12-32 所示。

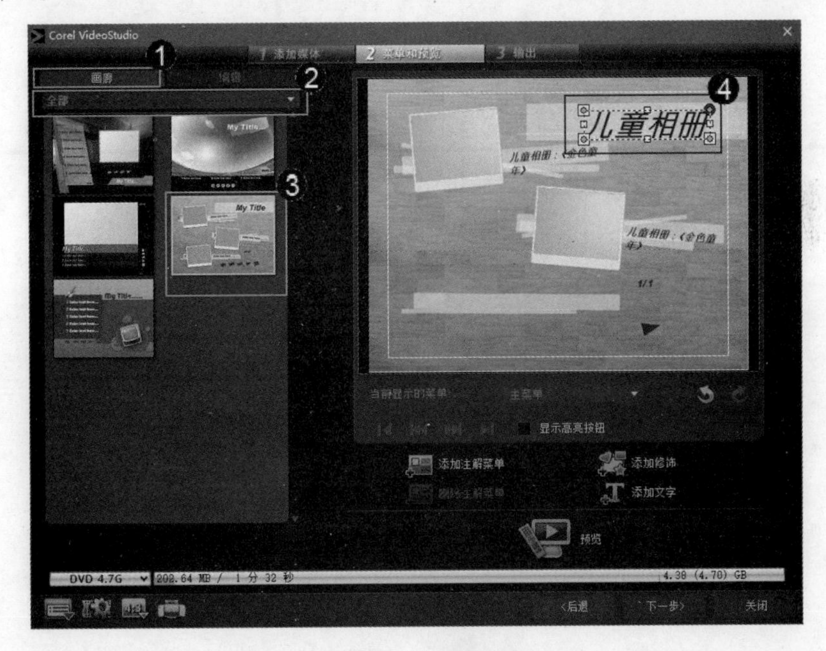

图 12-32

step 9 在 Corel VideoStudio 对话框中，单击对话框底部的【预览】按钮，Corel VideoStudio 对话框即可进入【影片预览】界面，从中可以查看影片的预览效果，如图 12-33 所示。

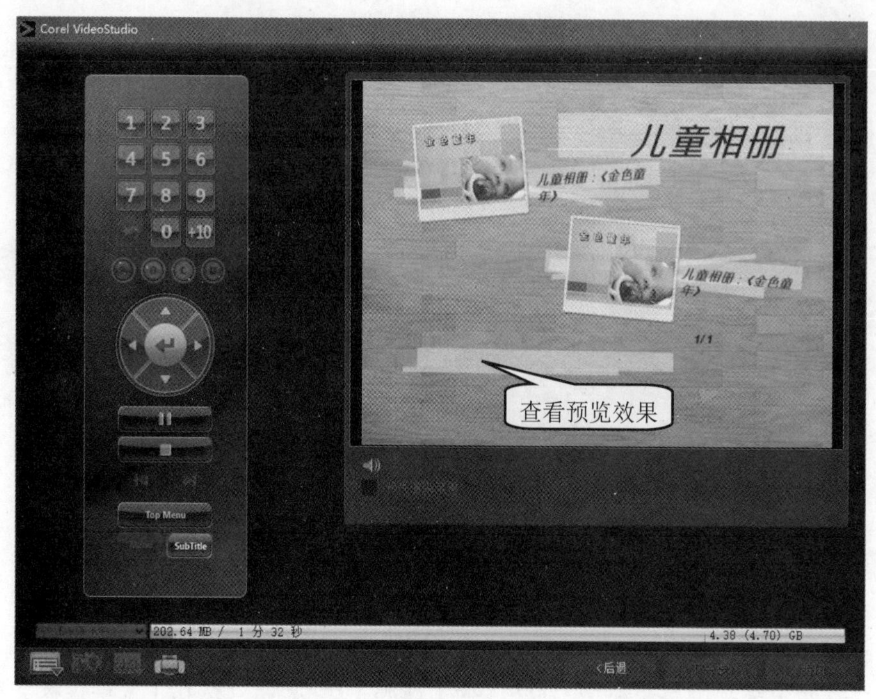

图 12-33

step 10 影片预览完成后，在 Corel VideoStudio 对话框中，单击【下一步】按钮，即可进行将项目刻录到光盘的操作，如图 12-34 所示。

图 12-34

step 11 在刻录光驱中放入 DVD 光盘，在 Corel VideoStudio 对话框中，进入【输出】界面，① 勾选【创建光盘】复选框，② 单击【刻录】按钮，程序即可开始渲染影片，这样即可完成将项目输出到光盘的操作，如图 12-35 所示。

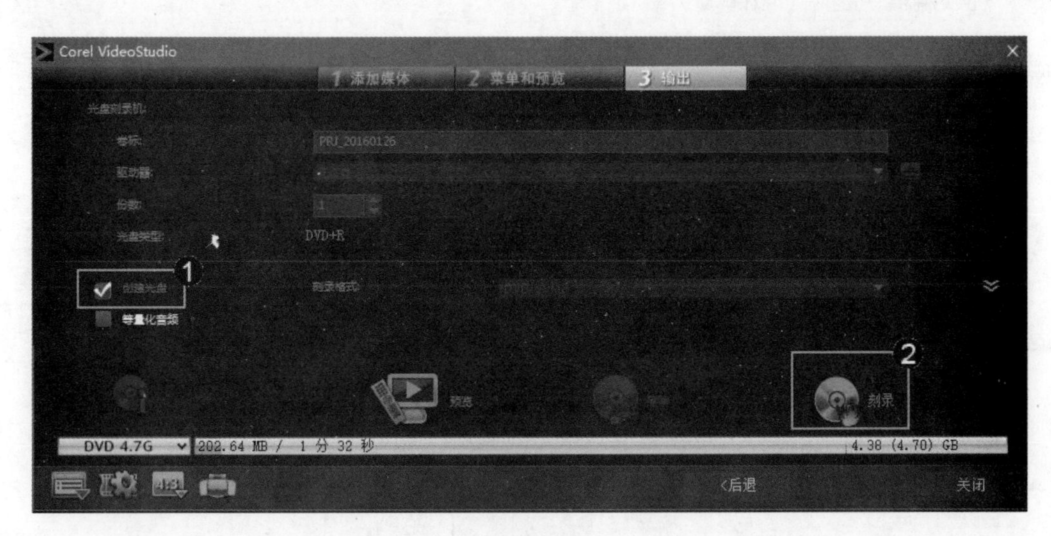

图 12-35

12.4.3 创建 3D 影片

会声会影可以让用户创建 3D 视频文件或将普通的 2D 视频文件转化为 3D 视频文件。下面详细介绍创建 3D 影片的操作方法。

step 1 打开【共享】选项面板后，① 单击 3D 影片按钮，② 选择准备输出的视频格式，③ 设置配置文件，④ 从 3D 转换选项中选择输出 3D 的样式，⑤ 在【文件名】文本框中，输入文件名，⑥ 在【文件位置】文本框中，指定要保存此文件的位置，⑦ 单击【开始】按钮，如图 12-36 所示。

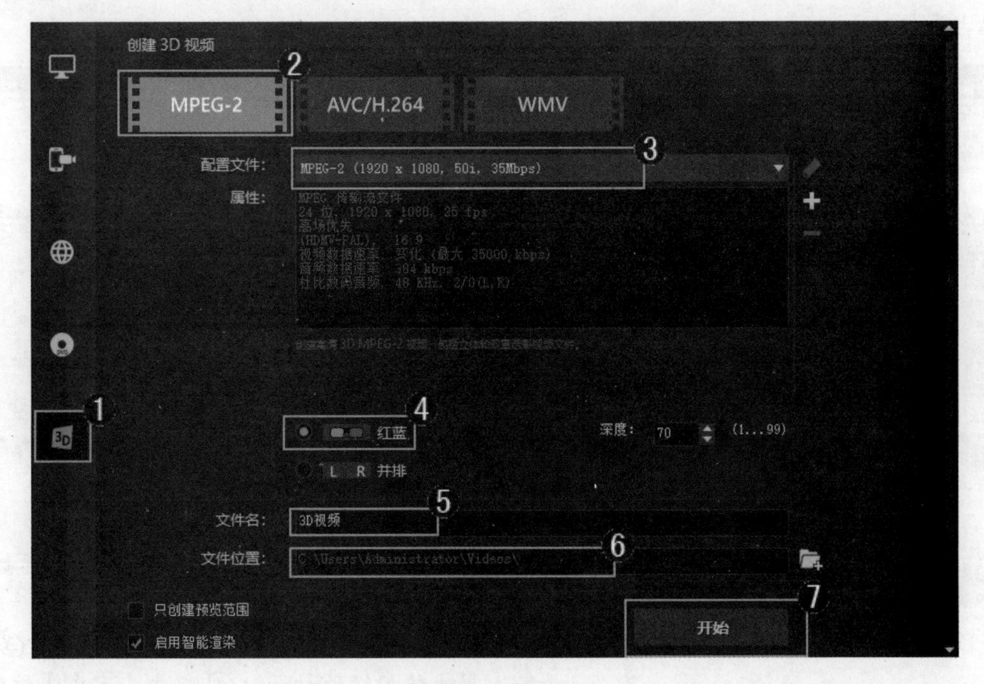

图 12-36

弹出一个对话框，提示用户正在渲染，并显示渲染进度，用户需要在线等待一段时间，如图 12-37 所示。

图 12-37

弹出 Corel VideoStudio 对话框，提示“已成功渲染该文件”，单击【确定】按钮，即可完成创建 3D 影片的操作，如图 12-38 所示。

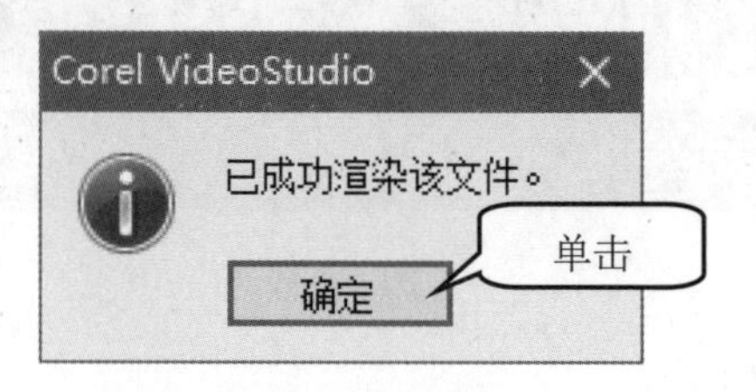

图 12-38

12.4.4 上传视频至新浪微博进行分享

微博是时下非常流行的一种社交工具，用户可以将自己制作的视频文件与微博好友一起分享。下面详细介绍上传视频至新浪微博进行分享的方法。

step 1 打开浏览器进入新浪微博首页，登录新浪微博账号，在个人中心页面上单击【视频】按钮，如图 12-39 所示。

图 12-39

step 2 弹出【打开】对话框，① 选择准备进行分享的视频文件，② 单击【打开】按钮，如图 12-40 所示。

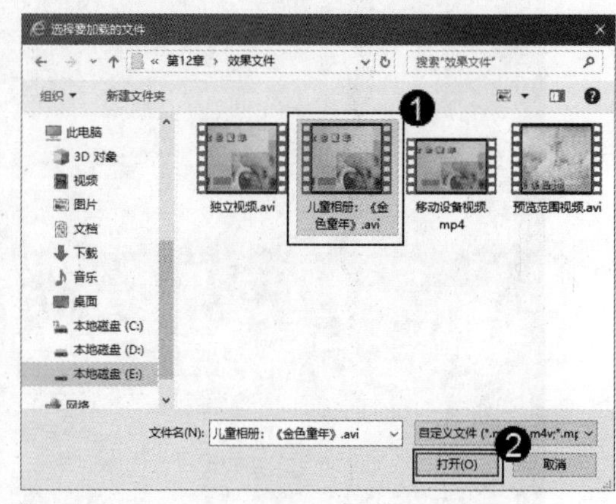

图 12-40

step 3 弹出【上传普通视频】对话框，提示上传视频进度，用户需要在线等待一段时间，如图 12-41 所示。

step 4 视频上传完毕后，① 在【标题】文本框中输入标题，② 在【专辑】下拉列表框中设置一个存放视频的专辑，③ 设置上传视频的封面，④ 单击【完成】按钮，如图 12-42 所示。

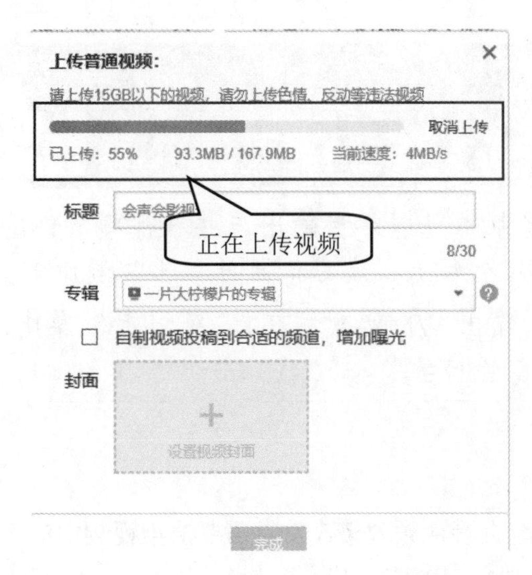

图 12-41

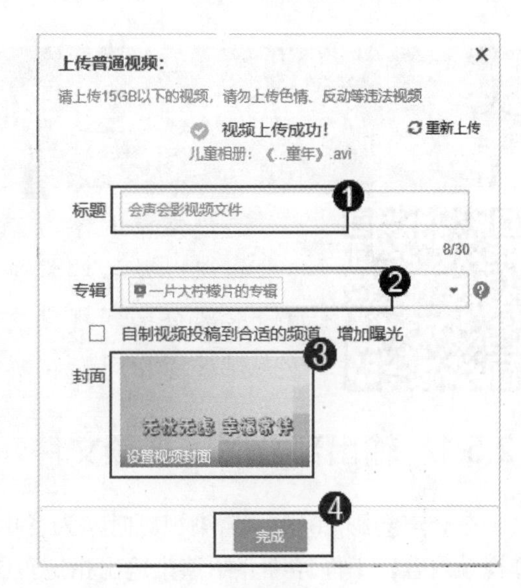

图 12-42

完成上传的视频设置后，单击话题右侧的【发布】按钮，如图 12-43 所示。

图 12-43

媒体视频即可发布完成，显示“视频处理中，仅自己可见”，等待一段时间，网友即可查看发布的视频，如图 12-44 所示。

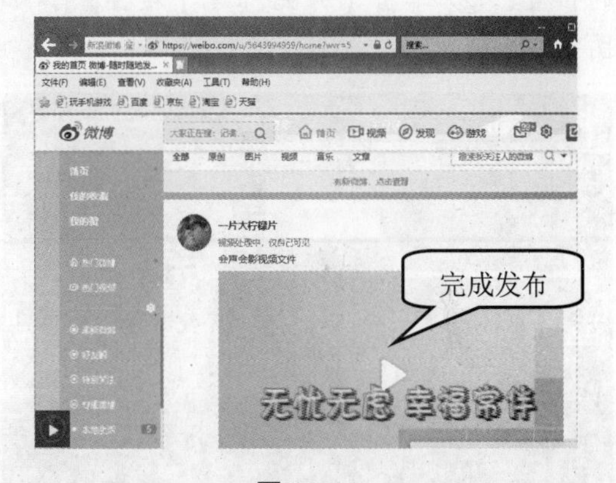

图 12-44

稍后在新浪微博个人主页中即可查看分享的视频文件，这样即可完成上传视频至新浪微博进行分享的操作，如图 12-45 所示。

图 12-45

Section 12.5 范例应用与上机操作

手机扫描二维码，观看本节视频课程

通过本章的学习，读者基本可以掌握输出与共享视频文件的基本知识以及一些常见的操作方法，本节将通过一些范例应用，如输出部分区间视频文件、输出 WMV 视频文件，练习上机操作，以达到巩固学习、拓展提高的目的。

12.5.1 输出部分区间视频文件

在会声会影 2019 中渲染视频时，为了更好地查看视频效果，常常需要渲染视频中的部分视频内容。下面详细介绍渲染输出指定范围的视频内容的方法。

素材文件 第 12 章\素材文件\圣诞.VSP

效果文件 第 12 章\效果文件\区间视频文件.mp4

step 1 打开素材项目文件“圣诞.VSP”，① 拖曳时间标记至 00:00:01:000 的位置，② 单击【开始标记】按钮[，如图 12-46 所示。

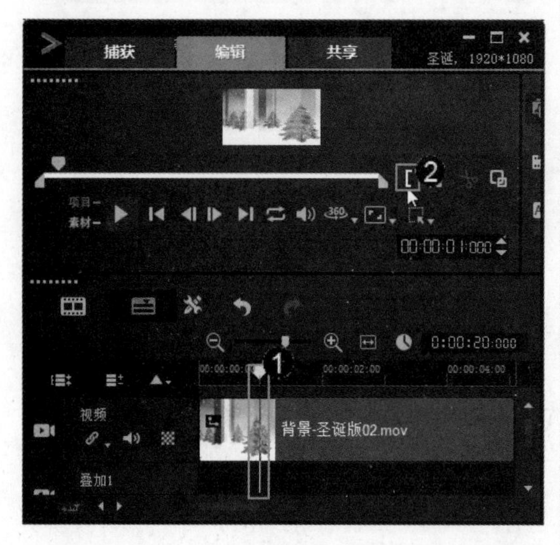

图 12-46

① 拖曳时间标记至 00:00:04:000 的位置，② 单击【结束标记】按钮]，如图 12-47 所示。

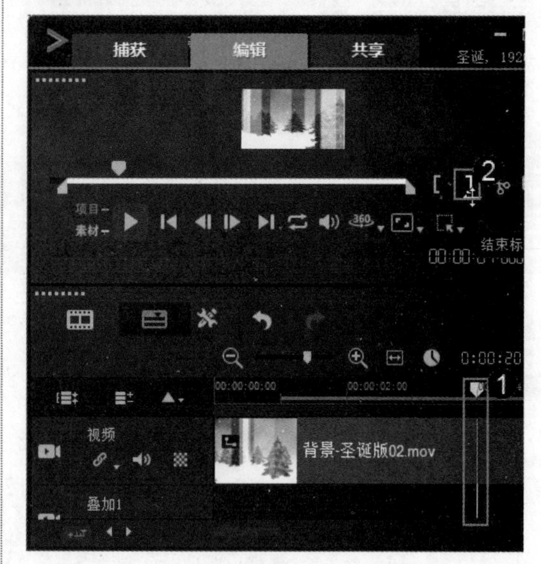

图 12-47

设置完成区间后，① 选择【共享】标签，切换至【共享】步骤面板，② 单击【计算机】按钮，③ 选择 MPEG-4 选项，④ 单击【浏览】按钮，如图 12-48 所示。

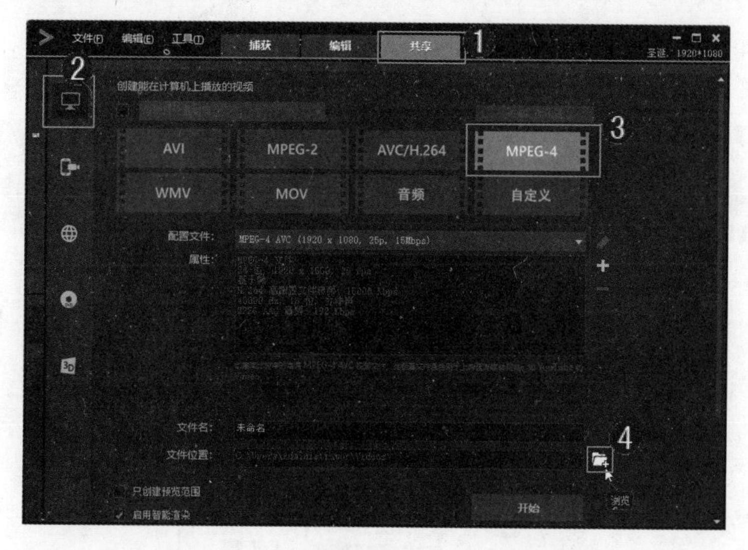

图 12-48

弹出【浏览】对话框，① 选择准备保存的位置，② 在【文件名】下拉列表框中输入名称，③ 单击【保存】按钮，如图 12-49 所示。

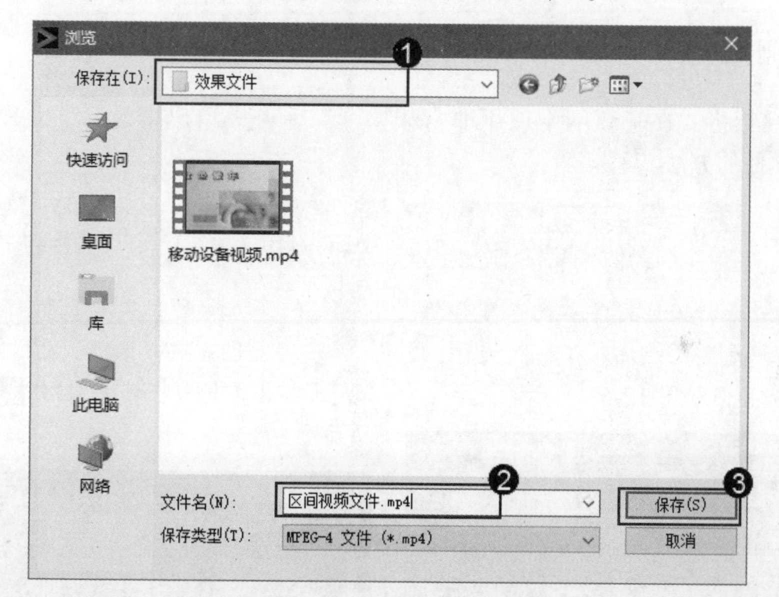

图 12-49

返回会声会影【共享】步骤面板，单击下方的【开始】按钮，开始渲染视频文件，如图 12-50 所示。

图 12-50

弹出一个对话框，提示用户正在渲染，并显示渲染进度，用户需要在线等待一段时间，如图12-51所示。

图 12-51

step 7 弹出 Corel VideoStudio 对话框，提示“已成功渲染该文件”，单击【确定】按钮，即可完成输出部分区间视频文件的操作，如图12-52所示。

图 12-52

12.5.2 输出 WMV 视频文件

WMV 视频格式在互联网中使用非常频繁，深受广大用户喜爱。下面详细介绍输出WMV视频文件的方法。

素材文件 第12章\素材文件\祝寿.VSP
效果文件 第12章\效果文件\输出WMV视频文件.mp4

step 1 打开素材项目文件“祝寿.VSP”，可以看到已经插入了视频文件，选择【共享】标签，如图12-53所示。

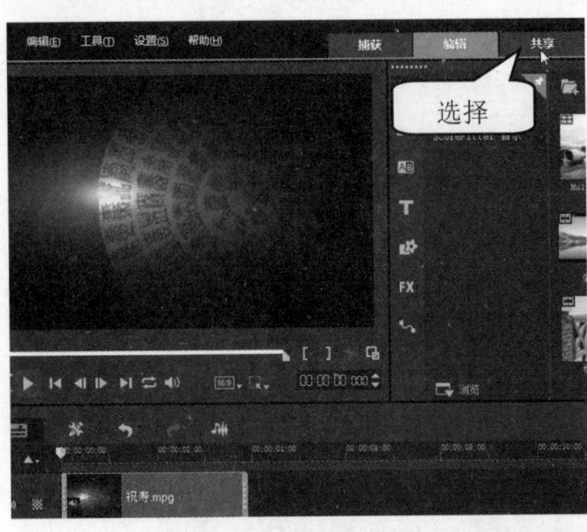

图 12-53

step 2 切换至【共享】步骤面板，① 选择WMV选项，② 单击【文件位置】文本框右侧的【浏览】按钮，如图12-54所示。

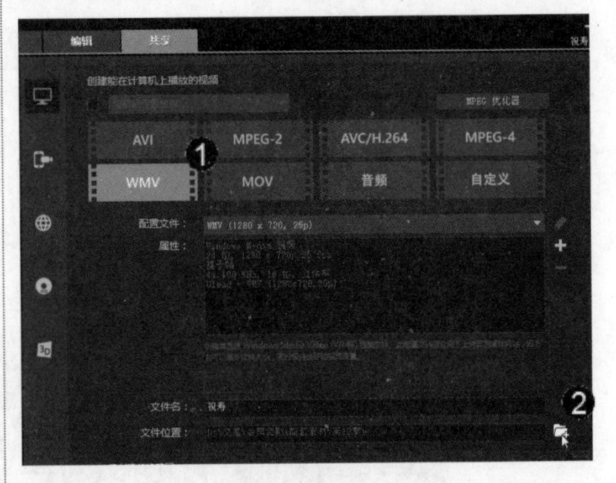

图 12-54

step 3 弹出【浏览】对话框，① 选择准备保存的位置，② 在【文件名】下拉列表框中输入名称，③ 单击【保存】按钮，如图 12-55 所示。

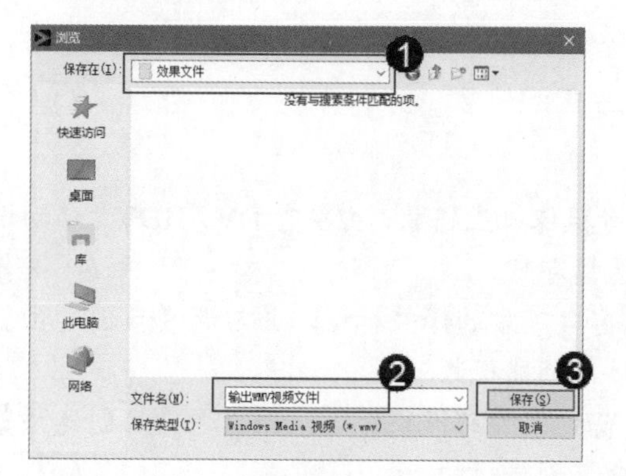

图 12-55

step 4 返回会声会影【共享】步骤面板，单击下方的【开始】按钮，开始渲染视频文件，如图 12-56 所示。

图 12-56

step 5 弹出一个对话框，提示用户正在渲染，并显示渲染进度，用户需要在线等待一段时间，如图 12-57 所示。

图 12-57

step 6 弹出 Corel VideoStudio 对话框，单击【确定】按钮，即可完成输出 WMV 视频文件的操作，如图 12-58 所示。

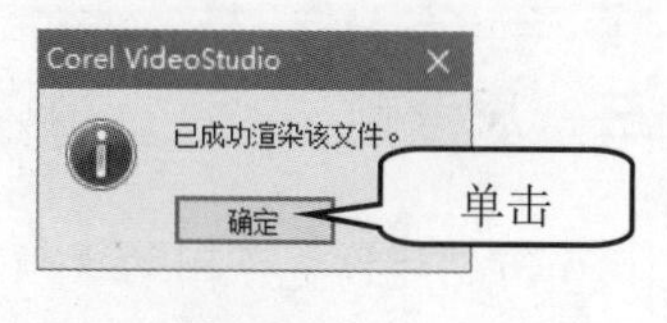

图 12-58

Section 12.6 本章小结与课后练习

本节内容无视频课程

经过一系列的编辑后，用户便可将编辑好的影片输出成视频文件了。通过会声会影 2019 中提供【共享】步骤面板，可以将编辑完成的影片进行渲染以及输出成视频文件。通过本章的学习，读者基本可以掌握输出与共享视频文件的基本知识以及一些常见的操作方法，下面通过练习几道习题，达到巩固与提高的目的。

一、填空题

1. 在会声会影 2019 中，在项目文件中添加视频、图像、音频素材以及转场效果后，单击【步骤】选项中的______标签，即可在【共享】选项面板中渲染项目，并完成输出影片的操作。

2. 视频制作完成之后，想要与朋友们共享，那就要渲染出来。会声会影 2019 渲染的种类很多，要想渲染首先要单击软件上方的【共享】标签，然后在下方的左侧选项中有计算机、

______、网络、______、3D影片5种方式。

3. 在编辑影片的过程中，项目文件中可能包含视频、声音、标题和动画等素材，将所有种类素材连接在一起的过程被称为“______”。

4. 可以将视频项目保存为可在各种________(如智能手机、平板电脑和游戏机)上回放的文件格式。

二、判断题

1. 设备的渲染主要是在移动设备如手机或者摄像机上播放，主要有DV、HDV、移动设备和游戏主机四种样式，这个根据自己的设备选择即可。 (　)

2. 对于任何共享类别，用户可以使用预览窗口下方的修整标记，并勾选【只创建预览范围】复选框，从项目的某部分，而非整个项目，创建视频。 (　)

3. 对于任何共享类别，用户可以使用预览窗口下方的修整标记，并勾选【只创建预览范围】复选框，从项目的整个项目，而非某部分，创建视频。 (　)

4. 单独输出影片中的音频素材可以将整个项目的音频部分单独保存，以便在声音编辑软件中进一步处理声音，或者将其应用到其他影片中。 (　)

5. 会声会影可以让用户创建3D视频文件或将普通的2D视频转化为3D视频文件。

(　)

三、思考题

1. 如何创建预览范围的视频文件？

2. 如何输出独立的视频文件？

四、上机操作

1. 通过本章的学习，读者基本可以掌握输出与共享视频文件方面的知识，下面通过练习输出MPEG视频文件，达到巩固与提高的目的。

2. 通过本章的学习，读者基本可以掌握输出与共享视频文件方面的知识，下面通过练习输出MOV视频文件，达到巩固与提高的目的。

课后练习答案

第 1 章

一、填空题

1. 帧
2. 帧速率

二、判断题

1. 对
2. 错

三、思考题

1. 非线性编辑的工作流程可简单分为输入、编辑和输出 3 个步骤。

2. 会声会影 2019 主要通过捕获、编辑和共享 3 个步骤来完成影片的编辑工作。

在制作影片时首先要捕获视频素材，然后修整素材，排列各素材的顺序，应用转场并添加覆叠、标题、背景音乐等。这些元素被安排在不同的轨上，对某一处轨进行修改或编辑时不会影响到其他的轨。

第 2 章

一、填空题

1. 捕获、共享
2. 素材库
3. 导览面板
4. 项目时间轴
5. 【打开项目】
6. 【参数选择】
7. 项目属性

二、判断题

1. 错
2. 对
3. 对
4. 错
5. 对
6. 对

三、思考题

1. 打开会声会影编辑器，在菜单栏中，①单击【文件】菜单，②在弹出的菜单中选择【新建项目】菜单项。

经过上述操作之后，即可新建一个项目文件，单击【显示照片】按钮，显示软件自带的照片素材。

在照片素材库中，选择相应的照片素材，按住鼠标左键并拖曳至视频轨中。

在预览窗口中，即可预览视频效果。

2. 打开会声会影编辑器，在菜单栏中，①单击【文件】菜单，②在弹出的菜单中选择【智能包】菜单项。

弹出 Corel VideoStudio 对话框，单击【是】按钮。

弹出【智能包】对话框，①在【打包为】区域下方选中【压缩文件】单选按钮，②单击【文件夹路径】目标框右侧的浏览按钮。

弹出【浏览文件夹】对话框，①选择文件存放的位置，②单击【确定】按钮。

返回到【智能包】对话框中，①在【项目文件夹名】文件夹中，设置文件夹的名称，②在【项目文件名】文本框中，设置文件的名称，③单击【确定】按钮。

弹出【压缩项目包】对话框，①勾选【加密添加文件】复选框，②单击【确定】按钮。

弹出【加密】对话框，①在【请输入密码】文本框中输入准备使用的密码，②在【重新输入密码】文本框中，再次输入相同的密码，③单击【确定】按钮。

弹出 Corel VideoStudio 对话框，提示成功压缩，单击【确定】按钮即可完成保存为压缩文件的操作。

四、上机操作

1. 混音器视图是通过单击时间轴面板上方工具栏中的【混音器】按钮来进行切换的。通过混音器面板可以实时地调整项目中音频轨的音量，也可以调整音频轨中特定点的音量。

2. 打开会声会影 2019 编辑器，在菜单栏中选择【文件】→【退出】菜单项，即可退出会声会影 2019。

还可以单击工作界面右上角处的【关闭】按钮，关闭工作界面。

第3章

一、填空题

1. 缩略图
2. 重命名
3. 删除
4. 片头
5. 中间

二、判断题

1. 对
2. 错
3. 对

三、思考题

1. 在媒体素材库面板中单击【添加新文件夹】按钮，创建了一个名为“文件夹”的库项目。

输入新名称，如“素材”。

按 Enter 键完成输入，这样即可完成创建库项目。

2. 创建项目文件后，在【素材库】面板的左侧选择【即时项目】选项。

显示库导航面板，在面板中选择【开始】选项。

选择准备应用的“开始”主题模板，拖动选择的主题模板至【时间轴视图】面板中。

单击【导览】面板中的【播放】按钮，即可预览影视片头效果。

四、上机操作

1. 新建项目，在视频轨中插入一幅素材图像文件。

在素材库面板中选择【图形】选项，单击窗口上方的下拉按钮，在弹出的选项中选择【对象】选项。

打开【对象】素材库，其中显示了多种类型的对象模板，选择准备使用的模板。

单击并拖动模板至时间轴上的“叠加 1”轨道上。

通过以上步骤即可完成应用对象模板的操作。

2. 在会声会影 2019 中，可以对素材库中的素材的缩略视图进行大小的缩放，以便访问素材库中不同的媒体素材。在【素材库】面板中，左右移动【对素材库中的素材排序】按钮右侧的滑块，即可调整缩略图视图的大小。

第 4 章

一、填空题

1. 【捕获】
2. 【捕获视频】
3. 【播放】按钮
4. 定格动画项目
5. 【播放】按钮

二、判断题

1. 对
2. 错
3. 对
4. 对

三、思考题

1. 启动会声会影 2019 后，在【步骤】面板中，①单击【捕获】按钮，②在【捕获】选项面板中，单击【捕获视频】按钮。

在【捕获视频】面板中，①在【格式】下拉列表框中，设置视频格式，②勾选【捕获到素材库】复选框，③在【捕获文件夹】文本框中，输入视频文件保存的路径，④单击【捕获视频】按钮，即可进行捕获视频的操作。

2. 启动会声会影编辑器，①选择【捕获】标签，②在【捕获】面板中单击【捕获视频】按钮。

打开【捕获视频】面板，单击【捕获文件夹】按钮。

弹出【浏览文件夹】对话框，①选择准备存放静态图像的磁盘位置，②单击【确定】按钮，即可完成找到图像位置的操作。

四、上机操作

1. 启动会声会影编辑器，①选择【文件】菜单，②在弹出的菜单中选择【将媒体文件插入到时间轴】菜单项，③在弹出的子菜单中选择【插入视频】菜单项。

弹出【打开视频文件】对话框，①选择视频所在位置，②选中视频文件，③单击【打开】按钮。

素材已经插入到时间轴面板中。在导览窗口中单击【播放】按钮即可预览效果。

通过以上步骤即可完成捕获视频的操作。

2. 启动会声会影 2019，打开名为“风景”的项目素材文件，在时间轴中可以看到打开的项目文件。

鼠标右键单击【叠加 2】轨道图标，在弹出的快捷菜单中选择【交换轨】→【覆叠轨#1】菜单项。

可以看到【叠加 1】和【叠加 2】轨道上的素材已经交换。

通过以上步骤即可完成在时间轴上交换轨道的操作。

第 5 章

一、填空题

1. 独立
2. 【自定义动作】

二、判断题

1. 对
2. 错

三、思考题

1. 在【时间轴】面板中选中素材，在【素材库】面板中单击【显示选项面板】按钮。

在弹出的【选项】面板中，单击【速度/时间流逝】按钮。

弹出【速度/时间流逝】对话框，①在【速度】下方的区域中，拖动滑块向左或向右滑动，制作慢镜头或快镜头，②单击【确定】按钮，即可完成设置素材的回放速度的操作。

2. 启动会声会影 2019，打开名为“狗狗.VSP”的项目文件，并选中视频轨道上的素材。

在素材库面板中，①选择【路径】选项，②在路径素材库中选择一个路径模板素材，如选择P04模板素材。

将 P04 素材拖曳至时间轴面板中的素材上。

单击导览面板中的【播放】按钮，即可预览路径特效的效果。

四、上机操作

1. 启动会声会影 2019，在时间轴面板中插入图像素材，并选中该素材。

在编辑面板中选择【颜色】选项卡，然后在【清晰度】微调框中输入50，即可完成调整图像清晰度。在导览面板中预览调整后的图像效果。

2. 在【时间轴视图】面板中，右键单击准备进行显示网格线的视频素材，在弹出的快捷菜单中，选择【打开选项面板】菜单项。

在【选项】面板中，单击【效果】选项卡，勾选【显示网格线】复选框。

在【导览】面板中，显示设置的网格线。

通过以上步骤即可完成显示网格线的操作。

第6章

一、填空题

1. 两侧
2. 多重修整视频

二、判断题

1. 对
2. 错

三、思考题

1. 将视频导入【时间轴视图】面板中后，按F6键，系统会弹出【参数选项】对话框，①在【素材显示模式】下拉列表框中，选择【仅略图】选项，②单击【确定】按钮。

在【时间轴视图】面板中，选中准备剪辑的视频素材，视频两侧以黄色标记显示。

在左侧黄色标记上，按住鼠标左键向右拖曳黄色标记到要修整的位置，然后释放鼠标按键。

在黄色标记拖曳过程中，左侧的视频帧已经被删除。

通过以上方法即可完成用黄色标记剪辑视频的操作。

2. 将视频素材 Wildlife.wmv 导入视频轨后，选中视频轨道上的素材，然后单击【显示选项面板】按钮。

在打开的【编辑】选项面板中单击【按场景分割】按钮。

弹出【场景】对话框，在对话框底部，单击【选项】按钮。

弹出【场景扫描敏感度】对话框，①拖动【敏感度】滑块，设置场景检测的精确度数值，②单击【确定】按钮。

返回到【场景】对话框中，①单击【扫描】按钮，程序开始扫描分割视频场景，②单击【确定】按钮。

分割后的场景通常会比较细碎，需要再进行合并工作，①选中准备相连的两个场景复选框，如“2号”场景和“5号”场景，②单击【连接】按钮，即可进行合并场景的操作。

如果想撤销该操作，则可以单击【分割】

按钮，便撤销了连接的操作，而不需要再扫描一次。完成设置后，单击【确定】按钮。

返回到会声会影编辑器中，可以看到分割的场景素材已经出现在时间轴中，这样即可完成按场景分割视频的操作。

四、上机操作

1. 启动会声会影编辑器，在视频轨中插入视频素材，鼠标右键单击素材，在弹出的快捷菜单中选择【多重修整视频】菜单项。

弹出【多重修整视频】对话框，单击【向前搜索】按钮。

跳转至下一个场景中。

通过以上步骤即可完成快速搜索视频间隔的操作。

2. 启动会声会影编辑器，在视频轨中插入视频素材，鼠标右键单击素材，在弹出的快捷菜单中选择【多重修整视频】菜单项。

弹出【多重修整视频】对话框，拖曳滑块至一处位置，单击【设置开始标记】按钮。

拖曳滑块至另一处位置，单击【设置结束标记】按钮。

单击左上角的【反转选取】按钮，即可完成反转选取视频的操作。

第7章

一、填空题

1. 转场效果
2. 应用当前转场
3. 收藏夹
4. 单色画面
5. 黑屏过渡
6. 立体

二、判断题

1. 对
2. 对
3. 错
4. 对
5. 错

三、思考题

1. 按F6键，弹出【参数选择】对话框，①选择【编辑】选项卡，②勾选【自动添加转场效果】复选框，③在【默认转场效果】下拉列表框中，选择【随机】选项，④单击【确定】按钮。

设置完成后，①单击【文件】菜单，②在弹出的下拉菜单中，选择【将媒体文件插入到时间轴】菜单项，③在弹出的子菜单中，选择【插入照片】菜单项。

弹出【浏览照片】对话框，①在【查找范围】下拉列表框中，选择图像素材存放的磁盘位置，②选择准备添加的本例图像素材“含苞.jpg”“盛开.jpg”，③单击【打开】按钮。

在【故事板视图】面板中，添加素材文件后，可以看到程序自动在素材之间添加转场效果。

单击【导览】面板中的【播放】按钮▶，预览添加的转场视频效果。

通过以上步骤即可完成自动添加转场效果的操作。

2. 启动会声会影编辑器，在【故事板视图】面板中，插入名为“都市.jpg”和“星球.jpg”的本例图像素材。

在【转场】面板中，单击【对视频轨应用随机效果】按钮。

在【故事板视图】面板中，程序自动在素材之间随机添加转场效果。

在【导览】面板中，单击【播放】按钮▶，即可预览转场效果。

通过以上步骤即可完成对素材应用随机效果的操作。

四、上机操作

1. 启动会声会影编辑器，在故事板中插入两个图像素材。

在【选项】面板中，选择【转场】选项，选择【过滤】选项，选择【马赛克】效果。

按住鼠标左键并将转场效果拖曳至两图片素材之间。

返回会声会影编辑器，在导览面板中单击【播放】按钮，预览效果。

通过以上步骤即可完成制作马赛克转场效果。

2. 启动会声会影编辑器，在故事板中插入两个图像素材。

在【素材库】面板中，单击【转场】按钮，在【画廊】下拉列表框中，选择【伸展】选项，选择【对角线】转场效果。

按住鼠标左键，将选择的转场效果拖动至【故事板视图】面板中两个素材之间，然后释放鼠标左键。

在【导览】面板中，单击【播放】按钮，即可预览转场效果。

通过以上步骤即可完成制作伸展转场效果的操作。

第8章

一、填空题

1. 自定义
2. 【亮度和对比度】
3. 【色彩平衡】
4. 【模糊】
5. 【闪电】

二、判断题

1. 对
2. 错
3. 对
4. 错
5. 对

三、思考题

1. 打开素材项目文件“小清新.VSP”，在【故事板视图】面板中，插入了1个本例图像素材。

在【选项】面板中，①选择【滤镜】选项，切换至【滤镜】素材库，②在【画廊】下拉列表框中，选择准备应用的视频滤镜类型，③选择准备应用的第1个滤镜效果。

按住鼠标左键并将选择的第1个滤镜效果拖曳至【故事板视图】面板中的图像素材上，素材上出现FX标志，表示已经添加了滤镜在【故事板视图】面板中。

选中视频轨道上的素材效果，单击【显示选项面板】按钮，打开【效果】选项面板，取消勾选【替换上一个滤镜】复选框。

在【选项】面板中，①选择【滤镜】选项，切换至【滤镜】素材库，②在【画廊】下拉列表框中，选择准备应用的视频滤镜类型，③选择准备应用的第2个滤镜。

按住鼠标左键并将选择的第2个滤镜效果拖曳至【故事板视图】面板中的图像素材上，素材上出现FX标志，表示已经添加了滤镜在【故事板视图】面板中。

运用上述方法，继续将其他多种滤镜效果拖曳至视频素材上，可以在【效果】选项面板中，查看添加的多个滤镜效果。

在【导览】面板中，单击【播放】按钮▶，即可预览滤镜效果。

通过以上步骤即可完成添加多个视频滤镜的操作。

2. 打开素材项目文件“西红柿.VSP”，可以看到在【故事板视图】面板中，插入了1个本例图像素材。

在【选项】面板中，①选择【滤镜】选

项，切换至【滤镜】素材库，②在【画廊】下拉列表框中，选择【相机镜头】滤镜类型，③选择【镜头闪光】滤镜。

按住鼠标左键并将选择的滤镜效果拖曳至【故事板视图】面板中的图像素材上。

选中该图像素材，单击【显示选项面板】按钮，打开【效果】选项面板，单击【自定义滤镜】按钮。

弹出【镜头闪光】对话框，①在【原图】区域中，拖曳十字标记图形，改变光晕的方向，②拖动滑块至准备调整关键帧的位置，③单击【添加关键帧】按钮，④单击【确定】按钮。

在【导览】面板中，单击【播放】按钮，即可预览自定义滤镜效果。

通过以上步骤即可完成自定义视频滤镜的操作。

四、上机操作

1. 启动会声会影编辑器，在故事板中插入图像素材。

在【滤镜】素材库中，选择【相机镜头】选项，选择【发散光晕】滤镜效果。

按住鼠标左键并拖曳滤镜至故事板中的图像素材上。

在导览面板中单击【播放】按钮预览发散光晕特效，即可完成制作。

2. 启动会声会影编辑器，在故事板中插入图像素材。

在【滤镜】素材库中，选择【特殊】选项，选择【雨点】滤镜效果。

将滤镜添加至素材上，展开选项面板，单击【自定义滤镜】按钮。

弹出【雨点】对话框，选择第1个关键帧，设置【密度】为1200，【长度】为6，【宽度】为50，【背景模糊】为15，【变化】为65。

选择最后一个关键帧，设置【密度】为1300，【长度】为5，【宽度】为50，【背景模糊】为15，【变化】为50，单击【确定】按钮。

在导览面板中单击【播放】按钮预览雪花飘落特效，即可完成操作。

第9章

一、填空题

1. 画中画
2. 边框

二、判断题

1. 对
2. 对
3. 错

三、思考题

1. 打开素材项目文件“巧克力豆.VSP”，①在【覆叠轨】区域中，使用鼠标右键单击，②在弹出的快捷菜单中，选择【插入照片】菜单项。

弹出【浏览照片】对话框，①选择要插入的图片保存的位置，②选择要插入的素材图片，③单击【打开】按钮。

返回到【时间轴视图】面板中，可以看到在【覆叠轨】区域中已经插入了一张图片。

在【导览】面板中，单击【播放】按钮，即可预览效果。

通过以上步骤即可完成添加覆叠素材的操作。

2. 打开素材项目文件“雪路中的路标.VSP”，①选中【覆叠轨】中的覆叠素材，②单击【显示选项面板】按钮。

打开选项面板，①选择【效果】选项卡，②单击【遮罩和色度键】按钮。

打开相应选项面板，①在【透明度】微调框中输入60，②勾选【应用覆叠选项】复选框，③设置【相似度】相关参数。

在【导览】面板中，单击【播放】按钮，即可预览调整后的效果。

通过以上步骤即可完成调整覆叠素材的透明度。

四、上机操作

1. 启动会声会影编辑器，打开一个名为“古镇”的项目文件，选择第一个覆叠素材。

在【效果】选项面板中单击【遮罩和色度键】按钮。

打开相应选项面板，勾选【应用覆叠选项】复选框，单击【类型】右侧的下拉按钮，在弹出的列表中选择【遮罩帧】选项，在右侧选择最后一行第1个预设样式。

在导览面板中单击【播放】按钮，预览相框画面效果，即可完成操作。

2. 在【覆叠轨】区域中，导入覆叠素材后，在【导览】面板中，调整素材的位置和大小。

选中覆叠素材后，在【效果】选项面板中，在【方式/样式】选项组中，①单击【从下方进入】按钮，②单击【从上方退出】按钮，③单击【淡入动画效果】按钮，④单击【淡出动画效果】按钮。

通过以上方法即可设置覆叠素材的进入方向、退出方向和淡入、淡出效果。

在【导览】面板中，单击【播放】按钮，即可预览效果。

通过以上步骤即可完成设置覆叠素材运动的操作。

第10章

一、填空题

1. 【边框/阴影/透明度】
2. 下降
3. 字幕编辑器

二、判断题

1. 对
2. 错
3. 对

三、思考题

1. 打开素材项目文件“动感水果.VSP”，可以看到在【视频轨】区域中，导入了图像素材。

在【素材库】面板中，①单击【标题】按钮，切换到【标题】素材库，②选择准备应用的标题模板。

将选择的标题模板拖曳到标题轨上。

在【时间轴视图】面板中，可以看到在【标题轨】中已经添加了一个标题素材，双击该素材。

此时，在【导览】面板中可以看到显示的字幕，双击该字幕。

可以看到该字幕处于可编辑状态。

在文本框中删除标题文本，输入需要的文本内容。

设置完成后，在【导览】面板中，单击【播放】按钮，即可预览效果。

通过以上步骤即可完成添加预设字幕的操作。

2. 打开素材项目文件“晚霞余晖.VSP”，在【导览】面板中，使用鼠标左键单击标题素材，使其变为可编辑状态。

在【编辑】选项面板中，单击【边框/阴影/透明度】按钮。

弹出【边框/阴影/透明度】对话框，①在【边框宽度】文本框中，设置边框宽度的数值，②在【线条色彩】框中，选择准备应用的颜色，③在【文字透明度】文本框中，设置文字的透明度数值。

在【边框/阴影/透明度】对话框中，①选择【阴影】选项卡，②单击准备应用的

阴影按钮，如【凸起阴影】按钮，③在【光晕阴影色彩】颜色块中，选择准备应用的颜色，④单击【确定】按钮。

在【导览】面板中，可以看到标题已经按照所设置的效果显示，这样即可完成设置字幕边框和阴影的操作。

四、上机操作

1. 在【标题轨】区域中，双击准备进行制作摇摆字幕的标题素材。

在【标题】选项面板中，①选择【属性】选项卡，②选中【动画】单选按钮，③勾选【应用】复选框，④单击【选取动画类型】右侧的下拉按钮，在弹出的下拉列表框中选择【摇摆】选项，⑤在预设的动画中选择一种类型。

在【导览】面板中，单击【播放】按钮▶，即可预览效果。

通过以上步骤即可完成制作摇摆字幕的操作。

2. 在【标题轨】区域中，双击准备进行制作翻转效果的标题素材。

在【标题】选项面板中，①选择【属性】选项卡，②选中【动画】单选按钮，③勾选【应用】复选框，④单击【选取动画类型】右侧的下拉按钮，在弹出的下拉列表框中选择【翻转】选项，⑤在预设的动画中选择一种类型。

在【导览】面板中，单击【播放】按钮▶，即可预览效果。

通过以上步骤即可完成制作翻转效果的操作。

第 11 章

一、填空题

1. 自动音乐
2. 淡入淡出
3. 音量调节线
4. 静音模式
5. 自动平衡

二、判断题

1. 对
2. 对
3. 错
4. 对
5. 对
6. 错

三、思考题

1. 在会声会影编辑器中，导入【视频轨】中的素材文件后，单击工具栏上的【自动音乐】按钮。

打开【自动音乐】面板，①在【类别】列表中选择想要的音乐类型，②在【歌曲】列表中选择一首歌，③在【版本】列表中选择歌曲版本，④可以单击【播放选定歌曲】按钮来聆听选择的歌曲，⑤找到想要的歌曲后，单击【添加到时间轴】按钮。

在【时间轴视图】面板中，可以看到选择的自动音乐已被插入到音频轨中，这样即可完成添加自动音乐的操作。

2. 打开素材项目文件“城市.VSP”，在【音频轨】上，选择需要添加音频滤镜的音频素材并双击。

在【音乐和声音】选项面板中，单击【音频滤镜】按钮。

弹出【音频滤镜】对话框，①在【可用滤镜】列表框中，选择准备应用的音频滤镜，②单击【添加】按钮，③在【已用滤镜】列表框中，可以看到已经选择的音频滤镜，单击【确定】按钮。

返回到【音频轨】上，可以看到选择的音频素材上，多出了一个+符号，这样即可完成添加音频滤镜的操作。

四、上机操作

1. 启动会声会影编辑器，打开项目文件，双击音频素材。

在【音乐和声音】面板中，单击【音频滤镜】按钮。

弹出【音频滤镜】对话框，在【可用滤镜】列表中选择【音调偏移】选项，单击【添加】按钮，将【音调偏移】滤镜添加至【已用滤镜】列表中，单击【选项】按钮。

弹出【音调偏移】对话框，拖动滑块至-6位置处，单击【确定】按钮。

音频已经添加了滤镜。在预览窗口中单击【播放】按钮，试听添加的音频效果。

2. 启动会声会影编辑器，在声音轨中插入音频素材。

在库面板中，选择【滤镜】选项，单击【显示音频滤镜】按钮，选择【混响】滤镜。

按住鼠标左键并拖曳滤镜至视频轨中的音频素材中，释放鼠标左键，即可为音频添加音频滤镜。

在预览窗口中单击【播放】按钮，试听添加的音频效果，即可完成操作。

第12章

一、填空题

1. 【共享】
2. 设备、光盘
3. 渲染
4. 移动设备

二、判断题

1. 对
2. 对
3. 错
4. 对
5. 对

三、思考题

1. 在【步骤】面板中，单击【共享】标签，打开【共享】选项面板，在左侧的【预览】面板中，将橙色修整标记拖动至想要的开始和结束点，从而选择范围。

在【共享】选项面板中，①单击【计算机】按钮，②选择准备导出的视频格式，③选择视频的配置文件，④在【文件名】文本框中，输入文件名，⑤在【文件位置】框中，指定要保存此文件的位置，⑥勾选【只创建预览范围】复选框，⑦单击【开始】按钮。

弹出一个对话框，提示用户正在渲染，并显示渲染进度，用户需要在线等待一段时间。

弹出 Corel VideoStudio 对话框，提示“已成功渲染该文件”，单击【确定】按钮，即可完成创建预览范围的视频文件的操作。

2. 在【步骤】面板中，单击【共享】标签，打开【共享】选项面板，单击【创建自定义配置文件】按钮。

弹出【新建配置文件选项】对话框，①选择【常规】选项卡，②在【数据轨】下拉列表框中选择【仅视频】选项，③单击【确定】按钮。

返回到【共享】选项面板，①单击【计算机】按钮，②选择准备导出的视频格式，③选择视频的配置文件，④在【文件名】文本框中，输入文件名，⑤在【文件位置】框中，指定要保存此文件的位置，⑥单击【开始】按钮。

弹出一个对话框，提示用户正在渲染，并显示渲染进度，用户需要在线等待一段时间。

弹出 Corel VideoStudio 对话框，提示“已成功渲染该文件”，单击【确定】按钮，即可完成输出独立视频文件的操作。

四、上机操作

1. 启动会声会影编辑器，打开编辑好的项目文件，选择【共享】标签。

切换至【共享】步骤面板，选择 MPEG-2 选项，单击【文件位置】右侧的【浏览】按钮。

弹出【浏览】对话框，选择准备保存的位置，在【文件名】文本框中输入名称，单击【保存】按钮。

返回会声会影【共享】步骤面板，单击下方的【开始】按钮，开始渲染视频文件。

显示渲染进度，需要等待一段时间。

弹出 Corel VideoStudio 对话框，单击【确定】按钮，即可完成输出 MPEG 视频文件的操作。

2. 启动会声会影编辑器，打开编辑好的项目文件，选择【共享】标签。

切换至【共享】步骤面板，选择 MOV 选项，单击【文件位置】右侧的【浏览】按钮。

弹出【浏览】对话框，选择准备保存的位置，在【文件名】文本框中输入名称，单击【保存】按钮。

返回会声会影【共享】步骤面板，单击下方的【开始】按钮，开始渲染视频文件。

显示渲染进度，需要等待一段时间。

弹出 Corel VideoStudio 对话框，单击【确定】按钮，即可完成输出 MOV 视频文件的操作。